中国耕地土壤论著系列

中华人民共和国农业农村部　组编

中国灌淤土

Chinese Cumulated Irrigated Soils

樊廷录 ◆ 主编

中国农业出版社

北　京

　　耕地是农业发展之基、农民安身之本，也是乡村振兴的物质基础。习近平总书记强调，"我国人多地少的基本国情，决定了我们必须把关系十几亿人吃饭大事的耕地保护好，绝不能有闪失"。加强耕地保护的前提是保证耕地数量的稳定，更重要的是要通过耕地质量评价，摸清质量家底，有针对性地开展耕地质量保护和建设，让退化的耕地得到治理，土壤内在质量得到提高、产出能力得到提升。

　　新中国成立以来，我国开展过两次土壤普查工作。2002 年，农业部启动全国耕地地力调查与质量评价工作，于 2012 年以县域为单位完成了全国 2 498 个县的耕地地力调查与质量评价工作；2017 年，结合第三次全国国土调查，农业部组织开展了第二轮全国耕地地力调查与质量评价工作，并于 2019 年以农业农村部公报形式公布了评价结果。这些工作积累了海量的耕地质量相关数据、图件，建立了一整套科学的耕地质量评价方法，摸清了全国耕地质量主要性状和存在的障碍因素，提出了有针对性的对策措施与建议，形成了一系列专题成果报告。

　　土壤分类是土壤科学的基础。每一种土壤类型都是具有相似土壤形态特征及理化性状、生物特性的集合体。编辑出版"中国耕地土壤论著系列"（以下简称"论著系列"），按照耕地土壤性状的差异，分土壤类型论述耕地土壤的形成、分布、理化性状、主要障碍因素、改良利用途径，既是对前两次土壤普查和两轮耕地地力调查与质量评价成果的系统梳理，也是对土壤学科的有效传承，将为全面分析相关土壤类型耕地质量家底，有针对性地加强耕地质量保护与建设，因地制宜地开展耕地土壤培肥改良与治理修复、合理布局作物生产、指导科学施肥提供重要依据，对提升耕地综合生产能力、促进耕地资源永续利用、保障国家粮食安全具有十分重要的意义，也将为当前正在开展的第三次全国土壤普查工作提供重要的基础资料和有效指导。

　　相信"论著系列"的出版，将为新时代全面推进乡村振兴、加快农业农村现代化、实现农业强国提供有力支撑，为落实最严格的耕地保护制度，深入实施"藏粮于地、藏粮于技"战略发挥重要作用，作出应有贡献。

中华人民共和国农业农村部副部长　张兴旺

　　耕地土壤是最宝贵的农业资源和重要的生产要素，是人类赖以生存和发展的物质基础。耕地质量不仅决定农产品的产量，而且直接影响农产品的品质，关系到农民增收和国民身体健康，关系到国家粮食安全和农业可持续发展。

　　"中国耕地土壤论著系列"系统总结了多年以来对耕地土壤数据收集和改良的科研成果，全面阐述了各类型耕地土壤质量主要性状特征、存在的主要障碍因素及改良实践，实现了文化传承、科技传承和土壤传承。本丛书将为摸清土壤环境质量、编制耕地土壤污染防治计划、实施耕地土壤修复工程和加强耕地土壤环境监管等工作提供理论支撑，有利于科学提出耕地土壤改良与培肥技术措施、提升耕地综合生产能力、保障我国主要农产品有效供给，从而确保土壤健康、粮食安全、食品安全及农业可持续发展，给后人留下一方生存的沃土。

　　"中国耕地土壤论著系列"按十大主要类型耕地土壤分别出版，其内容的系统性、全面性和权威性都是很高的。它汇集了"十二五"及之前的理论与实践成果，融入了"十三五"以来的攻坚成果，结合第二次全国土壤普查和全国耕地地力调查与质量评价工作的成果，实现了理论与实践的完美结合，符合"稳产能、调结构、转方式"的政策需求，是理论研究与实践探索相结合的理想范本。我相信，本丛书是中国耕地土壤学界重要的理论巨著，可成为各级耕地保护从业人员进行生产活动的重要指导。

中　国　工　程　院　院　士
中国科学院南京土壤研究所研究员　张佳宝

耕地是珍贵的土壤资源，也是重要的农业资源和关键的生产要素，是粮食生产和粮食安全的"命根子"。保护耕地是保障国家粮食安全和生态安全，实施"藏粮于地、藏粮于技"战略，促进农业绿色可持续发展，提升农产品竞争力的迫切需要。长期以来，我国土地利用强度大，轮作休耕难，资源投入不平衡，耕地土壤质量和健康状况恶化。我国曾组织过两次全国土壤普查工作。21 世纪以来，由农业部组织开展的两轮全国耕地地力调查与质量评价工作取得了大量的基础数据和一手资料。最近十多年来，全国测土配方施肥行动覆盖了 2 498 个农业县，获得了一批可贵的数据资料。科研工作者在这些资料的基础上做了很多探索和研究，获得了许多科研成果。

"中国耕地土壤论著系列"是对两次土壤普查和耕地地力调查与质量评价成果的系统梳理，并大量汇集在此基础上的研究成果，按照耕地土壤性状的差异，分土壤类型逐一论述耕地土壤的形成、分布、理化性状、主要障碍因素和改良利用途径等，对传承土壤学科、推动成果直接为农业生产服务具有重要意义。

以往同类图书都是单册出版，编写内容和风格各不相同。本丛书按照统一结构和主题进行编写，可为读者提供全面系统的资料。本丛书内容丰富、适用性强，编写团队力量强大，由农业农村部牵头组织，由行业内经验丰富的权威专家负责各分册的编写，更确保了本丛书的编写质量。

相信本丛书的出版，可以有效加强耕地质量保护、有针对性地开展耕地土壤改良与培肥、合理布局作物生产、指导科学施肥，进而提升耕地生产能力，实现耕地资源的永续利用。

中国工程院院士
中国农业大学教授　　张福锁

前　言

FOREWORD

耕地是粮食生产和安全的重要基石。长期以来，随着人口的不断增长，粮食需求量刚性增加，加之城镇化、工业化的推进以及人民生活水平的提高，耕地数量减少、重用轻养导致耕地质量下降，严重影响了农业可持续发展。灌淤土作为我国西北干旱和半干旱地区在灌溉、施肥、耕作等措施下形成的人为土壤，1978年由中国土壤学会正式定名，1984年第二次全国土壤普查时被定为人为土纲、灌淤土土类，1995年被《中国土壤系统分类》修订为人为土纲、旱耕人为土亚纲、灌淤旱耕人为土类，面积约155万 hm^2，是我国北方旱区重要的粮食和特色农产品生产基础。经过40多年的发展，人们积累了大量珍贵的灌淤土研究数据，获得了许多科研成果。

本书以分布在甘肃、宁夏、新疆、内蒙古等地的灌淤土分类、特征特性、质量等级评价和综合利用为核心，提出了灌淤土改良利用的方向与技术途径，对传承灌淤土研究成果、科学合理开发利用灌淤土具有重要的意义。全书共分9章。第一章介绍了灌淤土的分类与分布，第二章介绍了灌淤土的形成特点，第三章介绍了灌淤土的剖面性状，第四章、第五章、第六章分别介绍了灌淤土的物理性质、化学性质和养分状况，第七章介绍了灌淤土的耕地质量等级情况，第八章介绍了灌淤土的主要障碍因素与改良利用措施，第九章介绍了灌淤土的可持续利用对策与建议。

在资料整理和编写过程中，吸收并采纳了王吉智、谭伯勋、史成华、龚子同等前期研究的工作成果，汇总了近10年来甘肃省农业科学院、新疆农业科学院、中国农业科学院、中国科学院南京土壤研究所等单位的研究资料，甘肃省农业节水与土壤肥料管理总站也提供了相关资料，在此一并表示衷心的感谢！

本书涉及内容较多、时间跨度相对较长，对近些年来的系统研究和生产应用数据资料获取有限，归纳梳理不够，且书中难免存在不足之处，希望得到同行的批评和指导，使之修订再版时更加完善。

编　者

目录
CONTENTS

第一章 | 灌淤土的分类与分布 >>>

第一节 灌淤土的分类

一、灌淤土的概念

灌淤土是指在干旱、半干旱气候条件下，长期经灌水落淤、淋洗、耕种搅动与培肥而形成的人为土壤，具有一定厚度的灌淤层和新的土壤性状，且不同于其母土或者源土。灌淤土主要分布于宁夏、甘肃、青海、内蒙古、陕西以及河北黄河或其支流的平原，甘肃的河西走廊，新疆昆仑山北麓与天山南北的山前洪积扇和河流冲积平原。

（一）灌淤土与潮土

潮土是发育在河流冲积物和湖相冲积物上的草甸土、林灌草甸土和部分沼泽土及盐土等在人为开垦后，经过长期灌溉耕耘演变而成的一种农业土壤，土壤剖面不仅有耕作熟化过程，还因受到地下水的强烈影响而有潮化过程和盐渍化过程。潮土分布区域一般地下水资源丰富，地势较为平坦，土层深厚，土壤肥沃，是农业生产的重要区域。潮灌淤土亚类是以潮土为母土形成的灌淤土，虽然也受到地下水的影响，但其性状已不同于潮土。例如：潮土剖面上层有机质含量较高，越往下层越低，潮灌淤土则通层比较均匀；潮土受冲积母质影响，土壤质地在各亚层之间的变化较大，潮灌淤土受人为耕翻、熟化影响，土壤充分混匀，各亚层之间的质地接近。对宁夏平罗县渠口乡潮灌淤土与相邻潮土腐殖质和颗粒组成的比较便可说明问题（表 1-1）。潮土尚未耕种，因生长草甸植被，表层有机质含量较高，为 10.4 g/kg，但 18 cm 土层以下骤降至 2.8 g/kg；腐殖质胡敏酸（HA）与富里酸（FA）的比值（以下简称胡富比，HA∶FA）低，仅为 0.7。潮土母质为冲积物，颗粒组成变异大，如 0～18 cm 土层以粉粒为主，黏粒次之，质地为粉质壤土；18～47 cm 土层，粉粒含量高达 86.5%，黏粒比上层减少了一半多，质地为粉沙土，与上层相差甚大；47～89 cm 土层沙粒明显增多，为上两层的 4.56 倍和 6.20 倍，黏粒减少，为上两层的 0.18 倍和 0.50 倍，质地为粉质壤土，与上层又有很大差异。充分显示了潮土冲积的特点。

在潮土上形成的灌淤土具有 50 cm 厚的灌淤层，其下为下伏母土，属原来潮土的冲积层。灌淤层分为 3 个自然层次，各层次之间有机质含量、颗粒组成及土壤质地都很接近，反映了灌淤层均匀的特点。灌淤层有机质含量比潮土有所提高，胡富比提高更多，为 0.9，反映了人为熟化的特点。50 cm 以下的原冲积层不仅有机质含量比其上的灌淤层明显降低，而且颗粒组成有很大变化，特别是

1

黏粒含量减少了一半多。可见，潮灌淤土已不同于潮土，而是一类新的人为土壤。

表 1-1　潮灌淤土和潮土腐殖质与颗粒组成比较

土壤	土层 (cm)	有机质 (g/kg)	腐殖质组成				颗粒组成（%）			质地
			碳 (g/kg)	HA 占比 (%)	FA 占比 (%)	HA： FA	沙粒 (0.05～ 2.0 mm)	粉粒 (0.002～ 0.05 mm)	黏粒 (<0.002 mm)	
潮土	0～18	10.4	6.0	7.6	10.4	0.7	10.2	73.5	16.3	粉质壤土
	18～47	2.8					7.5	86.5	6.0	粉沙土
	47～89	1.3					46.5	50.3	3.0	粉质壤土
潮灌淤土	0～15	14.9	8.6	9.6	10.8	0.9	14.4	63.3	22.3	粉质壤土
	15～28	12.3					13.5	62.7	23.8	粉质壤土
	28～50	7.9					18.3	59.7	22.0	粉质壤土
	50～79	4.3					10.9	79.8	9.8	粉质壤土
	79～110	2.1						71.1	5.1	粉质壤土

注：样品采自宁夏平罗县渠口乡。

（二）灌淤土与地带性土壤

灌淤土地区的地带性土壤类型较多，现以荒漠地区的棕漠土、荒漠草原地区的灰钙土和黄土丘陵区的黄绵土为代表，与灌淤土进行比较，以说明它们的区别。

1. 灌淤土与棕漠土　棕漠土是在暖温带极端干旱的生物气候条件下发育的地带性土壤，广泛分布在新疆天山山脉、甘肃北山一线以南、嘉峪关以西、昆仑山以北广大戈壁平原地区，以河西走廊西半段、新疆东部吐鲁番、哈密盆地和噶顺戈壁地区最为集中，塔里木盆地周围山前洪积戈壁以及这些地区的部分干旱山地上也有分布。与灌淤土相比，棕漠土有两个明显不同的特点：①由于降水量少，植被稀少，生物累积量少，土壤有机质含量普遍偏低，而且表聚性强，有机质层薄。②由于蒸发强烈，土壤淋溶作用非常微弱，导致石膏和可溶性盐含量很高，有时甚至积聚成石膏层和盐积层。以新疆南部新和县依其力克乡为例，灌耕棕漠土位于灌区边缘，垦种历史不长，表层有 12 cm 厚的耕作层，受种植施肥影响，有机质含量较高，为 9.08 g/kg；12～21 cm 土层，鳞片状结构，有黄斑块（棕漠土的铁质染色），有机质含量很低，为 4.90 g/kg；21 cm 以下土层为冲积层。剖面全盐量高，为 0.79 g/kg，表层全盐量高达 9.33 g/kg。剖面土壤质地有一定变化。灌耕棕漠土剖面除耕层有机质含量较高外，其他性状均表现了棕漠土的基本特点（表 1-2）。

表 1-2　灌淤土与灌耕棕漠土理化性质比较

土壤	土层 (cm)	有机质 (g/kg)	全盐量 (g/kg)	CaCO₃ (g/kg)	颗粒组成（%）			质地
					沙粒 (0.05～ 2.0 mm)	粉粒 (0.002～ 0.05 mm)	黏粒 (<0.002 mm)	
灌耕棕漠土	0～12	9.08	9.33	234	51.1	38.5	10.4	壤土
	12～21	4.90	1.22	234	33.3	54.3	12.4	粉质壤土
	21～38	5.07	1.09	236	45.6	46.4	8.0	壤土
	38～60	7.81	0.79	200				

（续）

土壤	土层 （cm）	有机质 （g/kg）	全盐量 （g/kg）	CaCO$_3$ （g/kg）	颗粒组成（%）			质地
					沙粒 （0.05～ 2.0 mm）	粉粒 （0.002～ 0.05 mm）	黏粒 （<0.002 mm）	
灌淤土	0～16	17.80	0.51	244	28.9	54.7	16.4	粉质壤土
	16～35	9.70	0.56	254	28.8	56.3	14.9	粉质壤土
	35～65	7.40	0.72	248	18.8	63.0	18.2	粉质壤土
	65～90	6.30	0.60	238	20.2	59.4	20.4	粉质壤土
	90～108	5.10	0.61	236	19.6	59.3	21.1	粉质壤土

注：样品采自新疆新和县依其力克乡。

灌淤土具有深厚的灌淤层（108 cm）。表层0～16 cm为肥熟层，有机质含量高达17.80 g/kg。再往下有机质含量逐渐降低。全盐量比灌耕棕漠土大为降低，全剖面小于或等于0.72 g/kg。颗粒组成与土壤质地全剖面均匀一致（表1-2）。这些均表现了灌淤土的基本特点，说明人为灌淤、耕种、施肥引起了土壤的深刻变化，使其不同于棕漠土。

2. 灌淤土与灰钙土 灰钙土是温带、暖温带干旱、半干旱地区的地带性土壤，主要分布在黄土高原西北部、银川平原、河西走廊东段黄土梁峁、低山丘陵、河谷阶地和冲积平原及伊犁河谷，处于灰漠土带与栗钙土带之间，呈不连续性分布。与灌淤土相比，灰钙土的典型特点在于：①有机质表聚性强，腐殖质积累程度弱。②剖面发育微弱，钙积层在形态上很不明显，剖面中下部出现石膏淀积层与可溶性盐淀积层。宁夏平原的淡灰钙土（灰钙土的亚类）有机质及全氮含量低，其平均值前者小于7.0 g/kg，后者仅为0.4 g/kg。在表层之下，钙积层CaCO$_3$含量高达221 g/kg，是表层的2.7倍、母质层的1.6倍。全盐量不高，但钙积层与母质层全盐量均高于表层（表1-3）。

表1-3 灌淤土与淡灰钙土化学性质比较

土壤	土层	有机质 （g/kg）	全盐量 （g/kg）	CaCO$_3$ （g/kg）	全量养分（g/kg）		
					N	P$_2$O$_5$	K$_2$O
淡灰钙土	表层	6.3	0.4	83	0.4	1.16	24.0
	钙积层	4.2	2.5	221	0.4	0.96	23.5
	母质层	3.0	2.5	134	0.4	1.15	17.8
灌淤土	灌淤耕层	11.9	2.2	125	0.8	1.60	21.7
	老灌淤层	9.2	1.4	130	0.6	1.37	22.8
	下伏母土层	6.4	0.9	129	0.5	1.15	22.1

注：表中数据为大样本平均值。

宁夏平原的灌淤土有机质及全氮含量明显高于淡灰钙土，灌淤土耕层有机质及全氮含量分别为11.9 g/kg和0.8 g/kg，均是淡灰钙土的2倍左右；老灌淤层的有机质和全氮含量也明显高于淡灰钙土的钙积层，表明灌淤土的人为熟化特点。灌淤土的CaCO$_3$含量全剖面比较均匀，老灌淤层虽略高，但也只是灌淤耕层的1.04倍，是下伏母土层的1.01倍，更没有淡灰钙土那样的钙积层（表1-3）。可见，灌淤土完全不同于淡灰钙土。

3. 灌淤土与黄绵土 黄绵土是黄土母质经直接耕种而形成的一种幼年土壤，因土体疏松软绵、土色浅淡而得名。黄绵土广泛分布于黄土丘陵、塬区、沟坡等水土流失严重的地区，其中甘肃东部和中部、陕西北部、山西西部分布面积较广，宁夏南部、河南西部和内蒙古境内也有分布，跨越了温带半湿润、半干旱、干旱几个气候区，常与黑垆土、灰钙土、红黏土等交错存在，是黄土高原上分布面积最大的土壤。与灌淤土相比，黄绵土的典型特点在于：①土壤剖面发育不明显，只有表土层和底土层，且二者之间无明显界限。②颗粒分选有明显差异，越靠近东南部，大的粉沙粒越少，小的黏粒越少。③土壤侵蚀严重，表层有机质含量低，磷、钾丰富，但有效性低。灌淤土的源土是黄绵土，许多性质受到黄绵土的制约，如其颗粒组成及土壤质地与黄绵土相似。但灌淤土具有灌淤层，很多主要性状已不同于黄绵土。对宁夏境内的黄绵土与灌淤土进行比较，表 1-4 中所列的黄绵土，生长草原植被，表层有机质含量较高，为 18.2 g/kg；亚表层根系仍较多，故有机质含量仍较高，为 7.9 g/kg；38 cm 以下土层根系极少，有机质含量剧减至 4.1 g/kg 以下。可见，黄绵土的有机质含量主要受植被影响。大部分植被覆盖差而侵蚀重的黄绵土有机质含量在 10.0 g/kg 以下。

表 1-4　灌淤土与黄绵土理化性质比较

土壤	土层 （cm）	有机质 （g/kg）	CaCO₃ （g/kg）	颗粒组成（%）			质地
				沙粒 （0.05～2.0 mm）	粉粒 （0.002～0.05 mm）	黏粒 （<0.002 mm）	
黄绵土	0～17	18.2	140	19.5	67.3	13.2	粉质壤土
	17～38	7.9	162	17.5	67.1	15.4	粉质壤土
	38～71	4.1	148	20.0	67.8	12.2	粉质壤土
	71～95	3.5	133	24.0	65.5	10.5	粉质壤土
	95～130	3.4	124	23.5	66.1	10.4	粉质壤土
灌淤土	0～16	23.6	106	13.9	65.1	21.0	粉质壤土
	16～36	8.8	108	22.8	56.5	20.7	粉质壤土
	36～57	7.5	96	30.9	50.9	18.2	粉质壤土
	57～100	6.2	92	37.7	44.2	18.1	壤土

注：黄绵土采自宁夏固原市原州区寨科乡，灌淤土采自宁夏中宁县恩和镇曹桥村二级阶地。

距黄土丘陵较近的灌淤土，表层受施肥影响，有机质含量高达 23.6 g/kg，表层以下的老灌淤层也含有较多的有机质，各自然层次之间，自上而下逐渐减少，最低为 6.2 g/kg，比黄绵土的 4.1 g/kg 高 51%，反映了耕种施肥的作用。灌淤土颗粒组成虽与黄绵土相似，但黏粒含量比黄绵土高（表 1-4），这是输水与灌水过程中颗粒分选的结果。此外，灌淤土的总孔隙度及田间持水量均高于黄绵土，说明在耕作影响下，灌淤土结构较好、疏松多孔。这些均表明灌淤土不同于黄绵土，是由黄土状淤积物所形成的新的人为土壤。

经过以上比较可知，灌淤土具有一定厚度的灌淤层，性状比较均匀一致，具有较高的有机质含量，全盐含量较低。灌淤层中含有人为侵入体，无沉积层次。因此，灌淤土不同于其母土或源土，而是一类新的人为土壤。

（三）中心概念与界限

综上所述，灌淤土为灌淤层厚度大于或等于 50 cm 的土壤。被灌淤层覆盖的原来的土壤称为下伏母土层。灌淤土的性质主要由灌淤层决定，下伏母土层的影响居次要位置。

灌淤土与冲积土不同：灌淤土每年灌水落淤的量很小，其淤积层次与人工施入的肥料被耕作搅动，均匀混合，导致淤积层次消失，且具有较高肥力，并含有人为侵入体；而冲积土具有明显冲积层次，冲积层次之间因沉积条件变化而有较大的变异。灌区内某些洼地，人们有意放淤加以改良，淤积厚度较大，耕作不能消除其淤积层次，因此这种淤积物不属于灌淤土，而与冲积土相当。

灌淤土与肥熟土（菜园土）及堆垫土（娄土等）不同：灌淤土中含有较多的层片状土块，水筛后即可显现；而肥熟土与堆垫土水筛后并无这些层片状土块。一般来说，灌淤土的有机质及其他养分含量也低于肥熟土。堆垫土有特定的下伏母土（褐土），但尚未发现下伏母土为褐土的灌淤土。

灌淤土常与潮土分布在同一平原地区。灌淤土具有厚度大于或等于 50 cm 的灌淤层，而潮土不具有灌淤层。普通灌淤土地下水位深，剖面不受地下水影响，无锈纹锈斑，全剖面还原性物质总量小于 1 当量单位（1 当量单位为 1×10^{-5} mol，$MnSO_4$），是灌淤土的典型亚类。受地下水影响的潮灌淤土是向潮土过渡的亚类。普通潮土无灌淤作用，是潮土的典型亚类。具有准灌淤层的灌淤潮土是潮土向灌淤土过渡的亚类。它们在发生上的联系可表述为普通灌淤土—潮灌淤土—灌淤潮土—普通潮土。

表锈灌淤土上虽然种植水稻，但是不同于水稻土。表锈灌淤土轮作种稻，一个轮作周期（2 年或 3 年）中，水稻生长期为 5 个月，仅占 20% 或 14% 的时间，并在稻田放水前完成整地耕作。水稻土连年种稻，每年一季或两季，每年有半个月以上的时间，其上部土壤因水耕而糊泥化。表锈灌淤土具有灌淤层，无水耕表层，也无水耕氧化还原层（犁底层）。而水稻土具有水耕表层和水耕氧化还原层，而无灌淤层。表锈灌淤土短期种稻，表层有氧化还原作用，表现出向水稻土过渡的特点。

灌淤土分布的干旱、半干旱地区地带性土壤，如棕漠土、灰漠土、灰棕漠土、灰钙土及棕钙土等，有机质积累少，有机质含量多小于 10.0 g/kg，一般有可溶性盐或碳酸钙的积聚，有的还有石膏淀积。灌淤土已不同于这些地带性土壤，养分含量较高，表层有机质含量平均值大于 10.0 g/kg，无盐类积聚，无盐渍层，也无钙积层。宁夏国有渠口农场是在淡灰钙土上开垦建立起来的，在该农场灌淤耕作多年的农田上，形成了地带性土壤（淡灰钙土）与灌淤土的过渡类型灌淤灰钙土，土壤剖面上部有厚度为 40 cm 的准灌淤层，准灌淤层可划分为表层（0～14 cm）、心层（14～30 cm）、底层（30～40 cm）。底层是灌淤物与下伏淡灰钙土原来表土的混合物质，也就是准灌淤层与下伏母土（淡灰钙土）的过渡层。准灌淤层之下，40～70 cm 土层为下伏淡灰钙土的钙积层，石灰斑块仍清晰可见，因灌溉湿度增加而不太紧实。这一实例清楚地说明了地带性土壤在耕种灌淤后向灌淤土过渡的具体状况。

二、灌淤土分类原则

（一）分类原则

灌淤土的分类遵循土壤分类的一般原则，即以土壤发生学理论为指导，以土壤自身性状为依据，分类依据指标化、定量化。灌淤土是重要的农用土壤，在分类时也要体现土壤的生产性。

灌淤土在长期灌水落淤与耕种施肥交替作用下形成，这一点研究者已有共识。王吉智等通过研究将灌淤土的形成作用分成 3 个层次，主导形成作用为灌水落淤、淋洗与耕种搅动、培肥，两者紧密结合、交替进行，逐步形成一定厚度的灌淤层。在灌淤土的分类中，要反映灌淤土的主导形成作用、附加形成作用以及气候与下伏母土这些作用因素的强弱和不同的组合关系，以表明分类单元之间的发生学联系。例如，城镇附近的常年菜地，人为培肥强度比其他灌淤土大得多，土壤性状已有明显变化，故划分出肥熟灌淤土亚类，以反映灌淤土的高度熟化特性。根据灌淤土形成时不同附加形成作用引起的不同性状变异，划分出潮灌淤土、表锈灌淤土及盐化灌淤土等亚类。

关于灌淤土的氧化还原附加形成作用，以前仅从土壤有无锈纹锈斑进行观察，现在运用新的电化学方法进行全年定位研究，根据还原性物质总量与氧化还原电位的变化揭示普通灌淤土、潮灌淤土和表锈灌淤土氧化还原的内在特性分异，提出了划分这3个亚类的定量指标。

气候对灌淤土的影响以温度的影响为最大。灌淤土分布南北纵跃纬度 15°、东西横跨经度 38°，海拔相差超过 3 000 m。较大的气候变化对灌淤土的性状产生了一定的影响。灌淤土的分类也要反映这种发生特点，故划分出暖温漠境的钙积灌淤土和亚高山河谷的冷灌淤土。但土壤分类不等于气候分类，在土壤性状上没有明显体现的气候变化，在灌淤土分类中也难以体现。例如，新疆南部暖温带干旱漠境的灌淤土有钙积现象，西藏西部亚高山河谷的灌淤土在冷性温度条件下冻结时间长、有机质积累多。

下伏母土对灌淤土有一定影响，这种影响主要有两个方面：一是下伏母土物质掺进灌淤层底部，二是下伏母土原有的成土作用可延续影响灌淤土的形成。但灌淤土的性状主要取决于灌淤层，因此对于下伏母土的影响在基层分类中一般不予以体现。

灌淤土的性状及分异是灌淤土分类指标化与定量化的重要依据。根据数理统计结果，在一般情况下，灌淤耕层有机质的平均含量加标准差为 17.06 g/kg，代表其有机质含量的上限，肥熟灌淤土表层有机质平均含量减标准差为 17.30 g/kg，代表其有机质含量的下限。这两个数据（17.06 g/kg 与 17.30 g/kg）既相互衔接又不重叠。这样可以有依据地将有机质含量 17.00 g/kg 作为肥熟灌淤土与其他灌淤土的一项重要分类指标。

关于灌淤土的生产性，一般在高级分类单元（亚类）中以体现土壤合理利用改良的途径为主，中级分类单元（土属）与土壤管理和作物布局有关，基层分类单元（土种）的耕种、灌溉与培肥等具体技术措施更趋一致。

（二）分类制

灌淤土属人为土纲，分类采用土类、亚类、土属、土种与亚种五级分类制。土类与亚类属高级单元，土属为中级单元，土种为基层单元，亚种为基层单元的变异。

1. 土类　灌淤土是灌淤、耕种和施肥作用下形成的人为土壤类型，有灌淤层。

（1）灌淤土的水筛鉴别。灌淤层与其他人为土层相似，由灌水落淤形成。灌水淤积层次虽可被耕作搅动破坏，但灌水淤积的层片状土块不能被耕作完全粉碎，有的可在剖面中观察到，但大部分须经水筛后才能呈现出来。

为此，人们设计了水筛法。经试验证实，水筛法是鉴别灌淤层简便而准确的方法。将 300 g 土样置于 80 目筛中，浸泡静置 1 h 后，在清水盆中水平方向轻轻来回晃动 5 min，筛面上残留层片状土块的即为灌淤层，无层片状土块残留的不是灌淤层。筛面上有残留的层片状土块，数量达数十个至数百个，重量占干土重的 0.35%～2.90%。层片状土块呈半磨圆扁平状，长度为 0.15～6.00 mm，宽度为 0.1～4.0 mm，厚度为 0.02～0.04 mm，致密，无孔隙，在放大镜下可见层片状层理。

供试的 7 个灌淤土土样来自宁夏、新疆及河北，包括灌淤土的主要亚类普通灌淤土与潮灌淤土，土壤质地有沙壤土、壤土及黏壤土。因此，具有广泛的代表性。

试验以陕西堆垫土（塿土）的两个土样和河北石家庄郊区及北京丰台南苑的两个肥熟土土样为对照。水筛后，对照土样筛面上没有层片状土块，但出现多边形不规则土块，其长、宽、厚相近，土块内包有石灰渣及煤渣等杂物，土块表面有小孔隙，这是一种不易在水中分散的团聚体，与灌淤土特有的层片状土块易区分。

（2）灌淤层厚度指标。灌淤层厚度是划分灌淤土土类的一个重要指标，但对厚度指标的研究长期以来存在不同结果。灌淤土是重要的农业土壤，灌淤层厚度指标应联系其生产来确定。对灌淤层厚度与小麦生产的调查研究结果表明，在一定范围内，灌淤层厚度与小麦单位面积产量提高呈对数函数关系，依据其相关曲线斜率的变化分析得出：灌淤层厚度小于 50 cm 时，下伏母土层与灌淤层均对生产发挥重要的作用；灌淤层厚度大于或等于 50 cm 时，主要是灌淤层对生产发挥作用。因此，将灌淤层厚度指标定为 50 cm 很合适，这不仅完善了灌淤土的鉴别特征，还使分类指标具有了生产意义。在宁夏平罗开展的灌淤层厚度与小麦生产关系的专题研究结果表明，在一定范围内，灌淤层厚度（Y）与小麦单位面积产量（x）呈对数函数关系。相关方程为

$$Y = 142.581 \lg x - 5.77 \quad R^2 = 0.47$$

根据这个对数函数方程，求导得出曲线斜率公式为

$$Y' = 142.577 \frac{1}{\ln 10} \frac{1}{x}$$

根据曲线斜率公式求出曲线各点的斜率（表 1-5）。对曲线斜率进行分析：当灌淤层厚度小于 50 cm时，曲线斜率大，即灌淤层增厚，小麦产量上升快；灌淤层厚度大于或等于 50 cm 时，曲线斜率小，即灌淤层增厚，小麦产量增长缓慢；当灌淤层厚度大于或等于 80 cm 时，曲线斜率很小，小麦产量的增长趋势平缓。

表 1-5 灌淤层厚度与小麦产量的关系曲线斜率

灌淤层厚度（cm）	曲线斜率
10	6.190
20	3.096
30	2.064
40	1.584
50	1.238
60	1.032
70	0.885
80	0.774
90	0.688
100	0.619

通过对灌淤土地表至 50 cm 处相同体积（30 cm×30 cm×50 cm）土体内的小麦根系重量进行测定可知：灌淤层较薄时，小麦根系主要集中在灌淤层；灌淤层较厚时，小麦主要根系分布深度多不超过 40 cm，其根量占 86% 以上，50 cm 以下土壤的根系很少。这也是灌淤层厚度大于 50 cm 时对小麦产量影响不大的一个原因。

根据灌淤层厚度与小麦产量的关系，可将灌淤层厚度指标划分如下：小于 50 cm（或 20~50 cm）为准灌淤层。具有准灌淤层的土壤不属于灌淤土，或为灌淤××土。此时下伏母土层与准灌淤层均对生产发挥重要作用。大于或等于 50 cm 为灌淤层，具有灌淤层的土壤为灌淤土。此时，主要是灌淤层对生产发挥作用。

并可进一步划分：

薄层：50~80 cm，此时，灌淤层对生产起主要作用，下伏母土层影响较小。

厚层：大于或等于 80 cm，此时，灌淤层对生产发挥作用，下伏母土层影响很小。

（3）灌淤层的鉴别条件。根据水筛鉴别法与厚度指标的研究结果，结合已经获得的资料，将灌淤

层的鉴别条件综述如下：①剖面上无灌水淤积的层次，水筛后筛面上有层片状土块。层片状土块呈半磨圆扁平状，致密，无孔隙，在放大镜下可见片状层理。②含有煤渣、炭渣、碎砖块、碎陶瓷及兽骨等侵入体。③颜色、颗粒组成、土壤质地、碳酸钙及有机质含量，同一剖面比较均匀一致，灌淤层底部的有机质含量不低于 4.0 g/kg。相邻亚层的土壤质地，按美国农业部土壤质地分类三角图，位于同一格或相邻格中。无黏化层，也无钙积层。④厚度大于或等于 50 cm（厚度不足 50 cm、具有 A－C 性状的称为准灌淤层）。

2. 亚类 在灌淤土之下，依据中心概念的偏离或附加成土作用所形成的性状划分。代表灌淤土中心概念的亚类为普通灌淤土。

偏离中心概念的亚类：肥熟灌淤土，反映特别培肥所引起的偏离；钙积灌淤土，暖温环境条件下产生的偏离；冷灌淤土，高寒条件下产生的偏离。

具有附加成土作用的亚类：潮灌淤土，在地下水位升降影响下，剖面中下部发生氧化还原交替的附加作用；表锈灌淤土，在轮作种植水稻条件下，灌淤耕层有氧化还原交替的附加作用；盐化灌淤土，有盐渍化附加作用。

3. 土属 土属对亚类与土种起联系作用。土属既体现亚类的续分，又体现土种共性的归纳。土属主要依据灌淤物（母质）中对土壤利用和管理有重大影响的属性进行划分。具体指标：①灌淤物类型不同引起的灰色土属和暗色土属，灰色土属灌淤层风干色为 10Y 6/1，耕层有机质含量小于 12.0 g/kg，暗色土属灌淤层颜色灰暗，耕层有机质含量大于或等于 23.0 g/kg，有效磷含量小于 30.0 mg/kg，老灌淤层有机质含量大于或等于 14.0 g/kg。②颗粒组成类型，按灌淤层黏粒、粉粒、沙粒所占比例划分为粉质、沙粉质、沙质、黏质和混合型 5 种。③土壤温度，根据地表下 50 cm 处年平均土壤温度分为冷性（小于 8 ℃）、温性（8～12 ℃）和暖性（12～15 ℃）。④盐分组成（主要用于盐化灌淤土），根据氯化物和硫酸根当量占比划分为硫酸盐型、混合盐型和氯化物型 3 种。

4. 土种 土种是分类的基层单元，反映客观存在的土壤实体。同一土种处于相同地理景观部位，剖面形态、土体构型及重要理化性质等属性基本一致。土种是基层分类单元，在建立土种时，理应考虑其上各级分类单元。但土种也有相对的独立性，如果上层分类单元有变动，土种依然存在，可能只是其上层单元的隶属关系有变化。由于研究不够充分、尚难确定上层分类单元的，可根据实际资料，先建立土种。

5. 亚种 亚种反映同一土种的较小变异，如耕层或下伏母土层的质地变异等。

三、灌淤土分类指标

灌淤土是一类古老灌溉耕种的土壤，在长期的生产实践中，古人已初步认识到灌水落淤有改良土壤、增厚土层和抬高地面的作用。新中国成立后，随着土壤调查工作的开展，人们发现并认识了灌淤土，并将其论证为一个新的土壤类型。20 世纪 50 年代，王吉智在宁夏银川平原土坡调查后指出，灌水落淤与排水、耕作及施肥等农业措施的综合影响使土壤的理化生物性状发生了质变、产生了新的土壤类型。将灌淤土划分为普通灌淤土、草甸灌淤土（潮灌淤土）、盐化灌淤土和表锈灌淤土等亚类。20 世纪 60—70 年代，中国科学院新疆综合考察队崔文采和中国科学院内蒙古宁夏综合考察队报道了新疆与内蒙古的灌淤土。1978 年，中国土壤学会土壤分类学术会议首次在全国土壤分类系统中列出了灌淤土土类，划分了亚类。1979 年开展的第二次全国土壤普查对全国各地的灌淤土进行了一次全面的调查，发现了西藏西部亚高山河谷的灌淤土，首次列出了人为土纲，灌淤土为该土纲下的一个土类，划分为普通灌淤土、潮灌淤土、表锈灌淤土和盐化灌淤土 4 个亚类。20 世纪 80 年代中期，由中国科学院南京土壤研究所主持的中国土壤系统分类课题研究，促进了灌淤土研究的深化。史成华对灌淤土的理化性质进行了多方面的分析研究，并将其划分为 6 个亚类。陈隆亨、张累德分别对甘肃和新疆的灌淤土进行了研究，并划分出若干亚类。中国土壤系统分类（首次方案，1991 年）总结了这段时间的研究工作，初步提出了灌淤表层的诊断层指标，在人为土纲、旱耕人为土亚纲之下列出灌淤土土类，又将其分为普通灌淤土、灰灌淤土、盐化灌淤土和潮灌淤土 4 个亚类。总之，土壤学界在灌淤土为人为土及形成作用的主要特点等方面已达成共识，但有关亚类的划分尚有不同的观点，在灌淤土形成作用、鉴别特征及基层分类等方面，还存在一些问题，有待进一步研究。

（一）分类指标

灌淤土作为一个土类的指标是具有厚度大于或等于 50 cm 的灌淤层，该鉴别指标已被论述。此处只论述亚类、土属及土种的分类指标。

1. 亚类的分类指标　灌淤土亚类的分类指标主要是选择可以反映偏离灌淤土中心概念和附加形成作用的有分异的性状：有机质、有效磷、碳酸钙、还原性物质总量、氧化还原电位、全盐量、黏粒矿物及土壤温度等；锈纹锈斑、石灰质假菌丝体及土壤颜色明度等形态分异易在田间鉴别，因此，在亚类划分中也是重要的指标；某些土壤微形态的分异在亚类划分中也起到一定的作用（表 1-6）。

表 1-6　灌淤土亚类的分类指标

亚类	分类指标	发生意义	生产意义
普通灌淤土	具有厚度大于或等于 50 cm 的灌淤层，0~100 cm 无锈纹锈斑，4 月、10 月全剖面还原性物质总量小于 1 当量单位。有机质含量为 4.0~17.0 g/kg，若有机质含量大于 17.0 g/kg，则有效磷含量小于 30 mg/kg	灌淤土的典型亚类	具有多宜性，尤其适合枸杞、果类等经济作物生长，盐渍化威胁小。春季需加强保墒耕作
肥熟灌淤土	耕层（或再加表土层以下一定厚度的心土层）为肥熟灌淤层，明度比其下层低一级。有机质含量大于 17.0 g/kg，同时有效磷含量大于 30 mg/kg。灌淤层总厚度大于或等于 50 cm。微形态鉴定，其基质为絮凝基质	特殊熟化的灌淤土亚类	土壤肥力高，多为常年菜地
钙积灌淤土	剖面自上而下有石灰质假菌丝体散布，且有自上而下渐多的趋势。碳酸钙含量自上而下渐增。未形成钙积层，也无石膏或可溶性盐积聚层。其余与普通灌淤土相似	暖温漠境条件有碳酸钙累积现象的灌淤土，属于水平地带性的变异	因温度高，除粮油作物外，尤其适合棉花、瓜果生长。须加强土壤耕作
冷灌淤土	地表下 50 cm 处年平均土壤温度小于 8.0 ℃，一般为 2.5~5.5 ℃，属冷性。灌淤耕层有机质含量在 25.0 g/kg 以上，老灌淤层在 8.0 g/kg 以上，有效磷含量小于 30 mg/kg	亚高山河谷冷灌淤土，属于垂直地带性的变异	适合青稞、豌豆等耐寒作物生长
潮灌淤土	剖面中下部有锈纹锈斑，4 月、10 月灌淤耕层还原性物质总量小于 1 当量单位，灌淤耕层以下土层大于 1 当量单位。剖面中下部的黏粒矿物，蒙皂石较其他亚类多。其余与普通灌淤土相似	受地下水影响，剖面中下部有氧化还原作用交替发生的灌淤土	土壤水分条件好，但须注意防止土壤盐渍化

（续）

亚类	分类指标	发生意义	生产意义
表锈灌淤土	耕层有锈纹锈斑。不种水稻年，全剖面还原性物质总量大于 1 当量单位；轮作种水稻年，耕层还原性物质总量大于 5 当量单位，耕层以下大于 3 当量单位。5—9 月种稻期间，耕层氧化还原电位（Eh_7）小于 200 mV，耕层以下氧化还原电位大于 300 mV。耕层的黏粒矿物蒙皂石较其他亚类多。其余与普通灌淤土相似	在轮作种稻条件下，耕层有氧化还原作用交替发生的灌淤土	轮作种植水稻
盐化灌淤土	耕层有可溶性盐积聚，全盐量大于 1.5 g/kg，宁夏等按 0～20 cm 土层计算，新疆按 0～60 cm 土层计算	有盐渍化作用的灌淤土	受盐渍化影响，作物生长不良或缺苗，须进行改良

2. 土属的分类指标　由于土属的分类指标以灌淤物类型为基础，因此先简述灌淤物的主要类型及其主要特点，再论述土属的分类指标。

（1）灌淤物的主要类型及其主要特点。不同的源土有着相应的不同的灌淤物。

黄土性灌淤物：多见于黄河及其支流的冲积平原。源土为黄绵土和黄土状物质。色浅，颗粒组成为粉质，富含碳酸钙，黏粒矿物以水云母为主。

昆仑黄土性灌淤物：分布于新疆昆仑山北麓洪积冲积平原。以昆仑黄土为源土。色浅，颗粒组成为沙粉质，富含碳酸钙，黏粒矿物以水云母为主。

灰色灌淤物：主要分布在新疆喀什地区。源土为山地灰色岩石风化物。灰色（10Y 6/1），颗粒组成为沙质，有机质含量低，在 9.0 g/kg 左右。

暗色灌淤物：主要分布于河北张家口坝下、内蒙古土默川平原、宁夏香山北麓及甘肃河西黑河平原。源土为山地或高原上富含有机质土壤，因此有机质含量高，大于 14.0 g/kg。色暗，颗粒组成属于混合型。

灌淤物是形成灌淤土的基本物质，灌淤土的颜色、有机质含量、颗粒组成及黏粒矿物组成等在很大程度上受灌淤物的制约。

（2）土属的分类指标。以灌淤物类型为基础，并考虑对土壤利用和管理的影响，可作为土属划分依据的土壤属性及其指标如下：

① 土壤颜色。主要为灰色与暗色，灰色反映灰色灌淤物形成的灌淤土，暗色反映暗色灌淤物形成的灌淤土。

② 颗粒组成。颗粒组成对土壤利用和管理有明显影响，并在一定程度上反映了灌淤物类型。分为粉质、沙粉质、沙质、黏质及混合型，灌淤土颗粒组成见表 1-7。

表 1-7　灌淤土颗粒组成

灌淤土类型	黏粒（%） （<0.002 mm）	粉粒（%） （0.002～0.05 mm）	沙粒（%） （0.05～2.0 mm）
粉质灌淤土	<30	>0	<0
沙粉质灌淤土	<25	>40	>30
沙质灌淤土	<17	<43	>40
黏质灌淤土	>30	>35	<30
混合型灌淤土	>17	<40	>30

③ 土壤温度。土壤温度与作物关系密切。根据地表下 50 cm 处年平均土壤温度，划分如下：

冷性：<8 ℃，适合耐寒的青稞与豌豆等。

暖温性：8～15 ℃，又续分为温性与暖性。

温性：8～12 ℃，适合一般粮、油等作物。

暖性：12～15 ℃，除一般粮、油等作物外，还适合棉花等喜暖温的作物。

④ 盐分组成。用于盐化灌淤土土属的划分。依据主要阴离子含量的当量比值（即氯离子与硫酸根离子的当量比值），划分如下：

≤0.50，属于硫酸盐类型。

0.51～3.99，属于（氯化物与硫酸盐）混合盐类型。

≥4，属于氯化物类型，但在盐化灌淤土中尚未发现这种类型。

⑤ 土属划分（表 1-8）。

表 1-8　灌淤土的亚类土属划分

灌淤土亚类	灌淤土土属
普通灌淤土	暖性沙粉质土
	暖性黏质土
	灰色暖性沙质土
	温性沙粉质土
	温性粉质土
	温性黏质土
	暗色温性沙粉质土
	暗色温性混合土
肥熟灌淤土	暖性粉质土
	温性粉质土
	暗色温性沙粉质土
钙积灌淤土	暖性粉质土
冷灌淤土	冷性沙粉质土
潮灌淤土	温性沙粉质土
	温性粉质土
	温性黏质土
	温性混合土
	暗色温性粉质土
表锈灌淤土	温性沙质土
	温性粉质土
	温性黏质土
盐化灌淤土	硫酸盐暖性粉质土
	硫酸盐温性粉质土
	硫酸盐温性黏质土
	混合盐温性沙质土
	混合盐温性沙粉质土
	混合盐温性粉质土
	混合盐温性黏质土

3. 土种的分类指标 同一土种处于相同的地理景观部位，剖面形态、土体构型及重要理化性质基本一致。从灌淤土的特点来看，建立土种的具体指标如下：

（1）处于相同的大、中地形部位，地下水影响基本一致。农业利用方式（是否轮作种植水稻等）基本相同。这些虽不是土壤属性，但对土壤属性会有较大影响，因此可作为参考指标。

（2）反映主导的和附加的成土作用的剖面形态与理化性质基本一致。换言之，在建立土种时也应采用亚类分类指标。

（3）土壤主色、颗粒组成类型及土壤温度级别相同。

（4）灌淤层主要质地相同。

（5）灌淤层厚度处于同一级别。灌淤层厚度分为薄层（50～80 cm）、厚层（≥80 cm）。

（6）土壤盐渍化程度一致，盐分组成类型相同，盐渍化程度［20 cm 土层土壤的全盐量（g/kg）]：轻盐化，全盐量为 1.5～3.0（6.0）；中盐化，全盐量为 3.0～6.0（6.0～10.0）；重盐化，全盐量为 6.0～10.0（10.0～20.0）。括号内为新疆灌淤土所采用数字，深度按 0～60 cm 计（新疆土壤普查办公室，1991，《新疆土壤》）。

4. 亚种的分类指标 亚种按土种的下列变异划分：①灌淤层主要质地相同时，灌淤耕层的质地变异。②灌淤层以下，100 cm 以内出现的障碍土层，如沙土层、黏土层及青土层等。

（二）命名

土壤命名宜根据汉语习惯以利于推广应用。首先，各级分类单元分开命名。其次，力求简练，尽可能从名称上表现土壤的主要特征，但也要避免将土壤性状过多地罗列到名称上。

1. 土类与亚类名称 土类与亚类名称以反映其发生特征为主，用土类名称定位灌淤土，表明灌淤这个最主要的发生特点。亚类名称有普通灌淤土、肥熟灌淤土、钙积灌淤土、冷灌淤土、潮灌淤土、表锈灌淤土和盐化灌淤土，分别表达了各亚类的不同发生特点。

土类与亚类名称与中国土壤分类系统（1992）一致。但肥熟灌淤土、钙积灌淤土和冷灌淤土在中国土壤分类系统中尚未被列出，是本书新划分出来的 3 个亚类。

本书所用土类与亚类名称与中国土壤系统分类（修订方案）比较后所用名称对照如下：

灌淤土　灌淤旱耕人为土

普通灌淤土　普通灌淤旱耕人为土

肥熟灌淤土　肥熟灌淤旱耕人为土

钙积灌淤土　钙积灌淤旱耕人为土

冷灌淤土　寒性灌淤旱耕人为土

潮灌淤土　潮灌淤旱耕人为土

表锈灌淤土　水耕灌淤旱耕人为土

盐化灌淤土　盐化灌淤旱耕人为土

国际土壤分类中尚无可供灌淤土恰当参比的名称。美国土壤系统分类中的厚熟始成土（plaggept）和联合国世界土壤图（1988）中的人为集合土类、堆积人为土单元（cumulic anthrosols）类似于灌淤土。

2. 土属名称 一般以土壤温度状况与颗粒组成类型命名，以反映土属的主要特征，如暖性沙粉质土、温性粉质土等。灰色与暗色灌淤物形成的土属，再加灰色或暗色字样，如灰色暖性沙质土、暗色温性沙粉质土等。盐化灌淤土的土属冠以盐分组成类型，如硫酸盐温性粉质土、混合盐温性粉质土等。

3. 土种名称 土种名称由代表剖面的地点与土壤质地组成。代表剖面是建立土种的主要基础，土壤质地是土壤的重要特性，土种以上各级分类单元尚未被用作分类指标。土种名称如张家口黏壤土、巴格其粉质壤土等。

4. 亚种名称 在土种名称前冠以障碍土层或耕层质地的变异加以命名。

5. 连续名称 上面说明了各级分类单元分段命名的原则与方法，如果要表明分类上的从属关系，可自上而下连续命名。例如，普通灌淤土-暗色温性沙粉质土-常乐壤土，则表明亚类为普通灌淤土，土属为暗色温性沙粉质土，土种为常乐壤土。

四、灌淤土分类系统

根据上述分类原则、分类制、分类指标和命名方法，将灌淤土的分类系统列入表 1-9，共计 7 个亚类、28 个土属和 48 个土种。

表 1-9 灌淤土分类系统

亚类	土属	土种
普通灌淤土（Io）	暖性沙粉质土（Io_1）	巴格其粉质壤土（Io_{11}）
	暖性黏质土（Io_2）	乌恰粉质黏壤土（Io_{21}）
		朱家桥粉质黏壤土（Io_{22}）
	灰色暖性沙质土（Io_3）	塔孜洪壤土（Io_{31}）
	温性沙粉质土（Io_4）	明永壤土（Io_{41}）
	温性粉质土（Io_5）	朱台粉质壤土（Io_{51}）
		鸣沙粉质壤土（Io_{52}）
		南兴渠粉质壤土（Io_{53}）
		金崖黏壤土（Io_{54}）
	温性黏质土（Io_6）	园丰粉质黏壤土（Io_{61}）
	暗色温性沙粉质土（Io_7）	新墩粉质壤土（Io_{71}）
		常乐壤土（Io_{72}）
	暗色温性混合土（Io_8）	张家口黏壤土（Io_{81}）
肥熟灌淤土（I_f）	暖性粉质土（I_{f1}）	菜场粉质壤土（I_{f11}）
	温性粉质土（I_{f2}）	耶和庄壤土（I_{f21}）
		曹桥粉质壤土（I_{f22}）
		银东粉质黏壤土（I_{f23}）
	暗色温性沙质土（I_{f3}）	三磨盘壤土（I_{f31}）
钙积灌淤土（I_{Ca}）	暖性粉质土（I_{Ca1}）	巴仁粉质壤土（I_{Ca11}）
冷灌淤土（I_c）	冷性沙粉质土（I_{c1}）	托林壤土（I_{c11}）
		乌江壤土（I_{c12}）

（续）

亚类	土属	土种
潮灌淤土（I_a）	温性沙粉质土（I_{a1}）	幸福壤土（I_{a11}）
	温性粉质土（I_{a2}）	新民粉质壤土（I_{a21}）
		红旗粉质壤土（I_{a22}）
		良渠粉质壤土（I_{a23}）
		和平黏壤土（I_{a24}）
		庠湖黏壤土（I_{a25}）
	温性黏质土（I_{a3}）	高路粉质黏壤土（I_{a31}）
	温性混合土（I_{a4}）	黑泉沙壤土（I_{a41}）
	暗色温性粉质土（I_{a5}）	安乐村粉质黏壤土（I_{a51}）
表锈灌淤土（I_r）	温性沙质土（I_{r1}）	桃林壤土（I_{r11}）
	温性粉质土（I_{r2}）	庙渠粉质壤土（I_{r21}）
		金星粉质壤土（I_{r22}）
		姚庄粉质壤土（I_{r23}）
		沙渠粉质黏壤土（I_{r24}）
	温性黏质土（I_{r3}）	习岗黏壤土（I_{r31}）
		良繁场粉质黏壤土（I_{r32}）
盐化灌淤土（I_s）	硫酸盐暖性粉质土（I_{s1}）	阿瓦提粉质壤土（I_{s11}）
		喀什粉质壤土（I_{s12}）
	硫酸盐温性粉质土（I_{s2}）	通六粉质壤土（I_{s21}）
	硫酸盐温性黏质土（I_{s3}）	联丰粉质黏壤土（I_{s31}）
	混合盐温性沙质土（I_{s4}）	幸六沙壤土（I_{s41}）
	混合盐温性沙粉质土（I_{s5}）	幸三壤土（I_{s51}）
		龚家桥壤土（I_{s52}）
	混合盐温性粉质土（I_{s6}）	金七粉质壤土（I_{s61}）
		通城粉质壤土（I_{s62}）
	混合盐温性黏质土（I_{s7}）	满春粉质黏壤土（I_{s71}）
		良田粉质黏壤土（I_{s72}）

注：括号内的英文字母和阿拉伯数字为各级类别检索代号。

第二节　灌淤土的土壤类型与分布

灌淤土广泛分布于我国干旱与半干旱、有水源灌溉的平原绿洲地区。东起西辽河平原，经河北北部洋河和桑干河河谷，内蒙古、宁夏、甘肃及青海黄河冲积平原，甘肃河西走廊，西至新疆昆仑山北麓与天山南北山前洪积扇和河流冲积平原，一般都有灌淤土的分布。受其形成的自然地理条件和农业利用方式影响，灌淤土主要分布在我国西北干旱区，这些地区有较为丰富的热量，但降水不足，植被盖度小，土质疏松，降水常以暴雨为主，容易淤积。另外，此区域农业生产中引灌水量大，灌溉过程中有使用土粪的习惯，容易形成深厚的灌淤土层。

1992 年，全国灌淤土面积约 156.96 万 hm²，从区域分布来看，主要分布在新疆塔里木盆地和准噶尔盆地、内蒙古河套平原、甘肃河西走廊地段、宁夏银川平原、青海湟水河谷地。从地形部位来看,由于西北干旱区水资源有限,垦殖利用总是发生在地形平坦、灌溉方便、地形水位不是很高也不是太低的部位。所以,灌淤土主要分布于洪积扇的中下部、河流两岸阶地、较大河流的冲积平原以及内陆湖泊的边缘地段。从区域上来看,灌淤土的分布总是同各种形式的灌溉水源联系在一起,并受到地形部位的制约以及农业耕种历史的影响。

新疆的灌淤土约 73.2×10^4 hm²。在塔里木盆地北部主要分布在天山南麓较大河流形成的洪积扇和干三角洲上,在西部和南部,主要分布于昆仑山北坡季节性河流和较大的河流阶地上,与河流呈平行条带状分布,而在塔里木盆地中部,由于农业灌溉活动局部发生,形成了灌淤土在灰漠土上的斑块状分布;另一个较为集中的分布区在准噶尔盆地南部,天山山前洪积平原中下部,区域内天山北麓较大的河流沿线为灌淤土集中分布区域,至区域中部,灌淤土层逐渐变薄,也呈零星点状分布。

甘肃的灌淤土总面积约 21.1×10^4 hm²,占甘肃总土壤面积的 0.464%,主要分布在黄河、洮河、渭河、泾河、大通河、大夏河等支流的谷地、阶地和平原上,河西走廊地区黑河、石羊河和疏勒河三大内陆河流域的山前洪积冲积平原、扇缘溢出带、大河冲积平原阶地。在临夏回族自治州、兰州市、天水市、白银市等地有 28.9 万亩*的潮化灌淤土以及 2.8 万亩的盐化灌淤土;河西走廊灌溉农业区占河西地区总土地面积的 5.12%,其分布特点为不连续块状分布,中部洪积冲积扇和冲积平原的平缓地区且海拔较高处灌淤土分布集中,而边缘地带灌淤土与潮土、盐土交错分布。

宁夏的灌淤土总面积约 46.1×10^4 hm²,约占全灌区面积的 50%,占全灌区耕地面积的 80%,主要分布在地势平坦、沟渠纵横的黄河冲积平原区域,主要包括银川市、石嘴山市、中卫市、吴忠市 4 个市的引黄灌溉和扬水灌溉区域。灌区内平均海拔 1 100~1 300 m。银川市以北的引黄灌区面积约 19.2×10^4 hm²,是宁夏农业精华地带和经济发展的核心区域,也是国家重要的商品粮基地。

青海的灌淤土面积 4.86×10^4 hm²,占青海土壤面积的 0.075%,主要分布于东部农业区的海东市、西宁市和黄南藏族自治州尖扎县、同仁县老川水地区以及海南藏族自治州贵德县等地。分布的地形主要是沿河低阶地和山前平原冲积扇中下部,主要特征是有一定厚度的灌淤熟化层,灌淤层具有均匀性的特点,物理性质和化学性质缓慢变化。

河套平原是阴山山脉与鄂尔多斯高原间的断陷冲积湖积平原。位于内蒙古西南部,北至阴山南麓,断层崖矗立于平原之北,南到鄂尔多斯高原北缘的陡坎,西与乌兰布和沙漠相连,东及东南与蛮汉山山前丘陵相接。灌淤土在此区域也有较为广泛的分布,包兰铁路与陕坝—五原公路之间是灌淤土分布集中区,黄河防洪堤以南,总排干以北有少量分布。灌淤土面积达 11.7×10^4 hm²。

一、普通灌淤土

(一)分布与形成条件

普通灌淤土是典型亚类,面积最大,占灌淤土土类总面积的 79%。除西藏以外,其他灌淤土地区均有分布。

---

* 亩为非法定计量单位,1 亩=1/15 hm²。——编者注

普通灌淤土所处地形部位高，如山麓洪积扇上中部及河流冲积平原的较高阶地或上中游地区。地下水位深：灌区开灌前，地下水埋深大于3m，有的大于10m；灌溉期，地下水位有短期上升；停灌后，地下水位迅速下降。因此，地下水对土壤没有影响。

（二）暖性沙粉质土

主要分布于昆仑山北麓的洪积冲积平原。地表下50cm处的年平均土壤温度为12~15℃，属暖性温度状况。灌淤物的源土为昆仑黄土，分布于昆仑山北坡的中山或低山，海拔可达3 500~4 000 m。比较均匀，可能为风成。

暖性沙粉质土有巴格其粉质壤土一个土种。

1. 分类系统　以连续命名来表示分类上的从属关系（后同）：普通灌淤土-暖性沙粉质土-巴格其粉质壤土。

2. 分布与形成条件　分布于新疆昆仑山北麓和田、且末及若羌等地。洪积冲积平原，地下水埋深大于5m。暖温漠境，年平均气温11.0~12.1℃，年平均降水量28.9~47.1mm。每年小麦灌水5次，11月底冬灌一次。每公顷每年灌水量5 400 m³。灌水淤积物多来源于昆仑黄土，与黄绵土相比，沙粒含量较高，黏粒含量较低。

（三）暖性黏质土

分布于新疆南部与陕西关中地区，从温度条件来看，均属于暖性，年平均气温为10.0~13.0℃，地面下50cm处的年平均土壤温度为12.5~15.5℃。年平均降水量有明显差异，新疆南部仅52mm，陕西则高达534.7mm。颗粒组成均为黏质，即黏粒含量大于30%，沙粒含量小于30%。由于陕西暖性黏质土的源土为黄绵土，其粉粒含量甚高，达64%~73%；而新疆暖性黏质土的源土为天山南坡的岩石风化物，粉粒含量较低，为42%~58%。

暖性黏质土有2个土种：乌恰粉质黏壤土和朱家桥粉质黏壤土。

1. 乌恰粉质黏壤土

（1）分类系统。普通灌淤土-暖性黏质土-乌恰粉质黏壤土。

（2）分布与形成条件。分布于新疆阿克苏地区库车河冲积平原，地下水位深，对土壤无影响。年平均气温10.0~11.4℃，年平均降水量52.0mm。引库车河水灌溉，水量不足时用井水补灌。

2. 朱家桥粉质黏壤土

（1）分类系统。普通灌淤土-暖性黏质土-朱家桥粉质黏壤土。

（2）分布与形成条件。分布于陕西泾阳泾河冲积平原。年平均气温13.1℃，50cm处年平均土壤温度15.6℃（估算值）。年平均降水量为534.7mm。地下水埋深大于6m，对土壤没有影响。泾河为黄河支流，由泾惠渠引泾河河水灌溉，属历史悠久的古老灌区，自公元前246年秦国修建郑国渠以来，已有2 200多年的灌溉历史。泾河流域主要为黄土高原，故渭水淤积物的源土为黄绵土。

（四）灰色暖性沙质土

分布于新疆喀什地区的盖孜—库山河流域。温度条件属于暖性。灌淤物的源土为帕米尔山系的花岗岩、片麻岩、片岩、砾岩、砂岩、页岩及石灰岩等风化物，由河流冲蚀混合，随灌溉水进入农田。这类灌淤物呈灰色，有机质平均含量为9.2g/kg。可见，其灰色为源土岩性所决定，与人为培肥关系不大。源土的颗粒组成为沙性，沙粒总量达60%以上。经渠道输水分选，所形成的灌淤土仍含有大量的沙粒，沙粒占颗粒组成的 44%～52%，因此属于沙质土类型。

灰色暖性沙质土只有 1 个土种，即塔孜洪壤土。

1. 分类系统　普通灌淤土-灰色暖性沙质土-塔孜洪壤土。

2. 分布与形成条件　分布于新疆喀什地区盖孜河冲积平原暖温漠境，年平均气温 11.7 ℃，年平均降水量 40.0～70.0 mm。引盖孜河水灌溉，其淤积物为灰色。因水量不足，有时引克孜河水进行补充，其淤积物呈红棕色。地下水位深，对土壤没有影响。

（五）温性沙粉质土

分布于甘肃张掖地区黑河平原，一般位于绿洲外缘，常与灰棕漠土相接。温度条件属于温性，地面下 50 cm 处年平均土壤温度为 8～12 ℃。引黑河水灌溉，黑河水泥沙含量为 1.5～2.7 kg/m³，洪水期高达 8.48 kg/m³，灌淤物多来自附近山地和丘陵的侵蚀土壤或岩石风化物。富含沙粒，沙粒含量占颗粒组成的 34%～41%；粉粒也很多，占 43%～50%；黏粒很少，占 16%左右，故颗粒组成类型属于沙粉质。

温性沙粉质土有 1 个土种，即明永壤土。

1. 分类系统　普通灌淤土-温性沙粉质土-明永壤土。

2. 分布与形成条件　分布于甘肃张掖黑河平原，年平均降水量 123.5 mm，年平均气温 7.7 ℃。地下水位很深，地下水对土壤没有影响。灌溉水引自黑河，每年农田泥沙淤积厚度约 1 mm。

（六）温性粉质土

分布于黄河及其支流的冲积平原地区。土壤温度状况属于温性。

灌淤物的源土主要为黄土高原地区的黄绵土或黄土状物质，黄绵土或黄土状物质颗粒组成以粉粒为主（占 66%左右），沙粒及黏粒含量皆低。所形成灌淤土的颗粒组成，仍保留了源土的基本特点，以粉粒为多，粉粒含量大于 40%，一般为 50%～75%，其次为黏粒及沙粒。质地多为粉质壤土或黏壤土。土壤颜色也与源土相近，多呈浊棕色。强石灰反应。黏粒矿物以水云母为主，这些都是源土性质的反映。

温性粉质土共有 4 个土种，即朱台粉质壤土、鸣沙粉质壤土、南兴渠粉质壤土及金崖黏壤土。

1. 朱台粉质壤土

（1）分类系统。普通灌淤土-温性粉质土-朱台粉质壤土。

（2）分布与形成条件。分布于宁夏古灌区中部和南部，如吴忠、银川和中卫等地黄河二级阶地及较高的一级阶地。年平均气温为 8.4～9.2 ℃，年平均降水量 185.9～222.9 mm。引黄河水灌溉。以种植瓜果、蔬菜、小麦和玉米等作物为主。地下水位深，春灌前埋深大于 2 m，对土壤无明显影响。

2. 鸣沙粉质壤土

（1）分类系统。普通灌淤土-温性粉质土-鸣沙粉质壤土。

（2）分布与形成条件。分布于宁夏中卫、吴忠和银川等地和甘肃靖远黄河二级阶地及较高的一级阶地。年平均气温为 8.5～9.2 ℃，年平均降水量 185.4～243.9 mm。引黄河水灌溉，每年每公顷农田灌水量为 6 000～9 000 m³。常年种植瓜果、蔬菜、小麦和玉米等作物，地下水位深，对土壤没有影响。

3. 南兴渠粉质壤土

（1）分类系统。普通灌淤土-温性粉质土-南兴渠粉质壤土。

（2）分布与形成条件。分布于河北张家口地区坝下中西部的河谷平原。年平均气温为 8.0～9.0 ℃，年平均降水量近 400.0 mm。地下水位很深，对土壤没有影响。灌淤物源于黄土。

4. 金崖黏壤土

（1）分类系统。普通灌淤土-温性粉质土-金崖黏壤土。

（2）分布与形成条件。分布于甘肃兰州和白银的河流阶地上。引黄河水灌溉。年平均气温为 5.8～9.3 ℃，年平均降水量 180.0～350.0 mm。常年种植小麦和蔬菜等。

（七）温性黏质土

零星分布于新疆天山北麓的部分洪积冲积扇。土壤温度状况属于温性。

灌淤物受天山北坡泥岩与砂岩风化物和红土影响，比较黏重。黏粒含量相对多于一般灌淤土，占颗粒组成的 30%～45%；粉粒含量相对较低，占 45%～58%；沙粒含量更低，少于 21%，因此属于黏质土。

黏粒矿物组成受其源土影响、以水云母和蒙皂石为主，伴有一定量的绿泥石以及少量高岭石、石英和长石。

温性黏质土有 1 个土种，即园丰粉质黏壤土。

1. 分类系统　普通灌淤土-温性黏质土-园丰粉质黏壤土。

2. 分布与形成条件　分布于新疆北部昌吉部分洪积冲积扇的中下部。地下水埋深大于 3 m。年平均气温为 5.0～8.0 ℃，年平均降水量 150.0～200.0 mm，引三屯河水灌溉，每年每公顷灌水量 9 000 m³。

（八）暗色温性沙粉质土

分布于甘肃张掖黑河平原及宁夏中卫黄河南侧的香山山麓洪积冲积平原。土壤温度状况为温性。

灌淤物的源土主要是附近山地富含有机质的土壤，如祁连山的高山草甸土、亚高山草甸土、灰钙土和栗钙土，草皮层或枯枝落叶层以下的腐殖质层，有机质含量的平均值分别为 55.6 g/kg、121.1 g/kg、133.0 g/kg 和 51.6 g/kg。宁夏中卫香山的灰褐土和粗骨灰钙土的有机质含量也分别高达 26.5 g/kg 和 20.0 g/kg。这些源土被侵蚀后所形成的灌淤物也含有较多的有机质，灌淤耕层的有机质含量大于或等于 23.0 g/kg，老灌淤层有机质含量大于或等于 14.0 g/kg。含有一定量的粗有机质，因此具有较大的 C/N，一般在 15 左右或更高。有效磷的含量均小于 30.0 mg/kg，与肥熟灌淤土有区别。

这类灌淤土的灌溉水来路短，又因地面坡度较大、流速快，因此有较多的沙粒和少量砾石，其颗粒组成为沙粉质土。

由于有机质含量高，因此土壤颜色暗。当明度为 6 时，其彩度为 1；当明度为 4 时，其彩度为 3；当明度为 3 时，其彩度为 4。

暗色温性沙粉质土有 2 个土种，即新墩粉质壤土和常乐壤土。

1. 新墩粉质壤土

（1）分类系统。普通灌淤土-暗色温性沙粉质土-新墩粉质壤土。

（2）分布与形成条件。分布于甘肃张掖黑河平原，年平均气温为 7.7 ℃，年平均降水量 123.5 mm。地下水位很深，对土壤没有影响。灌淤物来源于附近山地富含有机质的土壤（高山草甸土、亚高山草甸土、灰褐土和栗钙土）。张掖黑河平原是一个古老的灌区，自元狩三年就开始屯垦戍边、开渠种田。灌溉水泥沙含量为 2.86 kg/m³，洪水期达 8.48 kg/m³。按种植小麦计，每年每公顷灌水量 7 500 m³，可淤积泥沙 21 450 kg。

2. 常乐壤土

（1）分类系统。普通灌淤土-暗色温性沙粉质土-常乐壤土。

（2）分布与形成条件。分布于宁夏中卫沙坡头常乐镇香山北麓山前洪积冲积平原。年平均气温为8.4℃，年平均降水量185.9 mm，20 cm处年平均土壤温度10.5℃。地下水埋深大于5 m。灌淤物来源于香山山地土壤。

（九）暗色温性混合土

分布于河北张家口坝下洪积冲积平原。土壤温度状况属于温性。

灌淤物源土为坝上的栗钙土，富含有机质（15.0～40.0 g/kg）。灌淤物受源土影响，也含有较多的有机质，并呈暗色。因坝上至坝下高差大、距离短，故水流速度大，颗粒分选差，其颗粒组成属于混合型。

暗色温性混合土有1个土种，即张家口黏壤土。

1. 分类系统　普通灌淤土-暗色温性混合土-张家口黏壤土。

2. 分布与形成条件　分布于河北张家口坝下洪积冲积平原。年平均气温为8.0～9.0℃，年平均降水量近400.0 mm。地下水位很深，对土壤没有影响。灌淤物来源于坝上栗钙土，故含有较多的有机质和其他养分，其个别农渠淤积物有机质含量高达35.3 g/kg。

二、肥熟灌淤土

（一）分布与形成条件

肥熟灌淤土是经特别培肥的灌淤土，小面积零星分布于城镇郊区。常年种植蔬菜和瓜类，施用大量优质有机肥，多者每年每公顷施用量达30 t；同时，施用一定量的氮肥、磷肥。这些就是肥熟灌淤土形成的特殊条件。

（二）暖性粉质土

土壤温度状况为暖性。颗粒组成属于粉质。有1个土种，即菜场粉质壤土。

1. 分类系统　肥熟灌淤土-暖性粉质土-菜场粉质壤土。

2. 分布与形成条件　分布于新疆阿克苏地区新和城镇附近渭干河冲积平原上部。年平均气温为10.0～11.4℃，年平均降水量44.0～65.0 mm。引渭干河水灌溉。多年种植瓜类、蔬菜，人工施用有机肥和化肥较多，1991年每公顷施用有机肥30 000 kg、油渣450 kg和尿素300 kg。

（三）温性粉质土

土壤温度状况属于温性。灌淤物来源于黄土或黄土状物质，故颗粒组成以粉粒为主，粉粒含量大于40%，高者可达65%。温性粉质土有3个土种，即耶和庄壤土、曹桥粉质壤土和银东粉质黏壤土。

1. 耶和庄壤土

（1）分类系统。肥熟灌淤土-温性粉质土-耶和庄壤土。

（2）分布与形成条件。分布于新疆北部城镇附近，年平均气温为5.0～8.0℃，年平均降水量150.0～200.0 mm。由于处在城镇附近，因此施用的有机肥较多。引呼图壁河水灌溉，每年每公顷灌

中国耕地土壤论著系列
ZHONGGUO GENGDI TURANG LUNZHU XILIE

水量约 8 000 m³。种植蔬菜及粮食等作物。

2. 曹桥粉质壤土

（1）分类系统。肥熟灌淤土-温性粉质土-曹桥粉质壤土。

（2）分布与形成条件。分布于宁夏中宁城镇附近黄河二级阶地。年平均气温为 9.2 ℃，年平均降水量 222.9 mm。地下水埋深大于 10 m，对土壤无明显影响。引黄河水灌溉，多年种植蔬菜。

3. 银东粉质黏壤土

（1）分类系统。肥熟灌淤土-温性粉质土-银东粉质黏壤土。

（2）分布与形成条件。分布于宁夏银川及石嘴山等地郊区的黄河一级阶地，年平均气温为 8.5 ℃，年平均降水量 202.8 mm。地下水位较高，4 月旱季埋深为 200 cm 左右。引黄河水灌溉，以种蔬菜为主，有时种小麦和玉米。

（四）暗色温性沙质土

土壤温度状况属于温性。老灌淤层属暗色灌淤物，即其源土为附近山地富含有机质的土壤。颗粒组成为沙质。有 1 个土种，即三磨盘壤土。

1. 分类系统 肥熟灌淤土-暗色温性沙质土-三磨盘壤土。

2. 分布与形成条件 分布于甘肃武威附近。年平均气温为 7.7 ℃，年平均降水量 161.0 mm。多年种植蔬菜，施肥较多，每年每公顷灌水量为 7 500～9 000 m³。

三、钙积灌淤土

（一）分布与形成条件

钙积灌淤土是在暖温漠境条件下形成的，主要分布于新疆南部的喀什平原，多见于洪积冲积扇的中下部和冲积平原较高的冈垄地。气温高，年平均气温为 11.7 ℃。地表以下 50 cm 处年平均土壤温度为 13.5 ℃。降水稀少，年平均降水量仅为 40.0～70.0 mm。年平均蒸发量大，为 2 500 mm。干燥度 14 左右。无霜期为 210～230 d。地下水位深，对土壤无明显影响。喀什有 2 000 年左右的灌溉农业历史，据《魏书》记载，多种水稻、粟、麻类、麦类。现引克孜河及叶尔羌河河水灌溉，河水富含泥沙，每年灌水落淤厚度 3～6 mm。

（二）暖性粉质土

暖性粉质土的温度状况为暖性。颗粒组成属粉质。暖性粉质土有 1 个土种，即巴仁粉质壤土。

1. 分类系统 钙积灌淤土-暖性粉质土-巴仁粉质壤土。

2. 分布与形成条件 分布于新疆喀什平原暖温漠境。地下水位深，对土壤无明显影响。

四、冷灌淤土

（一）分布与形成条件

冷灌淤土是在亚高山河谷地区形成的，分布于西藏西部普兰县孔雀河（马甲藏布河）、札达县象泉河（朗钦藏布）以及日土县班公湖等河谷盆地。普兰县孔雀河谷 20 世纪 70 年代曾大搞农田基本建设，冷灌淤土的农田连片，比较规格化。札达县象泉河谷托林镇附近受侵蚀影响，冷灌淤土零散地分布在土丘的斜坡上。象泉河下游峡谷中的细土洪积扇也有冷灌淤土分布。冷灌淤土周围的地带性土壤，普兰县为冷钙土，札达县与日土县班公湖为冷漠土。

冷灌淤土海拔很高，为 2 900～4 300 m。气温低，年平均气温为 0～3.0 ℃，≥10.0 ℃年活动积温仅 800～1 000 ℃。无霜期为 119 d。年平均降水量少，为 116.0～169.0 mm。

当地河流泥沙含量较大，据邹德生 1987 年 6 月测定，象泉河泥沙含量为 4 kg/m³。按当地作物每公顷灌水量 10 500 m³ 计算，每年每公顷有 42 t 泥沙随着灌溉进入农田，为灌淤土的形成创造了必要的条件。

（二）冷性沙粉质土

冷性沙粉质土的温度状况属于冷性，地表下 50 cm 处年平均土壤温度小于 8.0 ℃，实际只有 2.5～5.5 ℃。颗粒组成类型属于沙粉质土，有时可见施肥带入的少量砾石。其剖面形态与化学性质与前述冷灌淤土亚类一致。

冷性沙粉质土有 2 个土种，即托林壤土与乌江壤土。

1. 托林壤土

（1）分类系统。冷灌淤土-冷性沙粉质土-托林壤土。

（2）分布与形成条件。分布于西藏札达县象泉河河谷阶地，属亚高山谷地，海拔 2 900～4 300 m。气候干冷，年平均气温为 0 ℃，≥10 ℃年活动积温为 80 ℃，冻土深度为 80～100 cm，冻期长，6 月尚有冻层。年平均降水量仅 115.5 mm。属古老灌区，引象泉河水灌溉，河水泥沙含量为 4 kg/m³，每年由灌溉引起的在每公顷农田中的淤积量达 42 t。

2. 乌江壤土

（1）分类系统。冷灌淤土-冷性沙粉质土-乌江壤土。

（2）分布与形成条件。分布于西藏日土县班公湖，属亚高山谷口与滨湖阶地的交接地段，地下水埋深 3～4 m，土壤脱离地下水影响的时间较短，属亚高山荒漠地区，气候冷而干燥。

五、潮灌淤土

（一）分布与形成条件

潮灌淤土是在地下水影响下剖面中下部有氧化还原作用交替发生的灌淤土亚类。主要分布于宁夏银川平原中北部，内蒙古后套平原与土默川平原，新疆阿克苏、巴州（巴音郭楞蒙古自治州）和克州（克孜勒苏柯尔克孜自治州），以及甘肃河西等地。地形部位较普通灌淤土低，多处于洪积扇下部或冲积平原低阶地。地下水位较高，埋深 1～3 m；矿化度较低，多小于 3 g/L。地下水主要由灌溉和渠道渗漏水补给，故灌溉时期地下水位上升，为高水位期。其中，每次灌水与停灌期，地下水位还有一定的升降。作物收获（或冬灌）后至翌年开灌前，不引水灌溉，地下水位下降，为低水位期。地下水位的这种升降对潮灌淤土有较大影响。

（二）温性沙粉质土

分布于宁夏古灌区，邻近干渠、支渠。灌溉水流速较快，故灌淤物中含有较多的沙粒。渠道中所淤积的沙粒，清淤后堆放在渠道两侧，会被风力带入田间。因此，土壤颗粒组成属沙粉质土。温度状况为温性。全盐量不高，有向耕层积累的趋势。有1个土种，即幸福壤土。

1. 分类系统　潮灌淤土-温性沙粉质土-幸福壤土。

2. 分布与形成条件　分布于宁夏石嘴山和银川靠近干渠、支渠的黄河一级阶地，年平均气温为8.2～8.5℃，年平均降水量183.6～202.8 mm。地下水位较高，4月旱季地下水埋深为150～200 cm。种植小麦和玉米等作物。

（三）温性粉质土

主要分布于宁夏古灌区银川以北，在新疆阜康市庑湖也有分布。土壤温度状况为温性。因其源土为黄绵土或黄土状物质，故其颗粒组成为粉质土。全盐量不高，但有向耕层积累的趋势。

温性粉质土有5个土种，即新民粉质壤土、红旗粉质壤土、良渠粉质黏壤土、和平黏壤土及庑湖黏壤土。

1. 新民粉质壤土

（1）分类系统。潮灌淤土-温性粉质土-新民粉质壤土。

（2）分布与形成条件。分布于宁夏古灌区各地一级阶地，银川和石嘴山面积较大。年平均气温为8.2～8.5℃，年平均降水量183.9～202.8 mm。地下水位较高，4月旱季地下水埋深为200 cm左右。种植小麦、玉米和蔬菜等作物。

2. 红旗粉质壤土

（1）分类系统。潮灌淤土-温性粉质土-红旗粉质壤土。

（2）分布与形成条件。分布于宁夏古灌区各地一级阶地，银川和石嘴山等地面积较大。年平均气温为8.2～9.2℃，年平均降水量183.3～222.9 mm。地下水位较高，4月旱季地下水埋深为150 cm左右。引黄河水灌溉，种植小麦和玉米等作物。

3. 良渠粉质黏壤土

（1）分类系统。潮灌淤土-温性粉质土-良渠粉质黏壤土。

（2）分布与形成条件。分布于宁夏石嘴山和银川的黄河一级阶地。年平均气温为8.2～8.5℃，年平均降水量183.6～202.8 mm。地下水位较高，4月旱季地下水埋深为150～200 cm。引黄河水灌溉，种植小麦和玉米等作物。

4. 和平黏壤土

（1）分类系统。潮灌淤土-温性粉质土-和平黏壤土。

（2）分布与形成条件。分布于宁夏古灌区银川及其以北的黄河一级阶地。年平均气温为8.1～8.8℃，年平均降水量183.3～202.8 mm。地下水位较高，4月旱季地下水埋深180 cm左右，灌水季节可上升到80 cm左右。种植小麦和玉米等作物。

5. 庑湖黏壤土

（1）分类系统。潮灌淤土-温性粉质土-庑湖黏壤土。

（2）分布与形成条件。分布于新疆准噶尔盆地南缘、天山北麓山前洪积扇下部，与泉水溢流带相接。年平均气温为6.5℃，年平均降水量184.0 mm。灌溉水泥沙含量0.1～1.0 kg/m³。每年每公顷农田灌水量为9 980 m³。

（四）温性黏质土

分布于宁夏古灌区北部的黄河一级阶地，地形低平。土壤温度状况为温性，颗粒组成为黏质土。

有 1 个土种，即高路粉质黏壤土。

1. 分类系统 潮灌淤土-温性黏质土-高路粉质黏壤土。

2. 分布与形成条件 分布于宁夏回族自治区石嘴山市平罗县姚伏镇黄河一级阶地，地形低平。年平均气温为 8.2 ℃，年平均降水量 183.6 mm。地下水埋深 1.6 m。引黄河水灌溉，种植小麦和玉米等作物。

（五）温性混合土

分布于甘肃省张掖市临泽县和高台县的冲积扇下部洼地边缘或冲积平原地区。土壤温度状况为温性，颗粒组成属于混合土。有机质、氮、磷和速效钾的含量自耕层向下逐渐降低，碳酸钙含量比较均匀。

温性混合土有 1 个土种，即黑泉沙壤上。

1. 分类系统 潮灌淤土-温性混合土-黑泉沙壤土。

2. 分布与形成条件 分布于甘肃省张掖市临泽县和高台县，年平均气温为 7.0 ℃，年平均降水量 109.2~122.0 mm，地形为冲积扇下部洼地边缘较平坦之处，地下水位较高，地下水埋深为 2.0 m 左右。种植小麦和玉米等作物。

（六）暗色温性粉质土

分布于内蒙古土默川黑河冲积平原。土壤温度状况为温性。灌淤物来源于大青山及内蒙古高原，主要源土为大青山上的山地草甸土和灰褐土以及内蒙古高原上的栗钙土，这些源土均富含有机质及其他养分。因此，暗色温性粉质土也含有较多的有机质和其他养分。灌淤耕层有机质含量大于或等于 23.0 g/kg，有效磷含量小于 30.0 mg/kg；老灌淤层有机质含量大于 14.0 g/kg。因有机质含量高，土壤颜色较暗，多呈浊黄棕色。颗粒组成为粉质土。

暗色温性粉质土有 1 个土种，即安乐村粉质黏壤土。

1. 分类系统 潮灌淤土-暗色温性粉质土-安乐村粉质黏壤土。

2. 分布与形成条件 分布于内蒙古自治区包头市土默特右旗和呼和浩特市土默特左旗黑河冲积平原，海拔 1 000~1 010 m。年平均气温为 6.5 ℃，年平均降水量 360 mm。地下水埋深 2.5 m 左右。灌淤物为黑河带来的上游内蒙古高原的栗钙土与大青山山地土壤的混合物。种植小麦和玉米等作物。

六、表锈灌淤土

（一）分布与形成条件

主要分布于宁夏古灌区中部与南部，在新疆天山以南的乌什县也有分布，所处地形较低，多为一级阶地或谷地，地下水位较高，埋深为 1.0~2.0 m。

表锈灌淤土一般每隔一年或两年种一年水稻，在稻田放水前，基本上完成整地耕作。20 世纪 50 年代以前多为撒播，现在改为旱条播或插秧。种植水稻一年或两年后，种植小麦、玉米、胡麻、甜菜等作物。相隔一年种水稻的，当地称为二段轮作，相隔两年种水稻的，当地称为三段轮作。

（二）温性沙质土

分布于宁夏古灌区中部和南部，地形为一级阶地，地下水位较高，埋深为 1.4~2.0 m，土壤温度状况属于温性。

温性沙质土有一个土种，即桃林壤土。

1. 分类系统　表锈灌淤土-温性沙质土-桃林壤土。

2. 分布与形成条件　分布于宁夏古灌区银川、吴忠、中卫等地一级阶地。年平均气温为 8.3～9.2℃，年平均降水量 185.4～222.9 mm。地下水埋深为 1.4～2.0 m，定期轮种水稻、小麦、玉米等作物。

（三）温性粉质土

温性粉质土是表锈灌淤土亚类中面积较大的一个土属。土壤温度状况属于温性，分布在一级阶地，地下水位较高，埋深为 1.2～2.0 m。灌淤层颗粒组成中粉粒居多，占 47%以上，沙粒和黏粒少，均不足 30%，质地多为粉质壤土。温性粉质土肥力水平较高。

温性粉质土有 4 个土种，即庙渠粉质壤土、金星粉质壤土、姚庄粉质黏壤土和沙渠粉质黏壤土。

1. 庙渠粉质壤土

（1）分类系统。表锈灌淤土-温性粉质土-庙渠粉质壤土。

（2）分布与形成条件。分布于宁夏古灌区中卫、吴忠和银川等地的黄河一级阶地。年平均气温 8.5～9.2℃，年平均降水量 185.4～222.9 mm。引黄河水灌溉，地下水埋深为 1.2～2.0 m。定期轮种水稻、小麦、玉米等作物。

2. 金星粉质壤土

（1）分类系统。表锈灌淤土-温性粉质土-金星粉质壤土。

（2）分布与形成条件。分布于宁夏古灌区中卫、吴忠、银川和石嘴山等地的黄河一级阶地。年平均气温 8.2～9.2℃，年平均降水量 183.6～222.9 mm，4 月旱季地下水埋深多大于 1.8 m。定期轮种水稻、小麦、玉米等作物。

3. 姚庄粉质黏壤土

（1）分类系统。表锈灌淤土-温性粉质土-姚庄粉质黏壤土。

（2）分布与形成条件。分布于宁夏古灌区中卫、吴忠、银川和石嘴山等地的黄河一级阶地。年平均气温 8.2～9.2℃，年平均降水量 183.6～222.9 mm。4 月旱季地下水埋深多大于 1.8 m。定期轮种水稻、小麦、玉米等作物。

4. 沙渠粉质黏壤土

（1）分类系统。表锈灌淤土-温性粉质土-沙渠粉质黏壤土。

（2）分布与形成条件。分布于宁夏古灌区的中卫、吴忠、银川和石嘴山等地的黄河一级阶地。年平均气温 8.2～9.2℃，年平均降水量 183.6～222.9 mm，4 月旱季地下水埋深 1.2～2.0 m。定期轮种水稻。

（四）温性黏质土

分布于宁夏古灌区中部和南部的一级阶地。地下水埋深为 1.0～2.0 m。温度状况属于温性。包括 2 个土种：习岗黏壤土和良繁场粉质黏壤土。灌淤层颗粒组成中黏粒占 30%～38%，沙粒占 5%～26%，属黏质土，质地多为黏壤土。

1. 习岗黏壤土

（1）分类系统。表锈灌淤土-温性黏质土-习岗黏壤土。

（2）分布与形成条件。分布于宁夏古灌区银川、吴忠和中卫等地的黄河一级阶地。年平均气温为8.3～8.8℃，年平均降水量185.4～212.1 mm。地下水埋深为1.0～2.0 m。定期轮种水稻、小麦、玉米等作物。

2. 良繁场粉质黏壤土

（1）分类系统。表锈灌淤土-温性黏质土-良繁场粉质黏壤土。

（2）分布与形成条件。分布于宁夏古灌区中卫、吴忠和银川等地的黄河一级阶地，年平均气温为8.4～8.9℃，年平均降水量185.4～212.1 mm。4月旱季地下水埋深大于1.8 m，定期轮种水稻、小麦、玉米等作物。

七、盐化灌淤土

（一）分布与形成条件

盐化灌淤土广泛分布于除西藏以外的其他灌淤土分布地区。所处地形较低，多位于洪积冲积扇中下部、扇缘地带、冲积平原的低阶地和平原水库周围。地下水位较高，埋深为1.0～2.0 m，矿化度较高，在3 g/L左右或更大。

盐化灌淤土的形成有两种情况：一是在排水不良的条件下，灌溉后地下水位上升而发生土壤次生盐渍化；二是盐土等盐渍化较重的土壤被开垦利用，长期灌淤改良，脱盐不彻底。

（二）硫酸盐暖性粉质土

分布于新疆天山南麓洪积冲积扇的中下部、古河道两列、干三角洲中上部。年平均气温为10.4～13.1℃，50 cm处年平均土壤温度为12.9～15.6℃，属暖性。年平均降水量小，仅为46.7～61.5 mm，蒸发量大，年平均蒸发量为1 877.5～2 563.3 mm。地下水位较高，地下水埋深为1.0～3.0 m。

硫酸盐暖性粉质土共有阿瓦提粉质壤土和喀什粉质壤土两个土种。

1. 阿瓦提粉质壤土

（1）分类系统。盐化灌淤土-硫酸盐暖性粉质土-阿瓦提粉质壤土。

（2）分布与形成条件。分布于新疆天山南麓阿克苏地区。年平均气温为10.4℃，年平均降水量46.7 mm。河流冲积平原。地下水埋深为1.5～2.5 m。常年种植棉花和玉米等作物。

2. 喀什粉质壤土

（1）分类系统。盐化灌淤土-硫酸盐暖性粉质土-喀什粉质壤土。

（2）分布与形成条件。分布于新疆天山南麓喀什地区，年平均气温为13.1℃，年平均降水量61.5 mm。冲积平原，地下水埋深2.0～3.0 m。常年种植小麦、玉米、高粱和棉花等作物。

（三）硫酸盐温性粉质土

分布于黄河流域的甘肃省兰州市和宁夏回族自治区石嘴山市平罗县。土壤温度状况属温性。地下水位较高，埋深为1.0～1.5 m。土壤盐化较重，地表存盐霜或盐斑，0～20 cm土层全盐量大于1.5 g/kg，盐分组成属硫酸盐型，氯离子与硫酸根离子当量比小于0.5，盐分具有明显的表聚性。

灌淤层颗粒组成粉粒居多，占50%以上，黏粒和沙粒少，均小于30%，属粉质土，只有通六粉质壤土一个土种。

1. 分类系统　盐化灌淤土-硫酸盐温性粉质土-通六粉质壤土。

2. 分布与形成条件　分布于宁夏回族自治区石嘴山市平罗县南部，年平均气温为 8.2 ℃，年平均降水量 183.6 mm。引黄河水灌溉，一级阶地，地下水位较高，4 月春灌前地下水埋深为 1.5 m 左右。定期轮种水稻和小麦等作物。

（四）硫酸盐温性黏质土

分布于宁夏回族自治区青铜峡市，土壤温度状况属温性。地下水位较高，埋深为 1.5 m 左右。0～20 cm 土层全盐量大于 1.5 g/kg，氯离子与硫酸根离子当量比小于 0.5，属硫酸盐型。

灌淤层颗粒组成中黏粒含量大于 30%，属黏质土。土壤质地以黏壤土为主。

硫酸盐温性黏质土只有联丰粉质黏壤土一个土种。

1. 分类系统　盐化灌淤土-硫酸盐温性黏质土-联丰粉质黏壤土。

2. 分布与形成条件　分布于宁夏回族自治区青铜峡市，年平均气温为 8.8 ℃，年平均降水量 185.4 mm。一级阶地，地下水位较高，4 月春灌前地下水埋深为 1.5～2.0 m。引黄河水灌溉，定期轮种水稻和小麦等作物。

（五）混合盐温性沙质土

分布于宁夏回族自治区石嘴山市平罗县，土壤温度状况属温性。地下水位较高，埋深为 1.5 m 左右。土壤盐化较重，地表有盐霜或盐斑，0～20 cm 土层全盐量大于 1.5 g/kg，氯离子与硫酸根离子当量比为 0.51～3.99，属混合盐类型。

灌淤层颗粒组成沙粒居多，占 50% 以上，黏粒少，小于 17%，属沙质土。质地为沙壤土。

混合盐温性沙质土有一个土种，即幸六沙壤土。

1. 分类系统　盐化灌淤土-混合盐温性沙质土-幸六沙壤土。

2. 分布与形成条件　分布于宁夏回族自治区石嘴山市平罗县，年平均气温为 8.2 ℃，年平均降水量 183.6 mm。一级阶地，地下水位较高，4 月春灌前地下水埋深 1.5 m 左右。引黄河水灌溉，常年种植小麦和玉米等。

（六）混合盐温性沙粉质土

分布于宁夏回族自治区石嘴山市平罗县。土壤温度状况属温性，一级阶地，地下水位较高，埋深在 1.5 m 左右，土壤盐渍化较重，盐分表聚性明显，灌淤耕层全盐量大于 1.5 g/kg，平均为 3.98 g/kg，盐分组成中氯离子与硫酸根离子当量比为 0.5～1.5，属混合盐类型。

灌淤层土壤颗粒组成中，沙粒占 31%～41%，粉粒占 41%～46%，黏粒少，仅占 17%～23%，属沙粉质土。

混合盐温性沙粉质土潜在肥力水平较低。该土属共有 2 个土种，即幸三壤土和龚家桥壤土。

1. 幸三壤土

（1）分类系统。盐化灌淤土-混合盐温性沙粉质土-幸三壤土。

（2）分布与形成条件。分布于宁夏回族自治区石嘴山市平罗县，年平均气温为 8.2 ℃，年平均降水量 183.6 mm。一级阶地，地下水位较高，4 月春灌前地下水埋深 1.8 m。引黄河水灌溉，常年种植小麦和玉米等。

2. 龚家桥壤土

（1）分类系统。盐化灌淤土-混合盐温性沙粉质土-龚家桥壤土。

（2）分布与形成条件。分布于宁夏回族自治区石嘴山市平罗县城关镇。年平均气温为 8.2 ℃，年平均降水量 183.6 mm。一级阶地，地下水位较高，4 月春灌前地下水埋深为 1.5 m 左右。常年种植小麦和玉米等作物。

（七）混合盐温性粉质土

分布于宁夏卫宁平原和银川平原。土壤温度状况属于温性。一级阶地，地下水位较高，埋深为 1.5 m 左右。土壤盐渍化较重，表聚性强，0～20 cm 土层全盐量大于 1.5 g/kg，灌淤耕层全盐量平均为 2.19 g/kg。盐分组成属混合盐类型。

灌淤层土壤颗粒组成粉粒居多，占 56％以上，黏粒和沙粒少，均不足 25％，属粉质土。该土属有 2 个土种，即金七粉质壤土和通城粉质壤土。

1. 金七粉质壤土

（1）分类系统。盐化灌淤土-混合盐温性粉质土-金七粉质壤土。

（2）分布与形成条件。分布于宁夏银川和石嘴山等地。年平均气温为 8.2～8.5 ℃，年平均降水量 183.3～202.8 mm。一级阶地，地下水位较高，4 月春灌前地下水埋深为 1.5 m 左右。常年种植小麦和玉米等作物。

2. 通城粉质壤土

（1）分类系统。盐化灌淤土-混合盐温性粉质土-通城粉质壤土。

（2）分布与形成条件。分布于宁夏中卫、吴忠、银川和石嘴山等地，年平均气温为 8.3～9.3 ℃，年平均降水量 185.4～222.9 mm。一级阶地，地下水位较高，4 月春灌前地下水埋深为 1.5～2.0 m。定期轮种水稻、小麦、玉米等作物。

（八）混合盐温性黏质土

分布于宁夏引黄灌区的银川和石嘴山等地，土壤温度状况属温性。一级阶地。地下水位较高，埋深为 1.0～1.5 m，地表盐渍化现象明显，有盐霜和盐斑，盐分具有明显的表聚性，0～20 cm 土层全盐量大于 1.5 g/kg，盐分组成属混合盐类型，氯离子与硫酸根离子当量比为 0.5～2.7。

灌淤层土壤颗粒组成中黏粒含量大于 30％，为黏质土。质地以粉质黏壤土为主。

该土属共有 2 个土种，即满春粉质黏壤土和良田粉质黏壤土。

1. 满春粉质黏壤土

（1）分类系统。盐化灌淤土-混合盐温性黏质土-满春粉质黏壤土。

（2）分布与形成条件。分布于宁夏引黄灌区石嘴山和银川等地，年平均气温为 8.2～8.5 ℃，年平均降水量 183.3～202.8 mm。一级阶地，地下水位较高，4 月春灌前地下水埋深为 1.0～1.5 m。常年种植小麦和玉米等作物。

2. 良田粉质黏壤土

（1）分类系统。盐化灌淤土-混合盐温性黏质土-良田粉质黏壤土。

（2）分布与形成。分布于宁夏回族自治区银川市金凤区良田镇，年平均气温为 8.5 ℃，年平均降水量 202.8 mm。一级阶地，地下水位较高，4 月春灌前地下水埋深 1.5 m。定期轮种水稻和小麦等作物。

第二章 | 灌淤土的形成特点 >>>

不同地区的灌淤土具有不同的形成特点。新疆和甘肃等荒漠地区，灌淤土分布于块状的老绿洲内，绿洲外围上部一般为棕漠土或灰棕漠土，下部为潮土、水稻土或盐渍土，有的还为风沙土。绿洲内部，高处一般为灌淤土，低处多为水稻土和潮土。在河流冲积平原地区、沿河床的河滩地及超河漫滩，一般为湖土；低阶地或中阶地是灌淤土分布的主要地区；外侧高阶地及山前平原多为当地的地带性土壤，如灰钙土（青海、甘肃、宁夏）、栗钙土（内蒙古）、褐土（陕西）及栗褐土（河北）、棕漠土或灰棕漠土（新疆、甘肃河西走廊）等。宁夏等古老灌区内部，渠道口向其垂直方向，顺自然坡度渐次降低，其上段高处多为普通灌淤土，中段为潮灌淤土或表锈灌淤土，下段为盐化灌淤土；低洼地为沼泽土或盐渍土。西藏西部的亚高山河谷、普兰县孔雀河河谷的灌淤土集中连片，并已建成平整的条田，其周围为冷钙土；札达县象泉河河谷灌淤土分布零散，呈梯田式、岛屿式或扇状，外围为冷漠土。

灌淤土是人为土，在气候、地形、植被、成土母质、水文等自然因素和灌溉、耕种、培肥等人为因素的共同影响下，在主导和附加形成作用的共同作用下，经历了人为耕作引起的土壤熟化过程、灌溉水和地下水共同作用引起的氧化还原过程、灌溉落淤引起的物理堆垫地表抬升过程，有些地方还有盐渍化过程。在形成过程中，有以下主要特点：①地面的抬升和耕层的加厚。②有机质、氮、磷、钾等养分的增加。③土体含水量的提高。④可溶性盐和石膏的淋洗。⑤碳酸盐和石膏的淋溶与补充。⑥灌淤层理的消失和土壤物理性状的改善等。

第一节　灌淤土成土过程的影响因素

灌淤土分布于我国干旱与半干旱地区的古老灌区，东起河北张家口，经内蒙古、宁夏、甘肃、青海，西至新疆，包括西藏西部干旱的亚高山河谷。主要分布于西北干旱地区，当地自然地带性土壤的含水量很低，据文献记载，许多地区的引水灌溉历史有 2 000 多年。由于长期的人为灌溉，干旱地区水中的泥沙逐渐淤积，加上人为施肥、耕种熟化等农业措施，在原来的自然土壤之上，形成了一个明显的人为灌淤土层，如果这种人为灌淤土层的厚度超过 50 cm，则这种土壤就是灌淤土。灌淤土是灌淤旱耕人为土的简称，是我国土壤分类系统中人为土纲、旱耕人为土亚纲中非常重要的土类。灌淤土在我国的分布非常广泛，在宁夏的银川平原、内蒙古的河套平原、甘肃的河西走廊、新疆的塔里木盆地和准噶尔盆地的四周以及青海的湟水河谷地等都有大面积的灌淤土分布。曲潇琳等对宁夏古灌区灌淤土的成土特点及系统分类的研究认为，宁夏古灌区灌淤土主要的成土过程是人为耕作引起的土壤熟化过程、灌溉水和地下水共同引起的氧化还原过程以及灌溉水泥沙沉降引起的地表物理堆垫过程，有时候还有盐渍化过程。

根据第二次全国土壤普查资料，全国共有灌淤土 2.245×10^8 hm^2 左右，并随着旱地灌溉面积的不断扩大而逐渐增加。研究灌淤土的形成及特点，不仅可为我国人为土的研究提供资料，还对合理利用灌淤土、保障我国粮食安全和生态安全具有重要的战略意义。

灌淤土的形成既有不可抗拒的自然因素，也有灌溉与排水、耕种与施肥等人为因素。

一、自然因素

气候、地形、河流以及源土与下伏母土是灌淤土形成的自然因素，是不可抗拒的决定性因素，灌淤土的属性很大程度上取决于其形成的气候、地形、河流以及源土与下伏母土等。

(一) 气候

灌淤土形成的气候条件有 4 种类型：暖温干旱、中温干旱或半干旱、暖温半湿润和高寒干旱，以暖温干旱和中温干旱、半干旱类型为主，暖温半湿润和高寒干旱气候类型的灌淤土面积很小。

1. 暖温干旱　新疆天山以南的灌淤土地区的气候属暖温干旱气候，如和田、喀什和库车等荒漠地区，气温较高而降水极少，年平均气温在 11.5 ℃左右，≥10 ℃年活动积温在 4 000 ℃以上，无霜期 200 d 以上；但年平均降水量仅为 52.5 mm（表 2-1）。在灌溉条件下，适宜粮油、棉花和瓜果等作物生长。

表 2-1　灌淤土分布地区气象要素

省份	地区	年平均气温（℃）	≥10 ℃年活动积温（℃）	无霜期（d）	年平均降水量（mm）
新疆	和田	11.5	4 186.0	204	38.0
	喀什	11.7	4 354.0	220	55.0
	库车	11.4	4 300.0	216	64.5
	昌吉	5.7	3 375.0	165	261.8
甘肃	张掖	7.0	2 897.0	153	129.0
	武威	7.7	2 995.0	163	158.4
	靖远	8.8	3 182.0	165	243.9
青海	乐都	6.9	2 423.0	143	334.3
	循化	8.6	2 901.0	207	264.4
内蒙古	临河	6.8	2 950.0	151	150.5
河北	张家口	7.8	3 272.0	188	427.1
陕西	泾阳	13.5	4 350.0	230	572.5
西藏	普兰	3.0	1 000.0	119	168.6
	札达	0.0	800.0	130	115.5
宁夏	石嘴山	8.2	3 292.9	160	186.0

2. 中温干旱、半干旱　新疆北部、甘肃、青海、宁夏、内蒙古以及河北张家口等广大的灌淤土地区属中温干旱、半干旱气候。年平均气温为 6.0～9.0 ℃，≥10 ℃年活动积温 2 400～3 400 ℃，无霜期 140～207 d，年平均降水量 150～430 mm，灌区适宜粮油等作物生长，棉花生长困难。

3. 暖温半湿润 陕西泾阳灌淤土地区属于暖温半湿润气候，年平均气温达 13.5 ℃，≥10 ℃年活动积温为 4 350 ℃，无霜期 230 d，年平均降水量 572.5 mm。灌区适宜粮油、棉花等作物生长。

4. 高寒干旱 西藏西部海拔 2 900 m 以上亚高山河谷地区属高寒干旱气候，年平均气温仅 0~3.0 ℃，≥10 ℃年活动积温也只有 800~1 000 ℃，无霜期很短，119~130 d，年平均降水量少，116~169 mm。在灌溉条件下，适宜种植的作物为耐低温的青稞和豌豆等。

灌淤土分布地区因气候差异而适宜种植的作物不同。但这些地区均有不同程度的干旱，必须灌溉才能保证作物的正常生长发育，即使是半湿润地区，也因降水的季节分配不均而需及时灌溉。也就是说，从东到西，灌淤土的分布虽然跨越了半干旱至干旱的气候区，但灌淤土的一些性质在不同地区间差别较小。因为在灌淤土的形成过程中，人为引水灌淤极大地改变了当地的自然气候条件，尤其是水分条件。同时，在灌溉耕作条件下，人工的农田植被取代了当地的自然植被。因此，生物气候条件对灌淤土的性质影响较小。

（二）地形

灌淤土地形以洪积冲积扇和冲积平原为主，地形平坦，便于引水灌溉。洪积冲积扇地面比降较大，为 1/300~1/10；冲积平原较小，为 1/8 000~1/560。一般冲积平原下游地面比降很小（1/8 000~1/6 000），排水有一定困难。

灌淤土分布区域海拔相差较大。西藏亚高山河谷，海拔 2 900~4 300 m；新疆南部海拔一般为 940~1 300 m，新疆北部海拔 500 m 左右；甘肃河西走廊海拔 1 000~1 500 m；宁夏及内蒙古河套平原海拔 1 007~1 300 m；河北张家口及陕西泾河平原海拔较低（450~700 m）。

（三）河流

灌淤土分布的地区跨越许多不同的河流，其中：内蒙古、宁夏、甘肃的黄河沿岸平原以及青海湟水河谷地引用黄河水及其支流水进行灌溉；河西走廊以发源于祁连山的各条河流水灌溉；准噶尔盆地南部以发源于天山北坡的河流水灌溉；塔里木盆地南部则以发源于昆仑山北坡的河流水灌溉。这些河流流经不同的生物地理环境，所携带的泥沙来源于相应的植被与土壤地区，它们的灌淤物的性质也有差异。黄河水系的泥沙主要来源于青海东部的黄土地区，灌淤物的肥力较高、颜色较黄、不含砾石，为黄土状物质。河西走廊和新疆的河流泥沙，有的主要来源于山地的草甸和草原地区或森林地区的土壤，有的则来源于山前洪积冲积平原的干旱土，其灌淤物的肥力水平在不同河流之间差异较大，与黄河水系的灌淤物相比，可能含有较多的粗粒，而且灌淤物的颜色也比较复杂。泥沙来源于草地或林地的土壤，颜色较暗，肥力水平较高；而泥沙来源于干旱土地的则颜色较浅，肥力水平较低。即使是同一条河流，干渠→支渠→农渠→田块，随着流水对泥沙的分选作用，灌淤物的性质也会发生变化。例如：颗粒组成逐渐变细、肥力逐渐提高等，灌淤土的理化性质也发生相应的变化。灌淤土的物质来源，除了灌溉水中的悬浮物质沉积以外，还有一个主要方面是人工施用的土粪。当地农民用渠道清淤物或从其他田地中取来的土壤物质垫圈，形成堆肥，即当地所谓的土粪，然后施于土壤表层，经过各种耕作措施将其与土壤混匀。由于肥料的量有限以及运输方面的原因，在离居民点较近处，不仅土粪的质量较高，而且施用的量较大，这就使灌淤土的肥力从村庄附近向外逐渐降低，土壤的厚度也逐渐变薄。此外，灌淤土分布地区的河流具有一定的流量，且水质较好，同时含有较多的泥沙，既为灌淤土提供了灌溉水，又为灌淤土的形成提供了泥沙来源。河流中水的矿化度均较低，为 0.4~0.6 g/L；年均泥沙含量较高，一般为 1.0~25.5 kg/m³（表 2-2）。

表 2-2　灌淤土分布地区的河流泥沙含量及矿化度

省份	地区	河流	年均泥沙含量（kg/m³）	河水矿化度（g/L）
新疆	和田	各条河流	1.0～5.0	0.4～0.6
	喀什	各条河流	2.0～6.0	0.4～0.6
	阿克苏	库车河	5.0	0.5
甘肃	河西	石羊河系	0.5～1.1	
	走廊	黑河系	1.5～2.7	
		昌马河	3.5～4.7	
青海		湟水河	9.0～11.0	
宁夏	河套灌区	黄河	3.0～7.0	0.4
内蒙古	河套灌区	黄河	3.1	0.4～0.6
河北	张家口	洋河	21.0	
		桑干河	25.5	
西藏		象泉河	4.0	

　　红吃劲土是陇中灌淤土的主要土种，主要集中于大通河和湟水河河谷一、二级阶地。大通河和湟水河河谷具有较好的红吃劲土成土条件。大通河年均输沙率为 104.4 kg/s，年输沙量为 324.2 t；湟水河含沙量较高，年均输沙率为 636.235 kg/s，是大通河年均输沙率的 6.1 倍，年输沙量为 1 827.44 t，是大通河年输沙量的 5.6 倍。

　　河流含沙量受流域内植被盖度和土壤特性等下垫面以及气候干旱程度、暴雨和洪水大小频次等因素的影响，不同河流含沙量相差比较大。据李兴金对新疆渭干河部分流域主要河流悬移质泥沙（表 2-3、表 2-4）的分析可知，渭干河上游各支流中，木扎提河的含沙量最大。木扎提河是一条以冰川融水补给为主的河流，发源于托木尔峰东侧，山区地势高，冰川林立，冰川的刨蚀和寒冻风化作用比较严重，流域内松散碎屑物质多，冰川雪融水的洪水期河流挟沙多，多年平均径流量 14.40×10⁸ m³，多年平均输沙量 475×10⁴ t，最大年（2008 年）输沙量为 964×10⁴ t。克孜尔河径流冰雪融水补给相对较少，径流以降水补给为主，夏季暴雨频发，山区野生植被稀少，多为裸露，河流两岸大量风化岩石、沙土和堆积在两岸的黄土被洪水带入河中，因此有较多的泥沙直接进入河流，多年平均径流量 3.547×10⁸ m³，多年平均输沙量 240×10⁴ t，最大年（2002 年）输沙量 1 410×10⁴ t，年平均含沙量为 6.25 kg/m³。卡普斯浪河是渭干河第二大支流，上游有多处煤矿和电站，森林资源和大面积草牧场受人为因素的影响，山区植被发育差，河流补给组成中冰川覆盖度占 16.3%，冰川融水占 44.8%，多年平均径流量 6.748×10⁸ m³，多年平均输沙量 168×10⁴ t，最大年（1999 年）输沙量 756×10⁴ t。

表 2-3　渭干河部分流域主要河流悬移质含沙量

河流	站名	集水面积（km²）	统计年份	年平均含沙量（kg/m³）	最大年含沙量（kg/m³）	出现年份
木扎提河	破城子	2 845	1980—2010	3.24	6.32	2001
卡普斯浪河	卡木鲁克	1 834	1980—2010	2.19	9.13	1999
克孜尔河	黑孜（三）	3 342	1980—2010	6.25	20.30	2010

表 2-4　渭干河部分流域主要河流悬移质实测输沙量

河流	站名	统计年份	多年平均径流量 （×10⁸ m³）	多年平均输沙量 （×10⁴ t）	最大年	
					输沙量（×10⁴ t）	出现年份
木扎提河	破城子		14.40	475	964	2008
卡普斯浪河	卡木鲁克	1980—2010	6.748	168	756	1999
克孜尔河	黑孜（三）		3.547	240	1 410	2002

（四）源土与下伏母土

灌淤物是形成灌淤土的基本物质，称为灌淤土的母质。灌淤物来源于上游的侵蚀土壤（或地层），这些被侵蚀的土壤（或地层）称为源土。灌淤土形成前的原地土壤称为母土，母土被灌淤层覆盖后则称为下伏母土。

1. 源土　源土的类型很多，主要有黄绵土、昆仑黄土、红土、灰褐土、栗钙土以及各种岩石风化物等。

黄绵土是黄河及其支流冲积平原地区灌淤土的源土，黄绵土的颗粒组成以粉粒为主，粉粒占颗粒组成的60%～70%，有机质含量不高。昆仑黄土是新疆昆仑山北麓灌淤土的源土，昆仑黄土比黄绵土含有更多的沙粒，粉粒明显减少，有机质含量更低。红土也是源土，其影响范围有限。红土呈棕红色，黏粒含量较高。如宁夏固原红庄的红土，其黏粒含量高达49.10%（表2-5）。

表 2-5　不同取样点不同类型源土颗粒组成和养分

类型	取样点	土层 （cm）	颗粒组成（%）				养分（g/kg）			
			砾石 （>2.0 mm）	沙粒（0.05～ 2.0 mm）	粉粒（0.002～ 0.05 mm）	黏粒 （<0.002 mm）	有机质	N	P₂O₅	K₂O
黄绵土	宁夏固 原寨科	38～71	—	20.00	67.80	12.20	4.1	—	—	—
		71～95	—	24.00	65.50	10.50	3.5	—	—	—
昆仑黄土	新疆于 田甫鲁	86～105	—	57.55	33.57	8.88	3.0	—	—	—
		105～127	—	60.02	35.50	4.48	1.1	—	—	—
红土	宁夏固 原红庄	6～40	—	7.50	43.40	49.10	3.3	—	—	—
灰褐土	宁夏中 卫香山	0～13	5.80	16.30	62.10	15.80	26.5	2.49	1.49	22.5
		13～32	14.90	14.60	53.80	16.70	—	2.46	1.15	22.8
		32～65	4.80	—	—	21.00	—	1.39	0.71	23.4
栗钙土	河北 坝上	0～19	—	44.47	25.28	30.25	27.5	1.58	0.80	28.1
		19～33	—	39.09	27.14	33.77	12.4	0.73	0.43	25.5
		33～50	—	19.17	42.05	38.78	12.1	0.52	0.53	25.9

表2-6所示为甘肃不同深度黄绵土源土的机械组成及全盐量。

表2-6 甘肃不同深度黄绵土源土的机械组成及全盐量（兰州雁滩）

土层（cm）	0.02~2 mm（%）	0.002~0.02 mm（%）	<0.002 mm（%）	全盐量（g/kg）
0~24	570.0	265.1	164.9	—
24~36	561.8	304.5	133.7	—
36~56	583.3	275.9	140.7	—
56~110	936.8	15.9	47.4	—
110~140	677.4	269.0	53.7	—
1~11	662.0	251.4	86.6	0.670
11~21	439.9	381.4	178.7	3.040
21~31	586.7	244.3	168.9	0.296
31~41	588.2	218.8	199.1	—
41~57	567.4	263.1	169.5	—
57~95	887.5	57.1	55.4	—

宁夏中卫香山北麓的灌淤土，其源土为分布于香山的灰褐土与粗骨灰钙土。河北张家口坝下的灌淤土，其源土为分布于坝上（内蒙古高原东南部）的栗钙土。灰褐土、粗骨灰钙土与栗钙土的有机质与其他养分含量较高，并含有砾石。

灌淤土分布范围很广，源土类型较多，都对灌淤物的理化性质有较大的影响。

2. 母土与下伏母土 我国的灌淤土可以在多种类型的土壤之上发育形成。灌淤土的下垫土壤可以是地带性土壤，也可以是各种水成土壤，甚至是冲积、洪积性母质，下垫土壤的类型有时会对其上覆灌淤土的性质产生影响。例如：发育于水成土壤之上的灌淤土，有时其下部仍会受到地下水作用的影响。在地下水位的升降作用下，灌淤土下部氧化还原反应交替发生。当灌淤土的下垫土壤为盐土或盐渍化程度较重的土壤时，有时灌淤层的厚度还不足以使其完全脱离该地区含盐地下水或母质的影响，地下水可随毛管水上升到地表。在干旱的气候条件下，蒸发强烈，灌淤土的表层积累盐分。表层可溶性盐含量大于5 g/kg。有时发育于沼泽土之上的灌淤土还残存其下垫土壤的冷湿特点，有机质分解速度较慢且容易积累，因此有机质含量较高，碳氮比也较大。而当灌淤土的下垫土壤为地带性土壤时，有机质含量相对较低，碳氮比也比较低。通常灌淤层超过50 cm以后，下垫土壤不起决定性的作用。

从母土和下伏母土的类型来看，在冲积平原地区主要有冲积土、潮土、潜育土和盐土等，在较高的洪积扇和高阶地，主要有当地的地带性土壤，如棕漠土、灰棕漠土、灰漠土、灰钙土、棕钙土、褐土和栗钙土等。母土与下伏母土具有显著的地带性差异，除机械组成等物理性质差异明显外（表2-7），养分含量等化学性质差异也很大（表2-8）。

表2-7 母土与下伏母土物理性质

地点	土壤类型	土层（cm）	容重（g/cm³）	相对密度	孔隙度（%）	孔隙比
兰州	红吃劲土	0~28.9	1.38	2.54	45.70	0.84
		28.9~38.3	1.45	2.67	45.69	0.84
		38.3~77.6	1.46	2.67	45.32	0.83
		>77.6	1.40	2.60	45.45	0.84

表 2-8 母土与下伏母土化学性质

地点	土壤类型	土层（cm）	有机质（%）	全氮（%）	全磷（%）	碱解氮（mg/kg）	有效磷（mg/kg）	速效钾（mg/kg）	pH	阳离子交换量（cmol，100 g 土）
嘉峪关	棕漠土	0～23.0	0.50	0.045	0.048	23.0	2.0	63.0	8.60	
		23.0～35.0	0.45	0.043	0.040	14.0	0	45.0	8.70	
		35.0～57.0	0.60	0.033	0.031	12.0	0	79.0	8.50	
		57.0～100.0	0.23	0.020	0.050	12.0	0	38.0	8.60	
		100.0～145.0	0.22	0.019	0.046	13.0	0	39.0	8.50	
兰州	红吃劲土	0～28.9	1.28	0.092	0.134	63.3	10.6	120.0	8.47	1.309
		28.9～38.3	0.79	0.089	0.097	59.9	6.3	102.9	8.46	1.147
		38.3～77.6	0.67	0.078	0.096	44.2	6.2	79.4	8.66	0.700
		>77.6	0.46	0.062	0.072	34.5	5.7	78.2	8.06	0.542

棕漠土是内蒙古、新疆和甘肃干旱半荒漠与荒漠地带灌淤土的母土及下伏母土，是在漠境土壤的基础上形成的，是养分含量很低的碱性土壤。甘肃嘉峪关棕漠土 0～145.0 cm 剖面有机质含量为 0.22%～0.60%，全氮含量为 0.019%～0.045%，全磷含量为 0.031%～0.050%，养分含量极低（表 2-8）。新疆喀什、和田的地带性土壤也是棕漠土，由于棕漠土所处海拔比较高，土层薄、植被稀疏、耕种较少，叶城、和田和疏勒灌淤土冲积扇中、下部土壤有机质积累少且差异较大，有机质含量为 2.4～16.3 g/kg，灌耕棕漠土中土壤有机物质分解快，全氮含量虽然随着时间的延长有可能降低，但由于持续的化肥投入，有效氮含量水平却提高了，全氮含量为 0.470～0.980 g/kg，碱解氮含量为 53.0～138.0 mg/kg，有效磷含量为 1.2～21.7 mg/kg，速效钾含量为 82.0～152.0 mg/kg，新疆在第二次全国土壤普查后的 10 多年中基本没有使用钾肥，一直到前些年平衡施肥技术的推广才推动钾肥的少量施用。由于从土壤中大量移走钾，却没有补充，所以灌淤土和灌耕棕漠土中速效钾含量减少。棕漠土由于没有耕种，钾基本没有损失，而且由于风化和成土作用，土壤速效钾含量还增加了。

红吃劲土主要集中于大通河和湟水河河谷一、二级阶地区域灌淤土的母土与下伏母土，土壤剖面构造中质地由上往下逐渐紧实，上下层为块状，中间为片状，剖面构型为夹黏型。颜色主要为灰红色、黄红色间隔、砖红色或棕红色，分布深度为 32～77 cm，多处在 20 cm 左右的不透水层。土壤剖面构型 40%左右为夹黏型，有利于保水保肥，供肥性能强，不利于通气透水，碳酸钙含量一般大于 5%，属石灰微碱性土壤，pH 在 8.36 左右，养分含量氮中等水平、磷中上水平、钾的土壤供应强度高，耕层 100 g 土的平均阳离子交换量为 1.309 cmol，属保肥中等土壤。甘肃其他地方灌淤土的母土与下伏母土（表 2-9）质地有沙质壤土、壤土和中壤土，碳酸钙含量一般>10%，石灰碱性土壤，pH 为 8.10～8.90，有机质含量较低。

表 2-9 甘肃各地灌淤土的主要剖面形态与化学性质

地点	原定土名	土层（cm）	质地	pH	碳酸钙（%）	有机质（%）	阳离子交换量（cmol，100 g 土）
白银市靖远县	灌淤土	0～90	沙质壤土	8.30～8.50	10.0～11.9	1.20～0.81	8.3
天水市麦积区	淀淤土	0～128	壤土	8.70～8.90	11.6～12.4	0.83～0.97	7.0
定西市陇西县	水川地麻土	0～116	中壤土	8.30～8.50	11.4～12.7	1.08～0.80	14.0
平凉市崇信县	新积土	0～110	壤土	8.30～8.50	10.3～11.3	0.98～0.45	11.0
定西市临洮县	水川地麻土	0～70	中壤土	8.10～8.30	12.2	1.20～0.69	12.0

二、人为因素

灌淤土是在人为影响下，长期交替进行灌溉淤积、灌水淋溶与耕种培肥逐步形成的。因此，人为因素在灌淤土的形成中起着至关重要的作用。灌淤土形成的主要人为因素有灌溉与排水、耕种与施肥。

（一）灌溉与排水

自农耕文明开始，人们就兴修水利，北方旱区长期引用含有大量泥沙的水流进行灌溉，是灌淤土形成的基本条件。新中国成立以来，水利工程受到高度重视，各地都建设了大量的水利工程：整修引水工程，修建、改建各级渠道，进行渠道防渗处理，修建水利建筑物，加强灌溉管理等，并使灌溉范围不断扩大，灌溉保证率和灌溉质量有很大提高。

灌排作用主要从 4 个方面对灌淤土的形成产生影响：①灌淤土多分布在干旱地区，降水量小，而且集中于 7—9 月，4—6 月正是作物需水量最大的时节，降水量却很少。因此，在灌淤土分布的地区，只有灌溉才能满足作物对水的需要。②灌溉水中的悬浮物质是灌淤土的主要物质来源之一。在灌淤土分布的地区，河流的泥沙含量一般都很大，引水灌溉每年带给田间的物质可使田面淤高。采自新疆乌什县灌淤土剖面样品的 X 射线衍射分析结果表明，土壤的矿物组成完全取决于灌溉水的泥沙，灌溉水的泥沙中含有一定量的有机物质和各种养分元素，对灌淤土肥力的提高产生积极作用（表 2 - 10）。③灌淤土一般都是引用水质良好的低矿化度水进行灌溉。故灌淤土中可溶性盐和石膏的含量都很低，特别是灌淤土形成初期。正是由于灌溉水的淋溶作用，土壤中的可溶性盐及有害物质加速淋洗。史成华等通过数理统计发现，不同地区灌淤土土壤剖面所在地区的河水的化学组成和引用其灌溉的灌淤土的可溶性盐离子组成之间具有显著的相关性（表 2 - 11），这也充分说明灌淤土中的可溶性盐与灌溉水中的离子之间存在着一种平衡关系，即灌溉水的化学组成直接影响灌淤土的可溶性盐离子组成。④各地的灌溉制度因作物、土壤及气候等条件的差异而有所不同。新疆的小麦一般一年灌水 5 次，加带状间套作玉米，共灌水 7~10 次，初冬还进行冬灌，全年灌水量为 8 000~15 000 m^3/hm^2。宁夏小麦一年灌水 3~4 次，加间套复种和冬灌，灌水量共计 9 000~12 000 m^3/hm^2。灌淤土的稻田主要在宁夏，一般一年灌水 10~30 次，全年总灌水量为 12 000~30 000 m^3/hm^2。

表 2 - 10 灌淤层及灌溉水的泥沙黏粒矿物组成

深度 (cm)	层段	发生层	X 射线衍射分析			电子显微镜分析	
			主要矿物	次要矿物	少量矿物	主要矿物	次要矿物
0~10	灌淤层	Aup1	水云母	绿泥石	蒙皂石、高岭石、石英、长石	水云母	绿泥石
10~20	灌淤层	Aup2	水云母	绿泥石	蒙皂石、高岭石、石英、长石	水云母	绿泥石
20~50	灌淤层	Bup1	水云母	绿泥石	蒙皂石、高岭石、石英、长石	水云母	绿泥石
50~70	灌淤层	Bup2	水云母	绿泥石	蒙皂石、高岭石、石英、长石	水云母	绿泥石

（续）

深度 （cm）	层段	发生层	X 射线衍射分析			电子显微镜分析	
			主要矿物	次要矿物	少量矿物	主要矿物	次要矿物
70~100	过渡层		水云母	绿泥石	蒙皂石、高岭石、石英、长石	水云母	绿泥石
100~130	源土层		水云母	绿泥石	蒙皂石、高岭石、石英、长石	水云母	绿泥石
对照	灌溉水含泥沙		蒙皂石、水云母	绿泥石	蒙皂石、高岭石、石英、长石	蒙皂石、水云母	

表 2 - 11　土壤可溶性盐与灌溉水化学组成之间的相关性

剖面 代号	深度 （cm）	灌溉 河流名称	站名	相关系数 （r）	样本数 （n，个）	α＝0.05 时的 检验值
Ⅰ-1	0~12	三工河	阜康	0.85	6	0.811
Ⅰ-2	0~11	策勒河	中游	0.95	6	0.811
Ⅱ-1	0~20	金塔河	祁连	0.98	7	0.754
Ⅱ-2	0~24	西营河	四咀沟	0.98	7	0.754

　　另外，在冲积平原地区，一般都有人工开挖的排水沟系，部分地区还用竖井和暗管排水，排水出流困难地区还修建了电排站扬水排水，这些水利设施对于调控灌淤土的地下水位起到了重要的作用。

　　在甘肃沿黄灌区，农业依赖水，但也由于灌溉排水和农业措施不当等造成地下水位抬高，大量底土和地下水中的盐分随着潜水蒸发积聚到土壤上层和地表，发生次生盐碱化。人为因素很多，主要有以下几个方面：①灌溉技术落后，灌溉定额高。很多地方还采用大水漫灌、串灌等方式，虽然也在逐步改进，以畦灌和沟灌为主，但毛灌溉定额仍很高。除兴电灌区扩灌面积太大而毛灌溉定额（6 000~7 500 m³/hm²）较低外，景电、刘川、靖会、皋兰西岔、榆中三角城等灌区的毛灌溉定额在7 5000~12 000 m³/hm²，自流灌区 12 000~18 000 m³/hm²，过量的灌溉水深层渗漏，抬高地下水位至临界水位，导致土壤次生盐渍化的大面积发生。②重灌轻排，灌排失调。要使土壤稳定脱盐，灌水与排水的比例应达到（2~4）：1，而多数地方为（10~20）：1，这就造成进入灌区的水多、排走的水少，仅能依靠潜水蒸发和自然形成的排碱沟来调节灌区水量平衡，造成土壤积盐。③排水设施不完善。引黄自流灌区地势低，很多地方都没有解决排水出路问题，土壤次生盐渍化普遍发生，特别是由土壤冻融引起的地面"返浆"和季节性的返盐现象时有发生，造成相当大面积的土地被弃耕或濒临弃耕。在景电灌区的马鞍山、草窝滩、兰石农场等地虽然也修了排碱沟，但由于疏于管理，淤泥堵塞严重，造成排碱不畅。④耕作措施不配套。盐碱土结构性差、毛管作用强、透水透气性差，提高土壤肥力可显著改良其不良性质，但大多数灌区都只是重视化肥，而轻视有机肥培肥地力的作用，使灌区土壤肥力长期徘徊在低水平。还有一些灌区，在大水洗盐的过程中，不注意与耕作、培肥等其他农业生物措施的配合，造成很多新垦盐碱荒地脱盐后又很快碱化，原来重度盐化地块的地面开始板结、变为灰白色，抑制幼苗正常生长。

（二）耕种与施肥

　　灌淤土宜种性广，适宜多种作物的生长，主要粮食作物有小麦、玉米、高粱、大麦、水稻，主要油料及经济作物有胡麻、向日葵、甜菜、瓜果、蔬菜、棉花等，各地主要作物因气候、灌水便利程度及交通等条件的差异而不同。宁夏、新疆乌什及甘肃靖远等地有水稻，新疆南部的棉花有光照充足、空气干燥、少雨等独特的气候条件以及相对较少的病虫害、机械化规模化种植等生产优势，宁夏的枸杞因当地适宜的温差等条件而品质较好并久负盛名。2000 年以后，甘肃河西走廊和新疆中东部也因独特的气候条件和有保障的灌溉条件而成为国家乃至国际的瓜果、蔬菜和玉米等作物杂交制种基地。西藏灌淤土因高寒而适宜种植青稞和豌豆等耐寒作物。

灌淤土以一年一熟为主，粮食与经济作物、夏收与秋收作物或水稻与小麦等作物轮作或倒茬。宁夏等地历史上曾种植一定面积的绿肥，现已大为减少。20 世纪 90 年代以后，各地间套作和立体种植有较大发展，尤其是小麦带状间种玉米（俗称小麦套玉米）比较广泛。新疆和田地区灌淤土的立体种植很有特色：路边为葡萄长廊，毛渠边栽种桑树，发展养蚕业，农田中小麦带状间种玉米。

土壤耕作既为作物生长提供了良好的土壤条件，也对土壤性质产生了重大影响。作物不同，耕作措施也不同。耕作措施一般包括播种前的整地、生育期中耕除草、收获后的翻耕灭茬等。随着栽培技术的发展，新疆、甘肃河西走廊的棉花和新疆、甘肃、宁夏等地的玉米普遍采用覆膜保墒栽培技术，地膜覆盖改变了农田土壤水温环境、提高了作物水分利用率和产量，同时加速了土壤有机质的分解和氮、磷养分的矿化循环。

20 世纪 50 年代，灌淤土施肥以农家肥为主，以土粪的形式于作物播种前作基肥施用，其用量为 $32\sim120\ t/hm^2$。自 20 世纪 60 年代以来，氮、磷肥的用量逐年增加。20 世纪 70 年代以后，宁夏等地秸秆还田面积逐步扩大，一般用量为 1 500 kg/hm² 左右，最高达 3 000 kg/hm²。近年来，由于农村条件改善，作物秸秆已不再是主要的做饭燃料，大量秸秆剩余，机械化收获后将粉碎秸秆移出农田费时费力，而农村青壮年劳动力外出打工、留守劳动力基本为老弱妇幼、聚乙烯地膜覆盖栽培条件下的机械化收获后粉碎秸秆的还田利用问题又凸显出来，全生物降解地膜在灌淤土区域棉花、玉米全程机械化生产和秸秆还田中有很好的应用前景。

第二节　灌淤土的形成作用

灌淤土的形成作用主要如下：主导形成作用为灌水落淤、灌溉水淋洗以及耕种搅动与培肥等，这几种作用紧密结合，交替进行，逐步形成一定厚度的灌淤层。附加形成作用有氧化还原与盐渍化。气候与下伏母土对灌淤土的形成也有一定的影响。

一、主导形成作用

（一）灌水落淤

灌淤土上游地区的源土被侵蚀进入河流，经渠道被引入灌区，随灌溉水进入农田。灌淤土分布地区的灌溉制度因作物、土壤及气候等条件的差异而不同。如果按作物生育期间净灌水量 7 500 m³/hm² 计算，每年每公顷约有 8 250 kg 的泥沙被带入农田，在田间淤积，导致土层加厚、农田地面抬高。

1. 灌溉水中悬移物质的分选　河水中含有大量的泥沙，河水被引入渠道，水中悬移物质在渠道输水过程中经过分选因流速的减缓而逐渐沉积。一般来说：干渠、支渠流速大，渠中沉积物比较粗；斗、农渠流速小，渠中沉积物比较细；田间水流更慢，灌水落淤在农田的物质更细。宁夏中卫引黄灌区：干渠中的淤积物沙粒含量高达 95.2%，粉粒只有 4.8%，不含黏粒；支渠中的淤积物沙粒含量有所降低，为 71.0%，粉粒增至 29.0%，没有黏粒；农渠中的淤积物沙粒含量减少至 20.0%，粉粒增至 72.8%，同时含有 7.2% 的黏粒；田块进水口及田块中沙粒进一步减少，为 12.0% 左右，粉粒也减至 56.8%～71.3%，黏粒明显增多，达 16.7%～31.7%。其他灌区也呈现相似的规律，即渠道由大至小，再至田间，淤积物中沙粒含量相应降低，粉粒与黏粒含量相应增大（表 2-12）。

表 2-12 渠道与田块中泥沙的颗粒组成

区域	位置	沙粒（0.05～2 mm）（%）						粉粒（0.002～0.05 mm）（%）			黏粒（<0.002 mm）（%）
		1～2 mm	0.5～1 mm	0.25～0.5 mm	0.10～0.25 mm	0.05～0.10 mm	合计	0.02～0.05 mm	0.002～0.02 mm	合计	
宁夏中卫引黄灌区	干渠	0.8	0.9	0.9	52.7	39.9	95.2	4.8	0	4.8	0
	支渠	0	0.2	0.2	40.2	30.4	71.0	14.3	14.7	29.0	0
	农渠	0	0	0.1	11.3	8.6	20.0	36.4	36.4	72.8	7.2
	田块进水口	0	0	0.1	6.8	5.1	12.0	31.3	40.0	71.3	16.7
	田块	0	0	0.1	6.5	4.9	11.5	15.2	41.6	56.8	31.7
河北张家口桑干河灌区	支渠	0	0.1	0.1	20.8	15.8	36.8	30.6	24.8	55.4	7.8
	斗渠	0	0.7	0.7	16.6	12.5	30.5	28.2	28.2	56.4	13.1
	农渠	0	0.7	0.8	9.8	7.4	18.7	24.1	35.1	59.2	22.1
	田块	0	0.4	0.4	4.8	3.6	9.2	21.2	37.8	59.0	31.8
河北张家口洋河灌区	支渠	7.4	5.4	5.4	41.9	31.7	71.8	0.9	2.2	3.1	5.1
	斗渠	4.4	1.6	1.7	17.8	13.5	39.0	20.5	27.2	37.7	13.3
	农渠	0	0.1	0.1	5.8	4.3	10.3	19.2	38.3	57.5	32.2
	田块	0	0.8	0.9	7.2	5.5	14.4	14.1	36.1	50.2	35.4

因源土的不同和颗粒组成的差异，渠道与田块中灌淤物的有机质及养分含量相应也有差异。随着渠道由大至小，再至田间，因灌淤物颗粒组成变细，其有机质、氮、磷、钾等养分含量及阳离子交换量也相应增加。河北张家口洋河灌区灌淤物的有机质、养分含量及阳离子交换量显著高于宁夏中卫引黄灌区及河北张家口桑干河灌区，主要是因为洋河灌区灌淤物的源土是坝上栗钙土，含有较多有机质和其他养分（表 2-13）。

表 2-13 渠道与田块中灌淤物的养分含量及阳离子交换量

区域	位置（渠道/田块）	有机质（g/kg）	N（g/kg）	P_2O_5（g/kg）	K_2O（g/kg）	碱解氮（mg/kg）	速效养分（mg/kg）		阳离子交换量（cmol/kg）
							有效磷	速效钾	
宁夏中卫引黄灌区	干渠	3.6	0.03	0.40	15.9	18.5	2.5	92.6	5.5
	支渠	3.8	0.10	0.95	19.5	44.5	2.7	107.1	6.5
	农渠	7.9	0.19	1.22	19.3	48.1	5.5	247.8	8.3
	田块进水口	10.1	0.42	1.25	19.7	37.5	6.9	268.9	11.7
	田块	14.7	0.80	1.37	26.9	63.0	8.7	221.7	11.0

（续）

区域	位置（渠道/田块）	有机质（g/kg）	N（g/kg）	P₂O₅(g/kg)	K₂O(g/kg)	碱解氮（mg/kg）	速效养分（mg/kg）		阳离子交换量（cmol/kg）
							有效磷	速效钾	
河北张家口桑干河灌区	支渠	1.8	0.26	1.49	26.4	16.0	4.0	83.0	4.9
	斗渠	9.0	0.54	1.40	26.4	32.0	5.0	148.0	9.3
	农渠	13.3	0.97	1.47	27.8	55.0	10.0	272.0	12.9
	田块	14.2	1.10	1.78	28.8	72.0	23.0	294.0	16.3
河北张家口洋河灌区	支渠	8.1	0.39	1.17	33.3	20.0	9.0	63.0	4.0
	斗渠	8.6	0.95	1.33	33.6	48.0	12.0	132.0	13.0
	农渠	35.3	2.20	1.60	30.3	129.0	15.0	378.0	29.9
	田块	32.4	1.70	1.65	24.7	103.0	17.0	362.0	27.9

田间进水口水的流速大于田块中的流速，因此田块进水口处的灌淤物比田块中的粗。如表 2 - 12 中的宁夏中卫引黄灌区，田块进水口处的灌淤物沙粒较多，而黏粒较少；同时，田块进水口处灌淤物的有机质及部分养分含量（表 2 - 13）也比田块中的少。

同一地区，田块面积和地面比降大体一致，向田块供水的末级渠道、田块进水口及田面的水流速度各有一定范围，灌淤物的源土也多属同一类型。因此，同一地区农田中的灌淤物比较均匀一致。根据宁夏回族自治区水利科学研究院的资料，在宁夏古灌区，虽然干渠、支渠、斗渠的流速相差较大，但农渠的流速为 0.38～0.53 m/s，田块进水口流速为 0.10～0.50 m/s，田面水流速为 0.30～1.00 cm/s。宁夏古灌区灌淤物的源土多为黄土和黄土状物质，因此，宁夏古灌区的灌淤物多为均匀的粉质壤土和壤土。

2. 田间落淤与土层加厚 由于灌水落淤，因此土层加厚、田面逐渐抬高。为了探明灌水落淤对农田土层加厚的实际影响，各地都做了实测试验。宁夏于作物生长季节，在田面铺塑料薄膜，承纳灌淤物。结果表明，小麦地年淤积量为每公顷 10 300～14 100 kg，稻田年淤积量高达每公顷 155 400 kg，每年增厚土层 1 cm 以上。而新疆的测定结果表明，农田年淤积量为每公顷 15 000 kg 左右，每年田面抬高 0.3～0.8 cm，甚至在 1.0 cm 左右。

在灌水落淤的同时，可能还有少量泥土随着灌水的排出而流出农田。为探求灌水落淤的实际速度（灌溉农田土层每年增厚的量），对宁夏渠口和灵武两个可获得耕地开垦灌溉种植具体年限的国有农场进行了调查。结果表明，不种水稻的地区，经灌水落淤 32～41 年，形成的准灌淤层（不足 50 cm 的土层厚度，但具有灌淤层特征的土层，称为准灌淤层，后同）厚度达 35～40 cm，平均每年增厚 1.04 cm。轮作种水稻的地区，每年平均增厚略大，平均为 1.14 cm（表 2 - 14）。这两个农场很少施用土粪，土层增厚主要反映了灌水落淤速度。从这两组平均值（1.04 cm 与 1.14 cm）来看，与前面所述的落淤量大体一致，说明了田间灌溉撒水所引起的泥土流失量是不大的。

表 2 - 14　宁夏渠口和灵武国有农场准灌淤层变化

项目	不种水稻				轮作种水稻			
准灌淤层厚度（cm）	40	36	35	35	42	40	38	33
灌溉耕作年限（年）	34	32	35	41	38	35	33	28
土层增厚速度（cm/年）	1.18	1.13	1.00	0.85	1.10	1.14	1.15	1.18
土层平均增厚速度（cm/年）	1.04				1.14			

同一田块，距进水口远近不同，其落淤厚度有一定差异。近进水口处，落淤量大，形成小型扇状高地，称为田嘴子。田嘴子小地形高，土壤质地也偏轻。以新疆策勒的一块玉米地为例，一次灌水，水层厚近 30 cm，距进水口 3 m 处，灌淤物厚度达 10 cm，15 m 处厚度为 4 cm，30 m 处厚度为 1 cm。同时，距进水口越近，颗粒组成中的沙粒越多，黏粒越少，有机质、全磷及碱解氮含量越低（表 2-15），与前面所述结果是基本一致的。

表 2-15　一次灌水灌淤物厚度与性质

与田块进水口距离（m）	灌淤物厚度（cm）	颗粒组成（%）			有机质（g/kg）	全氮（g/kg）	全磷（g/kg）	碱解氮（mg/kg）	有效磷（mg/kg）
		0.05～2 mm	0.002～0.05 mm	<0.002 mm					
3	10	65.1	32.3	2.6	3.6	0.4	1.16	12.8	4.9
15	4	53.4	43.4	3.2	4.7	0.2	1.47	19.6	2.2
30	1	23.5	64.3	12.2	6.4	0.2	1.37	36.6	2.2

3. 土层加厚与地面抬高　灌水落淤加厚了土层，相应也抬高了地面。有些原来比耕地高的地块，变成了比耕地低的洼坑，有些原来与耕地在同一高度的农村道路，变成了路沟，都表明耕地地面抬高的事实。灌溉渠道多沿高处（垄冈）开挖，土地开发多沿渠道附近开始，再加上人工筑埂平田，在老灌区形成一种阶梯式缓斜地形，即自渠道向两侧阶梯状缓慢降低的地形。地面抬高，地下水位相对下降，阶梯式缓斜地上部地下水位深，土壤因灌溉水淋洗而脱盐，下部地下水位相对较高，土壤盐渍化，位置越低，盐渍化程度越重。如表 2-16 所示，1 号阶梯地地下水位埋深较大，达 220 cm，土壤全盐量很低，灌淤耕层仅为 0.6 g/kg，老灌淤层及下伏母土层均只有 0.5 g/kg。向下，地下水位升高，土壤盐渍化加重，至 5 号阶梯地，地下水位埋深只有 45 cm，灌淤耕层全盐量已高达 23.0 g/kg，成为盐斑地。因此，灌区的低产田主要集中在阶梯式缓斜地的下部。如排水不良，阶梯式缓斜地之间的洼地即成为盐渍土或沼泽土集中分布的地区。再加上人工筑埂平田，在老灌区形成一种阶梯式缓斜地形，即自渠道向两侧阶梯状缓慢降低的地形。

表 2-16　阶梯式缓斜地土壤及地下水全盐量

	项目	1 号阶梯地	2 号阶梯地	3 号阶梯地	4 号阶梯地	5 号阶梯地
土壤	灌淤耕层全盐量（g/kg）	0.6	1.4	1.8	17.0	23.0
	老灌淤层全盐量（g/kg）	0.5	1.0	1.5	3.3	4.8
	下伏母土层全盐量（g/kg）	0.5	0.8		2.5	2.6
地下水	矿化度（g/L）	0.55	0.93			3.90
	埋深（cm）	220	170			45

（二）灌溉水淋洗

灌淤土每年每公顷的灌水量一般为 9 000～15 000 m³，相当于 900～1 500 mm 的降水量，对土壤有机胶粒与无机胶粒及盐类有较强的淋洗作用。土壤中的黏粒和腐殖质等胶粒随着灌溉水下移，并在土壤结构的表面和孔壁上形成胶膜。胶膜比土壤的颜色更深暗，呈薄膜状、光滑，对光线略有反射。

溶解度大的易溶性盐可得到充分的淋洗。宁夏国有灵武农场原为盐渍土荒地，根据 1956 年该农场的勘查报告，全盐量大于 10 g/kg 的盐渍土占全场面积的 69.0%，全盐量大于 3 g/kg 的中、重度盐渍土占 8.9%，两者共为 77.9%。经开垦、灌溉耕种 30 多年后测定，已无全盐量大于 10 g/kg 的盐渍土，中、重度盐渍土也只占 19.4%，其余 80.6% 的土地为轻度盐渍土或非盐渍土。说明灌溉对盐渍土中盐分的淋洗作用是非常明显的，但其效果与排水有关，排水条件好、地下水位深的地区，淋洗效果好，而排水条件差、地下水位高的地区淋洗效果差。停止灌溉后，盐分又随着土壤水分蒸发返回土壤上层。因此，地下水位深的普通灌淤土，全剖面全盐量很低，小于 1.5 g/kg，地下水位高的灌淤土，全盐量较高，土壤盐渍化可能性较大。

甘肃沿黄灌区耕地土壤盐渍化发生程度与灌溉类型密切相关（表 2 - 17）。在各个灌区的上游，多为灌区延伸改造和移民安置而新开垦的盐碱荒地，土壤母质含盐量较高，随着灌耕洗盐，耕层脱盐效果明显，0～10 cm 土层电导率大多降到了 600 μS/cm 以下，10～20 cm 土层也降到了 1 000 μS/cm 以下，但在耕层以下，盐分聚集现象比较明显，特别是 80～100 cm 土层，有些在 2 000 μS/cm 以上。各个灌区的中游大都是土地分布比较集中的区域，灌耕时间相对较长，土壤脱盐和次生盐渍化过程同时存在，大部分耕地表现为轻度盐渍化，耕层土壤电导率有些在 400 μS/cm 以下，80～100 cm 土层电导率也都在 1 000 μS/cm 以下，只有少部分耕地由于地形和不合理灌溉施肥等的影响而盐渍化程度较高。各个灌区的下游和自流灌区是次生盐渍化耕地广泛分布的区域，盐分表聚现象非常明显，耕层土壤（0～20 cm）电导率多在 1 000 μS/cm 以上，有的地方甚至达到 7 790 μS/cm，在地表形成了盐霜，80～100 cm 土层也达到 400 μS/cm 以上，致使部分耕地无法耕种，只能弃耕。

表 2 - 17　甘肃沿黄灌区盐碱地剖面盐分特征

灌区	位置	海拔 (m)	盐碱地 类型	电导率（μS/cm）					
				0～10 cm	10～20 cm	20～40 cm	40～60 cm	60～80 cm	80～100 cm
景电灌区	上游	≥1 800	新垦盐碱荒地	570	809	1 956	2 210	2 300	2 320
	中游	1 500～1 800	轻度	346	458	472	534	713	721
	下游	<1 500	弃耕盐碱荒地	8 610	5 570	3 430	3 410	3 420	3 580
刘川灌区	上游	≥1 500	新垦盐碱荒地	372	655	1 196	1 688	2 900	3 460
	中游	1 300～1 500	轻度	367	373	324	350	911	458
	下游	<1 300	弃耕盐碱荒地	7 790	4 690	2 060	2 000	1 833	1 634
兴电灌区	上游	≥1 650	新垦盐碱荒地	654	987	1 436	1 782	2 030	2 160
	中游	1 400～1 650	轻度	372	147	115	144	167	320
	下游	<1 400	中度	869	698	616	540	490	432
靖会灌区	上游	≥1 800	新垦盐碱荒地	353	628	1 280	1 359	1 414	1 458
	中游	1 400～1 800	中度	843	546	458	704	735	689
	下游	<1 400	重度	3 470	1 860	1 226	1 007	869	836
引大灌区	上游	≥2 000	轻度	460	506	675	746	1 278	1 617
	盆地中	1 700～2 000	中度	864	520	704	967	694	891
	盆地底	<1 700	重度	3 410	3 140	2 460	2 185	1 956	1 773
低扬程灌区	黄河一、二级阶地		轻度	504	275	207	186	213	208
			中度	834	481	387	399	359	369
			重度	1 569	1 116	991	1 208	1 112	1 266
自流灌区			轻度	741	373	342	343	269	324
			中度	934	652	646	467	475	528
			重度	1 991	824	480	422	384	510

从耕层土壤盐分离子组成特征来看（表 2 - 18），不同灌区、不同类型盐碱地盐分离子组成比例

差异较大。在阴离子中：SO_4^{2-} 含量最高，平均为 1.863 g/kg，变幅在 0.343～10.595 g/kg，占离子总量的比例在 23.73%～56.26%；其次是 Cl^-，平均为 0.904 g/kg，变幅在 0.092～3.020 g/kg，占离子总量的比例在 7.40%～32.30%；HCO_3^- 含量最低，平均为 0.459 g/kg，变幅在 0.070～2.530 g/kg，占离子总量的比例在 1.27%～24.24%；CO_3^{2-} 在所采集土样中未检测到。值得一提的是，部分灌区上游的新垦盐碱荒地 Cl^- 含量比较高，Cl^- 带一价负电荷，其本身化学性质稳定，在土壤中不易发生化学反应，而且不易被土壤胶体吸附，容易随水分运动。随着灌耕年限的延长，大部分 Cl^- 随灌溉水被淋出耕层，致使土壤中 SO_4^{2-} 占据主导地位。另外，有些耕地在灌耕脱盐过程中由于管理不善而发生了碱化，导致耕层土壤 HCO_3^- 大幅度增加。在阳离子中：$K^+ + Na^+$ 含量相对较高，平均为 0.707 g/kg，变幅在 0.052～3.423 g/kg，占离子总量的比例在 4.39%～24.57%；其次是 Ca^{2+}，平均为 0.464 g/kg，变幅在 0.048～2.729 g/kg，占离子总量的比例在 3.89%～15.29%；Mg^{2+} 含量相对较低，平均为 0.268 g/kg，变幅在 0.038～1.634 g/kg，占离子总量的比例在 2.31%～7.26%。K^+ 和 Ca^{2+} 是作物必需的营养元素，它们的存在对作物没有大的伤害。由此可见，甘肃沿黄灌区耕地土壤盐渍化的主要原因是 SO_4^{2-} 和 Na^+ 含量太高。

表 2-18　甘肃沿黄灌区盐碱地耕层土壤（0～20 cm）盐分离子组成特征

灌区	位置	盐碱地类型	盐分离子组成（g/kg）						pH
			HCO_3^-	Cl^-	SO_4^{2-}	Ca^{2+}	Mg^{2+}	$K^+ + Na^+$	
景电灌区	上游	新垦盐碱荒地	0.221	0.331	1.019	0.269	0.120	0.250	8.32
	中游	轻度	0.313	0.248	0.349	0.103	0.057	0.221	8.60
	下游	弃耕盐碱荒地	2.425	2.521	10.595	2.729	1.634	2.784	8.10
刘川灌区	上游	新垦盐碱荒地	0.283	0.439	0.395	0.134	0.038	0.355	8.97
	中游	轻度	0.245	0.187	0.433	0.181	0.086	0.052	8.43
	下游	弃耕盐碱荒地	2.530	2.664	8.682	1.460	1.210	3.423	8.79
兴电灌区	上游	新垦盐碱荒地	0.339	0.814	0.623	0.102	0.102	0.645	8.74
	中游	轻度	0.070	0.208	0.343	0.048	0.042	0.118	8.83
	下游	中度	0.232	0.379	1.185	0.352	0.156	0.202	8.23
靖会灌区	上游	新垦盐碱荒地	0.029	0.454	0.576	0.085	0.065	0.360	8.77
	中游	中度	0.145	0.614	0.807	0.332	0.149	0.176	8.81
	下游	重度	1.002	2.111	2.732	1.076	0.334	1.273	8.91
引大灌区	上游	轻度	0.177	0.264	0.655	0.182	0.086	0.181	8.38
	盆地中	中度	0.341	0.495	0.737	0.344	0.125	0.171	8.62
	盆地底	重度	0.133	3.020	3.979	0.960	0.479	1.906	8.56
低扬程灌区		轻度	0.106	0.092	0.701	0.173	0.069	0.105	8.34
		中度	0.242	0.422	0.820	0.220	0.119	0.281	8.89
		重度	0.241	1.185	1.442	0.356	0.161	0.910	8.11
自流灌区		轻度	0.211	0.482	0.525	0.128	0.068	0.368	8.73
		中度	0.160	0.594	1.023	0.190	0.164	0.407	8.30
		重度	0.201	1.455	1.493	0.324	0.374	0.657	9.01

土壤 pH 常被看作土壤的主要变量，对土壤中的许多化学反应和化学过程有很大影响，对土壤中的氧化还原、沉淀溶解、吸附、解吸和配合反应起支配作用。当土壤溶液中 OH^- 浓度超过 H^+ 浓度时，表现为碱性反应，土壤 pH 越大，碱性越强。因此，土壤 pH 也是盐渍土分类的一个常用指标，

一般认为，碱土 pH 大于 8.5。从表 2-18 可以看出，甘肃沿黄灌区所调查土样的 pH 都在 8.0 以上，最高达到了 9.01，主要是由于不同灌区、不同类型盐碱地的盐化和碱化程度不同。总体而言，pH 的地带性差异不明显，凡是新垦盐碱荒地和 HCO_3^- 含量较高的土壤其 pH 都比较高。

从调查水样的矿化度和盐分离子组成特征（表 2-19）来看，黄河水经提灌后，灌溉水矿化度的季节性和区域性变化都不大，维持在 0.5 g/L 左右，最低为 0.306 g/L，最高为 0.548 g/L。这主要是由于大部分渠道都做了衬砌处理，土壤母质中的盐分离子并没有进入灌溉水。但从地下水矿化度和盐分离子组成及比例来看，差异非常大，最低在 3.912 g/L，最高达到了 61.703 g/L，相差将近 16 倍。这与区域土壤母质的全盐量及水文地质条件有关，也与不合理的灌溉、施肥措施有关。从 pH 来看，灌溉水在刘川、景电灌区变化不大，但在兴电、靖会灌区升高较多，可能是由于这两个灌区土壤碱化面积较大，灌溉水流经农渠时带入了较多的 HCO_3^-，导致 pH 升高。与灌溉水相比，地下水的 pH 既有提高也有降低，主要是灌溉水淋出土体过程中盐分离子组成发生了很大变化。

表 2-19　甘肃沿黄灌区灌溉水及地下水矿化度和盐分离子组成特征

项目	类型	矿化度 (g/L)	盐分离子组成 (g/kg)						pH
			HCO_3^-	Cl^-	SO_4^{2-}	Ca^{2+}	Mg^{2+}	$K^+ + Na^+$	
黄河水		0.450	0.165	0.037	0.130	0.046	0.026	0.047	7.94
灌溉水	兴电灌区第一水	0.548	0.104	0.091	0.197	0.054	0.031	0.072	8.34
	兴电灌区第二水	0.430	0.128	0.075	0.106	0.038	0.022	0.062	8.45
	兴电灌区第三水	0.361	0.134	0.043	0.086	0.032	0.020	0.046	8.31
	兴电灌区第四水	0.415	0.140	0.053	0.110	0.034	0.027	0.051	8.24
	兴电灌区冬灌水	0.497	0.177	0.053	0.134	0.050	0.029	0.053	8.08
	刘川冬灌水	0.506	0.189	0.048	0.134	0.042	0.029	0.063	8.05
	景电九支渠第一水	0.345	0.122	0.064	0.062	0.036	0.017	0.044	8.12
	景电红跃村第二水	0.409	0.061	0.160	0.058	0.040	0.020	0.071	8.08
	靖会小芦村第一水	0.306	0.122	0.064	0.038	0.038	0.021	0.023	8.25
地下水	兴电景滩村（中游）	13.593	0.488	4.260	4.512	0.400	0.805	3.128	7.30
	刘川涝坝湾村（中游）	7.293	0.305	2.343	2.208	0.400	0.220	1.817	8.34
	刘川石板沟村（下游）	12.599	0.366	4.100	3.936	0.420	0.476	3.301	7.49
	景电娃娃水村（下游）	6.419	0.244	1.917	2.304	0.200	0.512	1.242	8.22
	景电城北村（下游）	7.035	0.305	1.917	2.496	0.280	0.220	1.817	8.17
	景电杨庄村（中游）	3.912	0.122	1.172	1.368	0.250	0.195	0.805	8.06
	靖会祖厉河（入河口）	12.865	0.488	3.515	4.848	0.520	0.781	2.714	7.47
	独石村（低扬程灌区）	61.703	29.402	6.071	8.064	0.600	0.708	16.859	8.06

灌淤土中的碳酸钙溶解度很低，受灌溉水的淋洗较弱，加上不断灌溉、持续补充碳酸钙含量较高的淤积物，导致灌淤土的碳酸钙含量一般较高，也使同一剖面上下各自然层次之间比较均匀一致。新疆暖温漠境喀什地区的灌淤土，自灌淤耕层向下，有碳酸钙新生体，且自上而下有增多趋势，碳酸钙含量也自上而下渐有增加，说明有较弱的淋溶沉淀现象，但未形成钙积层。

（三）灌溉农田退水引起的养分流失和环境污染

对于灌淤土农田，灌溉在引起灌水落淤带入源土养分的同时也因退水而造成养分流失，尤其是在土粪施用大面积减少、化肥大量投入的情况下，退水引起的养分流失加重，甚至导致排水沟污染，对灌区地表水体质量造成严重影响，直接威胁到灌区河流水质的安全。在宁夏青铜峡灌区典型排水区域西排水沟开展的农田退水污染检测试验结果表明，2010 年 4—10 月，西排水沟中 NH_4^+-N 浓度最高达 4 mg/L，平均为 1 mg/L，超过了《地表水环境质量标准》（GB 3838—2002）Ⅲ类水的准限值，属中度污染；全氮浓度最高达 4.6 mg/L，远超《地表水环境质量标准》（GB 3838—2002）Ⅴ类水的准限值（2 mg/L），属重度污染。采用 SWAT 模型对研究区域农田退水污染负荷的来源以及污染负荷在空间和时间上的分布特征的分析结果表明，西排水沟氮、磷污染负荷绝大部分来源于耕地，全氮和全磷负荷分别占总负荷的 98.99% 和 99.23%，耕地对污染负荷的贡献主要来自稻田，稻田全氮和全磷负荷分别占总负荷的 77.34% 和 75.65%。氮、磷负荷的空间分布与土地利用类型的分布一致，主要集中在耕地，在时间上氮、磷负荷主要集中在 5—8 月的灌溉和施肥季节。不同施氮管理措施对研究区域稻田全氮负荷和产量的影响研究结果表明，稻田全氮负荷和水稻产量随施氮量的减少而降低，但规律不同，全氮负荷呈指数型递减，产量呈对数型递减。与研究区域的现状相比，施氮量减少 20%，稻田退水中的全氮负荷减少 24.3%，水稻产量减少 4.4%。施肥方式对全氮负荷影响也比较大，而对产量影响较小，增加基肥施氮量、减少追肥施氮量有利于降低稻田退水中的全氮负荷，对产量没有显著影响。

（四）耕种搅动与培肥

耕种活动泛指耕作、种植及施肥等农业技术措施，对灌淤土的形成有很重要的作用。

1. 耕种搅动　灌水落淤的物质具有一定的淤积层次，孔隙极少，致密紧实。耕翻、耙耱和中耕等耕作措施搅动土层，扰动破碎灌淤耕层的淤积层次，并将灌淤物、肥料、作物根系及残茬与耕作层均匀混合起来，使灌水淤积层次消失、灌淤土耕层土壤相对松散、土壤结构得以改善。加上作物根系的穿插、蚯蚓的活动、冬春土壤的冻融，土壤孔隙增加，灌淤耕层呈碎块状或屑粒状结构，疏松多孔，容重较低，为 1.2～1.4 t/m³。

灌水落淤与耕种扰动交替进行。随着耕种灌溉的持续进行，灌淤土农田灌淤层不断加厚，耕作搅动也相随进行，导致农田加厚起来的灌淤层与单纯的冲积作用所形成的冲积层不同，不见淤积层次，灌淤耕层具有较多的孔隙、土壤结构较好，冲积作用形成的冲积层层次明显，基本上不见孔隙。在灌淤土剖面中，有时可见磨圆或半磨圆的层片状土块。这种层片状土块经水筛后可大量显现，在灌淤土的鉴别中，有详细描述和相关研究。微形态显示有磨圆状或半磨圆状的细粒沉降团块，这些都是灌水淤积与耕作双重作用的反映。

2. 种植与施肥　种植与施肥对灌淤土有明显的培肥作用，可增加土壤有机质及其他养分含量，提高土壤的孔隙度，改善土壤结构。灌淤土的肥料在 20 世纪 50 年代以前以土粪为主，各地土粪质量都不同，施用量也有较大的差异，每公顷 22～120 t。宁夏灌区的 99 个土粪样品有机质、氮、磷（P_2O_5）、钾（K_2O）的平均含量分别为 18.9 g/kg、1.2 g/kg、1.8 g/kg 和 13.4 g/kg。因此，土粪的施用对增加灌淤土有机质与其他养分的含量有重要的作用。吴祖堂在灌淤土上进行定位试验，每年每公顷施用 75 t 平均有机质含量为 27.6 g/kg 的土粪，8 年之后，土壤有机质含量由 14.6 g/kg 提高到 16.2 g/kg，平均每年增加 0.2 g/kg。同时，土壤全氮含量也有所增加，由 1.00 g/kg 增至 1.07 g/kg，平均每年增加约 0.009 g/kg。但有效磷和速效钾含量未增加。土粪的施用对土层的增厚也有一定的作用，若每公顷施用土粪量为 60 t，可增厚土层 5 mm 左右。不过土粪的土多取自农田，因此土粪的施用不增加农田灌淤物总量。随着土粪等农家肥料的施用，还给土壤带入碎砖瓦、碎陶瓷、兽骨和煤渣等侵入体。在 1 m³ 宁夏灌淤土中，侵入体总量为 6.8 kg，约占土重的 0.5%，侵入体的存在是灌淤土人为成因的一项重要指标。

20 世纪 70 年代以来，土粪施用量渐减，秸秆还田量逐年增加。秸秆还田不仅增加了作物产量，还改善了土壤的物理性质，土壤有机质含量有增加的趋势，土壤酸碱度有所改变。岑昭仁等在宁夏灵武表锈灌淤土上 4 年的秸秆还田试验结果表明，与对照相比，每公顷施用 3 000 kg、4 500 kg 和 6 000 kg 秸秆，土壤有机质平均含量分别增加 0.39 g/kg、0.71 g/kg 和 0.45 g/kg；土壤 pH 下降 0.08～0.14，可能与秸秆腐解产生有机酸有关；秸秆适量还田不仅能增加土壤养分，还能增加土壤微生物数量，提高微生物群落活性和土壤酶活性。

20 世纪 70 年代以来，灌淤土氮肥施用量渐增；20 世纪 80 年代以来，磷肥的施用比较普遍。氮肥在土壤中的残留量少，仅为 19%～28%，对后茬作物的后效仅占残留量的 5.6%，因此氮肥的施用对灌淤土的氮含量无明显的影响。磷肥的利用率低，仅为 16%～35%，大部分磷残存在土壤中，随着磷肥施用量的增加，灌淤土的有效磷含量有所增加。如宁夏贺兰灌淤土有效磷平均含量，1976 年为 4.9 mg/kg，1984 年增至 17.2 mg/kg，8 年提高了 2.5 倍。宁夏中卫灌淤土有效磷平均含量 1964 年为 9.4 mg/kg，1978 年增至 13.2 mg/kg，1983 年增至 17.9 mg/kg，1983 年比 1964 年增加了近 1 倍。

耕种与施肥的培肥作用是很明显的，宁夏回族自治区石嘴山市平罗县渠口乡的未耕种潮土（生长草甸植被）是同一地区耕种潮灌淤土的母土，其表层土壤有机质含量为 10.4 g/kg，胡富比（HA：FA）为 0.74，经多年耕垦种植、施肥、灌水落淤而形成的潮灌淤土其表层土壤有机质含量提高到 14.9 g/kg，胡富比提高到 0.89（表 2 - 20）。

表 2 - 20　潮灌淤土与未耕种潮土腐殖质组成比较

土壤	土层（cm）	有机质（g/kg）	有机碳（g/kg）	占有机碳比例（%）		HA：FA	土壤质地
				HA	FA		
潮灌淤土	0～15	14.9	8.64	9.6	10.8	0.89	粉质壤土
	15～28	12.3					
	28～50	7.9					
	50～79	4.3					
	79～110	2.1					
未耕种潮土	0～18	10.4	6.03	7.6	10.4	0.74	粉质壤土
	18～47	2.8					粉沙土
	47～89	1.3					粉质壤土

注：样品取自宁夏回族自治区石嘴山市平罗县渠口乡。

城镇附近的肥熟灌淤土是经过特别培肥而形成的，一般为菜地，多年大量施用人畜粪尿等有机肥料和氮、磷肥使灌淤层上部（灌淤耕层及其以下一定深度的老灌淤层）发生变异，颜色明度降低一级，有机质及有效磷含量明显提高。如银川市兴庆区满春村一专业养牛户的老菜地，多年施用 30 t/hm² 优质牛圈粪和 750 kg/hm² 碳酸氢铵、375 kg/hm² 尿素及 150 kg/hm² 磷肥，0～16 cm 灌淤耕层的颜色为灰黄棕色，其下老灌淤层的颜色也为灰黄棕色，但明度比灌淤耕层高一级。灌淤耕层的有机质含量高达 19.6 g/kg，有效磷含量高达 50.5 mg/kg，均高于一般灌淤土，达到肥熟灌淤土亚类的水平。

种植与施肥不仅显著影响灌淤土的养分含量，还影响灌淤土的物理性状。农作物根系在土层中穿插，对增加灌淤土的孔隙、降低容重、改善结构有重要的作用。宁夏实测，小麦根系有 50% 在 0～15 cm 土层中，35%～40% 在 15～40 cm 土层中，40 cm 以下土层中的根系不足 15%。0～50 cm 土层中的小麦根量达 1 100 kg/hm² 左右，大量的根系死亡腐解后，可增加土壤的腐殖质含量，并留下大量的孔隙。宁夏回族自治区石嘴山市平罗县渠口乡的潮灌淤土经多年耕垦种植和施肥，土壤颗粒组成（表 2 - 21）与未耕种母土（潮土）明显不同，0～15 cm 耕层黏粒的占比较 0～18 cm 未耕种母土的占比增加 36.8%，粉粒的占比下降 13.9%。耕种灌淤土农作物收获后的残茬也是灌淤土有机质的重要来源，近年来采用留高茬的方式增加秸秆还田量。近年来，为减缓北方旱区休闲期风蚀，抑制雨季有限降雨的农田地表蒸发、提高农田雨水的休闲期效率，增加土壤储水，普遍采用机械收获高留茬、7—8 月不翻耕的方法。

表 2-21　潮灌淤土与未耕种母土（潮土）颗粒组成比较

颗粒组成,%	未耕种母土（潮土）			潮灌淤土				
	0～18 cm	18～47 cm	47～89 cm	0～15 cm	15～28 cm	28～50 cm	50～79 cm	79～110 cm
沙粒（0.05～2.0 mm,%）	10.2	7.4	46.5	14.4	13.5	18.3	10.9	23.8
粉粒（0.002～0.05 mm,%）	73.5	86.5	50.3	63.3	62.7	59.7	79.3	71.1
黏粒（<0.002 mm,%）	16.3	6.1	3.0	22.2	23.8	22.0	9.8	5.1

注：样品取自宁夏回族自治区石嘴山市平罗县渠口乡。

　　第二次全国土壤普查结果显示，灌淤土主要养分状况是缺氮、少磷、钾丰富。经过 40 多年的耕作施肥，灌淤土的养分状况发生了不少变化。一些研究结果仍然显示灌淤土氮、磷较缺乏。李娟等对甘肃兰州灌淤土养分限制因素的研究结果表明，氮是玉米产量的主要限制因子。李新虎等对宁夏银川平原灌淤土中几种元素的研究结果表明，除钾以外，氮、磷都有一定程度的缺乏。但也有研究结果表明，长期耕作使土壤有机质、氮、磷含量有增加趋势，而使钾含量出现下降趋势。马兴旺等认为，现代人类活动使灌淤土有机质、全氮、碱解氮和有效磷含量增加，使速效钾含量降低。杨芙蓉等对内蒙古巴彦淖尔地区灌淤土的养分状况进行了总体评价分析，结果表明，土壤养分氮、磷的含量较第二次全国土壤普查结果有所提高，钾含量有所下降。张惠文等对新疆和田灌淤土 5 年的长期定位监测资料的分析结果表明，土壤有机质和全氮含量处于基本稳定状态，碱解氮含量上升，有效磷含量总体呈上升趋势，钾含量下降。李友宏等则认为，灌淤土有机质、铵态氮、有效磷、速效钾含量较临界值普遍偏低。目前，对于灌淤土养分状况的研究时间长短不一，研究结果存在差异，监测数据跟踪尚不够，特别是 40 多年的连续试验研究比较少。因此，有关耕种施肥对灌淤土养分变化影响的研究逐渐依托国家化肥网在灌淤土区域建立起来的长期定位试验点或监测点，从时间序列上研究了不同施肥措施及方式对灌淤土养分变化的影响以及灌淤土养分演变特征等。

　　李霞飞等对在新疆博州（博尔塔拉蒙古自治州）设置的氮、磷、有机肥及其配合的肥料定位试验数据（1986—1995 年）进行了系统研究（表 2-22）。经过 9 年定位耕作与种植，各处理 0～20 cm 土壤容重均比 9 年前（1986 年）有所下降，除 NP 与 M 处理土壤容重持平外，其余施有机肥的各处理的容重均低于未施有机肥的处理，但 20～40 cm 土层的土壤容重，施或未施有机肥的各处理均较高。同时，不同处理 0～20 cm 土层土壤孔隙度均有所增加，施有机肥的各处理土壤孔隙度均高于未施有机肥的各处理，而 20～40 cm 土层则无明显规律（表 2-23）。1995 年供试作物改为棉花，在棉花盛蕾期对部分处理进行了田间持水量的测定。

表 2-22　不同施肥处理肥料施用量（kg/hm²）

施肥种类	项目	CK	N	P	M	NP	N′P′	NM	PM	NPM	N′P′M′
尿素	小麦	0	255	0	0	255	150	150	0	255	150
	玉米	0	180	0	0	360	180	180	0	360	180
重过磷酸钙	小麦	0	0	127.5	0	127.5	75	0	127.5	127.5	75.0
	玉米	0	0	60	0	120	60	0	60	120	60

（续）

施肥种类	项目	CK	N	P	M	NP	N'P'	NM	PM	NPM	N'P'M'
有机肥	1986—1990年	0	0	0	12 750	0	0	12 750	12 750	12 750	12 750
	1991年	0	0	0	19 500	0	0	19 500	19 500	19 500	19 500
	1992年	0	0	0	25 500	0	0	25 500	25 500	25 500	25 500
	1993年	0	0	0	33 000	0	0	33 000	33 000	33 000	33 000
	1994—1995年	0	0	0	22 500	0	0	22 500	22 500	22 500	22 500

注：施肥均为实物量。

表 2-23　不同施肥处理对灌淤土容重及孔隙度的影响

项目	年份	土层(cm)	CK	N	P	M	NP	N'P'	NM	PM	NPM	N'P'M'
容重(g/cm³)	1986	0~20	1.38	1.55	1.57	1.51	1.58	1.58	1.59	1.48	1.67	1.49
	1995	0~20	1.33	1.32	1.31	1.29	1.29	1.30	1.28	1.24	1.17	1.25
		20~40	1.50	1.51	1.49	1.49	1.45	1.42	1.51	1.47	1.46	1.47
孔隙度(%)	1986	0~20	41.0	42.2	41.9	43.2	41.0	40.8	40.9	44.8	37.7	44.6
	1995	0~20	50.6	51.5	50.9	52.2	51.5	51.5	52.4	53.4	55.5	53.2
		20~40	43.8	42.8	43.6	43.6	45.3	46.6	43.2	44.7	45.3	44.5

　　1986—1995 年，新疆博州定位试验土壤物理性状和化学性状（表 2-24）均发生了明显的变化，除 NPM 处理的土壤有机质含量略有减少外，其余施有机肥处理的土壤有机质含量均比 9 年前有所提高，而未施有机肥的各处理，土壤有机质含量均较 9 年前明显减少，减少量为 1.2~4.6 g/kg。1995 年，NM、PM、NPM 和 N'P'M 处理的全氮含量依次比 1986 年提高 0.13 g/kg、0.15 g/kg、0.13 g/kg 和 0.23 g/kg，而未施有机肥的处理，除 P、N'P'处理土壤全氮含量略有增加或持平外，CK、N、NP 处理依次减少 0.11 g/kg、0.12 g/kg 和 0.14 g/kg。土壤全磷含量除 N、NP 处理有所下降以及 CK 处理持平外，施有机肥的 NM、PM、NPM 和 N'P'M' 4 个处理，比 1986 年增加了 0.07~0.14 g/kg，明显高于未施有机肥的 P、N'P'两个处理。施有机肥的 M、PM、NPM 和 N'P'M' 4 个处理，土壤有效磷含量依次增加了 17.9 mg/kg、29.6 mg/kg、28.4 mg/kg 和 24.9 mg/kg，比 9 年前试验初期呈数倍增加趋势，未施有机肥的各处理仅略有增加甚至减少，如 NP 和 N'P'两个处理。此外，在石灰性明显的灌淤土上，有机肥还具有解磷和减少磷肥固定的作用，如 P、M 两个处理，1995 年比 1986 年土壤有效磷含量增加之和（0.20＋17.90＝18.10 mg/kg）远小于 PM 处理土壤有效磷的增加（29.60 mg/kg），说明有机肥不但对加速土壤有效磷的积累有重要作用，而且对减少磷肥的固定有着相当大的贡献。

表 2-24　不同施肥处理对灌淤土主要化学性状的影响

项目	年份	土层(cm)	CK	N	P	M	NP	N'P'	NM	PM	NPM	N'P'M'
有机质(g/kg)	1986	0~20	19.8	22.4	20.2	20.8	20.1	18.1	19.4	20.1	21.3	19.3
	1995	0~20	16.0	17.8	16.7	21.3	16.6	16.9	20.2	21.9	20.9	22.3
全氮(g/kg)	1986	0~20	1.16	1.31	1.09	1.35	1.24	1.18	1.19	1.24	1.18	1.12
	1995	0~20	1.05	1.19	1.12	1.35	1.10	1.18	1.32	1.39	1.31	1.35
全磷(g/kg)	1986	0~20	0.78	0.87	0.80	0.85	0.85	0.78	0.78	0.80	0.78	0.85
	1995	0~20	0.78	0.82	0.84	0.88	0.84	0.84	0.88	0.90	0.92	0.92

（续）

项目	年份	土层（cm）	CK	N	P	M	NP	N'P'	NM	PM	NPM	N'P'M'
有效磷（mg/kg）	1986	0～20	3.10	3.10	4.10	4.10	7.30	5.60	3.10	4.90	5.60	4.40
	1995	0～20	4.00	5.50	4.30	22.00	6.50	4.50	2.10	34.50	34.00	29.30
速效钾（mg/kg）	1986	0～20	229	223	212	246	206	252	268	235	274	314
	1995	0～20	223	187	224	274	161	153	384	340	314	300

灌淤土速效钾含量很高，新疆博州定位试验 1986 年各处理速效钾测定值为 206～314 mg/kg，因此设计施肥处理时不设施钾的处理，经长期定位耕作栽培后，有机肥对提高土壤速效钾含量有一定的作用，与 1986 年相比，除 N'P'M' 处理外，4 个施有机肥的处理（M、NM、PM 和 NPM），1995 年土壤速效钾依次增加了 28 mg/kg、116 mg/kg、105 mg/kg 和 40 mg/kg，未施有机肥的 4 个处理（CK、N、NP 和 N'P'），土壤速效钾则比 9 年前下降了 6 mg/kg、36 mg/kg、45 mg/kg 和 99 mg/kg。

新疆博州肥料定位试验结果表明，在灌淤土上欲降低耕层土壤容重、增加土壤孔隙度，进而提高土壤保水能力，维持和增加土壤有机质，增加土壤有效磷的累积，提高全氮含量，必须依靠有机肥的施用，而单施化学氮肥往往不能达到目的。

吕粉桃等对新疆和田地区和田县灌淤土 3 个监测点（XJX84-01、XJX84-02 和 XJX84-03，1987—2006 年）和新疆昌吉回族自治州阜康市灌淤土 1 个监测点（XJX84-08，1988—2001 年）土壤养分长期定位试验的部分数据进行了统计分析，以探讨长期施肥条件下灌淤土养分状况的时序变化及其影响因素。各监测点施肥情况如表 2-25 所示。

表 2-25　新疆灌淤土不同监测点位各监测年份总施肥量（kg/hm²）

年份	XJX84-01			XJX84-02			XJX84-03			XJX84-08	
	N	P₂O₅	K₂O	N	P₂O₅	K₂O	N	P₂O₅	K₂O	N	K₂O
1987—1991	433.5	374.2	233.9	447.5	292.6	266.4	267.6	171.3	187.5	69.4	27.6
1992—1996	429.2	269.0	219.3	384.4	227.5	221.8	330.1	217.2	213.3	78.5	24.7
1997—2001	502.7	424.2	230.1	351.9	298.7	145.3	296.2	271.6	76.2	141.3	92.9
2002—2006	629.4	833.3	242.9	735.6	521.4	303.7	748.7	536.7	261.9		

研究结果表明，在长期施肥条件下，灌淤土有机质含量呈极显著的上升趋势，相关系数为 0.394（$n=68$），平均从 1987 年建点初期的 9.03 g/kg 增加到 2006 年的 15.19 g/kg，变异系数为 23.01%，累计增量 6.16 g/kg，年均增量 0.32 g/kg，累计增幅 68.2%，年均增幅 3.59%。灌淤土有机质平均含量最高值出现在 2000 年，为 20.13 g/kg，从整体分布来看，土壤有机质含量在 20.0 g/kg 以下的较集中，平均含量为（13.76±5.34）g/kg。土壤全氮含量从 1987 年的 0.487 g/kg 增加到 2006 年的 0.570 g/kg，变异系数为 20.80%，累计增量 0.083 g/kg，年均增量 0.004 g/kg，累计增幅 17.0%，年均增幅 0.90%。4 个监测点碱解氮含量的变化趋势同土壤全氮变化趋势基本一致，总体上基本维持稳定，碱解氮含量平均为（50.7±16.78）mg/kg，属低产田范围，从各监测年份的平均含量来看，碱解氮含量从 1987 年的 27.9 mg/kg 逐渐增加到 2006 年的 63.5 mg/kg，变异系数为 25.22%，累计增量 35.6 mg/kg，年均增量 1.87 mg/kg，累计增幅 127.6%，年均增幅 6.72%。1992 年达到最高值 66.8 mg/kg，之后碱解氮含量降低，平均保持在 40.0～60.0 mg/kg。根据第二次全国土壤普查灌淤土碱解氮含量丰缺指标，4 个监测点土壤碱解氮属缺乏状态，增施氮肥依然非常重要。磷在土壤中的移动性较差，损失相对较少，在连续多年施磷的情况下，灌淤土有效磷含量随监测年份的延长而呈现

显著上升趋势，从 1987 年的 7.20 mg/kg 逐渐增加到 2006 年的 81.90 mg/kg，变异系数为 61.41%，19 年累计增量 74.70 mg/kg，年均增量 3.90 mg/kg，累计增幅 1037.5%，年均增幅 54.6%。灌淤土各监测点的起始阶段土壤有效磷含量在 5.00～20.00 mg/kg，随着磷肥的长期施用，有效磷含量逐渐升高，灌淤土有效磷平均含量保持在 (42.70±29.71) mg/kg。由于作物吸收利用的主要是土壤中的有效磷，因此土壤有效磷含量的增加有利于作物产量的提高。根据第二次全国土壤普查灌淤土有效磷含量丰缺指标，4 个监测点土壤有效磷含量大大超过丰富级别，控制磷肥施用量非常重要。

1987—2006 年，在长期施用氮、磷肥以及施钾很少的情况下，监测点灌淤土速效钾含量表现出下降趋势，但未达到显著水平，其含量范围为 134.0～197.0 mg/kg，变异系数为 24.32%，累计减少 63.0 mg/kg，年均减少量 3.3 mg/kg，累计减幅 47.01%，年均减幅 2.47%，平均含量为 (192.0±87.22) mg/kg，大体上变化分为 3 个阶段：从 1987 年的 184.0 mg/kg 逐渐增加到 1997 年的 271.0 mg/kg，随后又逐年降到 2000 年的 138.0 mg/kg，并保持在相对稳定的范围内。

4 个监测点定位施肥 19 年间，灌淤土养分含量变异幅度较大。土壤有机质含量显著提高，全氮、碱解氮含量变化不明显，有效磷含量显著增加，速效钾含量出现减少趋势。从养分含量状况来看，除磷、钾外，其他养分含量较低，灌淤土肥力基本处于低水平。针对长期施肥条件下灌淤土养分含量变化情况，为合理调整施肥比例、培育和维持较高的土壤肥力、提高灌淤土的综合生产能力，应以提高土壤有机质含量为核心，增加有机肥施用量。灌淤土所处的地理位置为干旱少雨气候区，土壤有机质分解速度快，有机质和氮在土壤中难以积累，应改变施肥习惯，增加有机肥施用量，起到提高土壤有机质和氮含量的作用。提倡实行作物秸秆还田和高茬还田技术，既可增加有机物料施入量，又可以保持土壤水分和减缓土壤的沙化、盐渍化。充分利用新疆夏秋的水热条件，夏作收获后夏播绿肥，既可以养地，又可以抑制夏秋高温季节农田地表无效蒸发，提高雨季有限降雨的土壤保蓄率。

段英华等依托宁夏银川、吴忠、石嘴山和新疆和田典型灌淤土区域陆续建立的 7 个国家耕地质量监测点定位试验（各监测点土壤及施肥量等信息见表 2-26 和表 2-27），进行了长期不施肥和常规施肥条件下玉米、小麦和水稻产量、产量变异系数、产量可持续性指数、增产率及地力贡献指数的变化特征、增产率与土壤养分的关系等方面的系统研究。结果表明，灌淤土上小麦产量呈现递增的趋势，在 2004 年达到最高，为 7.58 t/hm²，之后保持稳定，2016 年约为初始年产量的 3 倍。玉米产量呈递增趋势，2016 年平均产量为 9.8 t/hm²，约为初始年的 2 倍。水稻产量变化不大。与不施肥相比，常规施肥条件下小麦、玉米（28 年）和水稻（8 年）分别增产 3.43 倍、3.20 倍和 1.21 倍，产量可持续性指数分别提高 18.8%、148.0% 和 13.9%。小麦和玉米田的地力贡献指数略有下降，但变化不显著。水田的地力贡献指数以每年 0.012 5 的速率增加。

表 2-26　典型灌淤土区域 7 个国家耕地质量监测点信息

地点	年限	土壤亚类	土地利用方式	土壤养分含量背景值				
				pH	有机质 (g/kg)	全氮 (g/kg)	有效磷 (mg/kg)	速效钾 (mg/kg)
宁夏银川	2004—2016 年	普通灌淤土	旱地/水田[①]	8.2	26.1	1.34	24.3	172.4
		潮灌淤土	水田	8.1	13.4	0.89	29	173.4
宁夏石嘴山	1998—2016 年	潮灌淤土	旱地	NA	20.4	1.26	22.0	260.0
宁夏吴忠	1998—2016 年	表锈灌淤土	旱地/水田[②]	NA	14.2	0.79	15.0	127.0

（续）

地点	年限	土壤亚类	土地利用方式	土壤养分含量背景值				
				pH	有机质 (g/kg)	全氮 (g/kg)	有效磷 (mg/kg)	速效钾 (mg/kg)
新疆和田	1988—2016 年	普通灌淤土	旱地	8.1	8.0	0.46	21.0	138.0
				8.3	7.2	0.44	22.3	174.0
				8.4	6.4	0.34	NA	120.0

注：NA 表示数据缺失。

① 2004—2007 年种植小麦，2008 年后改为水田。

② 1999 年、2005 年、2009 年、2013 年、2015 年和 2016 年冬小麦-夏玉米。

表 2-27　典型灌淤土区域 7 个国家耕地质量监测点每季平均施肥量

地点	种植制度	种植作物	有机肥 (kg/hm²)				化肥 (kg/hm²)		
			有机肥总量	折合 N	折合 P₂O₅	折合 K₂O	N	P₂O₅	K₂O
宁夏银川	一年一熟	小麦（水稻）、	0	0	0	0	310	98.6	33.4
		水稻	0	0	0	0	310	98.6	33.4
宁夏石嘴山	一年二熟	冬小麦、夏玉米	1998—2005 年施用，但无详细数据				300	144.0	34.5
宁夏吴忠	一年二熟	冬小麦、夏玉米（水稻）	0	0	0	0	260	118.0	20.4
新疆和田	一年二熟	冬小麦、夏玉米	NA	272.1	166.8	249.1	293.7	298.1	0
			NA	272.1	166.8	249.1	293.7	298.1	0
			NA	272.1	166.8	249.1	293.7	298.1	0

注：NA 表示数据缺失。试验设两个处理：①不施肥处理（空白区），小区面积 60 m²，用设置保护行、垄区间小埂等方法隔离；② 施肥处理，施肥方式为常规施肥，可代表当地大多数农田的施肥水平，肥料种类分别为尿素、磷酸二铵、氯化钾（或硫酸钾）以及有机肥，面积不小于 300 m²。

　　7 个监测点土壤养分分析结果表明，不论是旱地还是水田，随着年份的增加，土壤全氮含量呈增加趋势，旱地增加较为平稳，从 0.4 g/kg 上升到 1.1 g/kg，水田土壤全氮含量从 0.8 g/kg 增加到 1.4 g/kg，但波动性较大。截至 2016 年，旱地土壤全氮含量高出初始年 0.7 g/kg，水田全氮含量高出初始年 0.4 g/kg。1995 年、2001 年和 2005 年的旱地有效磷含量为其他年份的 2～3 倍，原因是当年施入的磷肥量较大，其他年份较为稳定并有上升趋势，含量在 17.5～40.1 mg/kg。2016 年，旱地土壤有效磷含量与初始年相比增加了 57%，水田与旱地变化趋势相似，平均来说较初始年增加了 76%。因此，随着磷肥的长期施用，磷在土壤中得到累积。在西北灌淤土区域土壤钾含量比较高，所以，宁夏的监测点仅在个别年份施用了少量钾肥（16.0～20.0 kg/hm²），而新疆监测点仅在起始年份施用了一次钾肥（37.5～52.5 kg/hm²），其他年份只施用有机肥和氮、磷肥，由于施钾量原因，旱地速效钾含量在 1998 年和 2004 年明显较高，其他年份则一直保持在 130.0～170.0 mg/kg，相对稳定，水田和旱地速效钾含量变化趋于一致，随着年限的变化，速效钾含量保持稳定。

　　西北灌淤土区 7 个监测点小麦种植制度下有机肥的施用量占总施肥量的比例随着时间的增加呈极显著的下降趋势，且其投入量于 1995 年左右开始大幅度降低，而小麦作物农学利用率与小麦增产率在有机无机肥配施条件下均表现为上升趋势，说明增加有机肥施用量可大幅度提高灌淤土小麦产量及其肥料利用率，可使作物达到最高产量水平。可见，在灌淤土区域应推广有机肥施用，以培肥地力、保证高产稳产。由土壤养分与作物增产率的相关关系可知，在一定范围内，小麦、玉米增产率与灌淤土全氮含量呈直线正相关关系，说明在一定范围内，土壤全氮含量越高，肥料的增产效应越显著。因此，在灌淤土区域可通过提高农田土壤肥力保证作物高产稳产，同时达到减肥增效的目的。另外，小麦、玉米和水稻的平均氮肥农学效率分别为 9.8 g/kg、16.8 g/kg 和 27.4 g/kg，且氮肥农学效率和土壤全氮含量均随着施肥年份的增加呈增加趋势，同样证明了氮肥是灌淤土区域保证作物高产的基础之一。因此，在灌淤土上应保证氮肥的施用。土壤磷、钾在监测点农田中的含量均较高，且与作物产量等无显著相关关系，应在灌淤土上避免施用大量磷、钾肥，以降低生产成本及环境损失。土壤肥力对玉米和小麦产量的贡献呈下降趋势，对水稻产量的贡献高且平稳。应在合理施用氮肥的同时，注重提升地力，实现作物的高产和高效。

二、附加形成作用

在一定条件下，在主导形成作用的基础上，还有氧化还原作用或盐渍化作用等附加形成作用影响灌淤土的形成。

（一）氧化还原作用

灌淤土氧化还原作用受灌溉、稻旱轮作及地下水等因素的影响。普通灌淤土地下水位深，不种水稻，以氧化过程为主，全剖面无锈纹锈斑。在地下水的影响下，潮灌淤土剖面下部氧化还原作用交叠发生，故其剖面下部有锈纹锈斑。表锈灌淤土受轮种水稻影响，表层随着淹水与撤水而交叠发生还原与氧化反应，因此耕层可见锈纹锈斑。深入研究和了解灌淤土氧化还原特性对研究和利用灌淤土有重要的意义。

1. 氧化还原作用的特点 在地下水位较高的平原地区所分布的潮灌淤土和轮作种植水稻的表锈灌淤土均附加氧化还原作用。潮灌淤土受地下水升降的影响，剖面中下部氧化还原作用交替产生，表锈灌淤土受稻田淹水和撤水的影响，表土交替产生氧化还原作用。前者在剖面中下部、后者在表土层均有锈纹锈斑形成。土层中的锈纹锈斑是氧化还原作用的形态指标。

氧化还原电位和还原性物质的量是综合反映土壤氧化还原过程强度与容量的指标。为揭示氧化还原作用的容量与强度，马玉兰等于 1993 年 4 月至 1994 年 3 月应用新的电化学方法，分别采用中国科学院南京土壤研究所研制的伏安仪和 mV - pH 仪，将普通灌淤土、潮灌淤土、当年种植旱地作物的表锈灌淤土和当年种植水稻的表锈灌淤土的剖面划分成灌淤耕层（0～20 cm）、老灌淤层（30～50 cm）和可能受地下水影响的层段（80～100 cm 和 130～150 cm），在田间原位测定了普通灌淤土、潮灌淤土和表锈灌淤土的氧化还原电位（Eh）与还原性物质，以大量测定结果为基础，以还原性物质总量反映氧化还原作用的容量，以氧化还原电位反映氧化还原作用的强度，研究了灌淤土主要亚类的氧化还原特性。

结果表明，还原性物质总量的变化规律比较明显。一般 4 月灌区灌头水前土壤中的还原性物质总量最低，作物生育期内因灌水与停灌而波动，10 月灌区停灌后下降，但比 4 月高。灌淤土主要亚类之间比较，其还原性物质总量的动态变异各有特点。

4 月，普通灌淤土地下水位深，不种水稻，氧化作用强，还原作用弱，故还原性物质总量最低，小于 1×10^{-5} mol/L（MnSO$_4$），仅剖面下部（130～150 cm）还原性物质总量缓慢增加，剖面上部（0～50 cm）无明显变化，还原性物质组成以弱还原性物质为主。潮灌淤土表层虽与普通灌淤土相似，但剖面中下部土壤还原性物质总量升高，在 $(1.4 \sim 1.8) \times 10^{-5}$ mol/L（$MnSO_4$）范围内，还原性物质组成中硫酸亚铁等化合物占还原性物质总量的 10% 以上。表锈灌淤土全剖面土壤还原性物质总量最高，均大于 2.0×10^{-5} mol/L（$MnSO_4$），强还原性物质占还原性物质总量的 10% 以上，其中前茬作物为水稻的表锈灌淤土表层土壤还原性物质总量高达 2.7×10^{-5} mol/L（$MnSO_4$）。

作物生育期内，普通灌淤土全剖面还原性物质总量虽然在作物生育中期曾高达 5×10^{-5} mol/L（$MnSO_4$），但高峰期持续时间短暂，迅升速降，亚类间全剖面还原性物质总量比较，普通灌淤土的还原性物质总量最低，只是在 7—8 月作物（玉米）大量灌水时期，土壤水分增多、空气减少，还原作用增强，全剖面各层次的还原性物质总量快速增加，但持续时间不长，在 9 月停止灌溉后，全剖面各层次的还原性物质总量迅速减少，这反映了普通灌淤土良好的内排水条件和强氧化、弱还原状况。潮灌淤土的还原性物质总量大于普通灌淤土，表层小于 1×10^{-5} mol/L（$MnSO_4$），灌区灌水后，土壤中各层次的还原性物质总量均以较快的速度增加，表层还原性物质总量在作物生育中期（6 月下旬至 8 月中旬）一直维持在相对较高的水平，大约为 3×10^{-5} mol/L（$MnSO_4$），7 月小麦收获之后均有降低，各层次比较，不同时期的还原性物质总量均以底层（130 ～ 150 cm）为最高，还原性物质总量在作物生育中期高达 5.3×10^{-5} mol/L（$MnSO_4$），强还原性物质占还原性物质总量的 20%，且高峰的上升及下降均较缓慢，充分显示出剖面下部还原性物质总量始终较表层高这一特点。自下而上，逐渐减少，表层（0 ～ 20 cm）最低，说明越接近地下水的层次，还原性物质总量越高，显示了在地下水影响下，剖面中下部有一定的还原作用。表锈灌淤土的还原性物质总量大于潮灌淤土，其中种水稻的更大，当年种稻的表锈灌淤土表层还原性物质总量在水稻生育期内一直维持着 $(8.5 \sim 9.5) \times 10^{-5}$ mol/L（$MnSO_4$）的高水平，强还原性物质也较多，占还原性物质总量的 22% ～ 31%，表明土壤还原作用强，表下各层段还原性物质总量较高，均大于 6×10^{-5} mol/L（$MnSO_4$）。当年种植旱地作物的表锈灌淤土剖面上部还原性物质总量大于 3×10^{-5} mol/L（$MnSO_4$），且氧化还原作用频繁，在作物生育期内最高达 9.8×10^{-5} mol/L（$MnSO_4$），但高峰期持续时间短，说明种植旱地作物的表锈灌淤土剖面上部以氧化作用为主，其剖面下部还原性物质总量在作物整个生育期也较高，大于 2.5×10^{-5} mol/L（$MnSO_4$），强还原性物质也较多，占还原性物质总量的 10% ～ 20%。

作物生育期内土壤还原性物质总量动态变化有不同特点：普通灌淤土，其动态特征为立坡尖峰型，这是普通灌淤土良好的内排水条件及由此产生的较强氧化状况的反映；潮灌淤土，其动态特征为陡坡高峰型，4 月开灌，还原性物质以较快的速度增加，7 月小麦收获后，还原性物质含量又较快地下降，整个生育期，还原性物质总量与其所处剖面深度正相关，也可以说与其相距地下水面的距离负相关；表锈灌淤土种稻期，其动态特征为立坡高平台型，表层还原性物质总量最高，表下层相对较低，说明了田面淹水对表层的强还原作用。

10 月，作物收获后各亚类土壤还原性物质总量剖面分布平均值统计结果表明：普通灌淤土全剖面还原性物质总量与 4 月相似，仍小于 1×10^{-5} mol/L（$MnSO_4$），还原性物质组成仍以弱还原性物质为主；潮灌淤土表层土壤还原性物质总量也较低，仍小于 1×10^{-5} mol/L（$MnSO_4$），但其剖面下部土壤还原性物质总量明显比 4 月高，相对增加 148%，强还原性物质占还原性物质总量的 10% 以上；当年种植旱地作物的表锈灌淤土表层土壤还原性物质总量比 4 月低，但仍大于 1.9×10^{-5} mol/L（$MnSO_4$），而其表下层土壤还原性物质总量却较 4 月高，达 4.5×10^{-5} mol/L（$MnSO_4$），增幅为 77%；当年种稻的表锈灌淤土表层土壤还原性物质总量比 4 月显著提高，达 4.9×10^{-5} mol/L（$MnSO_4$），相对提高了 120%，表明在淹水条件下，土壤累积较多的还原性物质，剖面下部土壤还原性物质总量也较 4 月增高了 236%。综上所述，不仅当年种稻的表锈灌淤土的表层还原性物质总量比

4月显著提高，而且当年种植旱地作物和种稻的表锈灌淤土剖面中下部的还原性物质总量10月较4月均有较多的增加，说明经作物生育期灌溉，地下水位升高，剖面中下部土壤含水量增大，通气性减弱，导致还原性物质生成与累积，而普通灌淤土自然排水条件好，灌水后地下水位迅速降低，土壤含水量及通气性没有明显的变化，因此其还原性物质含量也没有明显的变化。全剖面各层次的还原性物质总量迅速减少。这些现象反映了普通灌淤土良好的内排水条件和强氧化、弱还原状况。

各样点氧化还原电位测定数据均值的统计结果表明，4月，普通灌淤土、潮灌淤土和表锈灌淤土全剖面 Eh_7 大于 480 mV，均处于氧化状态，但3个亚类仍有小差异，普通灌淤土全剖面 Eh_7 均大于 520 mV，其次为潮灌淤土，表层土壤 Eh_7 平均为 535 mV，剖面下部平均为 510 mV，较上部降低 25 mV；表锈灌淤土全剖面 Eh_7 均较低，在 480～520 mV。

作物生育期内，普通灌淤土、潮灌淤土和当年种植旱地作物的表锈灌淤土全剖面 Eh_7 变化不大，最低值也大于 410 mV，均处于氧化状态；而当年种稻的表锈灌淤土表层 Eh_7 在种稻淹水期低于 200 mV，多样点均值为 133 mV，表明表层土壤处于还原状态，表下各层段土壤 Eh_7 为 320～480 mV。10月，在作物收获后，普通灌淤土全剖面 Eh_7 仍大于 520 mV，潮灌淤土表层 Eh_7 平均为 520 mV，比剖面下部高 30 mV，表锈灌淤土全剖面 Eh_7 为 483～515 mV。可见，这3个亚类的土壤均处于氧化状态。

综合普通灌淤土、潮灌淤土和表锈灌淤土上述还原性物质总量与氧化还原电位的特点（表2-28），进一步说明：普通灌淤土没有氧化还原交替发生的附加作用，因此其还原性物质总量很低，氧化还原电位较高；潮灌淤土受地下水影响，剖面中下部氧化还原作用交替发生，故剖面中下部有一定量的还原性物质存在，但仍有较高的氧化还原电位；表锈灌淤土表层在种稻期以还原作用为主，其氧化还原电位最低，还原性物质较多，但在非种稻期则以氧化作用为主，具有较高的氧化还原电位，还原性物质减少。

表 2-28　灌淤土主要亚类氧化还原作用特点

亚类	层段	还原性物质总量 [×10^{-5} mol/L (MnSO$_4$)，4月，10月]	作物生育期动态特征	氧化还原电位 Eh_7（mV，4月，10月）	形态特征	氧化还原作用主要特点
普通灌淤土	全剖面	<1	立坡尖峰型	>520	无锈纹锈斑	以氧化作用为主，无还原作用交替发生
潮灌淤土	表层	<1	陡坡高峰型	>500	剖面中下部有锈纹锈斑	受地下水升降影响，剖面中下部有氧化还原作用交替发生
	表下层	>1		>175		
非种稻期表锈灌淤土	表层	>1	陡坡高峰型	>490	表层有锈纹锈斑	种稻期淹水，非种稻期田面不淹水，表层有氧化还原作用交替发生
	表下层	>1		>475		
种稻期（5~9月）表锈灌淤土	表层	>5	立坡高平台型	<200		
	表下层	>3		>300		

2. 氧化还原作用的影响因素

（1）土壤水分。从氧化还原的特点可以看出，地下水位的升降及稻田淹水与撤水导致潮灌淤土与表锈灌淤土氧化还原作用交替发生。其实质是通过土壤水分含量的增减影响土壤通气状况。地下水位升高或稻田淹水，土壤含水量增加，土壤通气不良，即产生还原作用；地下水位下降或稻田撤水，土壤含水量减少，土壤通气状况改善，则产生氧化作用。对土壤含水量与还原性物质总量的165对数据进行了相关回归分析，发现土壤还原性物质总量与土壤含水量之间呈一元二次函数关系，相关方程为

$y = 3.3212 - 0.0914x + 0.003916x^2$。相关指数较高，$R^2 = 0.86$。由相关方程可求出，当土壤含水量大于11.67%时，土壤还原性物质总量随着土壤含水量的增加而增加，两者呈明显的正相关关系。可见，土壤含水量是影响土壤氧化还原作用的最重要因素。

（2）土壤有机质。土壤有机质中有一部分是有机还原性物质，土壤有机质含量的高低对土壤还原性物质总量有影响。如在马玉兰的试验研究中，处在同一地形部位的两块常年旱作地，其表层土壤含水量均为20%左右，潮灌淤土剖面的表层有机质含量较低，为11.8 g/kg，还原性物质总量仅为0.76×10^{-5} mol/L（MnSO$_4$），而相邻的肥熟灌淤土剖面的表层有机质含量高，为19.6 g/kg，其还原性物质总量也较高，达1.74×10^{-5} mol/L（MnSO$_4$）。

（3）化肥。施用氮肥有增加还原性物质的作用，如在马玉兰的试验研究中，掌政1号剖面（普通灌淤土）在追施化肥碳酸氢铵750 kg/hm^{2}后的第7天，表层还原性物质总量达到5×10^{-5} mol/L（MnSO$_4$），强还原性物质也增多，占还原性物质总量的35%。

（二）盐渍化作用

约有17%的灌淤土产生盐渍化作用，主要分布于冲积平原下游、低阶地、冲积扇下部和扇缘地带，地下水位高，埋深为1～3 m。

1. 盐化灌淤土特征 从大地形来看，盐化灌淤土一般地形低洼、排水不畅、土壤含水量高。从小地形来看，土壤盐渍化情况与大地形正相反，盐分多聚集于低洼地形中的局部小凸起处。盐渍化土壤有机质含量低，全盐量高，土壤肥力差，植被盖度低。蒸发及土壤毛管水作用将地下的盐分带到地表，导致盐分在地表聚集，地表结构疏松（表2-29、表2-30）。

表2-29 盐化灌淤土基本理化性状

层次	项目	样本数（n，个）	平均值（X）	标准差（S）	变异系数（%）	置信区间
表土层	有机质（g/kg）	21	10.53	4.26	40.57	8.70～12.30
	全氮（N, g/kg）	21	0.67	0.24	35.78	0.57～0.78
	全磷（P, g/kg）	20	0.72	0.20	27.77	—
	全钾（K, g/kg）	9	18.80	1.80	9.58	17.60～19.90
	有效磷（P, mg/kg）	19	8.1	3.40	42.7	6.5～9.6
	速效钾（K, mg/kg）	20	136.50	42.70	31.31	117.70～155.20
	碳酸钙（CaCO$_3$，g/kg）	5	115.80	18.20	15.72	99.80～131.70
	阳离子交换量（cmol，每100 g土）	9	7.680	2.483	32.300	6.600～9.310
心土层	有机质（g/kg）	17	11.73	5.12	43.69	9.25～14.20
	全氮（N, g/kg）	17	0.75	0.32	42.60	0.62～0.90
	全磷（P, g/kg）	17	0.69	0.16	24.14	0.61～0.77
	全钾（K, g/kg）	5	17.90	1.04	5.80	17.00～13.80
	有效磷（P, mg/kg）	4	5.30	1.30	24.52	4.00～6.50
	速效钾（K, mg/kg）	4	115.40	28.90	25.04	87.00～143.00
	碳酸钙（CaCO$_3$，g/kg）	3	111.20	10.50	9.44	99.30～123.00
	阳离子交换量（cmol，每100 g土）	7	8.640	3.960	45.850	5.700～11.520

（续）

层次	项目	样本数（n，个）	平均值（X）	标准差（S）	变异系数（%）	置信区间
母质层	有机质（g/kg）	9	6.79	4.01	59.02	4.17～9.41
	全氮（N，g/kg）	10	0.55	0.28	50.52	0.38～0.73
	全磷（P，g/kg）	9	0.42	0.12	30.05	0.38～0.50
	全钾（K，g/kg）	2	15.70	1.97	12.61	12.90～18.40
	有效磷（P，mg/kg）	1	10.00	—	—	—
	速效钾（K，mg/kg）	1	175.00	—	—	—
	碳酸钙（$CaCO_3$，g/kg）	2	112.90	19.30	16.44	90.90～144.60
	阳离子交换量（cmol，每 100 g 土）	4	7.410	1.370	18.590	6.060～8.760

表 2-30   盐化灌淤土代表剖面盐分离子组成

土层 （cm）	全盐量 （g/kg）	HCO_3^- （g/kg）	Cl^- （g/kg）	SO_4^{2-} （g/kg）	Ca^{2+} （g/kg）	Mg^{2+} （g/kg）	$K^+ + Na^+$ （g/kg）
0～1	6.70	0.41	0.89	3.30	0.20	0.07	0.80
1～11	30.40	0.32	3.80	17.28	2.15	1.71	5.11
11～21	2.96	0.21	0.23	1.60	0.43	0.70	0.33
21～31	0.99	0.43	0.07	0.21	0.06	0.10	0.06
31～41	0.88	0.37	0.09	0.19	0.15	0.01	0.08
41～57	0.95	0.36	0.07	0.26	0.10	0.04	0.11
57～95	0.82	0.30	0.04	0.23	0.07	0.02	0.13

资料来源：甘肃省土壤普查办公室，1993. 甘肃土壤 [M]. 北京：中国农业出版社.

2. 引起灌淤土盐渍化的原因   灌淤土盐渍化有两种情况：一种是在排水不良的地区，灌溉后地下水位上升，引起土壤次生盐渍化；另一种是盐土开垦利用，进行排水和灌淤改良，未能充分脱盐。

灌淤土盐渍化作用的主要机制是在地下水位较高的条件下，地下水沿土壤毛管上升至地表，同时把地下水及心土、底土中的盐分也带到表土层；水分蒸发，而随水上升的盐分留在表土层积聚起来，达到一定程度后便影响农作物正常生长发育。因此，盐渍化灌淤土的盐分以表聚为主，表土全盐量可达心土、底土的数倍。

由于地下水是影响灌淤土盐渍化的主要因素，因此能提高地下水位的因素均能促进灌淤土的盐渍化，如渠道渗漏、过量灌溉、平原蓄水、插花种植水稻或修池养鱼等。此外，田面高低不平，高处易盐渍化，故田嘴子易形成盐斑。剖面中夹有黏土层，由于黏土透水性差，水分与盐分不易下渗，其地面也常显盐斑。表聚的大量盐分在灌溉后随着灌溉水下移，但停灌后又因土壤毛管水上升再度向土壤表层移动。

对宁夏银川平原上游的吴忠和位于下游的平罗的盐化灌淤土麦田表层土壤全盐量年变化的测定结果表明，一年之中干旱的春季土壤盐渍化最为强烈，表层全盐量最大。春季开灌期吴忠早于平罗，吴忠土壤全盐量最高期也出现较早（4 月 5 日左右），而下游平罗大约 5 月上旬麦田表层土壤全盐量最高期才出现。以后灌水时，表土全盐量下降，停灌后，表土全盐量再度上升，11 月全盐量又上升，这与土壤冻结有关。

新疆玛纳斯河流域地势由东南向西北逐渐降低，受地形影响，山区的降水量远大于平原，地势高低变化及水流运动方向对土壤盐渍化格局有着重要影响，其中位于地势较高的山前洪积冲积扇缘以上的部分基本不存在盐渍化情况，而相比之下，绿洲主要分布区，冲积平原部分底土全盐量高，导致这部分区域处于脱盐积盐交替的状态。而绿洲外围，洪积冲积扇扇缘部分则处于持续积盐的状态。张芸芸等利用 Landsat 8 OLI 数据，通过对盐渍化土壤水盐密切相关光谱信息的分段统计，克服特征空间分析的不足，更准确地反映了土壤盐渍化特征，构建了理化意义明确的土壤盐碱指标，用遥感指标和地面实测盐分数据回归统计模型推算土壤盐分，对新疆玛纳斯河流域绿洲内部盐渍化土壤盐碱度进行了遥感量化分析，从一个新的视角揭示了盐渍化土壤年际变化规律。

1990—2014 年，玛纳斯河流域盐渍化土壤总面积逐年减小（表 2-31），玛纳斯河流域绿洲内部土壤盐渍化得到了有效管控。2014 年耕地中的盐渍化土壤划分程度与 1990 年相比较，有向轻度转化的趋势，中度盐渍化土壤减少，重度盐渍化土壤增加。不同程度盐渍化土壤的占比出现了一定的波动，大致为 1990—2003 年中度和重度盐渍化土壤的占比增大，轻度盐渍化土壤的占比减小；2003—2014 年中度和重度盐渍化土壤的占比减小，轻度盐渍化土壤的占比增大；1990—2014 年始终未被开垦的典型盐渍化土壤盐碱程度有向重度转化的趋势，其上生长的植被群落结构趋于简单。

表 2-31　玛纳斯河流域绿洲内部盐渍化土壤等级面积与所占比例

年份	总面积 ($\times 10^4$ hm^2)	轻度盐渍化		中度盐渍化		重度盐渍化	
		总面积 ($\times 10^4$ hm^2)	占比 (%)	总面积 ($\times 10^4$ hm^2)	占比 (%)	总面积 ($\times 10^4$ hm^2)	占比 (%)
1990	18.61	14.30	76.85	4.15	22.31	0.16	0.84
1997	13.18	7.70	58.42	4.54	34.47	0.94	7.11
2003	9.38	4.22	45.02	3.60	38.40	1.56	16.58
2014	7.29	5.58	76.53	1.38	18.88	0.33	4.59

土壤中各种内容物不是独立存在的，而是相互联系、相互制约的，盐化灌淤土农田土壤盐分含量的变化及其与土壤养分和作物产量的关系是备受关注的热点问题。盛建东等利用在新疆阿克苏地区新和县塔什艾日克镇盐化灌淤土上布置的棉花试验，通过对盐化灌淤土棉田土壤化学特性及其与棉花生长的关系进行系统分析发现（表 2-32、表 2-33）：播前和花铃期土壤速效钾与可溶性盐均呈现极显著正相关关系，表明土壤速效钾和可溶性盐受成土母质的深刻影响。在棉花花铃期，土壤碱解氮与有效磷呈显著正相关关系，意味着碱解氮、磷养分间存在着协同作用。以上相关性均为花铃期较播前显著，这可能是由于花铃期棉花对土壤碱解氮、钾养分以及可溶性盐敏感性较强。土壤可溶性盐、养分与棉花产量的相关性分析结果表明，棉花产量与各取样时期 0～20 cm 土壤碱解氮、有机质含量均呈正相关关系，而与可溶性盐均呈负相关关系，并都在花铃期达到显著或极显著水平，表明盐化灌淤土可溶性盐和速效钾含量均为棉花生长的限制因子。

表 2-32　盐化灌淤土棉田土壤化学特性之间的相关性

取样时间	土壤特性 1	土壤特性 2	回归方程	相关系数
播前	碱解氮	有效磷	$Y = 18.68 + 0.039X$	0.102
		速效钾	$Y = 191.72 - 0.206X$	-0.137
		可溶性盐	$Y = 3.89 - 0.015X$	-0.343*

（续）

取样时间	土壤特性1	土壤特性2	回归方程	相关系数
播前	有效磷	速效钾	$Y=176.86+0.185X$	0.047
		可溶性盐	$Y=3.34-0.013X$	-0.110
	速效钾	可溶性盐	$Y=-0.266+0.018X$	0.626**
	有机质	全氮	$Y=0.18+0.025X$	0.661**
花铃期	碱解氮	有效磷	$Y=5.37+0.178X$	0.347*
		速效钾	$Y=209.98-1.299X$	$-0.363*$
		可溶性盐	$Y=4.68-0.045X$	$-0.375*$
	有效磷	速效钾	$Y=191.21-2.344X$	$-0.336*$
		可溶性盐	$Y=3.40-0.27X$	-0.117
	速效钾	可溶性盐	$Y=-0.623+0.023X$	0.676**

注：*表示相关性达到显著水平，**表示相关性达到极显著水平；取样深度为0～20 cm。

表 2-33　盐化灌淤土棉田土壤养分、可溶性盐含量与棉花产量的相关性

产量类型	土壤特性	取样时间	回归方程	相关系数
节点产量 （kg/m²）	可溶性盐含量 （g/kg）	播前	$Y=0.165-0.01X$	-0.319
		花铃期	$Y=0.18-0.015X$	$-0.521**$
	碱解氮 （mg/kg）	播前	$Y=0.11+0.0004X$	0.248
		花铃期	$Y=0.08+0.0015X$	0.478**
	有效磷 （mg/kg）	播前	$Y=0.12+0.0004X$	0.097
		花铃期	$Y=0.11+0.0015X$	-0.102
	速效钾 （mg/kg）	播前	$Y=0.20-0.0004X$	$-0.352*$
		花铃期	$Y=0.18-0.0003X$	$-0.402*$
	有机质 （g/kg）	播前	$Y=0.117+0.001X$	0.093
		花铃期	$Y=0.06+0.008X$	0.356*

注：*表示相关性达显著水平，**表示相关性达极显著水平；取样深度为0～20 cm。

三、形成作用的影响因素

（一）气候

气候对灌淤土的形成有一定影响。气候的影响主要是气温的影响。气温对土壤温度有很大影响，一般来说，地表下50 cm处的年平均土壤温度比年平均气温高2.5 ℃左右。这不仅影响灌淤土的利用，也在一定程度上影响灌淤土的形成。新疆南部的暖温漠境（如喀什地区）气温很高，年平均气温为11.7 ℃，地表下50 cm处的土壤年平均温度为14.8 ℃。因温度高，灌溉后，碳酸钙易溶解。停灌后，蒸发强，土壤易干燥，溶于水的碳酸钙便在土壤孔隙中沉淀。因此，在这些地区分布的钙积灌淤土中有碳酸钙质新生体假菌丝体存在。

西藏普兰和扎达海拔高、气温低（年平均气温仅 0～3 ℃），地表下 50 cm 处的土壤年平均温度也只有 2.5～5.5 ℃。因为温度低，土壤有机质分解很慢，冷灌淤土的有机质易积累，其灌淤耕层土壤有机质含量达 25 g/kg 以上，老灌淤层也在 8 g/kg 以上。

各地灌淤土区域的降水虽有一定差异，但灌水量很大，为每公顷 9 000～12 000 m³。轮作种稻田块达 30 000 m³，按水层厚度折算为 900～1 200（3 000）mm，大大超过了年平均降水量。因此，各地降水量差异对灌淤土形成所产生的不同影响被大量灌溉水的作用掩盖而不能显现出来。

（二）下伏母土

下伏母土对灌淤土形成的影响主要有两方面：一是下伏母土物质掺进灌淤层底部，二是下伏母土成土作用可延续影响灌淤土。

1. 下伏母土物质的掺进　灌淤土是在下伏母土之上形成的，在灌淤土形成的最初阶段，在耕作搅动过程中，灌淤物必然掺进大量的下伏母土物质，随着灌淤物的加厚，掺进的下伏母土物质逐渐减少。当灌淤物积累到厚度超过耕作的深度时，才可能不继续掺进下伏母土物质。因此，灌淤层的底层实际上是灌淤物与下伏母土的混合物。根据在宁夏灵武与渠口两个农场的调查，耕垦灌淤历史较长的土壤，一般已形成厚度为 33～42 cm 的准灌淤层（即性质与灌淤层相似，厚度不足 50 cm 的灌淤层次），其底部灌淤物与下伏母土相接混的层次厚度为 8～24 cm。例如，宁夏国有渠口农场一队的样品剖面上部 0～40 cm 为准灌淤层，故有机质含量较高，为 6.9～14.2 g/kg（表 2 - 34）。颗粒组成中粉粒较多，占细土部分的 35.0%～46.1%，说明是引黄灌溉落淤沉积的黄土物质。剖面下部 40～76 cm 为下伏母土层，有机质含量很低，仅为 2.5 g/kg，碳酸钙含量很高，达 162 g/kg，剖面形态上也有白色石灰死块，说明此层为原来淡灰钙土的钙积层。颗粒组成以沙粒为主，达 76.8%，说明其物质来源于洪积物。而准灌淤层底部 30～40 cm，有机质、全盐量、碳酸钙、沙粒、粉粒和黏粒的含量均介于准灌淤层的心层（14～30 cm）与下伏母土层之间，特别是小的沙粒含有肉眼可分辨的棱角明显的洪积沙粒。这些充分证明准灌淤层底部为灌淤物与下伏母土物质混合形成的。从砾石含量来看，0～30 cm 土层的砾石是施肥（土粪）带进的侵入体，40～76 cm 土层的砾石是洪积物，30～40 cm 土层的砾石最多。因为下伏母土原为淡灰钙土，其地表砾石很多，30～40 cm 土层的砾石最多，恰好说明此层掺混了下伏淡灰钙土的表土物质。

表 2 - 34　灌淤淡灰钙土的理化性质

层次	范围 (cm)	有机质 (g/kg)	全盐量 (g/kg)	碳酸钙 (g/kg)	砾石 (%) (>2 mm)	（细土）颗粒组成（%）		
						沙粒 (0.05～2 mm)	粉粒 (0.002～0.05 mm)	黏粒 (<0.002 mm)
准灌淤层	0～14	14.2	0.89	135	6.2	34.2	46.1	19.7
	14～30	11.0	0.70	132	5.8	35.2	45.0	19.8
	30～40	6.9	0.55	152	8.4	47.8	35.0	17.2
下伏母土层	40～76	2.5	0.25	162	5.5	76.8	15.4	7.8

注：样品采自宁夏国有渠口农场一队。

2. 下伏母土成土作用的延续　当成土条件改变不大或灌淤层厚度较薄时，下伏母土的成土作用可继续影响灌淤土。以宁夏银川市兴庆区拐弯湖地区为例，下伏潜育层灌淤土的延续影响如表 2 - 35 所示，I_{54} 号剖面位于拐弯湖中，地面积水，属潜育土，还原作用强，故还原性物质总量高达 8.75×

10^{-5} mol/L（MnSO$_4$），氧化还原电位很低，为 109～143 mV。湖边 I$_{53}$、I$_{52}$、I$_{51}$ 号剖面，地面依次升高，地下水埋深相应加大，潜育层的下伏部位越来越低，土壤类型由盐化潮土过渡到盐化灌淤土。虽然还原性物质总量逐步减少，但仍保持较高的量；若与草 1 号剖面（普通潮土）相比，盐化灌淤土的灌淤耕层的还原性物质总量大于普通潮土的生草层，盐化灌淤土的老灌淤层和冲积层大于普通潮土的冲积层，盐化灌淤土的潜育层大于普通潮土的潜育层，说明盐化灌淤土仍受下伏潜育层潜育作用的延续影响。另外，从土壤全盐量来看，由于地下水位高，盐化灌淤土表层全盐量均较高，还有盐渍化作用的延续。

表 2－35　宁夏银川市兴庆区拐弯湖地区潜育层、下伏潜育层灌淤土的性状

剖面号	相对位置	地下水埋深（m）	土壤	层段（cm）	有机质（g/kg）	全盐量（g/kg）	还原性物质总量 [$\times 10^{-5}$ mol/L (MnSO$_4$)]	Eh$_7$（mV）	备注
I$_{54}$	拐弯湖中	地面积水	潜育土	潜育层（0～40）	28.7	2.40	8.75	109～143	生长芦苇
I$_{53}$	湖边低地，与 I$_{54}$ 相距 95 m，地面比 I$_{54}$ 高 0.71 m	0.80	盐化潮土	耕作层（0～17）	12.4	4.62	6.75	501	稻旱轮作
				过渡层（17～29）	8.7	1.75	6.44	495	
				潜育层（29～80）	10.0	1.66	7.38～7.50	481～491	
I$_{52}$	湖边中坡地，与 I$_{53}$ 相距 75 m，地面比 I$_{53}$ 高 0.14 m	0.85	盐化灌淤土	灌淤耕层（0～10）	22.9	4.12	4.21	506	稻旱轮作
				老灌淤层（10～51）	11.8	0.84	4.00～4.58	506～515	
				冲积层（51～85）	11.6	0.73	4.75	505	
				潜育层（85～96）	10.6	0.66	6.15	492	
I$_{51}$	湖边高地，与 I$_{52}$ 相距 57 m，地面比 I$_{52}$ 高 0.26 m	1.10	盐化灌淤土	灌淤耕层（0～16）	16.3	2.44	0.88	505	不种水稻，种小麦等
				老灌淤层（16～57）	9.9	1.62	1.83～3.21	501～520	
				冲积层（57～89）	8.2	1.35	3.42～3.96	492～499	
				潜育层（89～110）	10.7	1.26	4.83	492	
草 1	附近黄河边河滩地	0.70	普通潮土	生草层（0～15）	3.9	1.77	0.77	504	生长赖草和芦草
				冲积层（15～70）		0.44	1.06～1.23	480～487	
				潜育层（70～100）		0.35	3.19	474	

在潮土上形成的灌淤土，下伏潮土的成土作用（氧化还原交替作用）一般要延续到灌淤土剖面的中下部。

在盐渍土上形成的灌淤土，盐渍化作用延续的强弱，主要取决于排水条件和地下水位的高低，灌淤层的加厚有减弱盐渍化的作用。宁夏国有灵武农场原为盐渍土荒地，1956 年建场初期，80％的土壤为中、重盐渍化土壤。经垦殖灌淤耕种，盐渍土已全部改良为灌淤潮土，但部分排水不良的低地，盐渍化作用延续至今，该场尚有 19％的农田土壤盐渍化较重。

若灌淤层较薄，下伏母土层在成土作用中所获得的某些性质还可能影响灌淤土的性质，如在 1 m 内有下伏沙土层、黏土层、潜育层和钙积层等，这些土层有可能成为灌淤土的障碍层而影响农作物等的生长。

第三章 灌淤土的剖面性状 >>>

第一节　灌淤土的剖面基本特征

一、形态特征

灌淤土剖面分为两大层段：上部为灌淤层，下部为下伏母土层。灌淤层是决定灌淤土性状的主要层段，形态上比较均匀一致。又可细分为灌淤耕层、灌淤心层和灌淤底层，灌淤心层和灌淤底层合称老灌淤层。

灌淤耕层：位于剖面的最上端，是现代耕作层，一般厚度为 15～20 cm，多属壤土或黏壤土，疏松，块状、碎块状或屑粒状结构，有因施肥而带入的侵入体，灌溉后地面可见新淤积物。

灌淤心层：位于灌淤耕层之下，是以前的灌淤耕层。较紧实。块状结构，有的为鳞片状结构。有较多的孔隙。结构面或孔壁常有黏粒-腐殖质或腐殖质-黏粒胶膜（次成分在前，主成分在后，后同）。常见蚯蚓排泄物及侵入体。

灌淤底层：位于灌淤心层之下，在整个灌淤层的底部，厚度为 8～24 cm，以波状向下伏母土层过渡。此层曾受灌淤耕作的作用，具有灌淤层的一般特征，但混有下伏母土物质。结构较差，孔隙较少。下伏母土层有较大的变异，冲积平原地区多为冲积层，有冲积层次。若下伏母土为潜育土，则为潜育层。

二、微形态特征

灌淤土的耕作等人为影响在微形态中得到充分的体现，如一般都有磨圆状或半磨圆状细粒质团块，有较多的孔洞和孔穴，普遍有炭屑存在。少数团块内可见沉积层理，保留了灌水淤积的痕迹（表 3-1）。

以偏光显微镜观察原状土样薄片的微形态是肉眼观察形态的延续。大部分灌淤土的基质为棕色或灰棕色，多碳酸盐黏结基质，碳酸盐颗粒有的可占基质颗粒的 50%。新疆库车和疏勒的灌淤土，灌淤物中杂有第三纪红土，故基质呈浊红棕色或暗红棕色。肥熟灌淤土的基质不同于其他灌淤土，为多碳酸盐絮凝基质，表明其高度熟化的特点。

表3-1 灌淤土微形态特征

亚类	地点	层次 (cm)	基质	孔隙	团聚体	新生土	侵入体	其他
普通灌淤土	宁夏中卫	老灌淤层 (55~90)	棕色 (7.5YR 4/3)，多碳酸盐黏结基质	较多小孔，少量大孔	个别半磨圆状棕色盐细粒质团块	有暗色厚度为 0.01 mm 左右的黏粒-腐殖质和灰棕色厚度为 0.05 mm 左右的腐殖质-黏粒胶膜，共占薄片面积的 0.6%	较多炭屑	粗骨颗粒为 0.01~0.30 mm，其中有较多方解石
	新疆车车	老灌淤层 (29~57)	浊红棕色 (6.25YR 4/5)，高碳酸盐黏结基质、基质占 60%，粗骨颗粒占 40%	有孔洞和孔道			有一些炭屑，少量动物粪粒	
肥熟灌淤土	宁夏中卫	灌淤耕层 (0~16)	棕-灰棕色 (7.5YR 4/2.5)，多碳酸盐絮凝基质	多孔洞和孔穴	有较多微团聚体、少量半磨圆状细粒质磨圆基质		较多炭屑、蚯蚓粪粒	多新鲜的、半分解的和腐殖化的作物残体
	宁夏中卫	老灌淤层 (36~57)	暗红棕色 (5YR 3/4)，多腐殖质、多碳酸盐细粒质基质	大量孔洞和孔穴	有一些半棱角、半磨圆状多碳酸盐细粒质团块	孔壁均有 0.01 mm 左右（厚者达 0.05 mm）的暗红棕色黏粒-腐殖质胶膜，约占薄片面积的 1.2%		
	新疆新和	灌淤耕层 (0~16)	棕-灰棕色 (7.5YR 4/2.5)，高碳酸盐絮凝凝基质	多孔洞和孔穴	有一些微团聚体、少量高碳酸盐细粒质碎段		有一些蚯蚓粪粒	
	新疆新和	老灌淤层 (35~65)	棕-灰棕色，高碳酸盐絮凝凝基质	多孔洞和孔穴	有一些微团聚体、较多灰棕色和暗棕色半磨圆状高碳酸盐细粒质团块	不少孔壁有暗棕色黏粒-腐殖质或腐殖质胶膜，厚度为 0.005~0.010 mm，约占薄片面积的 0.5%		有一些新鲜的和腐殖化的作物残体
钙积灌淤土	新疆疏勒	老灌淤层 (38~75)	暗红棕色 (7.5YR 3/5)，高碳酸盐黏结基质、碳酸盐成分占 60%~70%	多孔洞和孔穴	有一些暗红棕色高碳酸盐细粒质大碎块、碎段或棱角状较小碎块	大孔穴内有大量石膏聚晶，有的孔隙内有方解石晶块		

（续）

亚类	地点	层次（cm）	基质	孔隙	团聚体	新生土	侵入体	其他
潮灌淤土	宁夏平罗	灌淤耕层（0~15）	棕色（7.5YR 4/6），多碳酸盐黏结基质，碳酸盐颗粒约占基质颗粒的50%	多孔洞和孔穴	有一些半磨圆状棕色（7.5YR 4/3）多碳酸盐细粒质团块，有的隐约可见沉积质层理	有个别碳酸盐凝块	较多炭屑	较多方解石颗粒，较多新鲜作物残体
	宁夏平罗	老灌淤层（28~50）	棕色，多碳酸盐黏结基质	多孔洞和孔穴	有一些半磨圆状、半棱角棕色多碳酸盐细粒质团块	孔壁有厚约 0.01 mm 暗棕色黏粒-腐殖质质胶膜，约占薄片面积的 0.5%	较多炭屑	半腐殖化和腐殖化残体，少量新鲜作物残体
	宁夏平罗	下伏母土层（冲积层）（50~79）	棕色，多碳酸盐黏结基质	多水平和近水平密集排列的断续蠕虫状孔	较多棕-暗棕色，半棱角，半磨圆状细粒质团块			
表锈灌淤土	宁夏中卫	灌淤耕层（0~18）	棕色（7.5YR 4/4），多碳酸盐黏结基质	较多孔洞和孔穴	一些棕色多碳酸盐细粒质团块	有一些低浓度聚铁质浸斑（即大形态上的铁质环状物）和少量根际铁质环状物（锈纹）	较多炭屑	稻麦轮作，当年种稻，稻收后采样
	宁夏中卫	老灌淤层（50~95）	棕色（7.5YR 4/3.5），多碳酸盐黏结基质	多孔洞	少量半磨圆状棕色多碳酸盐细粒质团块	许多孔壁有厚度为 0.005~0.010 mm的暗棕色黏粒-腐殖质胶膜，小于薄片面积的 0.5%，有一些铁质浸染斑	较多炭屑	
	宁夏中卫	灌淤耕层（0~13）	棕色（7.5YR 4/4），多碳酸盐黏结基质	多孔洞和孔穴	孔穴极发育处有连生团聚体形成，多磨圆状棕色多碳酸盐细粒质和更大的碎段，后者可见沉积层理	较少量低浓度铁质浸斑	较多炭屑	稻麦轮作，当年种小麦，带状同种玉米，作物收后采样
	宁夏中卫	老灌淤层（25~45）	棕色（7.5YR 4/4），多碳酸盐黏结基质	较多多孔洞和孔穴	少量半磨圆状棕色多碳酸盐细粒质团块	许多孔壁有厚度为 0.005~0.010 mm 的灰色腐殖质-黏粒胶膜，约占薄片面积的 0.6%，有极少量根际孔铁质环状物和铁质浸染斑	多炭屑	

老灌淤层的孔壁多有薄层腐殖质-黏粒或黏粒-腐殖质胶膜，厚度一般为 0.005~0.050 mm，占薄片面积的 0.5% 左右，多者占到 1.2%，说明灌溉对胶粒有一定的淋淀作用。由于土层内蚯蚓等动物活动，在部分灌淤土中还观察到较多的蚯蚓粪粒和动物嚼碎的腐殖化残体。表锈灌淤土的耕层可见低浓度聚铁质浸染斑（即大形态上的锈斑）和根际铁质环状物（即大形态上的锈纹），当年种水稻的多于当年种小麦的，这是表锈灌淤土的氧化还原作用所产生的。钙积灌淤土大孔穴内有大量石膏聚晶，说明有一定的石膏淋淀。

三、水分特点

西北干旱地区自然地带性土壤含水量很低，属于干旱土壤，而灌淤土的水分状况要好得多。因为干旱地区的土壤开垦后种植小麦，生育期间灌水 4~5 次，加上复种玉米、油菜等其他作物，又灌水 3~4 次，这样每年灌水 7~9 次，总灌水量为当地年降水量的几倍甚至几十倍，使土壤常保持湿润状态，含水量是田间持水量的 60%~80%。史成华等研究发现，在没有灌溉的自然情况下，蒸发量与降水量的比值（E/P）为 8.86~173.04，而在灌溉的情况下，两者之比均在 1.23~1.90，相当于半湿润地区的自然干燥度（表 3-2）。可见，灌淤土由于人为灌溉作用，已摆脱了干旱的状况。所以，不能将灌淤土归于干旱土纲，它是旱耕人为土中的一个独立土类。

表 3-2　灌溉水折算成降水后各地区的湿润程度

剖面代号	采样地点	自然降水 （P，mm）	自然蒸发 （E，mm）	自然干燥度 （E/P）	灌水量 （m³/hm²）	灌溉水折算成降水 （P'，mm）	灌溉后干燥度 [$E/(P+P')$]
X-1	新疆阜康	184.0	1 739.0	9.45	9 800	980.0	1.49
X-2	新疆策勒	36.0	2 588.0	71.89	20 700	2 070.0	1.23
X-3	新疆吐鲁番	16.4	2 837.8	173.04	19 575	1 957.5	1.44
G-1	甘肃武威	161.0	2 019.9	12.55	9 000	900.0	1.90
L-1	宁夏永宁	201.4	1 784.7	8.86	8 250	825.0	1.74

第二节　不同类型灌淤土的剖面性状特征

一、普通灌淤土

普通灌淤土具有厚度大于或等于 50 cm 的灌淤层，大于 1 m 的居多，有的厚达数米。剖面形态比较均匀一致。灌淤耕层厚度为 13~23 cm，呈碎块状或屑粒状结构，疏松多孔。耕层以下的老灌淤层多为块状结构，结构面和孔壁有胶膜，有一定孔隙。有碎块瓦片等人为侵入体，无盐分结晶、假菌丝体或锈纹锈斑等新生体。老灌淤层以波状向下伏母土层过渡。普通灌淤土划分为暖性沙粉质土、暖性黏质土、灰色暖性沙粉质土、温性沙粉质土、温性粉质土、温性黏质土、暗色温性沙粉质土和暗色温性混合土 8 个土属。

（一）暖性沙粉质土

暖性沙粉质土颗粒组成与黄绵土不同：以沙粒为主，沙粒含量占颗粒组成的 60% 左右；粉粒含量较低，占 35% 左右；有机质含量很低，仅 0.1%～0.3%。

由于渠道输水过程的分选作用，沙粒易在渠道中沉降，但因源土中沙粒含量很高，仍有相当多的沙粒被输入农田。以昆仑黄土为源土的灌水淤积物还含有相当多的沙粒，沙粒含量占颗粒组成的 30% 以上，粉粒含量已较源土增多，大于或等于 40%，黏粒含量不足 25%。因此，将这种类型的颗粒称为沙粉质。同时，土壤颜色浅、有机质含量低及富含碳酸钙等特点都反映了源土（昆仑黄土）的影响（表 3-3）。

表 3-3　暖性沙粉质土剖面性状特征

土层（cm）	剖面性状特征
0～16	灌淤耕层，灰黄色（2.5Y 6/2），粉质壤土，块状，稍紧，小孔多，根系多，10% 的结构面上有胶膜，有炭渣，湿度为润
16～27	老灌淤层，灰黄色（2.5Y 6/2），粉质壤土，块状，少量鳞片状，紧实，小孔多，根系多，15% 的结构面上有不明显胶膜，有炭渣和蚯蚓粪，湿度为润
27～68	老灌淤层，灰黄色（2.5Y 7/2），沙壤土，块状，稍紧实，小孔多，根系较多，10% 的结构面和孔壁上有不明显胶膜，有较多小炭渣，湿度为润
68～100	老灌淤层，灰黄色（2.5Y 7/2），壤土，块状，稍紧实，小孔多，根系少，有少量炭渣和较多腐根，湿度为润
100～115	老灌淤层，灰黄色（2.5Y 7/2），沙壤土，块状，稍紧实，小孔多，根系少，有少量炭渣和少量腐根，湿度为润

暖性沙粉质土有巴格其粉质壤土一个土种。

巴格其粉质壤土具有普通灌淤土亚类、暖性沙粉质土土属的一般性质（各土种皆具有其归属亚类与土属的通性，以后各土种的类似文字从略），灌淤层厚度大于 80 cm，土壤质地主要为粉质壤土，部分层次可为沙壤土或壤土。代表剖面位于新疆和田县巴格其镇恰勒瓦西村洪积冲积平原上部，海拔 1 363 m，地下水埋深大于 10 m。

本剖面灌淤耕层有机质含量较高，为 1.4%，老灌淤层有机质含量很低，为 0.5%～0.7%，全剖面碳酸钙含量比较均匀，为 9.8%～10.4%。颗粒组成中粉粒稍多于沙粒，黏粒含量不足 10%。黏粒矿物组成以水云母为主，伴有较多的绿泥石以及少量的蒙皂石、高岭石、石英、长石和闪石等。

（二）暖性黏质土

暖性黏质土有 2 个土种，即乌恰粉质黏壤土和朱家桥粉质黏壤土。

1. 乌恰粉质黏壤土剖面性状特征　灌淤层厚度大于 80 cm，以粉质黏壤土为主，耕层为壤土。灌淤层碳酸钙含量大于 17.0%。代表剖面位于新疆阿克苏地区库车市乌恰镇大哈拉村库车河冲积平原，海拔 1 100 m，地下水埋深 50 m（表 3-4）。

表 3-4　乌恰粉质黏壤土剖面性状特征

土层（cm）	剖面性状特征
0～13	灌淤耕层，浊橙色（7.5YR 7/3），壤土，块状，较紧实，孔隙多，根系多，有大量蚯蚓粪、炭渣及未腐熟有机肥料，干
13～29	老灌淤层，浊棕色（7.5YR 6/3），壤土，块状，较紧实，孔隙多，根系多，20%的结构面上有不明显胶膜，蚯蚓粪多，有炭渣，稍润
29～57	老灌淤层，浊橙色（5YR 6/3），粉质黏壤土，大鳞片状，很紧实，小孔多，根系少，30%的结构面上有较明显的胶膜，有少量蚯蚓粪及炭渣，稍润
57～82	老灌淤层，浊红棕色（5YR 5/3），粉质黏壤土，大鳞片状，紧实，小孔多，根系极少，30%的结构面上有不明显胶膜，有少量炭渣，稍润。此层向下波状过渡
82～95	下伏母土层，浊橙色（5YR 7/4），粉质黏壤土，片状，紧实，小孔较多，无根系，20%的结构面上有不明显的胶膜，有少量蚯蚓粪，稍润

本剖面灌淤层中夹有小的红棕色黏质圆形土块，呈大鳞片状，说明耕作粗放，未将灌淤土块充分破碎混合。灌淤耕层有机质及氮、磷养分含量较高，分别为 1.6%、0.09% 和 22.4 mg/kg，向下减少。土壤质地以粉质黏壤土为主。由于土性黏重，每年从渠道中取沙再拉入田中改良土壤质地，每年每公顷铺沙 900 m³，故 29 cm 以上的土壤质地已变轻，为壤土。微形态鉴定，高碳酸盐黏结基质约占 60%，粗骨颗粒（0.01～0.30 mm）约占 40%，其中有较多的方解石。黏土矿物以结晶较好的水云母为主，伴有一定量的绿泥石、蒙皂石和少量高岭石。

2. 朱家桥粉质黏壤土剖面性状特征　灌淤层厚度大于 80 cm，土壤质地以黏壤土为主，剖面下部为粉质壤土。灌淤层碳酸钙含量小于 170 g/kg。代表剖面位于陕西省泾阳县三渠村三支渠朱家桥南 150 m 的泾河冲积平原（表 3-5）。

表 3-5　朱家桥粉质黏壤土剖面性状特征

土层（cm）	剖面性状特征
0～13	灌淤耕层，浊黄棕色（10YR 5/3），粉质黏壤土，粒状与块状，疏松，多孔隙，多根系，有碎砖块和炭渣，有蚯蚓粪，约 20%的结构面上有不明显的胶膜，稍润
13～33	老灌淤层，浊黄棕色（10YR 5/4），粉质黏壤土，块状带有棱角，并有小片状，紧实，小孔隙多，根系较多，有碎砖块，少量蚯蚓粪，50%的结构面上有明显的胶膜，稍润
33～60	老灌淤层，浊黄棕色（10YR 5/4），粉质黏壤土，块状，紧实，小孔多，有少量根系，有大量蚯蚓粪，有炭渣，50%的结构面上有不明显胶膜，润
60～90	老灌淤层，浊黄棕色（10YR 5/3），粉质壤土，块状，稍紧实，孔隙多，根系少，有较多蚯蚓粪，有炭渣，30%的结构面上有较明显的胶膜，润
90～114	老灌淤层，浊黄棕色（10YR 5/3），粉质壤土，不均匀地夹有沙壤土（似为大孔洞中的填充物），块状，稍紧，小孔隙多，根系极少，有蚯蚓粪，有小砖块，20%的结构面上有不明显胶膜，润

本剖面 0～90 cm 的土层中含有少量直径约 0.5 cm 的土块，质地黏，色暗，有的土块内保留原淤积层理。这些土块应是未被耕作粉碎的灌淤物。

剖面耕层有机质含量较高，向下渐减；碳氮比较小，为 7.4～8.8。各层颗粒组成均匀，粉粒占优势，粉粒、黏粒占颗粒组成的 64%～73%。

（三）灰色暖性沙质土

灰色暖性沙质土（表 3-6）只有 1 个土种，为塔孜洪壤土。

表 3-6　灰色暖性沙质土剖面性状特征

土层（cm）	剖面性状特征
0～12	灌淤耕层，淡黄色（2.5Y 7/3），壤土，块状，较紧实，小孔多，根系多，干。地表有厚度为 0.8 cm 的新淤土，片状，致密无孔
12～29	老灌淤层，灰色（10Y 6/1），壤土，块状及鳞片状，紧实，小孔多，根系较多，有不明显胶膜覆盖在 15% 的结构面上，有少量蚯蚓粪，干
29～50	老灌淤层，灰色（10Y 6/1），壤土，块状，紧实，孔隙多，根系较少，10% 的结构面和孔壁上有不明显胶膜，有少量蚯蚓粪，干
50～67	下伏母土层，灰色夹红棕色（10Y 6/1），粉质壤土，块状及片状，紧实，孔隙多，根系少，有少量蚯蚓粪，干
67～89	下伏母土层，灰色（10Y 6/1），粉质壤土夹少量黏土，块状，较紧实，小孔多，根系极少，有少量蚯蚓粪，干

塔孜洪壤土灌淤层呈灰色，灌淤层厚度 50～80 cm，质地为壤土。代表剖面位于新疆喀什地区疏勒县塔孜洪乡盖孜河冲积平原中上部，海拔 1 200 m。地下水埋深大于 5 m。

本剖面的有机质含量较低，灌淤耕层为 1.0%，向下逐渐减少。剖面的灰色可能与灌淤物来源于灰色岩石风化物有关。土壤质地为壤土，但颗粒组成属沙质土，沙粒含量达 44%～52%。黏粒矿物组成以水云母为主，伴有较多的绿泥石和少量的蒙皂石、石英、长石等。

（四）温性沙粉质土

温性沙粉质土（表 3-7）有 1 个土种，即明永壤土。

表 3-7　温性沙粉质土剖面性状特征

土层（cm）	剖面性状特征
0～13	灌淤耕层，灰棕色，壤土，块状，紧实，孔隙少，根系多，结构面上有少量胶膜，有少量煤渣，润
13～39	老灌淤层，灰棕色，壤土，块状，紧实，孔隙较多，根系较多，结构面上有较多胶膜，有煤渣，润
39～68	老灌淤层，浅灰棕色，壤土，块状，结构内有不明显的沉积层理，紧实，孔隙较少，根系较多，结构面上有少量胶膜，有蚯蚓粪、煤渣和卵石，润。此层向下过渡明显
68～91	下伏母土层，浅红棕色，沙壤土，质地不均匀，块状，稍紧实，孔隙少，根系少，润。此层实为冲积层
91～115	下伏母土层，浅灰棕色带红色，粉质壤土，块状，稍紧实，孔隙少，根系少，润。此层实为冲积层

明永壤土灌淤层厚度 50～80 cm，质地主要为壤土，并含有少量砾石。下伏母土层的质地有较大变化。代表剖面位于甘肃省张掖市甘州区明永镇黑河平原，海拔 1 500 m。

本剖面灌淤层厚度为 68 cm，灌淤耕层有机质含量为 1.4%，向下渐减，但至下伏母土层（冲积层），减为 0.5%～0.6%。颗粒组成比较均匀，灌淤层以粉粒为主，但沙粒含量很高，下伏母土层以沙粒为主。灌淤耕层容重最低，向下渐增，总孔隙以灌淤耕层最多，向下渐减。

（五）温性粉质土

温性粉质土共有 4 个土种，即朱台粉质壤土、鸣沙粉质壤土、南兴渠粉质壤土和金崖黏壤土。

1. 朱台粉质壤土剖面性状特征　灌淤层厚度 50～80 cm，质地以粉质壤土为主，耕层为沙壤土或壤土，碳酸钙含量大于或等于 10%。代表剖面位于宁夏回族自治区中卫市中宁县恩和镇朱台村（表 3-8）。

表 3-8　朱台粉质壤土剖面性状特征

土层（cm）	剖面性状特征
0～15	灌淤耕层，浊黄棕色（10YR 5/3），壤土，小块状，稍紧实，孔隙较多，根系较多，有炭渣和蚯蚓粪，润
15～50	老灌淤层，浊黄棕色（10YR 5/3），粉质壤土，块状，紧实，孔隙较多，根系较少，有炭渣和蚯蚓粪，润
50～95	下伏母土层，浊黄橙色（10YR 6/4），壤土，块状，紧实，孔隙少，润
95～135	下伏母土层，浊黄橙色（10YR 6/4），壤土，块状，紧实，孔隙少，润
135～170	下伏母土层，浊黄橙色（10YR 6/4），粉质壤土，块状，紧实，孔隙少，润
170～200	下伏母土层，浊黄橙色（10YR 6/4），粉质壤土，块状，紧实，孔隙少，润

各层次土壤全盐量低，均小于 2%，盐分组成以重碳酸盐为主。全剖面土壤颗粒组成粉粒居多，占 46%～62%，灌淤层质地以粉质壤土为主。

2. 鸣沙粉质壤土剖面性状特征　灌淤层厚度大于 80 cm，质地以粉质壤土为主，耕层为壤土，下伏母土层质地有较大变化。代表剖面位于宁夏回族自治区中卫市中宁县鸣沙镇政府南二级阶地（崖头地）边缘（表 3-9）。

表 3-9　鸣沙粉质壤土剖面性状特征

土层（cm）	剖面性状特征
0～22	灌淤耕层，浊棕色（7.5YR 5/4），粉质壤土，块状，稍紧实，孔隙多，根系多，有炭渣和粪渣，润
22～63	老灌淤层，浊棕色（7.5YR 5/4），粉质壤土，块状，紧实，孔隙多，根系较多，有炭渣，结构面上可见胶膜，润
63～99	老灌淤层，浊棕色（7.5YR 5/4），粉质黏壤土，块状，紧实，孔隙多，根系少，有炭渣，结构面上可见胶膜，润
99～131	下伏母土层，浊棕色（7.5YR 5/4），粉质壤土，块状，紧实，孔隙较多，根系较少，润
131～180	下伏母土层，浊棕色（7.5YR 5/4），粉质壤土，块状，紧实，孔隙少，根系极少，润

灌淤耕层有机质含量为 1.2%，向下逐渐减少，有效磷含量很低，为 0.16%。灌淤层碳酸钙含量高，且比较均匀。全盐量及硫酸钙含量都很低，盐分组成以重碳酸盐为主。颗粒组成以粉粒为主，占 53% 左右。下伏母土层与灌淤层有较大差异，有机质含量很低，碳酸钙含量不足 10%，颗粒组成中沙粒含量较灌淤层大，黏粒含量降低。可见，下伏母土层物质来源与灌淤层是有区别的。

3. 南兴渠粉质壤土剖面性状特征　灌淤层厚度为 50～80 cm，质地以粉质壤土为主，碳酸钙含量较低，不足 10%。代表剖面位于河北省张家口市宣化区沙岭子镇南兴渠村的河谷冲积平原

（表 3 - 10）。

表 3 - 10　南兴渠粉质壤土剖面性状特征

土层（cm）	剖面性状特征
0~20	灌淤耕层，灰棕色（5YR 5/2），粉质壤土，碎块状，疏松，孔隙多，根系多
20~60	老灌淤层，灰棕色（5YR 5/2），粉质壤土，块状，较紧实，孔隙较多，根系较多
60~100	下伏母土层，棕色（7.5YR 4/6），粉质壤土，块状，紧实，孔隙少，根系少
100~150	下伏母土层，棕色（7.5YR 4/6），粉质壤土，块状，紧实，孔隙少，根系极少

本剖面的灌淤耕层和老灌淤层的有机质、氮及有效磷含量均高于下伏母土层，但碳酸钙含量较低，为3.9%。全剖面质地均为粉质壤土，灌淤层粉粒含量占颗粒组成的73%左右，显示了黄土物质的影响。

4. 金崖黏壤土剖面性状特征　灌淤层厚度大于80 cm，质地以黏壤土为主，耕层质地为粉质壤土。下伏母土质地为壤土或黏壤土。代表剖面来自甘肃省兰州市榆中县金崖镇，海拔1 629 m，排灌条件良好（表 3 - 11）。

表 3 - 11　金崖黏壤土剖面性状特征

土层（cm）	剖面性状特征
0~20	灌淤耕层，浊黄棕色（10YR 5/3），粉质壤土，块状，较紧实，根系多，石灰反应强，有炭渣、瓦块
20~60	老灌淤层，浊黄棕色（10YR 5/4），黏壤土，块状，紧实，根系较多，石灰反应强，有炭渣、瓦块
60~129	老灌淤层，浊黄橙色（10YR 6/3），黏壤土，块状，紧实，根系少，石灰反应强，有炭渣、瓦块
129~180	下伏母土层，浊黄橙色（10YR 7/4），壤土，块状，紧实，石灰反应强

灌淤耕层有机质含量高达1.6%，老灌淤层略有减少，但下伏母土层剧减为0.6%，说明两种土层的熟化状况是不同的。颗粒组成以粉粒为主，但下伏母土层比灌淤层的沙粒多、黏粒少，可见物质来源也不同。质地以黏壤土为主。

（六）温性黏质土

温性黏质土（表 3 - 12）有1个土种，即园丰粉质黏壤土。

表 3 - 12　温性黏质土剖面性状特征

土层（cm）	剖面性状特征
0~15	灌淤耕层，浊黄橙色（10YR 7/3），黏壤土，块状，稍紧实，孔隙多，根系多，10%的结构面上有不明显胶膜，有炭渣、碎砖块及石块等侵入体，稍润
15~30	老灌淤层，浊棕色略带红棕色（7.5YR 6/3），粉质黏壤土，块状带棱角，较紧实，孔隙多，根系多，30%的结构面上有不明显胶膜，有炭渣及碎砖块等，稍润
30~50	老灌淤层，浊棕色（7.5YR 5/3），粉质黏壤土，块状带棱角，较紧实，细孔较多，根系较多，10%的结构面上有不明显胶膜，有少量蚯蚓粪及炭渣，稍润
50~82	老灌淤层，浊棕色（7.5YR 6.5/3），黏壤土，块状带棱角，紧实，孔隙少，根系很少，有碎砖块及小石子，干

园丰粉质黏壤土灌淤层厚度大于 80 cm，质地以粉质黏壤土为主。碳酸钙含量小于 10%。代表剖面位于新疆维吾尔自治区昌吉回族自治州昌吉市洪积扇下部，地下水埋深 3～5 m。

本剖面灌淤耕层有机质含量为 1.6%，向下逐渐减少，胡富比为 1.7，全剖面碳酸钙含量较低，为 5.6%～6.8%。颗粒组成以粉粒为主，黏粒次之。

（七）暗色温性沙粉质土

暗色温性沙粉质土有 2 个土种，即新墩粉质壤土和常乐壤土。

1. 新墩粉质壤土剖面性状特征　灌淤层厚度大于 80 cm，质地以粉质壤土为主，少数层次可为壤土。代表剖面位于甘肃省张掖市甘州区新墩镇明星一队麦茬地，海拔 1 500 m，地下水埋深约 15 m，对土壤无影响（表 3-13）。

表 3-13　新墩粉质壤土剖面性状特征

土层（cm）	剖面性状特征
0～12	灌淤耕层，暗灰棕色，壤土，块状，少量粒状，稍紧实，孔隙多，根系较多，结构面上有胶膜，有煤渣，有蚯蚓粪，润
12～24	老灌淤层，暗灰棕色，粉质壤土，块状，少量粒状和片状，稍紧实，孔隙多，根系较多，结构面上有胶膜，有大量煤渣，100 cm² 结构面上的煤渣达 30 个，润
24～58	老灌淤层，灰棕色，粉质壤土，块状，紧实，小孔隙多，根系较多，结构面上有胶膜，有蚯蚓粪，100 cm² 结构面上的煤渣达 33 个，润
58～103	老灌淤层，浅灰棕色，壤土，块状，紧实，小孔较多，根系少，结构面上有胶膜，煤渣减少，100 cm² 结构面上只有 19 个，有直径为 2～7 cm 的卵石，润
103～120	下伏母土层，浅灰棕色，粉质壤土，块状和片状，紧实，孔隙少，根系极少，润
120 以下	卵石层

根据颗粒分析与剖面观察，本剖面的灌淤层有少量卵石，有的卵石直径达 2～7 cm，说明灌淤物来源于洪积冲积物。同时，有机质含量高，灌淤耕层为 2.3%，老灌淤层加权平均为 1.6%；碳氮比大，为 15.2～15.7，反映了暗色灌淤物的特点。碳酸钙含量较低，灌淤层为 6.4%～6.7%，与黄土物质不同。

据观察，灌淤层中含有较多的煤渣，100 cm² 结构面有煤渣 19～33 个，说明人为培肥的强度也是较大的。

灌淤耕层比较疏松，因此容重小，总孔隙与非毛管孔隙较大；老灌淤层紧实，因此容重大，总孔隙和非毛管孔隙较小。

2. 常乐壤土剖面性状特征　灌淤层厚度为 50～80 cm，质地以壤土为主，耕层为粉质壤土。代表剖面位于宁夏回族自治区中卫市沙坡头区常乐镇常乐村山前洪积冲积平原（表 3-14）。

表 3-14　常乐壤土剖面性状特征

土层（cm）	剖面性状特征
0～14	灌淤耕层，黄灰色（2.5Y 6/1），粉质壤土，块状与粒状，稍紧，多孔隙，根系较多，有蚯蚓粪、炭渣，结构面上有不明显胶膜，土层中有少量红色黏土块，润

(续)

土层（cm）	剖面性状特征
14~28	老灌淤层，黄灰色（2.5Y 6.5/1），壤土，鳞片状，紧实，孔隙较多，根系较少，有蚯蚓粪、炭渣，约15%的结构面上有不明显的胶膜，土层中有少量红黏土块，润
28~60	老灌淤层，黄灰色（2.5Y 6.5/1），壤土，块状，稍紧实，小孔较多，根系少，有蚯蚓粪、炭渣，约30%的结构面上有明显的胶膜，土层中有红黏土块，润
60~88	下伏母土层，黄灰色（2.5Y 6/1），壤土，块状，稍紧实，孔隙少，根系极少，约20%的结构面上有不明显的胶膜，土层中夹有黏土块，润
88~110	下伏母土层，黄灰色（2.5Y 6/1），壤土，块状，稍紧实，孔隙少，无根系，夹有黏土块及沙土块，润。此层为洪积冲积物

老灌淤层和下伏母土层波状过渡。代表剖面含有较多的有机质，灌淤耕层和老灌淤层的有机质含量分别为2.9%和1.6%；碳氮比高，达17.5；有效磷含量分别为10.8 mg/kg和14.2 mg/kg。胡富比也高，为1.47~3.42。质地为壤土，全剖面颗粒组成比较均匀，粉粒50%左右，沙粒30%左右，黏粒20%左右，并含有很少的砾石。黏粒矿物以水云母为主，伴有较多的高岭石，以及少量的绿泥石、蒙皂石和石英。

（八）暗色温性混合土

暗色温性混合土（表3-15）有1个土种，即张家口黏壤土。

表3-15 暗色温性混合土剖面性状特征

土层（cm）	剖面性状特征
0~23	灌淤耕层，浊黄棕色（10YR 4/3），沙壤土，碎块状，疏松，多孔隙，根系多，有蚯蚓粪、煤渣及小石块等，润
23~46	老灌淤层，暗棕色（10YR 3/4），壤土，块状，稍紧，孔隙多，根系多，有煤渣、砾石、小砖块及石灰渣，结构面上有胶膜，润
46~73	老灌淤层，暗棕色（10YR 3/4），黏壤土，块状稍带棱角，紧实，孔隙较多，根系少，有煤渣及小砾石，结构面上有较多胶膜，润
73~96	老灌淤层，暗棕色（10YR 3/4），黏壤土，块状稍带棱角，紧实，孔隙较多，少量细根，有煤渣、小砾石及石灰渣，结构面上有较多胶膜，润
96~118	老灌淤层，暗棕色（10YR 3/4），黏壤土，块状带有棱角，紧实，孔隙较少，有煤渣、小砾石及石灰渣，结构面上有较多胶膜，润
118~150	老灌淤层，暗棕色（10YR 3/4），沙质黏壤土，块状，紧实，孔隙较少，有煤渣、小砾石及少量细沙，结构面上有大量胶膜，润

张家口黏壤土灌淤层厚度大于80 cm，质地以黏壤土为主，有的老灌淤层为壤土。代表剖面位于河北省张家口市坝下农业科学研究所（现为张家口市农业科学院）试验地，属洪积冲积平原。

剖面各层之间过渡不明显。全剖面强石灰反应。本剖面的有机质含量较高，灌淤耕层为2.4%，老灌淤层为1.3%~1.5%。碳氮比灌淤耕层为15.1，老灌淤层为8~11。碳酸钙含量全剖面比较均匀，全盐量与石膏含量很低。硅铁铝率为5.3~7.3，沙粒含量较多的层次则硅铁铝率较高。

由于源土（栗钙土）的胡富比高（1.0~1.9），故本土种的胡富比也较高，为1.4~1.6。

颗粒组成中沙粒含量略多于粉粒，粉粒含量又略多于黏粒。受洪积影响，各层次含有少量砾石。灌淤耕层疏松，故容重最小，孔隙及水分常数较大。23～46 cm 土层土壤容重较高，可能有犁底的影响，但未形成犁底层。受源土影响，黏粒矿物以水云母和蒙皂石为主，有少量的高岭石、绿泥石、石英和长石。

二、肥熟灌淤土

在肥熟灌淤土的剖面上部，有受大量施肥影响而形成的肥熟灌淤层。此层一般也是耕作层，有的还包括耕作层以下一定厚度的老灌淤层。主要特点是色泽较深，多为灰棕色、灰黄棕色或暗灰黄色，与其下边的老灌淤层相比，明度降低一级。结构良好，为碎块状和粒状；孔隙较多，孔隙中有较多的蚯蚓粪粒。经微形态鉴定，土壤基质为絮凝基质（非肥熟的灌淤层为黏结基质），孔隙中有动物嚼碎的腐殖化残体。可见，肥熟灌淤层熟化度高、生物活动活跃。肥熟灌淤层向下，逐渐过渡到老灌淤层，颜色逐渐变淡，形态与其他灌淤土的老灌淤层相似。

肥熟灌淤土共划分为暖性粉质土、温性粉质土和暗色温性沙质土 3 个土属。

（一）暖性粉质土

土壤温度状况为暖性。颗粒组成属于粉质（表 3-16）。有 1 个土种，即菜场粉质壤土。

表 3-16　暖性粉质土剖面性状特征

土层（cm）	剖面性状特征
0～16	肥熟灌淤层（也是灌淤耕层），暗灰黄色（2.5YR 5/2），粉质壤土，块状及粒状，稍紧实，孔隙多，根系多，20%的结构面上有不明显的胶膜，蚯蚓粪很多，有较多的碎石块和炭渣，稍润
16～35	老灌淤层，暗灰黄色（2.5Y 5/2），粉质壤土，块状，较紧，孔隙多，根系较多，20%的结构面上有不明显的胶膜，蚯蚓粪多，有碎砖块和炭渣，稍润
35～65	老灌淤层，灰黄色（2.5Y 6/2），粉质壤土，鳞片状，紧实，小孔多，根系较少，30%的结构面上有不明显的胶膜，有蚯蚓粪、碎砖块和较多的炭渣，稍润
65～90	老灌淤层，灰黄色（2.5Y 7/2），粉质壤土，块状及鳞片状，紧实，小孔多，根系少，20%的结构面上有不明显的胶膜，有少量炭渣，润
90～108	老灌淤层，灰黄色（2.5Y 6.5/2），粉质壤土，块状及鳞片状，稍紧实，孔隙多，根系很少，10%的结构面上有不明显的胶膜，有很少的炭渣，润

菜场粉质壤土灌淤层厚度大于 80 cm，质地为粉质壤土。代表剖面位于新疆阿克苏地区新和县城附近，海拔 1 050 m。

本剖面 65 cm 以下的老灌淤层中夹有灰色及红棕色小土块，说明以前的耕作比较粗放，未能将淤积土块充分破碎。肥熟灌淤层的有机质、氮及有效磷含量高，向下减少。颗粒组成中粉粒较多（55%～63%）；全剖面为粉质壤土。微形态观察，为高碳酸盐絮凝基质。黏粒矿物以结晶较好的水云母为主，伴有一定量的绿泥石、蒙皂石以及少量高岭石、石英和长石。

（二）温性粉质土

温性粉质土（表 3-17）有 3 个土种，即耶和庄壤土、曹桥粉质壤土和银东粉质黏壤土。

表 3-17　温性粉质土剖面性状特征

土层（cm）	剖面性状特征
0～13	肥熟灌淤层，灰棕色（7.5YR 4/2），壤土，块状，部分为粒状，较紧，孔隙多，根系较多，有少量胶膜，胶膜约占结构面的10%，有较多的碎砖块及煤渣，有少量蚯蚓粪，稍润
13～31	老灌淤层，灰棕色（7.5YR 5/2），壤土，块状，紧实，孔隙较多，根系多，50%的结构面上有明显的胶膜，有施肥带入的砾石及炭渣，蚯蚓粪多，润
31～63	老灌淤层，灰棕色（7.5YR 6/2），壤土，块状，紧实，孔隙较多，根系少，30%的结构面上有明显胶膜，有较多蚯蚓粪，有碎兽骨、碎砖块和炭渣，润
63～73	老灌淤层，灰棕色（7.5YR 6/2），壤土，块状带有棱角，紧实，孔隙少，根系很少，10%的结构面上有胶膜，有少量炭渣及小石块。此层向下波状过渡
73～86	下伏母土层，浊橙色（5YR 7/3），粉质黏壤土，此层上端有厚度为2～3 cm的砾石层，片状，沉积层次明显，紧实，孔隙少，根系极少

1. 耶和庄壤土剖面性状特征　灌淤层厚度为50～80 cm，质地以壤土为主。灌淤层碳酸钙含量小于9.0%。下伏母土层为洪积层。代表剖面位于新疆维吾尔自治区昌吉回族自治州呼图壁县园户村镇和庄村，天山北麓洪积扇中部，海拔550 m，地面比降为14/1 000。地下水埋深约24 m，对土壤无影响。

本剖面0～13 cm土层为肥熟灌淤层，有机质含量高达2.1%，有效磷含量高达41 mg/kg。13～31 cm土层为向肥熟灌淤层过渡的老灌淤层，有机质含量高，而有效磷含量明显降低。全剖面碳酸钙含量低，灌淤层内碳酸钙含量均匀，为4.0%～4.2%。土壤腐殖质组成较好，胡富比为1.39。灌淤层质地为壤土，颗粒组成中粉粒较多，沙粒次之，黏粒较少。

2. 曹桥粉质壤土剖面性状特征　灌淤层厚度大于80 cm，质地以粉质壤土为主，下部有层次为壤土。代表剖面位于宁夏回族自治区中卫市中宁县恩和镇曹桥村，以种植蔬菜为主，年施用羊粪500 kg/亩（表3-18）。

表 3-18　曹桥粉质壤土剖面性状特征

土层（cm）	剖面性状特征
0～16	肥熟灌淤层，浊黄棕色（10YR 5/3），粉质壤土，块状及粒状，稍紧实，孔隙多，根系多，10%的结构面上有不明显的胶膜，蚯蚓粪多，润
16～36	老灌淤层，浊棕色（7.5YR 5/3），粉质壤土，鳞片状，稍紧实，孔隙多，根系较多，50%的结构面上有明显的胶膜，蚯蚓粪多，润
36～57	老灌淤层，浊棕色（7.5YR 6/3），粉质壤土，鳞片状，稍紧实，孔隙多，根系少，10%的结构面上有不明显的胶膜，蚯蚓粪多，有炭渣，润
57～100	老灌淤层，浊棕色（7.5YR 6/3），壤土，块状，稍紧实，孔隙多，10%的结构面上有不明显的胶膜，蚯蚓粪较多

肥熟灌淤层有机质、全氮和有效磷含量高，分别为2.4%、0.1%和64 mg/kg，随着土层向下而减少。土壤颗粒组成粉粒较多，占44%～65%；质地以粉质壤土为主，57 cm土层以下为壤土。微形态观察，为多碳酸盐絮凝基质。黏粒矿物以水云母为主；伴有一定量的绿泥石、蒙皂石，有少量的高岭石及石英。全剖面蚯蚓洞穴和蚯蚓粪较多，也是土壤肥沃的一种标志。

3. 银东粉质黏壤土剖面性状特征　灌淤层厚度50～80 cm，质地以粉质黏壤土为主，部分层次为粉质壤土。下伏母土层为冲积层或沼泽层，质地为粉质壤土或粉质黏壤土。剖面下部有锈纹锈斑。有机质、碱解氮和有效磷的含量高，平均分别为 2.1%、96.1 mg/kg 和 52.5 kg/mg。

代表剖面位于宁夏回族自治区银川市兴庆区满春村（表 3 - 19）老菜地，采样年种粮食作物，施厩肥 2 000 kg/亩、碳酸氢铵 50 kg/亩、尿素 25 kg/亩、磷肥 10 kg/亩。

表 3 - 19　银东粉质黏壤土剖面性状特征

土层（cm）	剖面性状特征
0～16	肥熟灌淤层，灰黄棕色（10YR 4/2），粉质壤土，块状及粒状，稍紧实，孔隙多，根系多，10%的结构面上有不明显的胶膜，有粪渣、碎砖块、炭渣和蚯蚓粪，稍润
16～32	老灌淤层，灰黄棕色（10YR 5/2），粉质壤土，鳞片状，紧实，小孔较多，根系较多，40%的结构面上有不明显的胶膜，有炭渣、碎砖块及蚯蚓粪，可看到未被耕作破碎的小淤泥块，稍润
32～76	老灌淤层，灰黄棕色（10YR 5/2），粉质黏壤土，块状带棱角，较紧实，小孔多，根系少，30%的结构面上有较明显的胶膜，有碎砖块、炭渣及蚯蚓粪，润。向下波状过渡
76～109	下伏母土层，淡灰色（N 7/0），粉质黏壤土，棱块状，紧实，小孔多，无根系，有锈斑及轻度潜育现象，夹有 5 cm 厚的灰蓝色黏土层，稍润
109～150	下伏母土层，棕灰色（10YR 6/1），粉质黏壤土，块状，紧实，小孔多，有锈斑及轻度潜育现象，稍润

肥熟灌淤层有机质、全氮、全磷和全钾含量分别为 2.0%、0.1%、0.2% 和 2.4%，随着土层深度的增加而减小；下伏母土层有机质含量较高，平均为 1.2%，原因是其原为沼泽土。灌淤层颗粒组成中粉粒居多（61%～65%），质地为粉质壤土和粉质黏壤土。

（三）暗色温性沙质土

土壤温度状况属于温性。老灌淤层属暗色灌淤物，即其源土为附近山地富含有机质的土壤。颗粒组成为沙质（表 3 - 20）。有 1 个土种，即三磨盘壤土。

表 3 - 20　暗色温性沙质土剖面性状特征

土层（cm）	剖面性状特征
0～24	肥熟灌淤层，灰黄棕色（10YR 6/2），沙壤土，粒状和块状，稍紧，孔多，大量细根，有大量蚯蚓粪、炭屑和砾石，湿偏潮
24～95	老灌淤层，灰黄棕色（10YR 5/2），壤土，粒状和碎块状，稍紧，孔多，大量细根，洞壁上有灰色胶膜，多炭屑和砾石，有活蚯蚓，润偏潮
95～122	老灌淤层，灰黄棕色（10YR 6/2.5），壤土，不明显碎块状，较紧实，孔多，少量根系，有灰色胶膜，少量蚯蚓粪，多炭屑，有黄沙及砾石，润偏潮
122～147	下伏母土层（沼泽层），浊黄橙色（10YR 6/3），粉质壤土，核粒状，较紧实，多孔，无根，少量蚯蚓粪，少量砾石，润偏潮
147～160	下伏母土层（沼泽层），灰黄棕色（10YR 6/2），粉质黏壤土，不明显粒状和块状，较紧实，孔少，无根，少量砾石，润偏潮

三磨盘壤土灌淤层厚度大于 80 cm，土壤质地以壤土为主，耕层为沙壤土，下伏母土层有较大变异。代表剖面位于甘肃省武威市凉州区金羊镇三磨盘村洪积扇下部，海拔 1 531 m，多年菜地。

本剖面肥熟灌淤层的有机质和有效磷的含量都很高，分别达到2.1%和41.7 mg/kg。老灌淤层有机质含量也很高，碳氮比大于15。再从其含有一定砾石来看，老灌淤层的灌淤物来源于附近山地富含有机质的土壤。由于下伏母土层原为沼泽层，因此有机质含量也较高。碳酸钙含量自上而下增加，至老灌淤层底部，其碳酸钙含量最高，达到17.1%。颗粒组成沙粒较多，灌淤层的沙粒含量为42%～52%，且含有少量砾石。肥熟灌淤层及其下老灌淤层胡富比较高。黏粒矿物以水云母为主，有较多的绿泥石、一定量的高岭石以及少量的蒙皂石、石英和长石。

三、钙积灌淤土

钙积灌淤土剖面的主要特征是有白色假菌丝体，这些假菌丝体比较均匀地散布在土壤结构表面或孔隙中，自上而下有增多的趋势，其他剖面形态特征与普通灌淤土相似。

全剖面的碳酸钙含量高，灌淤层一般大于10%，且自上而下有增多的趋势，在灌淤层下部，有一个碳酸钙含量最高的亚层，其碳酸钙含量为13.3%～17.2%。如将此亚层碳酸钙含量与灌淤耕层相比，其比值为1.02～1.18，可见碳酸钙有一定的淋淀现象，但尚未形成钙积层。硫酸钙含量低，为0.2%～0.7%，全盐量也小，为0.2%～0.3%，说明假菌丝体以碳酸钙为主要成分，石膏与易溶盐类是不多的。但微形态鉴定表明，在大孔穴内有大量石膏聚晶，石膏也是略有淋淀现象的。

有机质、碱解氮和有效磷的含量分别为0.8%、30.7 mg/kg和3.6 kg/kg，均偏低。胡富比仅为0.86，结构系数只有46.7，都是灌淤土亚类中的最低值。说明钙积灌淤土的熟化度比灌淤土的其他亚类稍差。黏土矿物以结晶较好的水云母为主，还伴有较多的绿泥石、高岭石、石英和长石。水云母结晶较好，也是环境温度高的体现（表3-21）。

表 3-21　钙积灌淤土剖面性状特征

土层（cm）	剖面性状特征
0～14	灌淤耕层，浊橙色（5YR 6/3），粉质壤土，棱块状，紧实，孔隙多，根系多，10%的结构面上有胶膜，有很少量白色假菌丝体，有炭渣，干
14～38	老灌淤层，浊橙色（5YR 7/3），粉质壤土，棱块状，紧实，小孔隙多，根系多，20%的结构面上有胶膜，有很少量白色假菌丝体，有蚯蚓粪和炭渣，稍润
38～75	老灌淤层，浊橙色（5YR 6/3），粉质壤土，棱块状，紧实，小孔隙多，根系多，70%的结构面上有胶膜，有少量白色假菌丝体，有蚯蚓粪和炭渣，稍润
75～102	老灌淤层，浊红棕色（5YR 5/3），粉质壤土，棱块状，小孔多，无根系，50%的结构面上有胶膜，孔隙中有白色假菌丝体及小白斑点，有蚯蚓粪，稍润

钙积灌淤土土属为暖性粉质土，土种为巴仁粉质壤土。

巴仁粉质壤土灌淤层厚度大于80 cm，土壤质地为粉质壤土。代表剖面位于新疆喀什地区疏勒县巴仁乡十四村九组冲积平原上部，海拔1 250 m，地下水埋深大于5 m。

本剖面的主要特点是各层次均有白色假菌丝体，且自上而下有增多的趋势。碳酸钙含量高，大于16.6%，其中38～75 cm土层碳酸钙含量最高，达17.2%，此层碳酸钙含量与其上下土层碳酸钙含量的比值较小，为1.02～1.04，说明虽有一定的碳酸钙累积，但尚不属于钙积层。全盐量与硫酸钙含量均低，分别小于0.3%和0.7%，说明剖面中的新生体主要是碳酸钙。经微形态鉴定，38～75 cm

的大孔穴内，有大量纺锤形石膏聚晶，说明也有硫酸钙淀积。

全剖面土壤质地均匀，为粉质壤土。土壤颗粒组成以粉粒为主（占 56.6%～62.0%）。黏粒矿物组成以结晶较好的水云母为主，伴有较多的绿泥石和少量的蒙皂石、高岭石、石英、长石。

四、冷灌淤土

冷灌淤土因有机质含量高而色泽较暗，多呈棕灰色、黄灰色或灰色。结构也较好，为块状或粒状结构。耕层厚度一般为 17 cm 左右，老灌淤层厚度多在 50 cm 以上。与其他灌淤土一样，灌淤层比较均匀一致，无钙积层等淀积层次。因人们多以沙棘及锦鸡儿等灌木作薪炭，炭渣随着施用的农家肥料进入农田，故土壤剖面中常见炭渣等人为侵入体。受低温影响，土壤冻结深度一般在 100 cm 以下，冻结时期也较长，6 月冻层尚未完全融通。

土壤有机质积累较多，耕层有机质含量大于 2.5%，平均值为 3.8%，同时碱解氮、磷和钾养分含量也较高，分别为 14 mg/kg、17.7 mg/kg 和 223 mg/kg。老灌淤层有机质含量低，为 0.8%～3.0%。腐殖质组成中，胡富比为 0.83～0.99，高于当地的地带性土壤冷钙土（0.82～0.86）。光密度比值（$E_4 : E_6$）为 3.98～4.34，小于地带性土壤（5.44～5.65），说明冷灌淤土有一定程度的熟化。

土壤及黏粒的化学组成在剖面上下变化不大，土壤的硅铁铝率在 7.5 左右，黏粒的硅铁铝率在 2.9 左右，说明同一剖面无明显的物质迁移。土壤氧化钙和氧化镁的含量比其他灌淤土低。黏粒矿物以水云母和高岭石为主，有少量的蒙脱石和绿泥石。较多高岭石的存在反映了西藏高原古土壤的影响。

冷灌淤土有一个土属：冷性沙粉质土。冷性沙粉质土的温度状况属于冷性，地表下 50 cm 处年平均土壤温度小于 8.0 ℃，实际只有 2.5～5.5 ℃。颗粒组成类型属于沙粉质，有时可见施肥带入的少量砾石。其剖面形态与化学性质与前述冷灌淤土亚类一致。

冷性沙粉质土有 2 个土种，即托林壤土与乌江壤土。

1. 托林壤土剖面性状特征　灌淤层厚度大于 80 cm，土壤质地以壤土为主，部分层次为沙壤土。代表剖面位于西藏阿里地区札达县城西 200 m 的托林镇（表 3－22）。

表 3－22　托林壤土剖面性状特征

土层（cm）	剖面性状特征
0～16	灌淤耕层，暗棕色，沙壤土，粒状，松，大量根系，炭渣多
16～24	老灌淤层，棕灰色，壤土，块状，较紧实，大量根系，有炭渣和碎陶瓷
24～73	老灌淤层，黄灰色，壤土，块状，紧实，少量根系，大量炭渣
73～100	老灌淤层，浅黄灰色，壤土，块状，紧实，少量根系，大量炭渣

0～24 cm 剖面有机质和全氮含量高，分别为 4.1% 和 0.2%，24 cm 以下剧减，其他化学性质无明显变化。颗粒组成粉粒居多，沙粒次之，黏粒含量较低。

2. 乌江壤土剖面性状特征　灌淤层厚度大于 80 cm，质地以壤土为主，部分层次为沙壤土。剖面下部有少量（残存）锈斑。代表剖面位于西藏阿里地区日土县乌江农场谷口与滨湖阶地交接处，因在洪积冲积物上逐年灌溉淤积而形成（表 3－23）。

表 3-23　乌江壤土剖面性状特征

土层（cm）	剖面性状特征
0～17	灌淤耕层，灰色，沙壤土，粒状，疏松，多根系，潮
17～45	老灌淤层，棕灰色，壤土，碎片状，稍紧，根系较少，有较多炭渣，潮
45～67	老灌淤层，棕灰色，壤土，块状，稍紧，根系较少，有较多炭渣，有少量锈斑，潮
67～100	老灌淤层，棕灰色，沙壤土，块状，松，有较多炭渣，有少量锈斑

　　本剖面上部有机质含量高，为 2.9%，下部剧减；碳酸钙含量高，上部较多，为 14.0%。微量元素有效态钼含量相对较低，为 337.3 mg/kg。颗粒组成以粉粒居多，沙粒次之，并含有少量因施肥而带入的砾石。鉴于土壤已脱离地下水影响，地下水埋深为 3～4 m，本剖面中的少量锈斑可能属于残存。

五、潮灌淤土

　　潮灌淤土剖面与其他灌淤土一样，包含灌淤耕层、老灌淤层和下伏母土层等主要层段。如前所述，潮灌淤土的地下水位有升有降，地下水位上升时，剖面中下部土壤水分增多，空气减少，发生还原反应，土壤中的铁（锰）被还原。低价铁（锰）化合物易溶于水，并随着土壤水而运动，在土壤结构面和孔壁中相对集中。地下水位下降时，土壤水分减少，空气增多，低价铁（锰）化合物被氧化。随着地下水位的不断升降，还原与氧化反应交替发生。高价铁（锰）化合物难溶于水，便在结构面或孔壁中逐渐累积。因此，在剖面中下部常见铁（锰）质的锈纹和锈斑，这是潮灌淤土剖面形态的最大特点。

　　由于地下水位较高，土壤湿度也较普通灌淤土大，剖面上部的土壤湿度一般为润，自剖面中部向下，湿度加大，由润渐转为潮，接近地下水面处多为湿。

　　剖面中下部有氧化还原反应交替发生，故剖面中下部有较多的还原性物质。经定位研究发现，4月和 10 月的还原性物质总量，耕层小于 1 当量单位，耕层以下大于 1 当量单位，说明耕层基本上没有还原反应，耕层以下有还原反应。作物生育期剖面还原性物质动态曲线属于陡坡高峰型，越接近地下水的层次，还原性物质总量越高。4 月旱季，在地下水的影响下，潮灌淤土的土壤含水量高于灌淤土的其他亚类。剖面中下部毛管水强烈补给的层段土壤自然含水量很高。在灌溉季节，50～100 cm 土层的含水量维持在 25%，与田间持水量相当。

　　潮灌淤土的有机质和养分含量也以耕层为最高，向下逐渐减少。灌淤层的碳酸钙含量比较均匀一致。全盐量不大，但盐分有向耕层积累的特征，即灌淤耕层的全盐量大于老灌淤层，老灌淤层的全盐量又大于下伏母土层。潮灌淤土的黏粒矿物以水云母为主，剖面中下部蒙皂石相对增多。这是因为剖面中下部土壤水分含量高，促进了蒙皂石的形成。

　　潮灌淤土有 5 个土属，即温性沙粉质土、温性粉质土、温性黏质土、温性混合土和暗色温性粉质土。

（一）温性沙粉质土

　　分布于宁夏古灌区，邻近干渠、支渠，灌溉水流速较快，故灌淤物中含有较多的沙粒。渠道中所淤积的沙粒被清理后堆放在渠道两侧，会被风带入田间。土壤颗粒组成属沙粉质土。温度状况为温性。灌淤层有机含量为 1.2%，碱解氮、有效磷和速效钾含量分别为 69.5 mg/kg、17.7 mg/kg 和 280.7 mg/kg，全盐量不高，为 0.08%，有向耕层积累的趋势。温性沙粉质土（表 3-24）有 1 个土种，即幸福壤土。

表 3-24　温性沙粉质土剖面性状特征

土层（cm）	剖面性状特征
0~20	灌淤耕层，浊黄棕色（10YR 5/3），壤土，粒状或小块状，疏松，孔隙多，根系多，有煤渣和碎砖块，润
20~50	老灌淤层，浊黄棕色（10YR 5/3），壤土，块状，稍紧实，孔隙多，根系多，有煤渣和碎砖块，润
50~80	老灌淤层，浊黄橙色（10YR 6/3），壤土，块状，紧实，孔隙多，根系少，有煤渣，潮
80~110	下伏母土层，浊黄橙色（10YR 7/3），壤土，块状，紧实，孔隙少，有锈纹锈斑，潮
110~140	下伏母土层，浊黄橙色（10YR 7/3），粉质黏壤土，块状，紧实，孔隙少，有锈纹锈斑，潮
140~180	下伏母土层，浊黄橙色（10YR 7/3），黏土，块状，紧实，孔隙少，有锈纹锈斑，湿。180 cm 处出现地下水

幸福壤土灌淤层厚度大于 80 cm，质地以壤土为主，耕层为沙壤土。下伏母土层质地差异较大。代表剖面位于宁夏回族自治区石嘴山市平罗县高庄乡幸福村。

灌淤耕层有机质含量较高，为 1.5%，但碱解氮和有效磷含量较低，分别为 54.0 mg/kg 和 10.0 mg/kg。全剖面全盐量低，小于 0.1%。灌淤层土壤颗粒组成中沙粒和粉粒含量均较高，各占 40% 左右，质地比较一致，为壤土。但灌淤层以下（80~180 cm）变化较大，有壤土、粉质黏壤土和黏土等层次，说明下伏母土层为不同冲积层次。

（二）温性粉质土

灌淤层有机质含量为 1.2%，碱解氮、有效磷和速效钾含量分别为 67.3 mg/kg、15.2 mg/kg 和 283.2 mg/kg，全盐量不高，为 0.08%，但盐分有向耕层积累的趋势。温性粉质土有 5 个土种，即新民粉质壤土、红旗粉质壤土、良渠粉质黏壤土、和平黏壤土和戽湖黏壤土。

1. 新民粉质壤土剖面性状特征　灌淤层厚度大于 80 cm，质地以粉质壤土为主，耕层可为壤土或黏壤土。下伏母土层有较大变异。代表剖面位于宁夏回族自治区石嘴山市平罗县前进乡新民三队北（表 3-25）。

表 3-25　新民粉质壤土剖面性状特征

土层（cm）	剖面性状特征
0~20	灌淤耕层，浊黄橙色（10YR 6/3），壤土，块状和屑粒状，疏松，孔隙多，根系很多，有煤渣、碎砖块和蚯蚓粪，润
20~70	老灌淤层，浊黄棕色（10YR 5/4），粉质壤土，块状，稍紧实，孔隙多，根系多，有煤渣和碎砖块，润
70~115	老灌淤层，浊黄棕色（10YR 5/4），粉质壤土，块状，稍紧实，孔隙多，根系多，有煤渣和碎砖块，润
115~148	下伏母土层，浊黄橙色（10YR 6/4），粉质壤土，块状，紧实，孔隙少，根系少，润
148~190	下伏母土层，浊黄橙色（10YR 6/4），粉质壤土，块状，紧实，孔隙和根系很少，有少量锈纹锈斑

中国耕地土壤论著系列

灌淤耕层有机质含量较低，为 1.1%，但碱解氮、有效磷和速效钾含量较高，分别为 73.2 mg/kg、23.5 mg/kg 和 405.5 mg/kg；全盐量低，为 0.01%，但盐分有表聚趋势。灌淤层土壤颗粒组成以粉粒为主，其含量为 49%～61%；质地以粉质壤土为主。

2. 红旗粉质壤土剖面性状特征　灌淤层厚 50～80 cm，质地以粉质壤土为主，耕层可为沙壤土或壤土。下伏母土层有较大变异。代表剖面位于宁夏回族自治区石嘴山市平罗县渠口乡红旗村（表 3-26）。

表 3-26　红旗粉质壤土剖面性状特征

土层（cm）	剖面性状特征
0～15	灌淤耕层，浊黄橙色（10YR 6/3），粉质壤土，块状，紧实，孔隙较多，根系多，30%的结构面上有不明显的胶膜，有蚯蚓粪及残留的磷肥，干
15～28	老灌淤层，浊棕色（7.5YR 6/3），粉质壤土，块状，稍紧实，孔隙多，根系较多，50%的结构面上有不明显的胶膜，有较多的蚯蚓粪和少量的煤渣和砖块，润
28～50	老灌淤层，浊棕色（7.5YR 6/3），粉质壤土，块状，稍紧实，孔隙较多，根系少，50%的结构面上有不明显的胶膜，有蚯蚓粪及少量的煤渣和砖块，润
50～79	下伏母土层，浊黄橙色（10YR 7/3），粉质壤土，块状，稍紧实，孔隙少，根系极少，沿根孔有胶膜，30%的结构面上有对比度弱的锈斑，润
79～110	下伏母土层，浊黄橙色（10YR 7/2），粉质壤土，块状，稍紧实，孔隙极少，偶见根系，50%的结构面上有对比度弱的锈斑，润

灌淤耕层有机质和养分含量较高，向下渐减，其中有机质 1.5%、全氮 0.09%、有效磷 15.6 mg/kg。灌淤层碳酸钙含量均匀，为 12.0%～12.6%。颗粒组成以粉粒为主，黏粒含量也较一致，但下伏母土层黏粒含量剧减。质地均匀，为粉质壤土。

3. 良渠粉质黏壤土剖面性状特征　灌淤层厚度大于 80 cm，质地以粉质黏壤土为主，耕层可为壤土，下伏母土层可有较大变异。代表剖面位于宁夏回族自治区银川市金凤区良田镇（表 3-27）。

表 3-27　良渠粉质黏壤土剖面性状特征

土层（cm）	剖面性状特征
0～20	灌淤耕层，浊黄橙色（10YR 7/3），粉质黏壤土，块状，稍紧实，孔隙多，根系多，有煤渣，润
20～50	老灌淤层，浊黄橙色（10YR 7/3），粉质黏壤土，块状，紧实，孔隙多，根系较多，有煤渣，润
50～90	老灌淤层，浊黄橙色（10YR 7/3），粉质黏壤土，块状，紧实，孔隙多，有煤渣，润
90～120	下伏母土层，浊棕色（7.5YR 6/3），粉质黏土，块状，紧实，孔隙少，有锈纹锈斑，润
120～170	下伏母土层，浊棕色（7.5YR 5/3），粉质黏土，块状，紧实，孔隙极少，有锈纹锈斑，潮

灌淤耕层有机质及养分含量较高，其中有机质含量为 1.8%，碱解氮、有效磷、速效钾含量分别为 66.7 mg/kg、23.1 mg/kg 和 261.0 mg/kg，老灌淤层有效磷含量减少最为明显，为 0.6 mg/kg。可溶性盐含量稍高，耕层为 0.13%，盐分组成中氯化物较多，重碳酸盐次之。灌淤层颗粒组成粉粒居多，质地为均匀的粉质黏壤土；下伏母土层黏粒居多，达 50%左右，质地黏重，为粉质黏土。

4. 和平黏壤土剖面性状特征　灌淤层厚度为 50～80 cm，质地以黏壤土为主，耕层可为壤土或粉质壤土。下伏母土层质地有较大变异。有的下伏母土层为沼泽土层。灌淤层碳酸钙含量大于 10.0%。代表剖面位于宁夏回族自治区银川市贺兰县习岗镇和平村（表 3-28）。

表 3 - 28　和平黏壤土剖面性状特征

土层（cm）	剖面性状特征
0～30	灌淤耕层，浊黄橙色（10YR 6/3），黏壤土，块状，稍紧实，孔隙多，根系多，有粪渣和煤渣，润
30～50	老灌淤层，浊黄橙色（10YR 6/3），黏壤土，块状，紧实，孔隙多，根系少，有煤渣，润
50～90	下伏母土层（埋藏沼泽土层），暗绿灰色（7.5GY 6/1），黏壤土，块状，紧实，孔隙少，根系少，润
90～130	下伏母土层，浊黄橙色（10YR 6/3），粉质黏壤土，块状，紧实，孔隙少，有锈纹锈斑，润
130～160	下伏母土层，浊黄棕色（10YR 5/4），粉质黏壤土，棱块状，很紧实，孔隙少，有锈纹锈斑，潮

灌淤层有机质及养分含量较高，有机质含量为 1.6%，碱解氮、有效磷、速效钾含量分别为 93.0 mg/kg、28.0 mg/kg 和 189.0 mg/kg，因下伏母土层为埋藏沼泽土，其有机质及氮含量也较高，有机质为 1.3%，碱解氮为 61.0 mg/kg。全剖面颗粒组成粉粒居多，占 51% 左右；灌淤层质地一致，均为黏壤土；下伏母土层质地加重，为粉质黏壤土。

5. 庍湖黏壤土剖面性状特征　灌淤层厚度 50～80 cm，质地以黏壤土为主，少数层次可为壤土或粉质黏壤土。灌淤层碳酸钙含量<5%。代表剖面位于新疆昌吉回族自治州阜康市，海拔 567 m（表 3 - 29）。

表 3 - 29　庍湖黏壤土剖面性状特征

土层（cm）	剖面性状特征
0～12	灌淤耕层，浊黄橙色（10YR 6/3），黏壤土，块状，稍松，较多孔隙，多麦根，孔壁有胶膜，有蚯蚓粪，润偏潮
12～21	老灌淤层，灰黄棕色（10YR 6/2.3），壤土，块状，稍松，较多孔隙，少量根系，结构面上有不明显胶膜，润偏潮
21～36	老灌淤层，浊黄橙色（10YR 6/3），黏壤土，块状，稍紧实，少量根系，润偏潮
36～46	老灌淤层，浊黄橙色（10YR 6/3），黏壤土，块状，较紧实，少量根系，少量蚯蚓洞穴，有较大煤屑，润偏潮
46～53	老灌淤层，浊黄橙色（10YR 5.5/3），粉质黏壤土，碎屑状，稍松，少量根系，有较多锈纹锈斑，有兽骨，润偏潮
53～68	老灌淤层，浊黄橙色（10YR 6/3.5），粉质黏壤土，碎块状，紧实，少量根系，结构面上有灰色胶膜，有较多锈纹锈斑，润偏潮
68～77	下伏母土层，浊黄橙色（10YR 6/3），粉质黏壤土，棱块状，紧实，很少量根系，锈纹锈斑比上层少，少量潜育斑块，润
77～85	下伏母土层，浊黄橙色（10YR 6/5），粉质黏壤土，块状，紧实，少量锈纹锈斑
85～110	下伏母土层，浊黄橙色（10YR 6/3），黏壤土，无结构，紧实，有一些棕色锈斑、黑色铁锰小结核及白色石灰斑，润

本剖面的母土为潮土，受下伏母土原成土作用的延续影响，耕种后所形成的灌淤层下部有较多的锈纹锈斑。除剖面上部有机质含量较高外，下部的含量也较高；碳酸钙含量一般为 1.2%～2.0%，但底部洪积层碳酸钙含量高达 12.2%。腐殖质胡富比高，为 1.71～1.91。颗粒组成以粉粒为主。

（三）温性黏质土

分布于宁夏古灌区北部的黄河一级阶地，地形低平。土壤温度状况为温性，颗粒组成为黏质土（表 3 - 30）。有高路粉质黏壤土一个土种。

表 3 - 30　温性黏质土剖面性状特征

土层（cm）	剖面性状特征
0～17	灌淤耕层，浊黄棕色（10YR 5/3），粉质黏壤土，粒状和块状，紧实，孔隙多，根系多，有煤渣，润
17～50	老灌淤层，浊黄棕色（10YR 5/3），粉质黏壤土，棱块状，紧实，孔隙多，根系较多，有煤渣和碎砖块，润
50～68	老灌淤层，浊黄橙色（10YR 6/3），粉质黏壤土，棱块状，紧实，孔隙多，根系少，有煤渣和碎砖块，润
68～105	下伏母土层，浊橙色（5YR 6/4），粉质黏壤土，棱块状，很紧实，孔隙少，润
105～160	下伏母土层，浊红棕色（5YR 5/4），粉质黏土，棱块状，很紧实，孔隙少，有锈斑，湿。160 cm 处出现地下水

高路粉质黏壤土灌淤层厚度 50～80 cm，质地为粉质黏壤土，下伏母土层可为粉质黏土。代表剖面位于宁夏回族自治区石嘴山市平罗县姚伏镇高路村。

灌淤耕层有机质及其他养分含量较高，其中有机质含量为 1.6%，碱解氮、有效磷、速效钾含量分别为 114.0 mg/kg、27.5 mg/kg 和 326.0 mg/kg，可溶性盐表聚明显，耕层可溶性盐含量达 0.15%。灌淤层颗粒组成中黏粒含量相对较高，为 27%～34%，土壤质地为均匀的粉质黏壤土；下伏母土层质地加重，为粉质黏壤土和粉质黏土。

（四）温性混合土

温性混合土（表 3 - 31）有 1 个土种，即黑泉沙壤土。

表 3 - 31　温性混合土剖面性状特征

土层（cm）	剖面性状特征
0～20	灌淤耕层，棕灰色，沙壤土，小块状，疏松，根系多，润
20～47	老灌淤层，灰棕色，沙壤土，块状，较疏松，根系多，有蚯蚓粪、大量炭屑和煤渣，润
47～94	老灌淤层，黄棕色，沙质黏壤土，块状，较紧实，根系较多，有少量蚯蚓粪、较多的炭渣和煤渣，湿
94～138	下伏母土层，灰棕色，黏壤土，棱块状，紧实，根系极少，有零星棕黄色锈纹，湿

黑泉沙壤土灌淤层厚度大于 80 cm，质地以沙壤土为主，老灌淤层底部为沙质黏壤土。代表剖面位于甘肃省张掖市高台县黑泉镇。海拔 1 335 m，地下水埋深为 2.0 m。

自灌淤耕层向下，有机质、氮、磷和速效钾含量逐渐减少，灌淤耕层、老灌淤层和下伏母土层有机质含量分别为 1.52%、1.22% 和 1.16%，全氮为 0.089%、0.078% 和 0.069%，全磷为 0.015%、0.133% 和 0.131%，速效钾为 201.0 mg/kg、140.0 mg/kg 和 134.0 mg/kg。碳酸钙含量较均匀，为 9.5%～10.4%，pH 偏高，为 8.5～8.9。灌淤层颗粒组成以沙粒为主，占 53%～61%；粉粒与黏粒含量均小于 30%。

（五）暗色温性粉质土

暗色温性粉质土（表 3 - 32）有 1 个土种，即安乐村粉质黏壤土。

表 3-32　暗色温性粉质土剖面性状特征

土层（cm）	剖面性状特征
0～30	灌淤耕层，浊黄棕色（10YR 5/4），粉质黏壤土，块状，稍紧，根系多
30～68	老灌淤层，浊黄棕色（10YR 5/4），粉质黏壤土，块状，紧实，根系较多，有少量锈纹锈斑
68～120	下伏母土层，灰棕色（5YR 5/2），粉质黏土，块状，紧实，根系少，有较多的锈纹锈斑

安乐村粉质黏壤土灌淤层厚度为 50～80 cm，质地为粉质黏壤土。下伏母土层质地为粉质黏土。代表剖面位于内蒙古自治区包头市土默特右旗双龙镇安乐村西 1 000 m 处，为冲积平原浅平洼地，海拔 1 000 m，地下水埋深 2.5 m。

全剖面土壤颜色较暗，有机质及氮含量高，灌淤层有机质含量为 2.0%～3.2%，全氮含量为 0.12%～0.18%。灌淤层粉粒占 48%～58%，其次为黏粒与沙粒。下伏母土层有机质含量为 1.5%，比灌淤层明显减少，黏粒较多。可见，下伏母土层与灌淤层的物质来源不同。

六、表锈灌淤土

表锈灌淤土剖面最大的特点是灌淤耕层有锈纹锈斑。这主要是由于耕层种植水稻期间，田面淹水，耕层处于还原状态；不种水稻期间，田面不淹水，耕层处于氧化状态，如此交叠发生氧化与还原反应，致使耕层常有锈纹锈斑，因此也可将表锈灌淤土的耕层称为表锈层，将耕层以下称为老灌淤层。老灌淤层一般较紧实，质地多为粉质壤土。部分地下水位高的表锈灌淤土，老灌淤层下部也有锈纹锈斑。下伏母土层多为洪积冲积物，质地变异较大，多有锈纹锈斑。

表锈灌淤土有 3 个土属，即温性沙质土、温性粉质土和温性黏质土。

（一）温性沙质土

颗粒组成中沙粒占 40% 以上，粉粒占 41%～43%，黏粒少，仅占 9%～16%，属于沙质土（表 3-33）。温性沙质土有 1 个土种，即桃林壤土。

表 3-33　暗色温性粉质土剖面性状特征

土层（cm）	剖面性状特征
0～28	灌淤耕层，浊黄橙色（10YR 6/3），壤土，块状，稍紧实，孔隙多，根系多，有煤渣，有较多的锈纹锈斑，润
28～62	老灌淤层，浊黄橙色（10YR 6/3），壤土，块状，紧实，孔隙多，根系多，有煤渣和碎砖块等，有较多的锈纹锈斑，潮
62～100	下伏母土层，浊黄橙色（10YR 6/3），壤土，块状，紧实，孔隙较多，根系少，有少量锈纹锈斑，潮
100～130	下伏母土层，浊黄橙色（10YR 7/3），壤土，块状，稍紧实，孔隙少，有锈斑，湿
130～150	下伏母土层，浊黄橙色（10YR 7/3），沙壤土，块状，稍紧实，孔隙少，有锈斑，湿。150 cm 处出现地下水

桃林壤土灌淤层厚度 50～80 cm，质地为壤土，耕层可为沙壤土。下伏母土层质地变异较大。由于质地轻，有机质等养分含量均较低。代表剖面采自宁夏回族自治区银川市贺兰县习岗镇桃林村水稻轮作地。

灌淤耕层有效磷含量较高，为 15 mg/kg，有机质、全氮和碱解氮含量分别为 0.79%、0.052% 和

39.0 mg/kg，处于较低水平，灌淤层可溶性盐含量较高，为 0.12%～0.14%，而下伏母土层可溶性盐含量较低，仅为 0.02%～0.03%，全剖面颗粒组成中，沙粒占 40% 以上，粉粒占 39%～43%，黏粒则仅占 6.5%～15.5%，质地以壤土为主。

（二）温性粉质土

耕层有机质平均含量为 1.26%，全氮、磷、钾养分含量也较高，分别为 0.092%、0.156% 和 2.17%。温性粉质土有 4 个土种，即庙渠粉质壤土、金星粉质壤土、姚庄粉质黏壤土和沙渠粉质黏壤土。

1. 庙渠粉质壤土剖面性状特征　灌淤层厚度大于 80 cm，质地以粉质壤土为主，耕层可为壤土，下伏母土层变异较大。代表剖面位于宁夏回族自治区中卫市水稻轮作地（表 3-34）。

表 3-34　庙渠粉质壤土剖面性状特征

土层（cm）	剖面性状特征
0～21	灌淤耕层，浊黄棕色（10YR 5/4），粉质壤土，块状及小块状，疏松，孔隙多，根系多，有粪渣，有较多的锈斑，润
21～40	老灌淤层，浊黄棕色（10YR 5/4），粉质壤土，块状，紧实，孔隙多，根系多，有炭渣，有锈斑，润
40～62	老灌淤层，浊黄棕色（10YR 5/4），粉质黏壤土，块状，紧实，孔隙多，根系多，有炭渣，有锈斑，潮
62～103	老灌淤层，浊黄棕色（10YR 5/4），粉质壤土，块状，紧实，孔隙多，根系少，有碎砖块，有锈斑，润
103～135	老灌淤层，浊黄橙色（10YR 6/4），粉质壤土，块状，紧实，孔隙多，根系少，有碎砖块，有锈斑，润
135～180	老灌淤层，浊黄橙色（10YR 6/4），粉质黏壤土，块状，紧实，孔隙多，根系少，有碎砖块，有锈斑，润

灌淤耕层有机质含量高，为 1.96%，胡富比也较高，为 1.98。随着土层的加厚，有机质含量逐渐降低。耕层全氮含量丰富，有效磷含量较低，仅为 9.4 mg/kg，土壤阳离子交换量较高，为 13 cmol/kg。全剖面碳酸钙含量高而均匀（>10%）。可溶性盐含量低（<0.1%），有表聚现象，盐分组成以重碳酸盐为主。全剖面土壤颗粒组成以粉粒为主，占 54%～59%，黏粒含量较低，为 22%～29%，质地以粉质壤土为主。

2. 金星粉质壤土剖面性状特征　灌淤层厚度 50～80 cm。质地为粉质壤土，耕层可为壤土，下伏母土层变异较大。代表剖面位于宁夏回族自治区银川市永宁县望洪镇金星村。采样当年为小麦地（表 3-35）。

表 3-35　金星粉质壤土剖面性状特征

土层（cm）	剖面性状特征
0～15	灌淤耕层，浊黄棕色（10YR 5/3），粉质壤土，块状，稍紧实，孔隙多，根系多，有炭渣，有锈纹，润
15～35	老灌淤层，浊黄棕色（10YR 5/3），粉质壤土，块状，紧实，孔隙多，根系较多，有炭渣，有锈斑，润
35～47	老灌淤层，浊黄棕色（10YR 5/3），粉质壤土，块状，紧实，孔隙较多，根系少，有炭渣，有锈纹，润
47～78	老灌淤层，浊黄橙色（10YR 6/3），粉质壤土，片状或块状，紧实，孔隙较多，根系少，有炭渣，有锈纹，润
78～150	下伏母土层，浊黄橙色（10YR 6/3），粉质壤土，块状，紧实，孔隙较多，有锈纹，润
150～190	下伏母土层，浊黄橙色（10YR 6/3），壤土，块状，紧实，孔隙少，有锈纹，潮

灌淤耕层有机质含量较低，为 1.02%，随着土层的加深，有机质含量逐渐减小，全氮、碱解氮和有效磷含量均较低。全剖面可溶性盐含量以耕层为最高，为 0.09%。灌淤层颗粒组成粉粒居多，占 53%～69%，质地为粉质壤土。

3. 姚庄粉质黏壤土剖面性状特征　灌淤层厚度＞80 cm，质地以粉质黏壤土为主，耕层可为壤土或黏壤土，下伏母土层变异较大。代表剖面位于宁夏回族自治区中卫市沙坡头区迎水桥镇姚滩村水稻轮作地。灌淤耕层含有一定量的有机质及氮，有机质含量为 1.27%，全氮和碱解氮含量分别为 0.081% 和 59.8 mg/kg，但有效磷含量极低，仅为 1.9 mg/kg。老灌淤层土壤颗粒组成以粉粒为主，占 46%～60%，黏粒占 27.6%～30.2%，质地以粉质黏壤土为主（表 3-36）。

表 3-36　姚庄粉质黏壤土剖面性状特征

土层（cm）	剖面性状特征
0～20	灌淤耕层，浊黄橙色（10YR 6/3），粉质黏壤土，粒状或块状，稍紧实，孔隙多，根系多，有煤渣，有锈纹锈斑，稍润
20～42	老灌淤层，浊黄棕色（10YR 5/3），粉质黏壤土，块状，紧实，孔隙多，根系多，有煤渣和虫粪，有大量的锈纹锈斑，润
42～62	老灌淤层，浊黄棕色（10YR 5/3），黏壤土，块状，紧实，孔隙多，根系少，有煤渣，有较多锈纹锈斑，润
62～100	老灌淤层，浊黄橙色（10YR 6/3），粉质黏壤土，块状，紧实，孔隙较多，有煤渣，有少量的锈纹锈斑，润
100～150	下伏母土层，浊黄橙色（10YR 6/3），粉质黏壤土，块状，紧实，孔隙少，有锈斑，润
150～180	下伏母土层，棕色（10YR 6/4），粉质黏壤土，块状，紧实，孔隙少，有锈斑，润

4. 沙渠粉质黏壤土剖面性状特征　灌淤层厚度 50～80 cm，质地以粉质黏壤土为主，耕层为粉质壤土，下伏母土层变异较大。代表剖面位于宁夏回族自治区中卫市沙坡头区东园镇沙渠村水稻轮作地（表 3-37）。

表 3-37　沙渠粉质黏壤土剖面性状特征

土层（cm）	剖面性状特征
0～20	灌淤耕层，浊黄橙色（10YR 6/3），粉质壤土，块状，稍紧实，孔隙多，根系多，有少量锈纹锈斑，润
20～55	老灌淤层，浊黄橙色（10YR 6/3），粉质黏壤土，块状，紧实，孔隙较多，根系较多，有少量锈纹锈斑，润
55～85	下伏母土层，浊黄橙色（10YR 6/3），粉质壤土，棱块状，紧实，孔隙少，根系少，有少量锈纹锈斑，潮
85～120	下伏母土层，浊黄橙色（10YR 6/3），粉质壤土，块状，紧实，孔隙少，有少量锈纹锈斑，润
120～145	下伏母土层，浊黄橙色（10YR 6/3），粉质黏壤土，块状，紧实，孔隙少，有很少量锈纹锈斑，润
145～180	下伏母土层，浊黄橙色（10YR 6/3），粉质黏壤土，块状，紧实，孔隙少，有很少量锈纹锈斑，润

灌淤耕层全氮和有效磷含量高，有机质和碱解氮含量较高，这主要是采样前已施肥的缘故，老灌淤层全量养分含量也较高，向下至下伏母土层全氮含量剧减。盐分有表聚性，耕层全盐量为 0.1%。盐分组成以重碳酸盐为主。全剖面颗粒组成粉粒居多，占 50% 以上；黏粒次之，占 17%～29%；沙粒少，仅占 8%～15%。灌淤层质地以粉质黏壤土为主。

（三）温性黏质土

质地黏重，耕层有机质含量较高，平均为 1.5%，阳离子交换量也较大，平均为 14.6 cmol/kg。温性黏质土有 2 个土种，即习岗黏壤土和良繁场粉质黏壤土。

1. 习岗黏壤土剖面性状特征 灌淤层厚度 50～80 cm，质地以黏壤土为主，有的层次为粉质黏壤土。下伏母土层可为沼泽层或冲积层，质地变异大。代表剖面位于宁夏回族自治区银川市贺兰县习岗镇习岗村，种植水稻，采样前未施肥（表 3 - 38）。

表 3 - 38 习岗黏壤土剖面性状特征

土层（cm）	剖面性状特征
0～25	灌淤耕层，浊黄棕色（10YR 5/3），粉质黏壤土，块状，紧实，孔隙多，根系多，有大量的锈斑，有煤渣和碎砖块等，稍润
25～59	老灌淤层，浊黄橙色（10YR 6/3），黏壤土，块状，紧实，孔隙较多，根系较多，有锈斑，有碎砖块等，润
59～80	下伏母土层，绿灰色（7.5GY 6/1），粉质黏壤土，块状，紧实，孔隙少，根系少，润
80～130	下伏母土层，浊黄橙色（10YR 6/3），壤土，块状，紧实，孔隙少，根系少，有大量的锈纹锈斑，润
130～180	下伏母土层，浊黄橙色（10YR 6/4），粉质黏壤土，块状，紧实，孔隙少，潮

灌淤耕层有机质含量为 1.2%，有效磷含量很低，为 3.7 mg/kg，盐分有向耕层积聚的趋势。灌淤层土壤颗粒组成中黏粒含量较高，为 36%，质地以黏壤土为主。

2. 良繁场粉质黏壤土剖面性状特征 灌淤层厚度大于 80 cm，质地为粉质黏壤土，耕层可为黏壤土。下伏母土层变异较大。代表剖面位于宁夏回族自治区吴忠市青铜峡市良繁场，采样当年种植水稻（表 3 - 39）。

表 3 - 39 良繁场粉质黏壤土剖面性状特征

土层（cm）	剖面性状特征
0～18	灌淤耕层，浊黄棕色（10YR 5/3），粉质黏壤土，碎块状，紧实，根系多，孔隙多，有锈纹，有煤渣，润
18～46	老灌淤层，浊黄棕色（10YR 5/3），粉质黏壤土，块状，紧实，根系少，孔隙少，有锈纹，有煤渣，润
46～110	老灌淤层，浊黄棕色（10YR 5/3），粉质黏壤土，块状，紧实，孔隙少，有锈纹锈斑，有煤渣，润
110～140	下伏母土层，浊黄棕色（10YR 5/3），粉质黏壤土，块状，紧实，孔隙少，有锈纹锈斑，润
140～155	下伏母土层，浊黄棕色（10YR 5/3），粉质黏壤土，块状，紧实，孔隙少，有锈纹锈斑，润
155～180	下伏母土层，浊黄棕色（10YR 5/3），粉质黏壤土，块状，紧实，孔隙少，有锈纹锈斑，润

200 cm 处出现地下水，地下水矿化度为 0.81 g/L，pH 为 7.5。耕层有效磷含量高，为 32.5 mg/kg，有机质、全氮和碱解氮含量较高，分别为 1.65%、0.097% 和 124.9 mg/kg，阳离子交换量也较大，为 14.7 cmol/kg。灌淤层颗粒组成中黏粒较多，为 29.7%～34.6%，质地为粉质黏壤土，下伏母土层黏粒减少，沙粒和粉粒增多，质地也逐渐变轻。

七、盐化灌淤土

盐化灌淤土的主要特点是耕层积聚了一定量的可溶性盐分，因此地表可见盐霜或薄的盐结皮。由于田面不平整或剖面下部有黏土层阻滞水盐运移，盐渍化现象多不均匀，有时在同一田块中，常见不同程度的盐渍化斑块。

与其他灌淤土一样，盐化灌淤土剖面自上而下有灌淤耕层、老灌淤层和下伏母土层。灌淤耕层厚度一般为13～30 cm，质地为壤土或黏壤土，块状结构，有煤渣等施肥带入的侵入体。部分盐化灌淤土由于定期种植水稻，耕层有锈纹锈斑。老灌淤层厚度一般为37～80 cm，质地为壤土或黏壤土。部分盐化灌淤土老灌淤层下部有锈纹锈斑。下伏母土层多为洪积冲积物或河流冲积物，质地变异较大。由于地下水位较高，该层段一般较潮湿，大部分盐化灌淤土下伏母土层有锈纹锈斑。

盐化灌淤土划分为硫酸盐暖性粉质土、硫酸盐温性粉质土、硫酸盐温性黏质土、混合盐温性沙质土、混合盐温性沙粉质土、混合盐温性粉质土和混合盐温性黏质土7个土属。

（一）硫酸盐暖性粉质土

土壤盐渍化较重，0～60 cm土层可溶性盐含量为0.15%～2.0%，盐分表聚性明显，但整个剖面的全盐量也较高，灌淤耕层全盐量为1.06%，老灌淤层也有0.52%。积盐层的盐分组成属硫酸盐类型，氯离子与硫酸根离子当量比小于0.5。灌淤层土壤颗粒组成以粉粒为主，占59%～67%，沙粒和黏粒含量低，均小于26%，属粉质土。土壤碱性，pH为7.5～8.4。富含碳酸钙，石膏含量也较高，反映了暖温漠境气候对土壤的影响。土壤肥力水平低，耕层有机质平均含量仅为0.96%，有效磷平均含量仅为4.2 mg/kg。

硫酸盐暖性粉质土共有阿瓦提粉质壤土和喀什粉质壤土2个土种。

1. 阿瓦提粉质壤土剖面性状特征　轻盐化（在新疆指0～60 cm土层全盐量为0.15%～0.60%），灌淤层厚度为50～80 cm，质地为粉质壤土，下伏母土层颗粒组成和质地变异较大。代表剖面位于新疆维吾尔自治区阿克苏地区阿瓦提县。地下水埋深为194 cm，地表有些盐霜，也出现龟裂纹（表3-40）。

表3-40　阿瓦提粉质壤土剖面性状特征

土层（cm）	剖面性状特征
0～13	灌淤耕层，浅棕灰色，粉质壤土，细粒状，疏松，根系多，有蚯蚓和蚯蚓粪，润
13～24	老灌淤层，浅棕灰色，粉质壤土，片状或细粒状，稍紧实，根系少，有蚯蚓穴，润
24～40	老灌淤层，灰棕-黄棕色，粉质壤土，片状或细粒状，稍紧实，根系少，有蚯蚓穴和蚯蚓粪，润
40～50	老灌淤层，黑灰色，粉质壤土，层状，稍紧实，根系少，有小螺蛳壳和蚯蚓粪，湿
50～70	下伏母土层，浅黄绿-浅黄棕色，粉质壤土，层状或细粒状，紧实，根系少，润
70～94	下伏母土层，浅绿带棕黄色，粉质壤土，稍紧实，根系少，湿
94～152	下伏母土层，浅绿带棕黄色，粉质壤土，根系极少，湿
152～170	下伏母土层，黄棕带浅灰色，黏壤土，紧实，湿
170～200	下伏母土层，灰棕色，壤土，紧实，很湿

剖面可溶性盐含量较高，为0.2%～0.4%。整个剖面盐分组成变化也较大，0～23 cm土层以硫酸盐为主，其下各层为混合盐类型。耕层有机质含量较低，为1.14%，碳氮比小，为8.3，反映了暖温漠境条件下有机质易分解的特点。全剖面碳酸钙含量高，为17.3%～29.1%。灌淤层颗粒组成较均匀，沙粒占16%～18%，粉粒占64%～67%，黏粒占14%～19%，质地为粉质壤土。下伏母土层颗粒组成变化较大。

2. 喀什粉质壤土剖面性状特征 中盐化（在新疆指 0～60 cm 土层全盐量为 0.60%～1.00%）。灌淤层厚度大于 80 cm，质地为粉质壤土。剖面下部有锈斑。下伏母土层颗粒组成和质地变异较大。代表剖面位于新疆维吾尔自治区喀什市，地下水埋深约 2.5 m，前作为小麦（表 3 - 41）。

表 3 - 41　喀什粉质壤土剖面性状特征

土层（cm）	剖面性状特征
0～13	灌淤耕层，暗灰带棕色，粉质壤土，不明显的小团块状，疏松，作物根系很多，润
13～80	老灌淤层，褐灰色，粉质壤土，粒状及团块状，较紧实，润
80～115	老灌淤层，土色比上层浅，有浅红棕色斑点，粉质壤土，较紧实，下部有锈斑和白色脉纹状盐分新生体，过渡明显，润
115～180	下伏母土层，灰色，壤土，有些地方有不均匀的浅红棕色黏质夹层，有锈斑，很湿润
180～200	下伏母土层，粉质壤土，很潮湿

耕层可溶性盐含量高，达 1.44%，0～60 cm 土层全盐量加权平均值为 0.97%，全剖面氯离子与硫酸根离子当量比为 0.04～0.27，属硫酸盐型。整个灌淤层有机质含量均较低，为 0.92%，碳氮比也小，为 7.6～8.9，说明有机质矿化作用强。灌淤层碳酸钙含量较高，为 19.3%～21.8%，而下伏母土层碳酸钙含量较低，为 13.9%～17.0%，反映了灌淤层和下伏母土层是由异源物质形成的。灌淤层颗粒组成以粉粒为主，占 59%～65%，质地为粉质壤土。下伏母土层颗粒组成变异较大。

（二）硫酸盐温性粉质土

硫酸盐温性粉质土只有通六粉质壤土一个土种。通六粉质壤土轻盐化。耕层有锈纹锈斑。灌淤层厚度为 50～80 cm，质地为粉质壤土。代表剖面位于宁夏回族自治区石嘴山市平罗县通伏乡通城村，种植水稻及小麦（表 3 - 42）。

表 3 - 42　硫酸盐温性粉质土剖面性状特征

土层（cm）	剖面性状特征
0～30	灌淤耕层，浊黄橙色（10YR 6/3），粉质壤土，块状或粒状，稍紧实，孔隙多，根系多，有锈纹锈斑，有煤渣和碎砖块，润
30～58	老灌淤层，浊黄橙色（10YR 6/3），粉质壤土，块状，紧实，孔隙多，根系多，有锈纹锈斑，有煤渣，潮
58～115	下伏母土层，浊黄橙色（10YR 7/3），粉质黏壤土，块状，紧实，孔隙较多，根系少，有少量锈纹锈斑，潮
115～160	下伏母土层，浊黄棕色（10YR 5/3），粉质黏土，块状，紧实，孔隙少，潮

可溶性盐呈明显的表聚性，地表 5 mm 盐结皮，全盐量高达 5.3%。0～20 cm 土层全盐量加权平均值高达 0.294%，随着深度的增加，全盐量渐减。0～20 cm 土层氯离子与硫酸根离子当量比为 0.4，属硫酸盐型。耕层有机质及全氮含量较高，分别为 1.52% 和 0.085%。碱解氮和有效磷含量较低，分别为 60.0 mg/kg 和 11.0 mg/kg。灌淤层颗粒组成以粉粒居多，占 53%～56%，属粉质土。下伏母土层黏粒含量增加，质地黏重。

（三）硫酸盐温性黏质土

硫酸盐温性黏质土只有联丰粉质黏壤土一个土种。

联丰粉质黏壤土轻盐化。耕层有锈纹锈斑。灌淤层厚度大于 80 cm，质地为粉质黏壤土。代表剖面位于宁夏回族自治区吴忠市青铜峡市叶盛镇联丰村，种植水稻和小麦等作物（表 3 - 43）。

表 3 - 43 硫酸盐温性黏质土剖面性状特征

土层（cm）	剖面性状特征
0～20	灌淤耕层，浊黄棕色（10YR 5/3），粉质黏壤土，块状，疏松，孔隙多，根系多，有煤渣，根孔壁上有少量锈纹锈斑，润
20～32	老灌淤层，浊黄橙色（10YR 6/3），粉质黏壤土，棱块状，紧实，小孔较多，根系多，有煤渣，有较多锈纹锈斑，润
32～54	老灌淤层，浊黄橙色（10YR 5/3），粉质黏壤土，块状或片状，紧实，小孔较多，根系较多，有煤渣，有锈纹锈斑，润
54～92	老灌淤层，浊黄橙色（10YR 6/3），粉质黏壤土，片状或块状，紧实，小孔多，有少量的芦草根，有煤渣和瓦片等，结构面上有胶膜，有较多的锈斑，润
92～123	下伏母土层，浊黄橙色（10YR 6/3），黏壤土，块状，紧实，小孔多，根系少，结构面上有胶膜，有少量锈纹锈斑，润
123～157	下伏母土层，浊黄橙色（10YR 7/3），粉质黏壤土，块状，紧实，小孔多，根系少，结构面上有胶膜，有少量锈纹锈斑，润
157～180	下伏母土层，浊黄橙色（10YR 6/3），粉质黏壤土，块状，紧实，小孔多，根系少，有少量锈斑，潮

全剖面盐分有明显的表聚性，耕层全盐量为 0.185%，随着深度的增加而减少。耕层氯离子与硫酸根离子当量比为 0.4，属硫酸盐类型，其下各层盐分组成变化较大。耕层有机质含量丰富，为 1.82%，全氮和有效磷含量高，分别为 0.094% 和 31.3 mg/kg。全剖面颗粒组成中黏粒占比大于 30%，属黏质土，质地以粉质黏壤土为主。

（四）混合盐温性沙质土

混合盐温性沙质土（表 3 - 44）有 1 个土种，即幸六沙壤土。

表 3 - 44 混合盐温性沙质土剖面性状特征

土层（cm）	剖面性状特征
0～20	灌淤耕层，浊黄橙色（10YR 6/3），沙壤土，块状，稍紧实，孔隙多，根系多，有煤渣，润
20～60	老灌淤层，浊黄橙色（10YR 6/3），沙壤土，块状，紧实，孔隙多，根系较多，有煤渣，潮
60～90	下伏母土层，浊黄橙色（10YR 6/3），粉质壤土，块状，紧实，孔隙较多，根系少，潮
90～130	下伏母土层，浊黄棕色（10YR 5/3），粉质黏壤土，块状，紧实，孔隙少，潮
130～150	下伏母土层，浊黄棕色（10YR 5/3），粉质黏土，块状，紧实，孔隙少，有锈斑，湿。150 cm 处出现地下水

幸六沙壤土中盐化。灌淤层厚度为 50～80 cm，质地为沙壤土。剖面下部有锈纹锈斑。下伏母土层质地为壤土黏壤土、黏土。代表剖面位于宁夏回族自治区石嘴山市平罗县高庄乡幸福村，采样时尚未种植作物。

全剖面可溶性盐含量较高，第三层可溶性盐含量最高，达 0.64%，可能与 90 cm 以下土壤质地黏重阻碍水盐下渗有关。氯离子与硫酸根离子当量比为 0.9～1.6，属混合盐类型。灌淤耕层有机质及氮、磷养分含量低，其中有机质含量为 0.76%，碱解氮和有效磷含量分别为 30.0 mg/kg 和 5.0 mg/kg，随着土层的加深逐渐减小。灌淤层土壤颗粒组成中沙粒含量最高，占 55% 以上；其次为粉粒，占 24%～28%；黏粒最少，仅占 13%～16.6%，属沙质土，质地为均一的沙壤土。下伏母土层各自然层次之间，自上而下黏粒含量增加，质地更加黏重。

（五）混合盐温性沙粉质土

混合盐温性沙粉质土（表 3-45）潜在肥力水平较低，该土属共有 2 个土种，即幸三壤土和龚家桥壤土。

表 3-45　混合盐温性沙粉质土剖面性状特征

土层（cm）	剖面性状特征
0～30	灌淤耕层，浊黄橙色（10YR 6/3），壤土，块状，稍紧实，孔隙多，根系较多，有煤渣和碎砖块，潮
30～50	老灌淤层，浊黄橙色（10YR 6/3），壤土，块状，紧实，孔隙较多，根系少，有煤渣和碎砖块，潮
50～80	下伏母土层，淡黄橙色（10YR 8/3），壤土，块状，紧实，孔隙少，湿
80～120	下伏母土层，浊黄棕色（10YR 5/3），粉质黏壤土，块状，紧实，孔隙少，有锈斑，湿。120 cm 处出现地下水

1. 幸三壤土剖面性状特征　中盐化。剖面下部有锈纹锈斑。灌淤层厚度为 50～80 cm，质地以壤土为主，耕层质地也可为沙壤土。下伏母土层质地变异较大。代表剖面位于宁夏回族自治区石嘴山市平罗县高庄乡幸福村。

盐分含量较高，地表 5 mm 盐结皮，全盐量高达 14.95%，0～20 cm 土层加权平均全盐量达 0.52%。全剖面氯离子与硫酸根离子当量比为 0.5～0.9，属混合盐类型。灌淤耕层氮养分含量较低；有机质含量低，仅 0.93%；有效磷含量极低，仅 5.0 mg/kg。灌淤层颗粒组成中沙粒占 36%～38%，粉粒占 42%～43%，黏粒占 19%～20%，属于沙粉质土。质地为均一的壤土。下伏母土层质地为壤土和粉质黏壤土。

2. 龚家桥壤土剖面性状特征　中盐化。剖面下部有锈纹锈斑。灌淤层厚度大于 80 cm，质地为壤土。代表剖面位于宁夏回族自治区石嘴山市平罗县城关镇龚家桥村，地表有大量的盐结皮（表 3-46）。

表 3-46　龚家桥壤土剖面性状特征

土层（cm）	剖面性状特征
0～20	灌淤耕层，浊黄橙色（10YR 6/3），壤土，块状与粒状，稍紧实，孔隙多，根系多，有煤渣，潮
20～65	老灌淤层，浊黄橙色（10YR 6/3），壤土，块状，紧实，孔隙多，根系少，有煤渣，潮
65～100	老灌淤层，浊黄橙色（10YR 7/3），壤土，块状，很紧实（尚未化冻），孔隙少，根系少，有煤渣，潮
100～130	下伏母土层，浊黄橙色（10YR 6/4），壤土，块状，紧实，孔隙少，湿
130～160	下伏母土层，浊黄橙色（10YR 6/4），黏壤土，块状，紧实，孔隙少，有锈斑，湿

本剖面 65 cm 土体内可溶性盐含量均较高，为 0.32%～0.42%，全剖面氯离子与硫酸根离子当量比为 0.8～1.4，属混合盐类型。灌淤耕层碱解氮和速效钾含量高，分别为 89.0 mg/kg 和 249.0 mg/kg；有机质含量较低，为 1.16%；全磷和有效磷含量低，分别为 0.14% 和 9.0 mg/kg。灌淤层颗粒组成中粉粒占 41%～46%，沙粒占 31%～41%，黏粒则仅占 17%～23%，属沙粉质土，质地为壤土。

（六）混合盐温性粉质土

混合盐温性粉质土（表 3-47）有 2 个土种，即金七粉质壤土和通城粉质壤土。

表 3-47　混合盐温性粉质土剖面性状特征

土层（cm）	剖面性状特征
0～20	灌淤耕层，浊黄橙色（10YR 6/3），粉质壤土，块状，稍紧实，孔隙多，根系较多，有煤渣，潮
20～40	老灌淤层，浊黄橙色（10YR 6/3），粉质壤土，块状，紧实，孔隙较多，根系少，有煤渣，潮
40～70	老灌淤层，浊黄橙色（10YR 6/3），粉质壤土，块状，很紧实，孔隙少，根系少，有煤渣，潮
70～110	下伏母土层，浊黄橙色（10YR 7/3），沙壤土，不稳定块状，稍紧实，孔隙少，有锈斑，湿
110～140	下伏母土层，浊黄橙色（10YR 7/3），沙壤土，不稳定块状，稍紧实，孔隙很少，有锈斑，湿
140～180	下伏母土层，浊黄橙色（10YR 7/3），壤质沙土，不稳定块状，松，孔隙很少，湿

1. 金七粉质壤土剖面性状特征　中盐化。剖面下部有锈纹锈斑。灌淤层厚度为 50～80 cm，质地以粉质壤土为主，耕层质地也可为壤土。下伏母土层质地变异较大。代表剖面位于宁夏回族自治区石嘴山市平罗县高庄乡金星村，地表有较多的盐斑。

地表有 5 mm 盐结皮，全盐量高达 7.65%，0～20 cm 土层可溶性盐含量的加权平均值为 0.41%，剖面中下部 70～110 cm 处，全盐量也较高，为 0.39%。全剖面氯离子与硫酸根离子当量比为 0.7～1.0，属混合盐类型。灌淤耕层有机质、全氮含量较高，分别为 1.5% 和 0.081%；碱解氮和有效磷含量较低，分别为 66.0 mg/kg 和 6.0 mg/kg，且向下均有减少。灌淤层颗粒组成属粉质土，质地为粉质壤土；下伏母土层颗粒组成属沙质土，质地为沙壤土或壤质沙土。

2. 通城粉质壤土剖面性状特征　轻盐化。耕层有锈纹锈斑，灌淤层厚度为 50～80 cm，质地为粉质壤土。下伏母土层为冲积层或沼泽土层，质地变异较大。代表剖面位于宁夏回族自治区石嘴山市平罗县通伏乡通城村，采样前未施肥（表 3-48）。

表 3-48　通城粉质壤土剖面性状特征

土层（cm）	剖面性状特征
0～28	灌淤耕层，浊黄橙色（10YR 6/3），粉质壤土，块状，稍紧实，孔隙多，根系多，有大量的锈纹锈斑，有煤渣和碎砖块，潮
28～58	老灌淤层，浊黄橙色（10YR 6/3），粉质壤土，块状，紧实，孔隙多，根系少，有锈纹锈斑，有煤渣和碎砖块，潮
58～100	下伏母土层，浊黄橙色（10YR 7/4），壤土，块状，紧实，孔隙少，湿
100～160	下伏母土层，浊黄橙色（10YR 7/3），粉质壤土，块状，紧实，孔隙少，有锈斑，湿。160 cm 处出现地下水

地表有 3 mm 盐结皮，全盐量为 7.9%，0～20 cm 土层加权平均可溶性盐含量为 0.25%。有盐分大量累积的盐结皮，其氯离子与硫酸根离子当量比为 0.62，0～20 cm 土层加权平均离子当量比为 0.50，属于混合盐类型。耕层有机质和全氮含量高，分别为 1.6% 和 0.11%，且向下减少。碱解氮和有效磷含量较低，分别为 62.0 mg/kg 和 8.0 mg/kg。灌淤层颗粒组成粉粒居多，占 56%，属粉质土，质地为粉质壤土；下伏母土层颗粒组成则属沙质土。

（七）混合盐温性黏质土

混合盐温性黏质土有机质及其他养分含量较高，其中有机质为 1.4%，碱解氮和速效钾为 58.0 mg/kg 和 282.1 mg/kg。该土属共有 2 个土种，即满春粉质黏壤土和良田粉质黏壤土。

1. 满春粉质黏壤土剖面性状特征　轻盐化。剖面下部有锈纹锈斑。灌淤层厚度为 50~80 cm，质地以粉质黏壤土为主，耕层质地也可为粉质壤土。下伏母土层变异较大。代表剖面位于宁夏回族自治区银川市兴庆区满春村，采样当年小麦间种玉米。

本剖面 0~45 cm 土壤的可溶性盐含量均大于 0.15%，全剖面的氯离子与硫酸根离子当量比为 0.5~0.8，属混合盐类型。在灌淤层内部自上而下，有机质含量从 1.63% 降到 0.84%。在下伏母土层内部，有机质含量则随着剖面的加深而逐渐增加，从 0.72% 增加到 1.10%，这主要是受底部潜育作用的影响。耕层全氮和有效磷含量较高，分别为 0.096% 和 16.0 mg/kg。耕层以下土壤黏粒含量较高，均大于 30%，质地以粉质黏壤土为主（表 3-49）。

表 3-49　满春粉质黏壤土剖面性状特征

土层（cm）	剖面性状特征
0~16	灌淤耕层，浊黄棕色（10YR 5/3），粉质壤土，碎块状，疏松，孔隙多，根系少，有炭渣和碎砖块，润
16~29	老灌淤层，浊黄棕色（10YR 5/3），黏壤土，块状，紧实，孔隙多，根系较多，有炭渣和碎砖块，润
29~45	老灌淤层，浊黄棕色（10YR 5/3），粉质黏壤土，块状，紧实，孔隙较多，根系少，有淤积的磨圆的黏土块，润
45~57	老灌淤层，浊黄橙色（10YR 6/3），粉质黏壤土，块状，紧实，孔隙较多，根系少，润
57~75	下伏母土层，浊黄橙色（10YR 7/3），粉质黏壤土，块状，紧实，孔隙多，根系少，有很少量的锈斑，冲积层次明显，潮
75~89	下伏母土层，灰黄棕色（10YR 5/2），粉质黏土，棱块状，紧实，孔隙较多，10% 的结构面上有锈斑，冲积层次明显，潮
89~110	下伏母土层，灰色（10YR 5/1），粉质黏壤土，棱块状，紧实，孔隙较多，有轻度潜育现象，湿。110 cm 处出现地下水

2. 良田粉质黏壤土剖面性状特征　中盐化。耕层有锈纹锈斑。灌淤层厚度大于 80 cm，质地为粉质黏壤土。代表剖面位于宁夏回族自治区银川市金凤区良田镇，采样当年种水稻，未施肥（表 3-50）。

表 3-50　良田粉质黏壤土剖面性状特征

土层（cm）	剖面性状特征
0~20	灌淤耕层，浊黄棕色（10YR 5/3），粉质黏壤土，块状，稍紧实，孔隙较多，根系多，有煤渣，有锈斑，润
20~60	老灌淤层，浊黄棕色（10YR 5/3），粉质黏壤土，块状，紧实，孔隙较多，根系较多，有煤渣，有锈斑，润
60~90	老灌淤层，浊黄棕色（10YR 5/3），粉质黏壤土，棱块状，紧实，孔隙较多，有煤渣，有锈斑，润
90~120	下伏母土层，浊黄橙色（10YR 7/3），粉质壤土，块状，紧实，孔隙少，有锈斑，潮
120~150	下伏母土层，浊黄橙色（10YR 7/3），粉质壤土，块状，紧实，孔隙少，有锈斑，湿。150 cm 处出现地下水

　　耕层全盐量高，达 0.43%，全剖面氯离子与硫酸根离子当量比为 0.7～2.7，属混合盐类型。耕层全氮含量较高，为 0.08%；有机质含量较低，为 1.2%；有效磷含量低，仅 3.9 mg/kg。灌淤层颗粒组成中黏粒占 30% 以上，为黏质土，质地均为粉质黏壤土；而下伏母土层黏粒含量减少，颗粒组成属粉质土，质地为粉质壤土。

　　另外，在亚类之下，根据灌淤土层的厚度，可划分为两个属：薄层灌淤土，灌淤土层厚度为 30～60 cm；厚层灌淤土，灌淤土层厚度大于 60 cm。

第四章 灌淤土的物理性质 >>>

第一节　灌淤土的水分特征

一、土壤水的相关指标

1. 自然含水量　灌淤土是灌溉土壤，自然含水量较高。宁夏古灌区的灌淤土，灌区开灌前（4月）属一年中的干旱季节，但土壤仍有较高的含水量（大于17%），可满足小麦等作物萌芽和幼苗生长需求。以亚类比较，潮灌淤土受地下水影响，含水量最高，剖面下部的含水量高于上部，土壤含水量在60 cm左右土层出现转折，说明60 cm以下土层为毛管水强烈补给层段。表锈灌淤土受上年地面淹水的影响，耕层含水量最高，自上而下缓慢降低。普通灌淤土地下水位深，上年冬灌后，土壤水分不断蒸发而无地下水补充，表层土壤含水量最低，自上而下含水量逐渐增加，没有像潮灌淤土含水量那样出现转折，从全剖面的含水量来看，普通灌淤土最低。

作物生长的灌溉季节，灌淤土的自然含水量主要受灌溉影响，每次灌溉之后，土壤含水量明显升高，停止灌溉之后，由于土壤水分下渗、地表蒸发及作物耗水，土壤含水量相应下降。由于地下水和灌溉方式的差别，不同亚类的含水量有不同的动态特征：普通灌淤土地下水位深，土壤排水良好，土壤含水量随着灌溉和停灌而变化，但其含水量较低，一般不超过20%；各层次比较，0~15 cm土层土壤含水量变化最大，50~100 cm土层变化最小。潮灌淤土灌水后地下水位上升，致使50~100 cm土层土壤的含水量经常保持较高的数值，即在25%左右，大体相当于田间持水量；0~50 cm土层土壤的含水量减少，且波动较大。表锈灌淤土受地面淹水影响，0~30 cm土层含水量最高，为29%~30%，相当于田间持水量至饱和含水量；30~100 cm土层的含水量也很高，为25%左右，相当于田间持水量。

如果降水较多，也可能引起土壤含水量的增加。但是，在干旱半干旱地区，降水量为50~250 mm，降水量仅为灌水量的20%左右，再加上降水分次降落，降水对灌淤土自然含水量的影响不显著。

2. 水分常数　灌淤土水分常数在灌溉和排水的设计与管理中具有重要意义。经田间实测，灌淤土的田间持水量为30%~38%，合理的灌水量不应超过田间持水量。

饱和含水量为39%~58%，饱和含水量与田间持水量之间的差值称为出水率，即从土壤中渗漏出来的水量，这是排水设计中的重要参数。

凋萎系数为4.1%~15.8%，是作物可利用的水分下限。各种作物的凋萎系数不同，大致为玉米＞小麦＞大豆＞大麦。从灌淤土性状的综合论述来看，灌淤土一般具有深厚的灌淤层，有机质、矿质元素比较丰富，疏松多孔，质地适中，水分适宜，因而具有较好的生产潜力，是干旱、半干旱地区稳产高产的土壤（表 4-1）。

表 4-1　灌淤土水分基本特征

层段	饱和含水量（%）	田间持水量（%）	凋萎系数（%）	全剖面渗透系数（mm/min）
灌淤耕层	48～58	32～38	5.1～13.8	0.20～0.36
老灌淤层	39～48	30～35	4.1～15.8	—

二、土壤水运动特征

灌淤土分布于西北干旱地区，当地自然地带性土壤含水量很低，属于干旱土壤，而灌淤土的水分状况比当地自然地带性土壤要好得多。

（一）宁夏古灌区灌淤土水力参数

以宁夏青铜峡灌区灵武农场农田为研究对象，该地区地理坐标为 38°03′—38°15′N、106°14′—106°29′E。宁夏古灌区典型农业生产区属于典型中温带大陆性半干旱气候，海拔 1 114 m，年平均降水量 180～220 mm，且集中在 7—9 月，年平均蒸发量 1 100～1 600 mm。年平均气温 8～9 ℃，作物生长季节 4—9 月≥10 ℃活动积温为 3 200～3 400 ℃。研究区土壤为黄河水长年灌溉形成的灌淤土，稻旱轮作为该地区的典型种植模式，水稻、小麦、玉米、向日葵为主要种植作物。

在 2009 年 10 月水稻收获后挖取供试土壤剖面，以 10～45 cm 为一层分层采集土壤。根据粒径分析结果对土壤重新分层并进行相关性质的测定。供试土壤性质见表 4-2。

表 4-2　供试土壤性质

土层（cm）	土壤质地（%）			土壤密度（g/kg）	土壤孔隙度（%）
	黏粒	粉粒	沙粒		
0～45	18.25	53.76	27.99	1.532	44.25
45～60	28.04	67.70	4.26	1.591	42.07
60～90	12.11	31.96	55.93	1.503	44.82
90～100	12.95	42.05	45.00	1.520	43.72
100～120	6.41	26.93	66.66	1.479	45.28

1. 饱和导水率（K）　表 4-3 表明原状土饱和导水率随着土壤剖面的变化规律与扰动土一致，随着土壤深度的增加，导水率呈现高低往复变化。原状土饱和导水率变化范围为 13.09～78.55 cm/d，扰动土饱和导水率变化范围为 3.66～44.27 cm/d。

表 4-3　不同土层饱和导水率（宁夏，易军）

土层（cm）	原状土		扰动土		$K_{原状土}/K_{扰动土}$
	$K\pm S$（cm/d）	变异系数（%）	$K\pm S$（cm/d）	变异系数（%）	
0～45	23.43±10.71	45.71	5.23±0.45	8.57	4.47

（续）

土层（cm）	原状土		扰动土		$K_{原状土}/K_{扰动土}$
	$K\pm S$（cm/d）	变异系数（%）	$K\pm S$（cm/d）	变异系数（%）	
45～60	13.09±3.25	24.83	3.66±0.27	7.38	3.58
60～90	43.32±8.55	19.74	17.27±1.55	8.98	2.51
90～100	16.34±2.26	19.95	8.56±0.77	9.00	1.97
100～120	78.55±18.84	23.98	44.27±4.29	9.69	1.77

原状土和扰动土的饱和导水率与土壤的黏粒含量（$R^2_{原状土}=0.725$、$R^2_{扰动土}=0.695$）、密度（$R^2_{原状土}=0.635$、$R^2_{扰动土}=0.601$）、孔隙度（$R^2_{原状土}=0.635$、$R^2_{扰动土}=0.526$）正相关，而与有机质含量相关性不明显（$R^2_{原状土}=0.275$、$R^2_{扰动土}=0.408$）。这与单秀枝等认为的当有机质含量小于 15.0 g/kg 时，饱和导水率随着有机质含量的增加而增加不相符。可能是由于研究区域供试土壤沙粒含量较高，有机质对土壤结构的形成贡献不大，因此土壤饱和导水率随着有机质含量的变化也就呈现不规则变化趋势。

对比原状土和扰动土饱和导水率，原状土饱和导水率为扰动土的 1.17～4.47 倍，且原状土测定结果变异系数较大，表层土体表现尤为明显，这与吴华山、陈效民等研究结果类似。这主要是由于扰动土是一个均质体系，孔隙分布较为均匀，而原状土空间变异性较大，同时受作物根系和生物活动的影响，存在一些较大的孔隙，导致优势流的存在，从而影响土壤导水性能。而原状土与扰动土饱和导水率比值（$K_{原状土}/K_{扰动土}$）比邓建才等的研究结果小，这主要是因为此地区长年使用黄河水灌溉，黄河水中含有较多的不同大小的泥沙颗粒，稻季大量灌水导致小泥沙颗粒随着水流不断向下运动，原有的大孔隙逐渐被小泥沙颗粒填充，导致大孔隙较其他类型土体少，所以优势流不是特别明显，而这也是研究区域土壤密度较大的一个原因。

研究区域田间水分渗漏和溶质淋溶主要受 45～60 cm 和 90～100 cm 两个土层控制，对水稻来说，氮穿过 45～60 cm 这个土层后，会较快地被淋溶到 90 cm 土层，很难再被作物利用，穿过 90～100 cm 土层后，就极易淋溶到更深层次的土体，从而对地下水体造成污染。

2. 不同土层水力参数拟合结果　使用 RETC 软件结合 20 组土壤水分-水势实测数据模拟土壤水分特征曲线，模拟结果显示拟合值与实测值的相关系数均在 0.95 以上（表 4-4），说明使用张力计法测定、使用 RETC 进行拟合得到的土壤水分特征曲线结果是可信的。

表 4-4　不同土层水力参数拟合（宁夏，易军）

土层（cm）	θ_s	θ_r	α	m	n	R^2
0～45	0.385 8	0.024 2	0.001 53	0.363 2	1.570 4	0.951 9
45～60	0.413 7	0.033 6	0.000 71	0.466 9	1.875 9	0.952 7
60～90	0.379 4	0.015 9	0.001 76	0.535 6	2.153 0	0.974 9
90～100	0.408 7	0.021 3	0.001 19	0.487 3	1.950 5	0.990 3
100～120	0.390 6	0.010 9	0.001 71	0.627 2	2.683 0	0.982 0

各土层的土壤水分特征曲线总趋势较为一致，随着土壤水吸力的增加，土壤含水率逐渐下降，当土壤水吸力高于一定值时，土壤含水率基本稳定。黏粒含量对土壤水分特征曲线影响较大，其中

100～120 cm 土层土壤含水率随着水吸力的变化最为剧烈，45～60 cm 最为缓和。虽然表层土体黏粒含量比 45～60 cm 土层土体少，但两条曲线在 8 000 cm 水柱高度吸力时基本重合。这主要是由于表层土体有机质含量高，有机质对土壤水有较强的吸附能力，导致土壤含水率变化趋势随着土壤水吸力的变化而变得缓和。土壤含水率变化趋势越缓和，说明土壤持水能力越强；变化越剧烈，说明土壤持水能力越弱。在相同土壤水吸力的情况下，45～60 cm 土层土体持水能力最强，100～120 cm 土层土体持水能力最弱。

3. 土壤水分扩散率 上层土壤水分扩散率低，中、下层土壤水分扩散率高。土壤水分扩散率（D）与土壤体积含水率（θ）有指数函数关系，其关系可用经验公式 $D(\theta) = ae^{l\theta}$ 表达，经差异统计均达到显著水平。当土壤体积含水率较低时，扩散率受土壤含水率影响较小，这是因为当土壤体积含水率较低时，土壤水分运动以水汽运动和土壤颗粒吸湿作用为主，土壤水分扩散率随着土壤体积含水率的增加而缓慢增加；当土壤体积含水率在 0.25～0.30 cm³/cm³ 时，毛管水迅速增加，水分主要以液态形式通过土壤毛管运移，所以当土壤含水率较高时，土壤水分扩散率随着土壤体积含水率的增加而急剧增加。扩散率与土壤黏粒含量、土壤密度、土壤孔隙度和有机质有一定相关性，与黏粒含量（$R^2 = 0.770$）、土壤密度（$R^2 = 0.686$）和有机质含量（$R^2 = 0.507$）负相关，与土壤孔隙度正相关（$R^2 = 0.611$）。黏粒含量越高，土壤颗粒比表面积越大，土壤的吸附作用和毛管孔隙的吸持作用越强。在土壤体积含水率相同的情况下，黏粒含量高的土壤相应基质吸力大，土壤水分不易扩散。而有机质的亲水作用导致水分扩散率减小。

在旱作条件下，水分扩散率对土壤水分运动和溶质运移影响较大。通过扩散率结果得知，在进行区域农田非饱和条件下土壤水分和溶质侧向运移情况研究时，应该把 60 cm 以下土体作为重点研究对象。90～100 cm 土体沙黏夹层的存在将导致土壤水分和溶质在 60～90 cm 区域存在一个积累过程，而此层的高扩散率将导致剧烈的水平运动。虽然 100 cm 以下土体水分扩散率同样较大，但下层均为沙性土，较高的导水率将削弱水分和溶质的水平运移作用。

（二）灌淤土土壤含水量与灌水次数对小麦产量的影响

引黄灌区属于大陆性气候，干旱少雨，风多干燥，在春小麦生育期内地表蒸发和作物蒸腾强烈，加上多次灌溉，土壤含水量频繁变动，春小麦的灌溉制度适应这一特点以满足春小麦各生育时期对水分的需求是夺取高产的重要措施之一。为及时掌握春小麦生育期中 0～80 cm 土层（分 4 层测定）土壤含水量，特别是灌头水的早晚与灌水次数对春小麦产量的影响，每 5 d 测定 1 次土壤含水量，灌水时期与灌水次数不同，土壤含水量变化特征不同。

在春小麦生育期中，其中 0～20 cm 土层土壤含水量变化幅度最大，为 11.5%～26.7%，是各土层土壤含水量在不同时期的最高值和最低值。土壤含水量变化幅度较大，是地面蒸发与作物吸水蒸腾所致。相反，土层越深，土壤含水量曲线越平缓，受地面蒸发与作物蒸腾的影响越小，土壤含水量的变化幅度为 14.0%～24.0%。

5 月上旬灌水后，春小麦生育期中，土壤表层含水量变动幅度为 10%～26%。灌头水前土壤表层含水量已降至 10.35%，接近春小麦的萎蔫系数。据测定，0～80 cm 土层土壤田间持水量为 24.41%，春小麦的萎蔫系数为 8.07%。土壤含水量达到 10.35% 时，其相对含水量为 42.2%，土壤中水分已接近无效的程度，故春小麦白天已呈暂时萎蔫状态。根据多年的研究，春小麦灌头水的时间以 4 月下旬为宜，此时正值春小麦幼穗发育的单棱期，土壤水肥条件适宜能增加每穗结实小穗数与结实粒数。而推迟灌水，春小麦已到拔节初期，幼穗分化已进入花芽分化期，会影响春小麦的穗长、小穗数与每穗粒数，这是春小麦不能高产的重要原因之一。

第二节　灌淤土的其他物理性质

灌淤土的其他物理性质包括土壤质地、颗粒组成类型、相对密度与容重、团聚体与微团聚体、裂隙等。大部分灌淤土的基质为棕色或灰棕色，多碳酸盐黏结基质，碳酸盐颗粒有的可占基质颗粒的50%。原状土样薄片微形态观察可见磨圆状或半磨圆状细粒质团块、较多的孔隙及炭屑等，显示出耕作与施肥的影响。少数团块内还可见沉积微层理，保留了某些灌水淤积的痕迹。老灌淤层的孔壁多有薄层腐殖质-黏粒或黏粒-腐殖质胶膜，其厚度一般为 0.005～0.050 mm，占薄片面积的 0.5% 左右，多者占 1.2%，说明灌溉对黏粒移动有一定的作用。

一、灌淤土质地

20 世纪 50 年代，中国开始采用苏联的卡钦斯基制。1975 年，中国拟定了相应的粒级划分标准，与卡钦斯基制近似。20 世纪 70 年代后期，中国引入国际土壤联合会的国际制（International Society of Soil Science，ISSS）。20 世纪 90 年代，美国制（USDA）粒级划分在中国得到应用，并逐渐成为主流。上述 4 种土壤颗粒分级均采用石块、砾石、沙粒、粉粒和黏粒五大类别，但每个类别的划分标准有所不同。在国际制和美国制中，将粒径小于 2 mm 的颗粒视为土壤；在卡钦斯基制中，将粒径小于 1 mm 的颗粒视为土壤。国际制与美国制具有相同的沙粒、粉粒和黏粒分级。以黏粒含量为主要标准，规定黏粒含量小于 15% 为沙土类、壤土类，黏粒含量 15%～25% 为黏壤土类，黏粒含量大于 25% 为黏土类；根据粉粒含量，凡粉粒含量大于 45% 的，在质地名称前加"粉质"；根据沙粒含量，凡沙粒含量大于 55% 的，在质地名称前加"沙质"。

灌淤土根据颗粒直径大小可分为黏粒、粉粒和沙粒，根据不同颗粒大小的比例可分为粉质、沙粉质、沙质、黏质、混合型。灌淤土的质地以壤土与粉质壤土为主，部分可重至黏壤土及粉质黏壤土，少部分轻至沙壤土。同一剖面的灌淤层，机械组成比较一致，在 0.05～0.25 mm、0.01～0.05 mm、0.005～0.01 mm 三组粒级中至少有一组粒级各亚层最低含量与最高含量之差小于 20%，各亚层黏粒（<0.002 mm）的最高含量与最低含量之差小于 40%（表 4-5）。

表 4-5　灌淤土的土壤质地

采样地点	采样深度（cm）	颗粒组成（%）				质地
		>2 mm	0.05～2 mm	0.002～0.05 mm	<0.002 mm	
新疆阜康	0～12	1.2	26.8	43.1	28.9	黏壤土
	12～24	1.8	28.3	43.7	26.2	壤土
	24～36	—	25.5	46.8	27.7	黏壤土
	36～46	—	23.0	49.1	27.9	黏壤土
	46～53	1.0	18.8	53.4	27.8	粉沙质黏壤土
	53～68	—	5.9	57.7	36.4	粉沙质黏壤土
	68～77	—	7.1	52.5	40.4	粉沙质黏壤土
	77～85	—	10.0	53.9	36.1	粉沙质黏壤土
	85～110	—	23.1	44.9	32.0	黏壤土

采样地点	采样深度（cm）	颗粒组成（%）				质地
		>2 mm	0.05~2 mm	0.002~0.05 mm	<0.002 mm	
新疆策勒	0~11	—	56.3	34.0	9.7	沙质壤土
	11~35	—	47.3	43.4	9.3	壤土
	35~85	—	37.6	52.4	10.0	粉沙壤土
	85~122	—	38.8	51.7	9.5	粉沙壤土
	122~196	—	35.9	55.3	8.8	粉沙壤土
	196~220	—	54.5	38.9	6.6	沙质壤土
甘肃武威	0~24	4.4	51.5	30.0	14.1	沙质壤土
	24~60	5.6	43.7	35.6	15.1	壤土
	60~95	4.2	42.2	39.5	14.1	壤土
	95~122	3.7	33.9	44.6	17.8	壤土
	122~147	—	25.7	50.9	23.4	粉沙壤土
	147~160	—	14.5	58.1	27.4	粉沙壤土
宁夏永宁	0~19	—	42.8	42.7	14.5	壤土
	19~34	—	52.8	35.3	11.9	沙质壤土
	34~77	—	62.9	26.0	11.1	沙质壤土
	77~160	—	78.2	14.0	7.8	壤质沙土

二、灌淤土颗粒组成类型

灌淤土的颗粒组成在同一剖面的灌淤层内基本一致。不同地区因物质来源、渠道输水和灌水过程的分选而有一定的差别，大致可分为以下 5 类。

1. 粉质 颗粒组成中 40% 以上为粉粒，沙粒含量小于 30%。粉质主要分布于黄河及其支流平原地区，其源土多为以粉粒为主的黄土或黄土状物质，因此其颗粒组成多属于粉质类型。

2. 沙粉质 粉粒含量大于 40%，沙粒含量略小于粉粒，大于 30%。新疆昆仑山北麓和田地区的灌淤土多属于沙粉质。其物质来源主要是昆仑山北坡的昆仑黄土，昆仑黄土的沙粒含量大于黄土。

3. 沙质 以沙粒为主，其含量 >40%，黏粒含量很低（<17%）。分布于干渠、支渠附近或者田块进水口处的灌淤土，灌溉水流速较大，故灌水淤积物沙粒含量高。

4. 黏质 黏粒含量较高，大于 30%，沙粒含量低，不足 30%，如新疆昌吉与库车的灌淤土，质地为黏壤土或粉质黏壤土，颗粒组成属于黏质，可能与灌淤土中含有红黏土有关。

5. 混合型 沙粒、粉粒和黏粒含量相差不大，可能含有少量砾石。如河北张家口地区的灌淤土，物质来源于附近的高原（坝上），来路短，比降大，物质分选差，故颗粒组成属于混合型。

灌淤层以下的下伏母土类型不同，其颗粒组成与质地变化较大。

三、灌淤土相对密度与容重

灌淤土的相对密度变化不大，为 2.68~2.74。灌淤耕层容重比较低，但变幅较大，为 1.15~

$1.40\ g/cm^3$，耕层受耕作与灌溉的双重影响，耕作使土壤疏松、容重降低，灌溉使土壤沉实、容重增大。因此，不同时期的测定值会发生变化。自耕层向下，容重逐渐增大，老灌淤层容重一般为 $1.30\sim1.55\ g/cm^3$，这主要是灌淤层逐渐增厚、向下压力逐渐增加导致的。因为灌淤土没有犁底层，所以紧接耕层之下的层次，土壤容重并不特别增大。个别剖面可比其下的层次高出 $0.1\ g/cm^3$，表现出犁底层的影响（表4-6）。

表4-6　不同层次灌淤土的物理性质（王吉智）

层段	容重（g/cm³）	相对密度	总孔隙度（%）	毛管孔隙度（%）	非毛管孔隙度（%）
灌淤耕层	1.15～1.40	2.68～2.71	47～60	40～53	2.3～5.8
老灌淤层	1.30～1.55	2.68～2.74	41～52	36～46	1.4～4.5

四、灌淤土团聚体与微团聚体

灌淤土含有一定量的水稳定性团聚体，粒径大于 0.25 mm 的水稳定性团聚体总量超过 150 g/kg，最高达到 700 g/kg。土壤微团聚体组成对评价土壤形成结构的能力和肥力状况有重要意义。以 0.02 mm 为界，将微团聚体分为大小两组，即 0.02～0.25 mm 与 <0.02 mm 两组。一般来说，这两组微团聚体的比值越大，结构状况越好。普通灌淤土、肥熟灌淤土和潮灌淤土两者的比值均大于 1.0。灌淤土的结构系数一般在 60 左右或者大于 60，而钙积灌淤土的结构系数仅为 46.7，说明钙积灌淤土的结构性较差（表4-7）。

表4-7　不同灌淤土微团聚体组成（王吉智）

类型	剖面	地点	层次（cm）	微团聚体组成（%）			
				0.02～0.25 mm	<0.02 mm	大：小	结构系数
普通灌淤土	I₁₃	宁夏中卫	0～17	51.8	45.1	1.15	53.0
			55～90	53.3	46.2	1.15	57.7
肥熟灌淤土	I₁₄	宁夏中卫	0～16	54.0	45.0	1.20	64.8
			36～57	61.2	38.4	1.59	53.3
	I₂₆	新疆新和	0～16	52.2	44.7	1.17	59.8
			35～63	42.3	57.2	0.73	60.4
钙积灌淤土	I₂₄	新疆疏勒	0～14	40.8	57.0	0.71	46.7
潮灌淤土	I₂	宁夏平罗	0～15	54.8	44.1	1.24	62.8
			28～50	57.5	42.3	1.36	59.1
表锈灌淤土	I₁₁	宁夏中卫	0～18	47.6	50.2	0.95	65.4
			50～95	52.7	45.6	1.15	59.6
	I₁₂	宁夏中卫	0～13	46.8	51.6	0.91	59.5
			25～45	55.1	44.0	1.25	70.8

旱作和水田的不同利用方式对灌淤土团聚体稳定性和有机碳官能团也有影响。张耀方等的研究表明：干筛后，旱作土壤以粒径 >5 mm 的团聚体为主，含量为 48.19%，大于水田土壤（38.16%），旱作土壤 >0.25 mm 粒径团聚体含量大于水田，而旱作土壤粒径 <0.25 mm 的团聚体为 13.51%，不到水田土壤（32.94%）的 1/2；湿筛后，旱作和水田土壤团聚体破坏主要体现在粒径 >0.25 mm 的

大团聚体减少，粒径为<0.25 mm 的团聚体含量增加（表 4-8）。各粒级团聚体破坏率表明：粒径越大，团聚体破坏率越大。旱作与水田土壤团聚体破坏率在>5 mm 粒径团聚体中相差 7.98%，在粒径>2 mm 团聚体中相差 3.89%，在其他几个粒径团聚体中差距相对较小。在旱作土壤中粒径>5 mm、>2 mm、>1 mm 的团聚体的破坏率分别为 67.65%、59.61%、52.16%，小于水田土壤粒径>5 mm、>2 mm、>1 mm 的团聚体的破坏率（75.63%、63.50%、53.70%），而旱作土壤粒径>0.5 mm 和>0.25 mm 的团聚体的破坏率分别为 42.29% 和 33.97%，大于水田土壤粒径>0.5 mm 和>0.25 mm 的团聚体的破坏率（41.62% 和 30.55%）（表 4-8）。

表 4-8 不同土地利用方式土壤团聚体粒径分布及破坏率（%）

利用方式	处理	>5 mm	>2 mm	>1 mm	>0.5 mm	>0.25 mm	<0.25 mm
旱作	干筛	48.19	63.86	74.39	81.49	86.49	13.51
	湿筛	15.59	25.79	35.59	47.03	57.11	42.89
	PAD（破坏率）	67.65	59.61	52.16	42.29	33.97	—
水田	干筛	38.16	52.30	62.11	65.12	67.06	32.94
	湿筛	9.30	19.09	28.76	38.02	46.57	53.43
	PAD（破坏率）	75.63	63.50	53.70	41.62	30.55	—

从旱作和水田灌淤土耕层团聚体 SOC 官能团软 X 射线吸收图谱（图 4-1）可以看出，整体上不同粒级土壤官能团样品的 SOC 官能团吸收图谱特征基本一致，羧基碳吸收最强，其次为烷基碳、苯环。随着团聚体粒径的减小，各粒级团聚体 SOC 官能团吸收强度逐渐增大，但其增加不同：羧基碳吸收强度增加较烷基碳、苯环大；粒径<1 mm 团聚体中 SOC 官能团吸收强度增加程度较粒径>1 mm 团聚体大。水田 SOC 羧基碳吸收强度小于旱作土壤，而烷基碳和苯环吸收强度大于旱作土壤，即水田土壤稳定性有机碳官能团吸收强度大于旱作土壤。此外，与旱作土壤相比，水田土壤 0.25~0.5 mm 的团聚体的官能团吸收强度增幅明显高于其他粒径，羧基碳、烷基碳的吸收强度达到最大，在粒径<0.25 mm 的团聚体中羧基碳、烷基碳的吸收强度减弱，说明水田耕作方式对粒径 0.25~0.5 mm 的团聚体的羧基碳、烷基碳有明显作用，水田 SOC 官能团含量在粒径<0.25 mm 的团聚体中达到相对稳定的趋势。

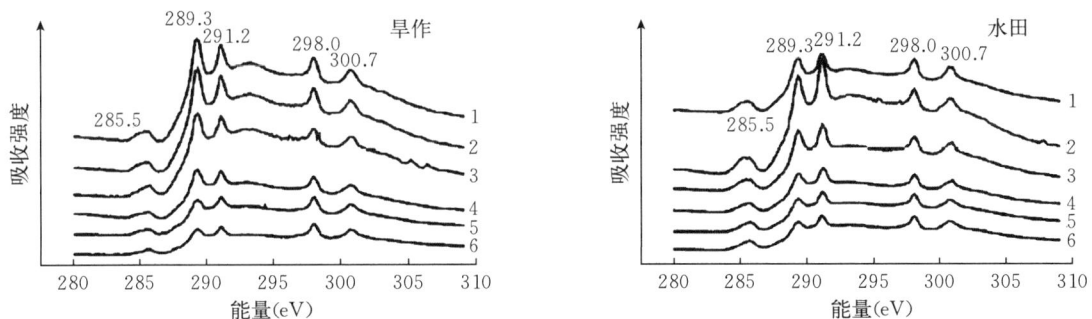

图 4-1 土壤团聚体 SOC 官能团软 X 射线吸收图谱

注：图中曲线 1、2、3、4、5、6 分别表示团聚体粒径<0.25 mm、0.25~0.5 mm、0.5~1 mm、1~2 mm、2~5 mm、>5 mm 的 SOC 官能团软 X 射线吸收曲线。

如表 4-9 所示，旱作和水田灌淤土耕层团聚体中有机碳含量随着团聚体粒径的减小而减少，且水田土壤中各粒径团聚体有机碳含量均大于旱作土壤。各粒径团聚体 SOC 官能团一致表现为羧基碳的相对百分含量最大，这反映了耕层土壤有机残体经过充分分解后主要以活性羧基碳的形式存在。旱作土壤活性羧基碳相对百分含量明显大于稳定性 SOC 官能团苯环和烷基碳，其相对百分含量为 46.26%～63.41%，苯环和烷基碳之和为 36.59%～53.74%；而水田土壤羧基碳相对百分含量为 34.93%～47.05%，苯环和烷基碳之和大于 50%，稳定性官能团占据主要地位。

表 4-9　不同利用方式下土壤团聚体 SOC 官能团相对百分含量

利用方式	粒径（mm）	苯环（%）	羧基碳（%）	烷基碳（%）	SOC（g/kg）
旱作	>5	24.85	50.37	24.78	7.51
	2～5	25.32	46.26	28.42	6.91
	1～2	21.21	58.90	19.89	7.37
	0.5～1	17.89	63.24	18.87	7.17
	0.25～0.5	17.90	60.00	22.10	6.73
	<0.25	16.63	63.41	19.96	4.65
水田	>5	39.04	34.93	26.03	8.90
	2～5	35.32	38.50	26.18	10.51
	1～2	30.08	42.59	27.33	10.07
	0.5～1	25.48	47.05	27.47	9.70
	0.25～0.5	25.14	45.01	29.85	9.64
	<0.25	30.94	45.02	24.04	8.79

苯环相对百分含量随着团聚体粒径的减小而减少，且主要表现在 >1 mm 团聚体中。旱作土壤苯环的相对百分含量在粒径 >5 mm 团聚体中最高（24.85%），在粒径 <0.25 mm 团聚体中最低（16.63%），在 1～5 mm 的团聚体中的相对百分含量在 21.21%～25.32%，在 0.25～1 mm 的团聚体中相对百分含量基本保持在 18.00% 左右。与旱作土壤相比，水田土壤苯环的相对百分含量在粒径 >5 mm 的团聚体中最高（39.04%），在粒径为 0.5～1 mm、0.25～0.5 mm 的团聚体中较低，分别为 25.48% 和 25.14%，>1 mm 的团聚体中苯环的相对百分含量在 30.08%～39.04%，粒径 <1 mm 的团聚体中，除粒径 <0.25 mm 的团聚体外，相对百分含量基本保持在 25% 左右。水田土壤苯环的相对百分含量高于旱作土壤，且变化幅度较旱作土壤大（表 4-9）。

羧基碳呈现与苯环相反的趋势，相对百分含量随着团聚体粒径的减小而增加，且主要体现在 >1 mm 的团聚体中。旱作土壤羧基碳的相对百分含量在粒径 <0.25 mm 团聚体中最高（63.41%），在粒径 2～5 mm 团聚体中最低（46.26%），粒径 >1 mm 团聚体中羧基碳的相对百分含量在 46.26%～58.90%，粒径 <1 mm 的团聚体中，羧基碳相对百分含量基本保持在 63% 左右；与旱作土壤相比，水田土壤羧基碳的相对百分含量在粒径 0.5～1 mm 团聚体中最高（47.05%），在粒径 >5 mm 团聚体中最低（34.93%），粒径 >1 mm 团聚体中羧基碳相对百分含量在 34.93%～42.59%，粒径 <1 mm 的团聚体中，羧基碳相对百分含量基本保持在 45% 左右。水田土壤羧基碳相对百分含量小于旱作土壤，且变化幅度较旱作土壤小（表 4-9）。

烷基碳的相对百分含量的变化很小，在旱作土壤中随着团聚体粒径的减小而减少，但减少趋势不明显，在水田土壤中表现为随着团聚体粒径的减小而略有增加；旱作土壤烷基碳的相对百分含量在 18.87%～28.42%，而水田烷基碳的相对百分含量集中在 24.04%～29.85%，水田烷基碳的相对百分含量高于旱作土壤（表 4-9）。

五、灌淤土裂隙

土壤结构因干湿交替而变化，最明显的特征是遇到干旱后土壤产生裂隙。裂隙作为土壤孔隙中的一类，一般产生于土壤冻融或干湿交替过程中，尤其是富含黏粒的土壤或盐性土壤。裂隙可形成复杂的网络结构来传导水分，垂直裂隙会导致作物根系以下水分和养分等重新分布。土壤裂隙增加土壤表面积，促使土壤水分通过裂隙内表面更加迅速地蒸发损失。因此，裂隙的产生会加剧土壤干旱，同时提高土壤强度和增加根系生长难度，降低作物产量。另外，土壤裂隙导致后期灌溉水和降水快速下渗，形成优先流，降低水肥利用率，增加地下水污染风险。

土壤容重是表征土壤紧实程度的参数。一般容重小的土壤较为疏松，其收缩能力较大，容易产生裂隙。而且，容重较小的土壤有较大的土壤含水量，会因干湿交替变化引起表层土壤的收缩而产生裂隙。有研究表明，0～15 cm 土层裂隙的宽度和体积与土壤容重显著正相关，其中土壤含水量和容重解释了大约 80％ 的裂隙体积的变化。

裂隙属于土壤大孔隙的一种，受干湿交替影响显著，而其他生物大孔隙（如虫穴、根孔等）受土壤耕作与管理等影响明显，但不受干湿交替影响或者受其影响很小。根据生物大孔隙结构相对稳定且不随着水分变化而变化的特点可以区分裂隙与其他大孔隙对水分运动的贡献。许多学者认为，水分运动在土壤中存在"两域"的特征。水在大孔隙中主要受重力作用形成快速非均质的优先流，常被称为大孔隙流。

灌淤土种植水稻，易因干湿交替而产生裂隙。水田需要经过泡田、翻耕和泥浆化的过程，在水稻移栽后也需要经常淹水和排水，这都容易导致水田裂隙的产生。因此，对灌淤土裂隙的产生机制及其优先流进行模拟具有重要的实际意义。

（1）裂隙的形成是一个复杂的过程，可能与土壤含水量、黏土矿物、土壤水蒸发、作物蒸腾、土壤水分运动方向、根系吸水、土壤强度、耕作措施等有着错综复杂的关系。其中，土壤含水量、黏土矿物含量和耕作措施是影响裂隙形生的主要因素。

（2）动态描述土壤裂隙的几何形态是研究土壤裂隙的关键。目前，CT 扫描技术是定量分析土壤裂隙几何形态的最佳方法。

（3）裂隙作为优先流的路径可大幅度地增加土壤水分的入渗。研究裂隙对入渗的贡献可以借用大孔隙流常用的技术和方法。可根据裂隙和其他大孔隙与土壤水分的不同关系为单独评价裂隙对优先流的影响提供可能。

第三节　不同区域灌淤土的物理性质

灌淤土在不同区域的形成原因有所不同，灌淤土与有关土壤的组合有不同的特点，新疆和甘肃等荒漠地区的灌淤土分布于块状的老绿洲内。绿洲外围，上部一般为棕漠土或者灰棕漠土，下部为潮土、水稻土或者盐土，有的有风沙土；绿洲内部，高处一般为灌淤土，低处多为水稻土和潮土。以新疆喀什为例，其南部天山山前洪积扇上部为棕漠土，中部和下部为灌淤土，扇缘为潮土。

在河流冲积平原地区，沿河床的河滩地及超河漫滩一般为潮土，低阶地或者中阶地是灌淤土分布的主要地区，外侧高阶地地区及山前平原多为当地的地带性土壤。宁夏等地老灌区内部，自渠道向其垂直方向，顺自然坡度逐渐降低，其上端高处多为普通灌淤土，中段为潮灌淤土和表锈灌淤土，下段为盐化灌淤土。

西藏西部的亚高山河谷，普兰县孔雀河河谷的灌淤土集中连片，并已建成平整的条田；西藏札达县象泉河河谷，灌淤土分布零散，呈梯田式、岛屿式或者扇形式。

一、宁夏灌淤土

（一）土壤颜色分析

2014 年 10 月至 2015 年 4 月，在宁夏共调查灌淤土剖面 10 个（平罗 1 个、贺兰 2 个、永宁 2 个、青铜峡 2 个、吴忠 1 个、中卫 2 个）（表 4-10）。

表 4-10　灌淤土样点主要成土环境（谢平）

剖面编号	剖面地点	海拔（m）	地形	母质
64-008	平罗城关	1 093	冲积平原	灌淤物
64-017	贺兰西岗	1 102	冲积平原	灌淤物
64-018	贺兰立岗	1 103	冲积平原	灌淤物
64-020	永宁望远	1 100	冲积平原	灌淤物
64-023	青铜峡瞿靖	1 123	冲积平原	灌淤物
64-024	永宁胜利	1 120	冲积平原	灌淤物
64-027	青铜峡金积	1 127	冲积平原	灌淤物
64-048	吴忠金银滩	1 120	冲积平原	灌淤物
64-052	中卫新堡	1 180	高丘	灌淤物
64-054	中卫迎水桥	1 224	冲积平原	灌淤物

土壤颜色是反映土壤成土过程的指标之一。由表 4-10 和图 4-2 可以看出，灌淤土剖面色调以 7.5YR 为主，仅剖面 64-008 色调为 5YR，64-020、64-048 为 10YR；明度为 3~6，多数剖面层次为 4，多数层次彩度以 3 或 4 为主。剖面 64-020 各土层颜色均为浊黄橙色，与其他土壤剖面颜色差别较大；其他剖面间颜色差异不显著，同一剖面各层次颜色差异也不大。样点灌淤土土壤颜色以棕色为主，比前面灰钙土颜色深，这与灌淤土有机质、水分含量高有关。灌淤土一年内多数月份处于湿润状态，作物残茬也较多，有机质含量相对较高。

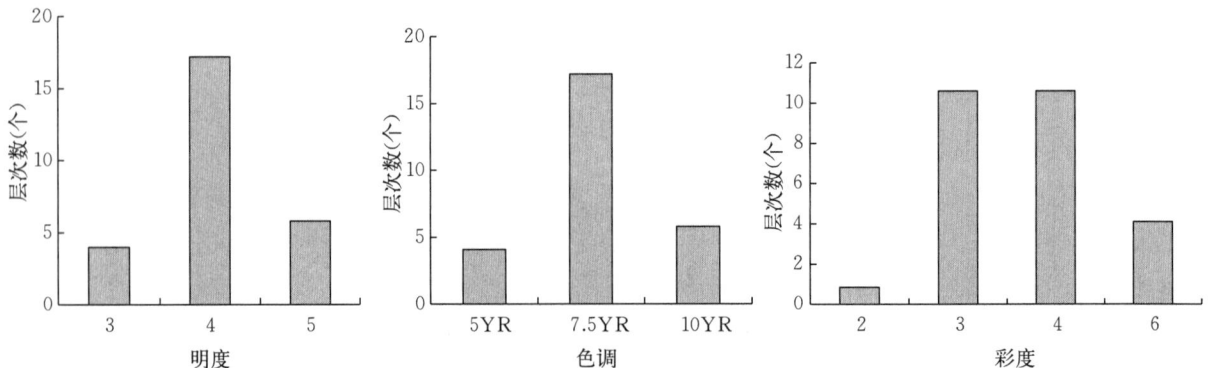

图 4-2　灌淤土剖面土壤颜色频率分布图（谢平）

（二）土壤机械组成

对灌淤土来说，土壤机械组成是影响其肥力的一项重要指标。由表 4-11 可知，土壤颗粒组成以沙粒和粉粒为主，沙粒含量范围为 18.81％～68.49％，多数层次在 40.00％～69.00％，粉粒含量多数层次在 30.12％～66.09％，剖面 64-052 的 25～60 cm 土层粉粒含量最低，仅为 1.28％，而沙粒含量达到 97.60％，这可能与剖面所处位置有关，剖面位于水渠旁边，且人为干扰作用较弱，因而沙粒含量高。灌淤土剖面质地类型以沙壤土和粉壤土为主，这说明灌淤土颗粒组成较均一、土壤质地较一致。宁夏灌淤土是引用含有大量泥沙的黄河水进行灌溉，在长期的落水灌淤与人为耕作施肥交叠作用下形成的。由于流水的分异作用，质量较大的颗粒先沉淀，到达灌区的流水中细颗粒物质含量较高，因而灌淤土中粉粒含量相较于灰钙土有较大的提高。各剖面的粉黏比，除 64-048、64-052、64-054 外，其他剖面均在 15％以上，这可能与引黄灌溉带进农田的淤泥覆盖在原来的土壤上有关。粉黏比越小，风化程度越高，而灌淤土粉黏比较大，表明土壤发育程度弱。

表 4-11 灌淤土的基本物理性状

| 剖面编号 | 深度（cm） | 土壤颜色 | 颗粒组成（%） | | | 质地 | 粉黏比 | 粉黏率（%） |
			沙粒 (0.05～2 mm)	粉粒 (0.002～0.05 mm)	黏粒 (<0.002 mm)			
64-008	0～40	5YR 4/3（湿）浊红棕色	47.92	50.56	1.52	粉壤土	33.26	1.00
	40～65	5YR 4/4（湿）浊红棕色	18.81	79.51	1.68	粉壤土	47.33	1.11
	65～100	5YR 3/3（湿）浊红棕色	19.69	78.56	1.75	粉壤土	44.89	1.15
64-017	0～20	7.5YR 4/3（湿）棕色	54.54	44.12	1.34	沙壤土	32.93	1.00
	20～40	7.5YR 4/4（湿）棕色	65.24	33.78	0.98	沙壤土	34.47	0.73
	40～80	7.5YR 5/6（湿）亮棕色	68.49	30.12	1.39	沙壤土	21.67	1.04
64-018	0～20	7.5YR 4/3（湿）棕色	44.43	53.79	0.78	粉壤土	30.22	1.00
	20～50	7.5YR 4/4（湿）棕色	49.11	48.34	2.55	沙壤土	18.96	4.43
	50～100	7.5YR 5/6（湿）棕色	43.72	54.42	1.86	粉壤土	29.26	1.05
64-020	0～20	10YR 5/4（湿）浊黄橙色	48.07	51.38	0.55	粉壤土	93.42	1.00
	20～50	10YR 5/3（湿）浊黄橙色	47.99	50.37	1.64	粉壤土	30.71	2.98
	50～70	10YR 5/4（湿）浊黄橙色	47.65	51.11	1.24	粉壤土	41.22	2.25
64-023	0～40	7.5YR 4/4（湿）棕色	43.89	54.10	2.01	粉壤土	26.92	1.00
	40～90	7.5YR 4/3（湿）棕色	54.17	44.07	1.76	沙壤土	25.04	0.88
64-024	0～60	7.5YR 3/3（湿）暗棕色	57.37	40.20	2.43	沙壤土	16.54	1.00
	60～100	7.5YR 4/2（湿）灰棕色	63.39	34.53	2.08	沙壤土	16.6	0.86
64-027	0～20	7.5YR 4/3（湿）棕色	61.21	36.57	2.22	沙壤土	16.47	1.00
	20～60	7.5YR 5/4（湿）浊棕色	62.37	36.05	1.58	沙壤土	22.82	0.71
64-048	0～30	10YR 4/6（湿）棕色	56.97	37.13	5.90	沙壤土	6.29	1.00
	30～80	10YR 4/4（湿）棕色	65.87	28.64	5.49	沙壤土	5.22	0.93
	80～110	10YR 5/4（湿）浊黄橙色	65.52	30.27	4.21	沙壤土	7.19	0.71
64-052	0～25	7.5YR 4/4（湿）棕色	54.51	44.77	0.72	沙壤土	62.18	1.00
	25～60	7.5YR 4/3（湿）棕色	97.60	1.28	1.12	沙土	1.14	1.56
	60～110	7.5YR 4/6（湿）棕色	64.42	30.01	5.57	沙壤土	5.39	7.74

（续）

剖面编号	深度（cm）	土壤颜色	颗粒组成（%）			质地	粉黏比	粉黏率（%）
			沙粒（0.05~2 mm）	粉粒（0.002~0.05 mm）	黏粒（<0.002 mm）			
64-054	0~25	7.5YR 3/3（湿）暗棕色	27.20	63.06	9.74	粉壤土	6.47	1.00
	25~50	7.5YR 4/3（湿）棕色	25.58	66.09	8.33	粉壤土	7.93	0.86
	50~65	7.5YR 6/1（1/2）棕灰色 7.5YR 4/4（湿）棕色	34.47	56.02	9.51	粉壤土	5.89	0.98

资料来源：谢平，2016. 宁夏回族自治区灰钙土、灌淤土的发生特性及其在中国土壤系统分类的归属［D］. 长沙：湖南农业大学。

（三）土壤矿质组成

对第二次全国土壤普查形成的宁夏地区土壤图、地形地貌图、土地利用图及地质图等，用 Arc GIS9.3 校正后进行叠加，确定土壤协同变化的环境因子，通过模糊聚类和数据标准化处理的方法确定典型样点，根据典型土壤图斑的分布区域补充代表性样点，在研究区域内共采集灌淤土典型剖面 5 个。在野外品采集过程中，5 号剖面挖掘深度在 1 m 左右时出现地下水渗水，其余剖面在挖掘深度内未见地下水。1 号、4 号、5 号剖面土体中部均可见少量的铁锰锈斑或锈纹锈斑，其中 5 号剖面表层在根孔周围可见明显的根锈，在剖面下部也可观察到锈纹锈斑，1 号和 4 号剖面土体锈斑在土层中的分布具有不连续性，这说明 1 号和 4 号剖面的锈斑主要是由灌溉滞水所致，而 5 号剖面的锈斑则是由地下水位的升降引起的。此外，1 号和 5 号剖面土体中上部有铁锰结核，并且土表有盐斑。综上所述，宁夏灌淤土具有地下水位高、地下水含盐量高以及气候干旱少雨、蒸发强烈的成土环境特点。

土壤矿物不仅是作物矿质养料的主要来源，也被用作系统分类土族的划分依据。从剖面的矿物组成类别上分析，2 号、3 号剖面的矿物组成石英居多，其次是长石类和黏土矿物。1 号剖面则黏土矿物居多，其次是石英、长石类、方解石。4 号剖面以石英和长石类为主。5 号剖面则以长石类和黏土矿物为主。从组成矿物风化的难易程度上分析，5 个供试剖面的矿物组成均以石英和长石类等不易风化的矿物为主，难风化矿物总量分别占各剖面土壤矿物组成的 50%、68%、66%、71% 和 65%。供试土壤以粉壤土和沙壤土为主，根据颗粒大小，依据文献进行矿质土壤矿物学类型检索，供试土壤的矿物组成及矿物类型见表 4-12。

表 4-12 宁夏供试土壤的矿物组成（%）及矿物类型（曲潇琳）

剖面编号	石英	斜长石	微斜长石	闪石	方解石	石膏	白云石	黏土矿物	矿物类型
1	31	14	5		18			34	混合型
2	37	23	8	5	12			16	长石混合型
3	42	19	5		14			20	硅石混合型
4	31	28	12	4	10			16	长石混合型
5	13	31	21		6	4	12	27	长石型

二、甘肃灌淤土

（一）土壤机械组成

以甘肃兰州雁滩灌淤土为样本，分析灌淤土和盐化灌淤土的机械组成。如表 4-13 所示，灌淤土以沙壤土为主，0～24 cm 耕层为粉沙黏壤，颗粒主要在 0.02～2 mm。盐化灌淤土以沙质黏壤土为主，颗粒集中在 0.02～2 mm 范围。

表 4-13　不同亚类灌淤土的机械组成（王方）

土壤类型	土层（cm）	质地	0.02～2 mm（%）	0.002～0.02 mm（%）	<0.002 mm（%）
灌淤土	0～24	粉沙黏壤	57.00	26.51	16.49
	24～36	沙壤土	56.18	30.45	13.37
	36～56	沙壤土	58.33	27.59	14.07
	56～110	壤沙土	93.68	1.59	4.74
	110～140	沙壤土	67.74	26.90	5.37
盐化灌淤土	1～11	沙质壤土	66.20	25.14	8.66
	11～21	黏壤土	43.99	38.14	17.87
	21～31	沙质黏壤土	58.67	24.43	16.89
	31～41	沙质黏壤土	58.82	21.88	19.91
	41～57	沙质黏壤土	56.74	26.31	16.95
	57～95	壤质沙土	88.75	5.71	5.54

（二）甘肃红古区灌淤土机械组成

由于红吃劲土在本研究区域占厚层灌淤土面积的 98.42%、占灌淤土面积的 94.75%，所以以具有代表性的红吃劲土为描述对象（表 4-14）。红吃劲土主要分布在甘肃红古区，西起旋子村、东至河湾村湟水河北岸川地的 4 个乡（镇）。对红吃劲土进行研究发现，红吃劲土剖面构造中质地由上往下逐渐紧实，结构上下层为块状，中间为片状，充分说明红吃劲土剖面构型为夹黏型，形成原因主要是河水携带不同粗细的沉积物落淤和堆积。颜色主要为淡灰色、砖红色或棕红色；分布深度为 22～77 cm，多处在 20 cm 左右的不透水层。土壤剖面构型 40% 左右为夹黏型，有利于保水保肥，供肥性能强，不利于通气透水。碳酸钙含量一般大于 5%，属石灰微碱性土壤，pH 在 8.3 左右。

表 4-14　甘肃红古区红吃劲土剖面形态特征（陈小红）

土层	颜色	质地	结构	松紧度（kg/cm³）	侵入体	pH	容重（g/cm³）
耕作层（0～22 cm）	淡灰色	轻壤	块状	6.26	煤渣、石子	8.3	1.42
心土层（22～77 cm）	砖红色	重壤土-轻黏土	片状	16.74	煤渣、石子	8.3	1.52
底土层（77 cm 以下）	棕红色	中壤土-轻黏土	块状	8.76	无	8.3	1.45

三、新疆灌淤土

钙积灌淤土是在暖温漠境条件下形成的，主要分布于新疆南部的喀什平原。钙积灌淤土剖面特征是有白色假菌丝体，这些假菌丝体均匀地分布在土壤结构表面或者孔隙中，自上而下其数量有增多的趋势。

选取新疆喀什平原地区灌淤土，该区属于暖温漠境，地下水位深，灌淤层厚度大于 80 cm，土壤质地为粉质壤土（表 4-15）。

表 4-15　新疆喀什钙积灌淤土（暖性粉质土/巴仁粉质壤土）剖面特征（王吉智）

土层（cm）	剖面特征
0～14	灌淤耕层，浊橙色（5YR6/3），粉质壤土，棱块状，紧实，孔隙多，根系多，10%的结构面上有胶膜，有很少量的白色假菌丝体，有炭渣，干
14～38	老灌淤层，浊橙色（5YR7/3），粉质壤土，棱块状，紧实，小孔隙多，根系多，20%的结构面上有胶膜，有很少量的白色假菌丝体，有蚯蚓粪和炭渣，稍润
38～75	老灌淤层，浊橙色（5YR6/3），粉质壤土，棱块状，紧实，小孔隙多，根系多，70%的结构面上有胶膜，有很少量的白色假菌丝体，有蚯蚓粪和炭渣，稍润
75～102	老灌淤层，浊红棕色（5YR5/3），粉质壤土，棱块状，紧实，小孔隙多，根系多，50%的结构面上有胶膜，有很少量的白色假菌丝体，有蚯蚓粪，稍润

全剖面质地均匀，为粉质壤土。土壤颗粒组成以粉粒为主，粉粒占颗粒组成的 56.6%～62.1%。黏粒矿物组成以结晶较好的水云母为主，伴有较多的绿泥石以及少量蒙皂石、高岭石、石英和长石（表 4-16）。

表 4-16　新疆喀什钙积灌淤土（暖性粉质土/巴仁粉质壤土）颗粒组成（王吉智）

土层（cm）	砾石（%）		沙粒（%）					粉粒（%）			黏粒（%）	质地名称
	>2 mm	1～2 mm	0.5～1 mm	0.25～0.5 mm	0.1～0.25 mm	0.05～0.1 mm	小计	0.02～0.05 mm	0.002～0.02 mm	小计	<0.002 mm	
0～14	0.4	0.7	0.7	0.7	3.5	14.8	20.4	20.8	37.6	58.4	21.2	粉质壤土
14～38		0.1	0.1	0.1	3.5	18.8	22.6	19.7	36.9	56.6	20.8	粉质壤土
38～75					3	11.2	14.2	16.7	45.4	62.1	23.7	粉质壤土
75～102					2.4	12.0	14.4	21.0	40.0	61.0	24.6	粉质壤土

四、西藏冷灌淤土

冷灌淤土分布于西藏地区。冷灌淤土因有机质含量高、色泽较暗而多呈棕灰色、黄灰色或者灰色。结构较好，为块状或粒状结构。

1. 喜马拉雅北麓山间谷地农区灌淤土　灌淤土分布在海拔 2 900～4 300 m 的河谷阶地上，其范围与青稞生长最适宜区域一致，气候属温带干旱半干旱类型。灌淤土多分布在象泉河谷的古格王国遗址附近以及马甲藏布河谷寺院下部的阶地上。灌淤土的区域分布与中、小地形和土地利用方式相关，多呈梯田式、棋盘式、岛屿式和扇形式。梯田式以象泉河什布奇峡谷农区最为典型，梯田窄长，梯田间的高差多数大于 1 m。灌淤土的棋盘式分布是 20 世纪 70 年代大搞农田基本建设的结果，以马甲藏布河谷农区最为典型，条田规格化。灌淤土的岛屿式分布是札达县托林镇附近特有的现象，那里受侵蚀地貌的影响，灌淤土分布在土丘的背部或斜坡面上，其周围是连片的灌淤土。灌淤土的扇形式分布以马阳最为典型，象泉河下游峡谷中有细土物质沉积的扇形锥，经开垦灌淤耕种熟化为灌淤土，呈扇形展开，外围是薄层土和粗骨土。

每季作物收获后有 0.1～0.3 cm 灰色新淤积层覆于耕层之上，此乃灌溉作用的新产物，灌淤熟化层是耕作层、犁底层和老灌淤熟化层的总称，两河流域谷地农区灌淤土灌淤熟化层总厚度普遍在 80 cm 以上。

土壤颗粒组成差别较大。灌淤土含砾石极少，少量砾石也是施肥带入的，沙黏适中，粉粒含量占60%~70%，<0.002 mm 黏粒达 20%左右。灌淤土原来的土壤含沙、砾量高，多粗骨土，而且各层间粒级含量相差较大（表 4-17）。

表 4-17　象泉河谷灌淤土颗粒组成（邹德生）

土壤剖面号	地点	层次（cm）	砾石（>2.0 mm）	颗粒组成（%）			
				0.2~2.0 mm	0.02~0.2 mm	0.002~0.02 mm	<0.002 mm
灌淤土 TA-04	札达城西	0~16	0	20	40	30	10
		16~24	0	12	44	30	24
		24~73	0	8	46	24	22
		73~100	0	8	46	26	20

2. 托林壤土表面特征及颗粒组成　分布于西藏札达县托林镇，地表下 50 cm 处年平均气温小于 8℃，实际只有 2.5~5.5℃。剖面形态与冷灌淤土亚类一致。灌淤层厚度大于 80 cm，土壤质地以壤土为主，部分层次为沙壤土。颗粒组成以粉粒为多，沙粒稍次之，黏粒含量较少。0~16 cm 土层土壤质地为沙壤土，16~100 cm 土层土壤质地为壤土（表 4-18、表 4-19）。

表 4-18　托林壤土剖面特征（王吉智）

土层（cm）	剖面特征
0~16	灌淤耕层，暗棕色，沙壤土，粒状，松散，大量根系，炭渣多
16~24	老灌淤层，棕灰色，壤土，块状，较紧实，大量根系，有炭渣和碎陶瓷
24~73	老灌淤层，黄灰色，壤土，块状，紧实，少量根系，大量炭渣
73~100	老灌淤层，浅黄灰色，壤土，块状，紧实，少量根系，大量炭渣

表 4-19　托林壤土颗粒组成（王吉智）

土层（cm）	沙粒（%）（0.05~2.0 mm）	粉粒（%）（0.002~0.05 mm）	黏粒（%）（<0.002 mm）	质地名称
0~16	44.1	45.9	10.0	沙壤土
16~24	28.5	47.5	24.0	壤土
24~73	35.7	42.3	22.0	壤土
73~100	35.7	55.3	20.0	壤土

3. 乌江壤土剖面特征及颗粒组成　分布于西藏日土县班公湖，地下水埋深 3~4 m，土壤脱离地下水影响时间较短，属于荒山荒漠地区，气候冷而干。灌淤层厚度大于 80 cm，质地以壤土为主，部分层次为沙壤土，剖面下部有少量锈斑（表 4-20、表 4-21）。

表 4-20　乌江壤土剖面特征（王吉智）

土层（cm）	剖面特征
0~17	灌淤耕层，灰色，沙壤土，粒状，疏松，多根系，潮
17~45	老灌淤层，棕灰色，壤土，碎片状，稍紧，根系较少，有大量炭渣，潮
45~67	老灌淤层，棕灰色，壤土，块状，稍紧，根系较少，有大量炭渣，有少量锈斑，潮
67~100	老灌淤层，棕灰色，沙壤土，块状，松，根系较少，有大量炭渣，有少量锈斑

表 4 - 21　乌江壤土颗粒组成（王吉智）

土层（cm）	砾石（%） （>2.0 mm）	沙粒（%） （0.05～2.0 mm）	粉粒（%） （0.002～0.05 mm）	黏粒（%） （<0.002 mm）	质地名称
0～17	3.2	56.5	38.4	5.1	沙壤土
17～45	0	33.2	47.5	19.3	壤土
45～67	0	38.5	47.4	14.1	壤土
67～100	5.8	47.4	44.5	8.1	沙壤土

第四节　主要类型灌淤土的颗粒组成

一、普通灌淤土

普通灌淤土是典型亚类，面积最大，占土类总面积的 79%，除西藏外，其他灌淤土地区均有分布。具有 ≥50 cm 的灌淤层，大于 1 m 的较多，有的厚度达数米。灌淤耕层厚度为 13～23 cm，呈碎块状或者屑粒状结构，疏松多孔。

（一）暖性沙粉质土

主要分布于昆仑山北麓，灌淤物的源土为昆仑黄土，分布于昆仑山北坡的中山或者低山，海拔 3 500～4 000 m。其颗粒组成与黄绵土不同，以沙粒为主，沙粒含量占颗粒组成的 60% 左右；粉粒含量较低，占 35% 左右。由于渠道输水过程的分选作用，沙粒易在渠道中沉降，但因为源土中沙粒含量较高，仍有相当多的沙粒被输入农田。因此，以昆仑黄土为源土的灌淤物含有相当多的沙粒，沙粒含量占颗粒组成的 30% 以上，粉粒含量已较源土增加，占比 ≥40%，黏粒含量不足 25%。因此，这种类型的颗粒组成为沙粉质。同时，土壤颜色浅（表 4 - 22）。

表 4 - 22　暖性沙粉质土剖面颗粒组成（王吉智）

土层（cm）	沙粒（%）					粉粒（%）			黏粒（%） （<0.002 mm）	质地名称
	0.5～1 mm	0.25～0.5 mm	0.1～0.25 mm	0.05～0.1 mm	小计	0.02～0.05 mm	0.002～0.02 mm	小计		
0～16	0.1	0.8	3.4	31.1	35.4	32.8	21.1	53.9	10.7	粉质壤土
16～27		1.1	5.7	30.1	36.9	33.6	20.5	54.1	9.0	粉质壤土
27～68		2.1	11.7	32.6	46.4	32.3	14.9	47.2	6.4	沙壤土
68～100		0.9	6.0	36.0	42.9	35.1	13.9	49.0	8.1	壤土

代表性土壤为新疆和田县巴格其镇恰勒瓦西村的巴格其粉质土，位于洪积冲积平原上部。颗粒组成中粉粒略多于沙粒，黏粒含量不足 10%。

（二）暖性黏质土

分布于新疆南部和陕西关中地区，颗粒组成为黏质。陕西暖性黏质土的源土为黄绵土，其粉粒含量较高，达到 63.9%～72.8%；新疆暖性黏质土的源土为天山南坡的岩石风化物，粉粒含量较低，为 41.9%～57.6%。

1. 乌恰粉质黏壤土　代表性土壤位于新疆阿克苏地区库车市乌恰镇大哈拉村库车河冲积平原区，

土壤以粉质黏壤土为主，由于土性黏重，每年从渠道中取沙改良土壤质地，29 cm 以上土壤质地已变轻，为壤土（表 4-23）。

表 4-23 乌恰粉质黏壤土剖面颗粒组成（王吉智）

土层	砾石（%）（>2 mm）	沙粒（%）						粉粒（%）			黏粒（%）（<0.002 mm）	质地名称
		1~2 mm	0.5~1 mm	0.25~0.5 mm	0.1~0.25 mm	0.05~0.1 mm	小计	0.02~0.05 mm	0.002~0.02 mm	小计		
0~13	0.6	0.7	1.7	4.5	12.5	12.1	31.5	13.0	31.9	44.9	23.6	壤土
13~29	0.7	0.1	2.1	4.7	14.0	15.4	36.3	12.1	29.8	41.9	21.8	壤土
29~57				0.3	1.7	8.1	10.1	14.9	42.7	57.6	32.3	粉质黏壤土
57~82				0.7	3.2	9.7	13.6	14.5	41.4	55.9	30.5	粉质黏壤土
82~95					0.6	4.9	5.5	10.4	47.2	57.6	36.9	粉质黏壤土

2. 朱家桥粉质黏壤土 分布于陕西省咸阳市泾阳县泾河冲积平原。灌淤层厚度大于 80 cm，土壤质地以黏壤土为主，剖面下部为粉质壤土。从颗粒组成来看，大部分为粉粒和黏粒，其中粉粒占 63.9%~72.8%，黏粒占 22.5%~33.4%（表 4-24）。

表 4-24 朱家桥粉质黏壤土剖面颗粒组成（王吉智）

土层（cm）	沙粒（%）					粉粒（%）（0.002~0.05 mm）	黏粒（%）（<0.002 mm）	质地名称
	0.5~1 mm	0.25~0.5 mm	0.1~0.25 mm	0.05~0.1 mm	小计			
0~13	0.5	0.4	0.4	3.0	4.3	64.3	31.4	粉质黏壤土
13~33	0.2	0.3	0.3	1.9	2.7	63.9	33.4	粉质黏壤土
33~60	0.3	0.2	0.3	0.0	0.8	68.1	31.1	粉质黏壤土
60~90	0.3	0.3	0.3	1.8	2.7	72.8	24.5	粉质壤土
90~114	0.2	0.2	0.3	5.9	6.6	70.9	22.5	粉质壤土

（三）灰色暖性沙质土

灌淤物的源土为帕米尔山系的花岗岩、片麻岩、片岩、砾岩、砂岩及石灰石等风化物，由河流冲蚀混合，随灌溉水进入农田。这类灌淤物呈灰色（10Y 6/1），其灰色为源土岩性所决定，与人为培肥关系不大。源土的颗粒组成为沙性，沙粒含量达 60% 以上。虽然经河道输水分选，但是所形成的灌淤土仍含有大量的沙粒，沙粒占颗粒组成的 44%~50%。因此，该土属于沙质土类型。

代表性土壤为新疆喀什地区盖孜河冲积平原土壤，引盖孜河水灌溉，其淤积物为棕色，因水量不足，有时引克孜河水补充灌溉，其淤积物呈红棕色。土壤质地为壤土，但颗粒组成属于沙质土，0~50 cm 土层沙粒含量达到 44.4%~52.1%（表 4-25）。

表 4-25 灰色暖性沙质土代表性剖面颗粒组成（王吉智）

土层（cm）	沙粒（%）					粉粒（%）			黏粒（%）（<0.002 mm）	质地名称
	0.5~1 mm	0.25~0.5 mm	0.1~0.25 mm	0.05~0.1 mm	小计	0.02~0.05 mm	0.002~0.02 mm	小计		
0~12	0.1	2.7	25.3	16.3	44.4	15.4	27.6	43.0	12.6	壤土

（续）

土层（cm）	沙粒（%）					粉粒（%）			黏粒（%）（<0.002 mm）	质地名称
	0.5~1 mm	0.25~0.5 mm	0.1~0.25 mm	0.05~0.1 mm	小计	0.02~0.05 mm	0.002~0.02 mm	小计		
12~29	2.0	2.0	31.3	16.8	52.1	13.9	23.1	37.0	10.9	壤土
29~50		0.6	28.7	19.9	49.2	14.1	25.3	39.4	11.4	壤土
50~67		0.3	8.0	11.9	20.2	15.2	44.6	59.8	20.0	粉质壤土
67~89		0.2	5.7	9.7	15.6	20.0	46.9	66.9	17.5	粉质壤土

（四）温性沙粉质土

分布于甘肃张掖地区黑河平原，一般位于绿洲外缘，常与灰棕漠土相接。灌淤物多来自附近山地和丘陵的侵蚀土壤或者岩石风化物，富含沙粒，沙粒含量占颗粒组成的 33.6%～61.8%。粉粒也很多，占 21.7%～52.9%。黏粒很少，为 16% 左右，故颗粒组成类型属于沙粉质。

代表性土壤为明永壤土。颗粒组成比较均匀，灌淤层以粉粒为主，但沙粒含量很高，下伏母土层以沙粒为主。灌淤层容重最低，向下逐渐增加，灌淤层总孔隙最多，向下逐渐减少（表 4-26）。

表 4-26 温性沙粉质土代表性剖面颗粒组成（王吉智）

土层（cm）	砾石（%）（>2 mm）	沙粒（%）						粉粒（%）			黏粒（%）（<0.002 mm）	质地名称
		1~2 mm	0.5~1 mm	0.25~0.5 mm	0.1~0.25 mm	0.05~0.1 mm	小计	0.02~0.05 mm	0.002~0.02 mm	小计		
0~13			3.8	3.7	19.1	14.4	41.0	16.7	26.6	43.3	15.7	壤土
13~39			3.4	3.3	16.1	12.1	34.9	18.8	30.0	48.8	16.3	壤土
39~68	0.7	0.0	4.5	4.5	14.1	10.5	33.6	21.2	28.3	49.5	16.2	壤土
68~91	1.2	0.3	14.8	14.7	18.3	13.7	61.8	7.0	14.7	21.7	15.3	沙壤土
91~115		0.0	4.6	4.5	14.9	11.2	35.2	23.9	29.0	52.9	11.9	粉质壤土

二、肥熟灌淤土

肥熟灌淤土是经特别培肥的灌淤土，小面积零星分布于城镇郊区，富含有机质，黏粒在 3.3%～3.6%，与灌淤土土类平均值接近。

（一）暖性粉质土

土壤温度状况为暖性。颗粒组成属于粉质。代表性土种为菜场粉质壤土，分布于新疆阿克苏地区新和县城镇附近渭干河冲积平原上部，灌淤层厚度大于 80 cm，质地为粉质壤土。颗粒组成粉粒较多，粉粒含量 54.7%～63.0%，全剖面粉质壤土（表 4-27）。

表 4－27　暖性粉质土代表性剖面颗粒组成（王吉智）

土层（cm）	砾石（%）（>2 mm）	沙粒（%）						粉粒（%）			黏粒（%）（<0.002 mm）	质地名称
		1～2 mm	0.5～1 mm	0.25～0.5 mm	0.1～0.25 mm	0.05～0.1 mm	小计	0.02～0.05 mm	0.002～0.02 mm	小计		
0～16	0.4	0.5	0.5	2.3	8.6	17.0	28.9	19.9	34.8	54.7	16.4	粉质壤土
16～35			1.3	9.0	18.5	28.8		22.0	34.3	56.3	14.9	粉质壤土
35～65			0.5	3.1	15.2	18.8		21.8	41.2	63.0	18.2	粉质壤土
65～90				2.2	18.0	20.2		22.9	36.5	59.4	20.4	粉质壤土
90～108				3.4	16.2	19.6		24.4	34.9	59.3	21.1	粉质壤土

（二）温性粉质土

土壤温度状况属于温性。灌淤物来源于黄土或者黄土状物质，因此，颗粒组成以粉粒为主，粉粒含量大于40%，高者可达65%，属于粉质土。

1. 耶和庄壤土　分布于新疆北部城镇附近，灌淤层厚度为50～80 cm，质地以壤土为主。颗粒组成中粉粒较多，沙粒次之，黏粒较少（表4－28）。

表 4－28　耶和庄壤土代表性剖面颗粒组成（王吉智）

土层（cm）	砾石（%）（>2 mm）	沙粒（%）						粉粒（%）			黏粒（%）（<0.002 mm）	质地名称
		1～2 mm	0.5～1 mm	0.25～0.5 mm	0.1～0.25 mm	0.05～0.1 mm	小计	0.02～0.05 mm	0.002～0.02 mm	小计		
0～13	0.5	0.5	0.6	2.1	11.0	14.2	28.4	20.6	27.0	47.6	24.0	壤土
13～31	0.5	0.3	0.3	2.4	10.8	16.3	30.1	18.8	28.5	47.3	22.6	壤土
31～63		0.3	0.8	2.3	11.4	14.7	29.5	13.7	33.7	47.4	23.1	壤土
63～73		0.1	0.9	2.0	10.9	17.0	30.9	18.3	28.6	46.9	22.2	壤土
73～86			0.1	0.5	3.2	9.3	13.1	12.9	41.9	54.8	32.1	粉质黏壤土

2. 曹桥粉质壤土　分布于宁夏中卫城镇附近黄河二级阶地，灌淤层厚度大于80 cm，质地以粉质壤土为主，下部有的层次可为壤土。土壤颗粒组成以粉粒为主，占44.2%～65.1%，质地以粉质壤土为主，57 cm以下为壤土（表4－29）。

表 4－29　曹桥粉质壤土代表性剖面颗粒组成（王吉智）

土层（cm）	沙粒（%）						粉粒（%）			黏粒（%）（<0.002 mm）	质地名称
	1～2 mm	0.5～1 mm	0.25～0.5 mm	0.1～0.25 mm	0.05～0.1 mm	小计	0.02～0.05 mm	0.002～0.02 mm	小计		
0～16	0.1	0.1	0.1	4.6	9.0	13.9	35.3	29.8	65.1	21.0	粉质壤土
16～36			0.1	4.1	18.6	22.8	29.6	26.9	56.5	20.7	粉质壤土
36～57			0.1	7.3	23.5	30.9	30.0	20.9	50.9	18.2	粉质壤土
57～100			0.1	0.2	37.4	37.7	24.9	19.3	44.2	18.1	壤土

3. 银东粉质黏壤土　分布于宁夏银川和石嘴山等地郊区黄河一级阶地，灌淤层厚度为50～

80 cm，质地以粉质黏壤土为主，部分层次可为粉质壤土。灌淤层颗粒组成粉粒居多，占 61.5%～65.0%，质地为粉质壤土和粉质黏壤土（表 4 - 30）。

表 4 - 30　银东粉质黏壤土代表性剖面颗粒组成（王吉智）

土层 (cm)	砾石 (%) (>2 mm)	沙粒（%）					粉粒（%）			黏粒（%） (<0.002 mm)	质地名称
		0.5～2 mm	0.25～0.5 mm	0.1～0.25 mm	0.05～0.1 mm	小计	0.02～0.05 mm	0.002～0.02 mm	小计		
0～16	0.4	0.4	0.5	0.8	9.2	10.9	24.3	40.7	65.0	23.7	粉质黏壤土
16～32		0.5	0.3	1.0	9.8	11.6	21.4	40.9	62.3	26.1	粉质壤土
32～76		0.3	0.2	0.9	7.2	8.6	19.7	41.8	61.5	29.9	粉质壤土
76～109		0.2	0.2	0.8	9.9	11.1	18.4	40.6	59.0	29.9	粉质黏壤土
109～150		0.2	0.4	1.1	7.6	9.3	16.2	39.6	55.8	34.9	粉质黏壤土

第五章 | 灌淤土的化学性质 >>>

第一节 灌淤土的溶质运移特点

一、养分运移

灌淤耕层的有机质以及氮、磷、钾含量较高，平均值分别为 10.50 g/kg、0.70 g/kg、0.60 g/kg 和 18.40 g/kg。自灌淤耕层向下，缓慢递减，相邻两自然层次之间相差不超过 40%；老灌淤层的有机质含量最低，为 5.00 g/kg。冷灌淤土温度低，土壤有机质分解慢，故有机质含量高，灌淤耕层有机质含量为 25.00~50.00 g/kg，老灌淤层为 15.00~30.00 g/kg，均显著高于其他灌淤土亚类。甘肃灌淤土有普通灌淤土、潮灌淤土、盐化灌淤土 3 个亚类，其耕作层平均养分含量见表 5-1。

表 5-1　甘肃灌淤土耕作层平均养分含量

养分指标	项目	普通灌淤土	潮灌淤土	盐化灌淤土
有机质	样本数（个）	468	74	21
	平均值（g/kg）	11.34	13.00	10.53
全氮	样本数（个）	470	72	21
	平均值（g/kg）	0.74	0.81	0.67
全磷	样本数（个）	382	64	20
	平均值（g/kg）	0.72	0.71	0.72
全钾	样本数（个）	278	35	9
	平均值（g/kg）	18.40	19.50	18.80
碱解氮	样本数（个）	193	9	19
	平均值（mg/kg）	68.40	45.50	38.10
有效磷	样本数（个）	517	99	20
	平均值（mg/kg）	15.5	9.6	11.6
速效钾	样本数（个）	497	90	5
	平均值（mg/kg）	181	147	136

（续）

养分指标	项目	普通灌淤土	潮灌淤土	盐化灌淤土
碳酸钙	样本数（个）	2 860	36	50
	平均值（g/kg）	114.6	113.1	76.9
阳离子交换量	样本数（个）	292	45	5
	平均值（cmol/kg）	9.18	9.89	0.67

　　河西走廊灌淤土类型多样，目前按灌淤土的诊断层和诊断特性分类。按人为利用对土壤影响的结果将灌淤土划分为普通灌淤土、厚熟灌淤土、水耕灌淤土亚类。按下垫土壤类型引起的附加成土过程划分为半潮灌淤土、潮灌淤土和盐化灌淤土亚类，再按物质来源的差异、熟化程度的不同划分出暗色灌淤土亚类。各亚类的化学性质见表 5-2。

表5-2　灌淤土的化学性质（河西走廊）

采样地点	采土深度（cm）	全盐量（%）	有机质（%）	全氮（N,%）	碳氮比	全磷（P₂O₅,%）	全钾（K₂O,%）	速效钾（K₂O,%）	有效磷（P₂O₅,%）	碱解氮（%）
普通灌淤土（武威双城）	0~21	—	1.561	0.073	12.40	0.139	2.25	—	—	—
	21~32	—	1.308	0.059	12.86	0.135	2.36	—	—	—
	32~68	—	1.301	0.059	12.79	0.128	2.36	—	—	—
	68~124	—	1.021	0.051	11.61	0.125	2.06	—	—	—
	124~145	—	1.003	0.050	11.63	0.121	2.44	—	—	—
厚熟灌淤土（张掖长安）	0~22	—	2.407	0.136	10.27	0.163	2.25	16.6	3.47	4.49
	22~48	—	1.740	0.095	10.02	0.139	2.37	14.3	0.33	3.07
	48~71	—	1.143	0.074	8.960	0.140	2.30	9.8	0.33	2.67
	71~120	—	0.991	0.052	11.05	0.125	2.28	8.2	0.49	2.50
水耕灌淤土（张掖乌江堡）	0~15	—	3.146	0.159	11.48	0.134	2.04	8.2	2.17	2.73
	15~24	—	2.610	0.143	10.59	0.134	1.98	8.7	1.66	2.73
	24~50	—	2.123	0.114	10.80	0.114	2.19	8.9	1.58	2.50
	50~80	—	1.729	0.082	12.23	0.082	1.95	12.8	0.62	1.36
	80~120	—	1.304	0.091	8.31	0.091	1.80	9.5	1.29	0.28
暗色灌淤土（张掖大满）	0~21	—	1.952	0.093	12.17	0.148	2.34	17.8	2.54	3.75
	21~37	—	1.198	0.072	9.65	0.119	2.34	9.8	0.30	1.53
	37~84	—	0.946	0.051	10.76	0.101	2.37	9.5	0.44	1.42
	84~136	—	0.895	0.055	9.44	0.109	2.37	10.0	0.37	1.42
	136~150	—	0.870	0.047	10.74	0.103	2.25	9.2	0.29	3.41
半潮灌淤土（酒泉临水）	0~9	—	1.821	0.061	17.31	0.166	2.15	20.6	6.38	0.79
	9~19	—	1.711	0.064	15.51	0.161	2.10	16.2	4.21	0.34
	19~102	—	0.480	0.028	9.94	0.142	2.13	21.2	0.89	1.34
	102~129	—	0.511	0.036	8.23	0.143	2.21	25.0	0.85	0.20
	129~160	—	0.373	0.026	8.32	0.135	2.10	19.5	0.90	1.38

（续）

采样地点	采土深度 （cm）	全盐量 （%）	有机质 （%）	全氮 （N，%）	碳氮比	全磷 （P₂O₅，%）	全钾 （K₂O，%）	速效钾 （K₂O，%）	有效磷 （P₂O₅，%）	碱解氮 （%）
潮灌淤土 （高台罗城）	0～20	—	1.335	0.090	8.60	0.112	2.07	16.0	1.110	2.900
	20～27	—	1.047	0.073	8.32	0.109	2.04	17.8	0.610	3.180
	27～80	—	0.819	0.061	7.79	0.107	2.01	14.4	0.170	2.050
	80～120	—	0.316	0.055	3.33	0.093	1.84	5.7	0.310	2.100
盐化灌淤土 （民勤黄岭）	0～1	5.292	0.908	0.027	19.50	0.110	2.59	39.1	1.234	5.755
	1～17	1.268	0.952	0.047	11.75	0.110	2.93	37.0	0.767	5.817
	17～55	0.540	0.882	0.032	15.99	0.110	2.86	26.4	1.301	4.416
	55～71	0.365	0.571	0.020	16.56	0.116	2.60	15.7	0.267	2.475
	71～100	0.736	1.118	0.058	11.18	0.126	3.30	31.8	1.134	3.032

普通灌淤土发育于自成型土壤（灰钙土、灰漠土、壤质灰棕漠土、棕漠土、龟裂性土）上的古老灌溉耕作土壤，土层深厚，灌淤层厚度常在 50 cm 以上，最大可达 2.5 m，土壤熟化度较高，质地适中，常有蚯蚓活动。一般所处地形部位较高（扇形地上部、中部，干三角洲上部和背脊部分），无次生盐渍化威胁，具有灌淤土的典型特点。0～20 cm 土层土壤有机质含量在 1.5 g/kg 以下，有效磷含量在 300.000 mg/kg 以下，全磷含量<1.500 g/kg，无盐渍化现象。

厚熟灌淤土因在灌淤土上多年种植蔬菜而形成，但不具有厚熟土的灌溉和施肥方式，因而不能形成厚熟土，但其农业利用方式以及肥料来源等与厚熟土比较一致，因而在灌淤表层中叠加有厚熟表层的某些特征。0～20 cm 土层有机质含量为 15.000 g/kg，全磷含量>15.000 g/kg，有效磷含量>300.000 mg/kg，但<1 000.000 mg/kg，可称为厚熟现象。与厚熟土相比，厚熟灌淤土有机质含量和有效磷含量低；与暗色灌淤土相比，厚熟灌淤土有效磷和全磷含量又较高。

水耕灌淤土因常年种植水稻或实行稻旱轮作而形成。剖面具有水耕表层和水耕氧化还原层的某些特征，但不符合水耕表层和水耕氧化还原层条件，表现为"水耕现象"。剖面特征为上部有青灰色淤泥斑，中部沿根孔有锈斑，下部有多量锈纹锈斑。剖面 50 cm 以上有橘红色炕灰。

暗色灌淤土具有暗腐殖质特征。0～20 cm 土层范围内有机质含量>15.000 g/kg，其他指标大概与中国土壤系统分类（第一次方案）中相同，这一亚类与厚熟亚类相比，全磷含量<1.500%，有效磷含量<300.000 mg/kg。

半潮灌淤土主要是指发育于半水成型土壤（荒漠化草甸土）或水成型土壤（草甸土）的灌淤土，但也包括目前地下水位已降至 4～5 m 的灌溉耕作土壤，这类土壤面积较大，土壤脱潮后，剖面下部仍保留有氧化还原特征。故单独将其作为一亚类列出。主要分布在扇形地下部或干三角洲地形相对较低的部位，也是目前较好的土壤之一，大部分无盐渍化威胁。

潮灌淤土发育于水成型土壤（草甸土）上的灌溉耕作土壤。主要分布在扇形地中部、下部排水仍较好的地区。受地下水位影响，剖面下部氧化还原作用交替，具有锈纹锈斑。

盐化灌淤土是发育于盐渍化土壤上的古老灌溉耕作土，也包括引地下矿化水灌溉从而引起盐渍化的老耕作土壤，耕层土壤全盐量一般为 0.5%～1.0%。

甘肃厚层灌淤土（兰州市红古区）剖面耕作层和大田农化样耕作层土壤养分含量基本相同（表5-3、图5-1），差异是剖面耕作层比大田耕作层养分含量偏低。大田农化样（大田采样）仅在耕作土壤中采样，所以大田耕作层养分含量高于剖面耕作层养分。从大田和剖面耕作层养分含量平均值来看，剖面耕作层氮磷比为6∶1，氮磷比不协调。再依据现在施无机肥情况和种植结构，仍是氮、磷俱缺，且氮少于磷。作物营养剖面各层养分供应强度的评价为氮中等水平、磷中上等水平、钾供应强度高，耕层阳离子交换量平均为每100 g土 13.09 mg，属保肥中等土壤。

表5-3　甘肃厚层灌淤土剖面理化性质（兰州市红古区）

土层	深度 （cm）	有机质 （%）	全氮 （%）	碱解氮 （%）	全磷 （%）	有效磷 （mg/kg）	速效钾 （mg/kg）	pH	阳离子交换量 （mg，每100 g土）
耕作层	0～28.9	1.28	0.091 6	6.320 0	0.133 6	10.6	120.0	8.47	13.09
犁底层	28.9～38.3	0.79	0.088 7	5.993 0	0.097 0	6.3	102.9	8.46	11.47
心土层	38.3～77.6	0.67	0.077 6	4.417 8	0.096 0	6.2	79.4	8.66	7.00
底土层	77.6以下	0.46	0.062 2	3.452 5	0.071 6	5.7	78.2	8.06	5.42
大田采样	0～20	1.31	0.117 0	5.992 8	0.097 0	13.8	151.6	8.24	13.86

灌淤土剖面

灌淤土景观

图5-1　灌淤土剖面和景观（甘肃省兰州市榆中县定远镇骆驼巷村金家坪）

宁夏灌淤土耕作层有机质含量一般为0.90%～1.50%。全量氮、磷、钾的含量分别为0.07%～0.09%、0.05%～0.10%和1.00%～1.87%。碱解氮、有效磷和速效钾的含量分别为24～75 mg/kg、5～19 mg/kg和124～244 mg/kg。因耕层以下的灌淤土是过去的耕作层，故灌淤土剖面有机质及养分含量自上而下降低得比较缓慢（表5-4）。

表 5-4　宁夏灌淤土的化学性质

项目	主要类型	质地名称	有机质（%）	碱解氮（mg/kg）	有效磷（mg/kg）	备注
草甸灌淤土	薄层草甸灌淤土	沙壤土	0.56	34.8	11.5	根据石嘴山市平罗县土壤普查资料，共 1 252 个剖面，每个剖面代表 240 亩地
		轻壤土	1.14	52.7	12.6	
		中壤土	1.22	54.2	15.9	
	厚层草甸灌淤土	沙壤土	0.98	40.4	17.3	
		轻壤土	1.21	62.0	18.3	
		中壤土	1.30	63.6	18.7	
潴育灌淤土	薄层草甸灌淤土	沙壤土	0.81	50.0	16.7	根据石嘴山市平罗县土壤普查资料，共 1 575 个剖面，每个剖面代表 240 亩地
		轻壤土	1.21	63.0	16.0	
		中壤土	1.31	65.7	17.1	
	厚层草甸灌淤土	沙壤土	1.00	53.5	16.1	
		轻壤土	1.28	65.8	18.1	
		中壤土	1.35	60.9	19.1	

宁夏灌淤土的无机磷以磷酸钙盐为主（表 5-5），磷酸钙盐占无机磷总量的 72.99%，闭蓄态磷（O-P）占 16.59%，磷酸铁盐（Fe-P）占 5.51%，磷酸铝盐（Al-P）占 4.91%，而在磷酸钙盐中，磷酸十钙（Ca_{10}-P）占绝对主导地位，平均占无机磷总量的 61.53%，Ca_8-P 占 10.03%，Ca_2-P 仅占 1.43%。

表 5-5　宁夏灌淤土的无机磷形态

土号	Ca_2-P (mg/kg)	Ca_8-P (mg/kg)	Al-P (mg/kg)	Fe-P (mg/kg)	O-P (mg/kg)	Ca_{10}-P (mg/kg)	总和 (mg/kg)
1	9.864 0	58.504 9	31.932 7	33.321 7	112.872 1	306.574 4	551.050 9
2	1.765 0	70.740 3	39.648 2	45.421 8	108.372 0	284.173 1	561.111 4
3	9.894 4	60.334 6	35.732 1	35.123 4	124.725 6	283.878 8	548.688 9
4	9.587 2	56.516 2	32.724 9	30.187 2	117.925 6	313.653 1	558.589 6
5	6.601 2	45.006 3	8.924 7	27.837 6	43.910 0	419.670 0	550.949 3
6	5.630 5	41.103 5	13.742 3	10.580 2	41.392 7	429.320 0	540.769 2
平均	7.884 2	55.367 6	27.118 2	30.411 9	91.533 0	339.544 9	551.859 9

由表 5-6 可以看出，灌淤物含有较多的有机质等养分，是灌淤土有机质等养分的重要来源之一。每年每亩施入土粪 5 000～10 000 kg，这是灌淤土有机质等养分的另一个重要来源。

表 5-6　灌淤物的养分含量

渠道	有机质（%）	全氮（%）	全磷（%）	全钾（%）	碱解氮（mg/kg）	有效磷（mg/kg）	速效钾（mg/kg）	阳离子交换量（cmol/kg）
干渠	0.36	0.003	0.017	1.31	5.8	2.5	92.7	5.5
支渠	0.38	0.010	0.041	1.61	6.1	2.7	107.1	6.5
农渠	0.79	0.019	0.053	1.59	48.1	5.5	247.8	8.3
田块进水口	1.01	0.042	0.055	1.63	37.5	6.9	268.9	11.7
田块中的灌水	1.47	0.080	0.060	2.22	63.0	8.7	221.7	11.0

人工引水灌溉，水中的泥沙逐渐淤积，并同时经过人为施肥、耕作熟化等措施形成了一种人为表层（即灌淤层），具有以下特点：①厚度≥50 cm，具有明显下限。②有机质含量较高，且表现出沿剖面均匀分布的特点，0～20 cm 范围内的有机质含量在 10.0～40.0 g/kg，底部也多在 5.0 g/kg 以上。0～50 cm 范围内有机质加权平均值在 10.0 g/kg 以上（表 5-7）。

表 5-7 不同地区灌淤土的有机质含量特点

采样地点	灌淤土厚度（cm）	有机质含量（g/kg）		
		0～20 cm	0～50 cm	底部
新疆阜康	68	17.0	16.9	14.7
新疆策勒	196	12.1	10.2	14.4
新疆吐鲁番	113	15.9	12.4	6.5
甘肃武威 1	135	15.3	12.7	6.0
甘肃武威 2	122	21.3	23.3	15.5
宁夏永宁 1	77	12.8	7.5	3.0
宁夏永宁 2	170	12.5	10.3	7.5
西藏札达	100	39.3	22.1	8.7

（一）灌淤土养分特性的变化

土壤有机质及主要营养元素是作物生长发育的物质基础，其含量的高低直接影响作物的生长发育、产量和品质。土壤有机质及主要营养元素状况是土壤肥力的核心内容，是土壤生产的物质基础，农业生产上通常将土壤耕层养分含量作为衡量土壤肥力高低的主要依据。对甘新区灌淤土有机质及主要营养元素现状进行分析，可为该类型土壤的科学施肥、作物高产高效生产、环境安全和可持续发展提供技术支持。

根据灌淤土有机质等主要养分的现状，参照甘新区分级标准，将土壤有机质、全氮、有效磷、速效钾、有效铁、有效锰、有效铜、有效锌、有效硅、有效钼、有效硼 11 个指标分为 5 个级别（表 5-8）。

表 5-8 甘新区耕地土壤主要养分分级标准

指标	1 级（高）	2 级（较高）	3 级（中）	4 级（较低）	5 级（低）
有机质（g/kg）	＞25.0	20.0～25.0	15.0～20.0	10.0～15.0	＜10.0
全氮（g/kg）	＞1.80	1.50～1.80	1.00～1.50	0.50～1.00	＜0.50
有效磷（mg/kg）	＞40.0	30.0～40.0	20.0～30.0	10.0～20.0	＜10.0
速效钾（mg/kg）	＞250	200～250	150～200	100～150	＜100
有效铁（mg/kg）	＞20.0	15.0～20.0	10.0～15.0	5.0～10.0	＜5.0
有效锰（mg/kg）	＞15.0	10.0～15.0	5.0～10.0	3.0～5.0	＜3.0
有效铜（mg/kg）	＞2.00	1.50～2.00	1.00～1.50	0.50～1.00	＜0.50
有效锌（mg/kg）	＞2.00	1.50～2.00	1.00～1.50	0.50～1.00	＜0.50
有效硅（mg/kg）	＞250	150～250	100～150	50～100	＜50
有效钼（mg/kg）	＞0.20	0.15～0.20	0.10～0.15	0.05～0.10	＜0.05
有效硼（mg/kg）	＞2.00	1.00～2.00	0.50～1.00	0.20～0.50	＜0.20

1. 土壤有机质　土壤有机质泛指土壤中来源于生命的物质，是土壤中除矿物质以外的物质，包括含碳化合物、木质素、蛋白质、树脂、蜡质等各种有机化合物。土壤中有机质的来源十分广泛，如动植物及微生物残体、排泄物和分泌物、废水废渣等。土壤有机质是土壤中最活跃的部分，调节着作物和土壤微生物所需要的养分供应，在维持土壤结构、保持土壤水分等方面具有重要的作用，是指示土壤健康和反映土壤质量状况的指标。灌淤土耕地土壤有机质平均含量为 14.44 g/kg，范围在 8.40~35.60 g/kg。

从各二级区分布来看，蒙宁甘农牧区灌淤土有机质含量最高，其平均值为 14.50 g/kg；南疆农林牧区有机质含量最低；有机质含量整体处于较低水平（表 5-9）。

表 5-9　二级区灌淤土有机质含量

二级区	有机质（g/kg）	等级
北疆农牧林区	14.26	较低
蒙宁甘农牧区	14.50	较低
南疆农牧林区	13.98	较低
平均	14.44	较低

从各评价区来看，宁夏评价区灌淤土有机质含量最高，平均值为 15.57 g/kg，整体处于中等水平，其中吴忠市最高，中卫市最低；内蒙古、新疆评价区灌淤土有机质含量次之，均处于较低水平；甘肃评价区灌淤土有机质含量最低，平均值为 10.41 g/kg（表 5-10）。

表 5-10　各评价区灌淤土有机质含量

评价区	地点	有机质（g/kg）	等级
宁夏评价区	石嘴山市	15.46	中等
	吴忠市	16.26	中等
	银川市	15.68	中等
	中卫市	14.58	较低
平均		15.57	中等
内蒙古评价区	阿拉善盟	12.86	较低
	巴彦淖尔市	13.98	较低
	鄂尔多斯市	13.16	较低
	乌海市	15.75	中等
平均		14.20	较低
新疆评价区	阿克苏地区	14.55	较低
	巴音郭楞蒙古自治州	14.02	较低
	昌吉回族自治州	14.17	较低
	和田地区	12.42	较低
	喀什地区	14.74	较低
	克孜勒苏柯尔克孜自治州	14.71	较低
	塔城地区	14.80	较低
	吐鲁番地区	15.96	中等
平均		13.98	较低
甘肃评价区	白银市	10.41	较低
平均		10.41	较低

依据甘新区土壤养分分级标准，灌淤土有机质在一至五级均有分布。其中：四级水平分布面积最大，占灌淤土耕地总面积的55.8%；一级水平分布面积最小，占比为0.1%（图5-2）。

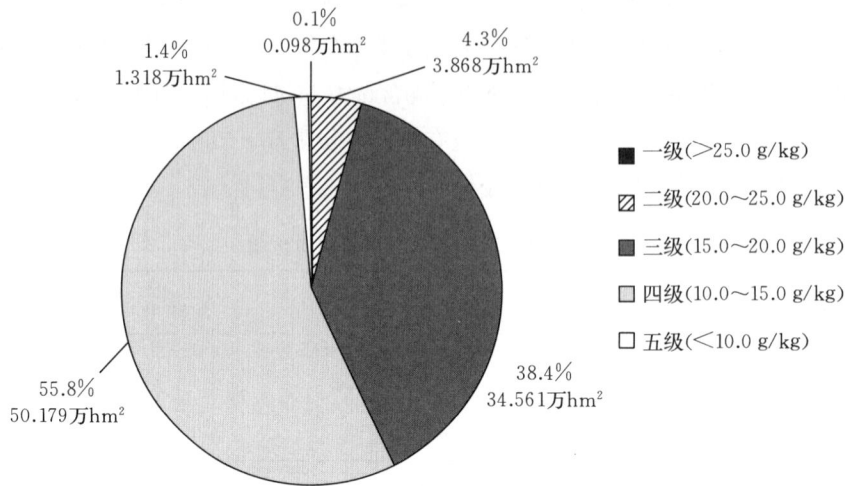

0.1%
0.098万hm²

1.4%
1.318万hm²

4.3%
3.868万hm²

- ■ 一级（>25.0 g/kg）
- ▨ 二级（20.0～25.0 g/kg）
- ▦ 三级（15.0～20.0 g/kg）
- ▨ 四级（10.0～15.0 g/kg）
- □ 五级（<10.0 g/kg）

55.8%
50.179万hm²

38.4%
34.561万hm²

图5-2　灌淤土有机质等级分布

2. 土壤全氮　氮是构成蛋白质的主要成分，对茎、叶的生长和果实的发育有重要作用，是与产量关系最密切的营养元素。氮是叶绿素的组成部分。土壤全氮是指土壤中各种形态氮的含量之和，包括有机态氮和无机态氮，但不包括土壤空气中的分子态氮。土壤全氮含量随着土壤深度的增加而急剧降低。土壤全氮含量处于动态变化之中，它的消长取决于氮的积累和消耗，特别是取决于土壤有机质的生物积累和水解作用。灌淤土全氮含量平均为0.8 g/kg，在0.38～1.51 g/kg范围内变化，整体处于较低水平。

从各二级区分布来看，蒙宁甘农牧区灌淤土全氮含量最高，其平均值为0.80 g/kg；南疆农林牧区全氮含量最低；全氮含量整体处于较低水平。

从各评价区来看，宁夏评价区灌淤土全氮含量最高，平均值为0.86 g/kg，处于较低水平，其中中卫市最高，为0.97 g/kg，处于较低水平；内蒙古、新疆评价区灌淤土全氮含量次之；甘肃评价区灌淤土全氮含量最低，平均为0.61 g/kg，整体处于较低水平（表5-11）。

表5-11　各评价区灌淤土全氮含量

评价区	地点	全氮（g/kg）	等级
宁夏评价区	石嘴山市	0.77	较低
	吴忠市	0.86	较低
	银川市	0.88	较低
	中卫市	0.97	较低
平均		0.86	较低
内蒙古评价区	阿拉善盟	0.50	较低
	巴彦淖尔市	0.77	较低
	鄂尔多斯市	0.96	较低
	乌海市	0.80	较低
平均		0.78	较低

（续）

评价区	地点	全氮（g/kg）	等级
新疆评价区	阿克苏地区	0.77	较低
	巴音郭楞蒙古自治州	0.75	较低
	昌吉回族自治州	0.77	较低
	和田地区	0.68	较低
	喀什地区	0.77	较低
	克孜勒苏柯尔克孜自治州	0.76	较低
	塔城地区	0.86	较低
	吐鲁番地区	0.80	较低
平均		0.74	较低
甘肃评价区	白银市	0.61	较低
平均		0.61	较低

灌淤土全氮含量主要分布于二至五级，一级没有分布。其中：四级分布面积最大（89.80%），三级、五级分布面积次之，二级分布面积最小（图5-3）。

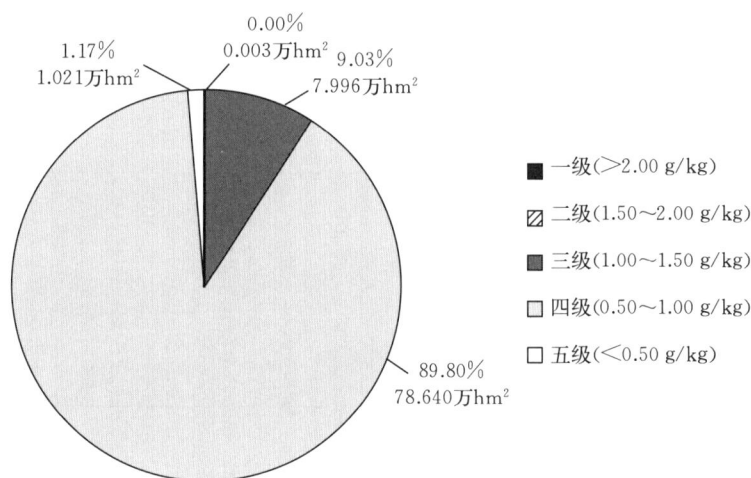

图5-3 灌淤土全氮含量等级分布

3. 土壤有效磷 磷是作物生长发育的必需营养元素之一，能够促进各种代谢正常进行。土壤有效磷是土壤中可被作物吸收利用的磷的总称，包括全部水溶性磷、部分吸附态磷、部分微溶性的无机磷和易矿化的有机磷等，只是后两者需要经过一定的转化过程方能被作物直接吸收。土壤中有效磷含量与全磷含量之间虽不是直线相关，但当土壤全磷含量低于0.03%时，土壤往往表现出缺少有效磷。土壤有效磷是反映土壤磷养分供应水平高低的指标，土壤磷含量的高低在一定程度反映了土壤中磷的储量和供应能力。灌淤土有效磷含量为17.37 mg/kg，在7.20～40.10 mg/kg范围内变化。

从各二级区分布来看，蒙宁甘农牧区灌淤土有效磷含量最高，其平均值为18.22 mg/kg；南疆农牧林区有效磷含量最低；有效磷含量整体处于中等水平（表5-12）。

表 5 - 12　各二级区灌淤土有效磷含量

二级区	有效磷（mg/kg）	等级
北疆农牧林区	11.36	中等
蒙宁甘农牧区	18.22	中等
南疆农牧林区	11.06	中等
平均	17.37	中等

　　从各评价区来看，宁夏评价区灌淤土有效磷含量最高，平均值为 22.73 mg/kg，整体处于较高水平，其中中卫市最高，平均含量为 25.19 mg/kg；甘肃、内蒙古评价区灌淤土有效磷含量次之，均处于中等水平；新疆评价区灌淤土有效磷含量最低，平均值为 11.06 mg/kg，整体处于中等水平，其中阿克苏地区有效磷含量最低（表 5 - 13）。

表 5 - 13　各评价区灌淤土有效磷含量

评价区	地点	有效磷（mg/kg）	等级
甘肃评价区	白银市	17.32	中等
	平均	17.32	中等
内蒙古评价区	阿拉善盟	9.90	较低
	鄂尔多斯市	13.65	中等
	巴彦淖尔市	16.23	中等
	乌海市	16.57	中等
	平均	16.19	中等
宁夏评价区	石嘴山市	16.23	中等
	吴忠市	24.54	较高
	银川市	24.80	较高
	中卫市	25.19	较高
	平均	22.73	较高
新疆评价区	阿克苏地区	10.31	中等
	昌吉回族自治州	11.12	中等
	和田地区	11.20	中等
	喀什地区	11.28	中等
	克孜勒苏柯尔克孜自治州	11.39	中等
	巴音郭楞蒙古自治州	11.66	中等
	吐鲁番地区	11.70	中等
	塔城地区	12.80	中等
	平均	11.06	中等

　　灌淤土有效磷含量在一至五级均有分布。其中：四级水平分布面积最大，占灌淤土耕地总面积的71.4%；一级水平分布面积最小，占比不足 0.1%（图 5 - 4）。

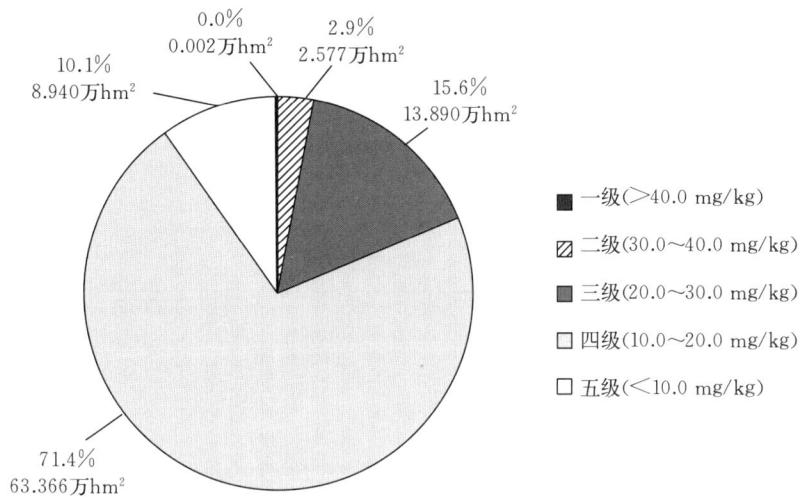

图 5-4　灌淤土有效磷等级分布

4. 土壤速效钾　速效钾是指土壤中易被作物吸收利用的钾，包括土壤溶液钾及土壤交换性钾。速效钾占土壤全钾量的 0.1%～2.0%。其中，土壤溶液钾占速效钾的 1%～2%，由于其所占比例很低，常将其计入交换性钾。速效钾含量是表征土壤钾供应状况的重要指标之一。灌淤土速效钾平均含量为 179.72 mg/kg。

从各二级区分布来看，蒙宁甘农牧区灌淤土速效钾含量最高，其平均值为 180.87 mg/kg；北疆农牧林区速效钾含量最低；速效钾含量整体处于高水平（表 5-14）。

表 5-14　二级区灌淤土速效钾含量

二级区	速效钾（mg/kg）	等级
北疆农牧林区	163.57	高
蒙宁甘农牧区	180.87	高
南疆农牧林区	171.18	高
平均	179.72	高

从各评价区来看，内蒙古评价区灌淤土速效钾含量最高，平均值为 184.35 mg/kg，整体处于高水平，其中鄂尔多斯市最高，平均含量为 207.52 mg/kg；宁夏、新疆评价区灌淤上速效钾含量次之，均处于高水平；甘肃评价区灌淤土速效钾含量最低，平均值为 135.20 mg/kg，处于较高水平（表 5-15）。

表 5-15　各评价区灌淤土速效钾的含量

评价区	地点	速效钾（mg/kg）	等级
内蒙古评价区	阿拉善盟	155.71	高
	乌海市	164.76	高
	巴彦淖尔市	184.65	高
	鄂尔多斯市	207.52	高
平均		184.35	高

（续）

评价区	地点	速效钾（mg/kg）	等级
宁夏评价区	中卫市	152.13	高
	吴忠市	158.42	高
	石嘴山市	179.00	高
	银川市	182.48	高
平均		173.30	高
新疆评价区	塔城地区	140.00	高
	和田地区	145.80	高
	克孜勒苏柯尔克孜自治州	161.76	高
	昌吉回族自治州	167.50	高
	吐鲁番地区	175.48	高
	喀什地区	175.80	高
	巴音郭楞蒙古自治州	182.12	高
	阿克苏地区	197.93	高
平均		171.15	高
甘肃评价区	白银市	135.20	较高
平均		135.20	较高

　　土壤速效钾对作物产量和品质有明显的作用，其含量水平在一定程度上反映了土壤肥力状况。灌淤土速效钾含量在五级水平没有分布。其中：三级水平分布面积最大，占灌淤土耕地总面积的64.7%；一级水平分布面积最小，占比为1.0%（图5-5）。

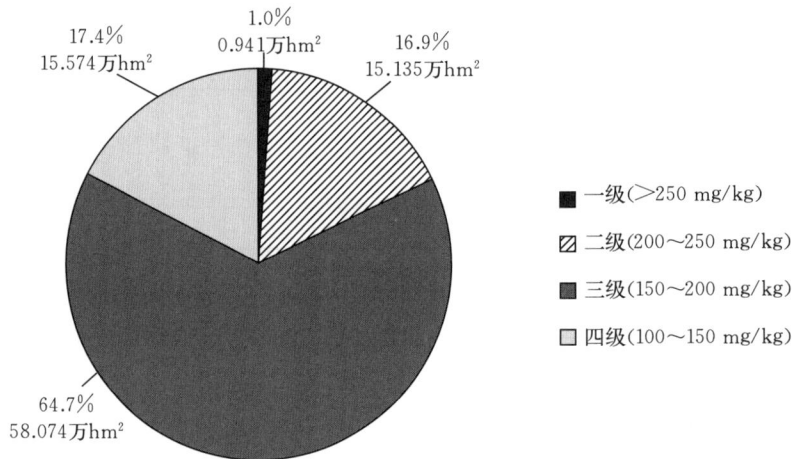

图5-5　灌淤土速效钾等级分布

　　5. 土壤有效铁　铁是作物叶绿素的重要组成部分，参与核酸和蛋白质代谢，参与作物呼吸作用，还与碳水化合物、有机酸和维生素的合成有关。当土壤中有效铁含量<4.5 mg/kg时，作物从土壤中吸收的铁不足，缺铁时作物顶端或幼叶失绿黄化，由脉间失绿发展到全叶淡黄白色。土壤供铁过量，会影响根系对磷、锌、锰、铜的吸收利用。灌淤土有效铁平均含量为13.49 mg/kg。

　　依据甘新区养分分级标准，通过对灌淤土有效铁养分等级分布的分析，可以看出，该土壤类型土壤有效铁含量在一至五级均有分布。其中，五级分布面积最大，占比可达52.8%；二级分布面积较小，占比为13.4%；一级、四级分布面积不足10.0%（图5-6）。

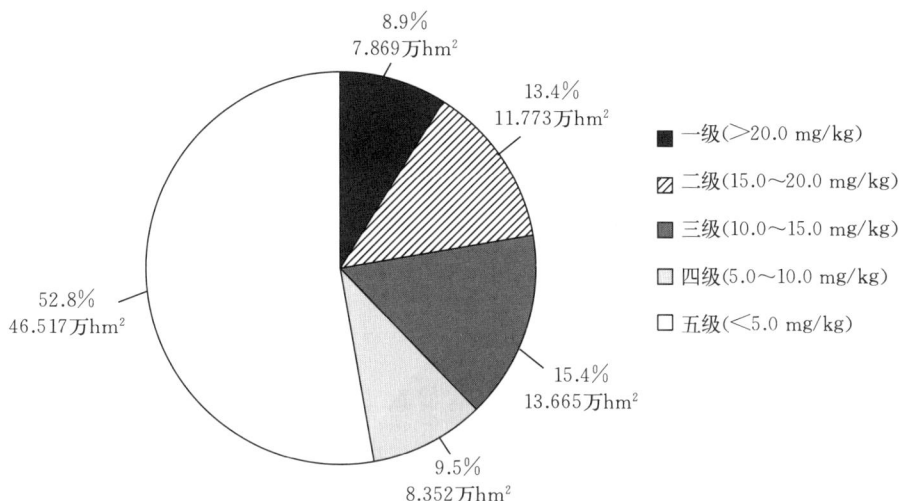

8.9%
7.869万hm²

13.4%
11.773万hm²

■一级（>20.0 mg/kg）

▨二级（15.0～20.0 mg/kg）

▩三级（10.0～15.0 mg/kg）

□四级（5.0～10.0 mg/kg）

□五级（<5.0 mg/kg）

52.8%
46.517万hm²

15.4%
13.665万hm²

9.5%
8.352万hm²

图5-6　灌淤土有效铁等级分布

6. 土壤有效锰　锰具有增强光合效应、促进光合作用、促进氮的代谢、降低病害感染率等作用。当土壤中有效锰含量< 10 mg/kg 时，作物从土壤中吸收的锰不足，缺锰时作物幼叶叶肉变为黄白色，叶脉仍为绿色，脉纹清晰，主脉较远处先发黄，严重时叶片出现褐色斑点，并逐渐增大遍布叶面。土壤供锰过量、作物锰中毒时，较老叶片上有失绿区域包围的棕色斑点。锰中毒阻碍作物对铁、钙、钼的吸收，经常导致作物出现缺钼症状，叶片出现褐色斑点，叶缘白化或变紫烂。灌淤土有效锰平均含量为 8.47 mg/kg，整体处于中等水平。

依据甘新区养分分级标准，通过对灌淤土有效锰养分等级分布的分析，可以看出，该土壤类型土壤有效锰含量主要分布于一至五级。其中：三级分布面积最大，占比为63.3%；其次为二级水平；一级水平分布面积最小，占比仅为0.6%。总体来看，灌淤土有效锰多处于中等水平（图5-7）。

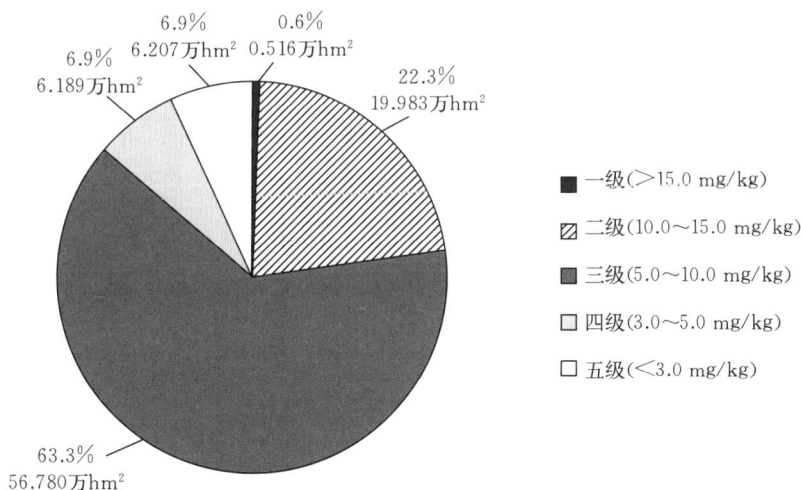

6.9%
6.207万hm²

0.6%
0.516万hm²

6.9%
6.189万hm²

22.3%
19.983万hm²

■一级（>15.0 mg/kg）

▨二级（10.0～15.0 mg/kg）

▩三级（5.0～10.0 mg/kg）

□四级（3.0～5.0 mg/kg）

□五级（<3.0 mg/kg）

63.3%
56.780万hm²

图5-7　灌淤土有效锰等级分布

7. 土壤有效铜　铜参与酶的合成，影响花器官发育，具有增强光合效应、增强作物的抗病力、提高作物抗寒抗旱性的作用。当土壤中有效铜含量< 0.5 mg/kg 时，作物从土壤中吸收的铜不足，

缺铜时作物顶端枯萎，节间缩短，叶尖发白，叶片出现失绿现象，叶片变窄、变薄、扭曲，繁殖器官发育受阻，结实率低。土壤供铜过量、作物铜中毒时会导致缺铁，表现出缺铁症状，叶尖及边缘焦枯，直至植株枯死。灌淤土有效铜平均含量为 2.22 mg/kg，整体处于高水平。

依据甘新区养分分级标准，通过对灌淤土有效铜养分等级分布的分析，可以看出，灌淤土有效铜含量集中分布于一级和二级水平，可见土壤整体有效铜含量较高。其中：一级水平分布面积最大，占比为 35.0%；五级水平分布面积最小，占比为 0.2%（图 5-8）。

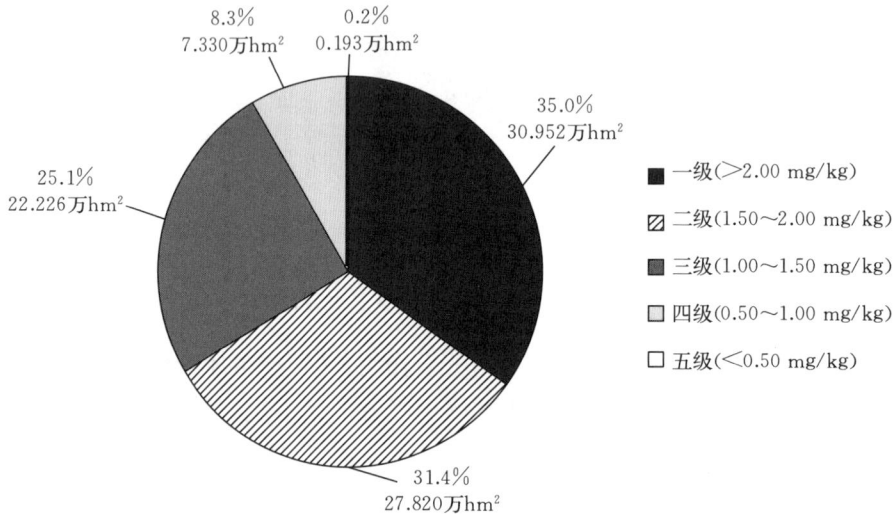

图 5-8　灌淤土有效铜等级分布

8. 土壤有效锌　锌参与光合作用，作为多种酶的重要组成部分，参与碳、氮代谢，有利于生长素的合成，促进蛋白质代谢，促进生殖器官的发育，提高抗逆性（如抗旱性、抗热性、抗冻性）。当土壤中有效锌含量<0.5 mg/kg 时，作物从土壤中吸收的锌不足，缺锌时作物植株矮小，叶生长受阻，出现小叶病，叶片皱缩，叶脉间有死斑，中下部叶片叶脉间失绿或白化，节间短，生育期延迟，如玉米白苗病、柑橘小叶病、柑橘簇叶病等。土壤供锌过量、作物锌中毒时，嫩绿组织失绿变灰白，枝茎、叶柄和叶背面出现褐色斑点，根系短而稀少。灌淤土有效锌平均含量为 1.43 mg/kg，整体处于中等水平。

依据甘新区养分分级标准，通过对灌淤土有效锌养分等级分布的分析，可以看出，灌淤土有效锌含量在一至五级均有分布。其中：一级水平分布面积最大，占比为 42.7%；其次为四级、二级水平；五级水平分布面积最小，占比仅为 5.4%。总体来看，灌淤土有效锌含量多处于高水平和中等水平（图 5-9）。

9. 土壤有效硅　硅元素对作物的生长起着至关重要的作用。硅有利于提高作物光合效率，提高叶绿素含量，促进作物根系生长，预防根系腐烂和早衰，增强作物的抗病、抗虫、抗旱、抗寒等能力，抑制土壤病菌及减轻重金属污染，可改善果实品质。当土壤中有效硅含量<25 mg/kg 时，作物从土壤中吸收的硅不足，缺硅时作物中部叶片弯曲肥厚。水稻缺硅时，生长受抑，成熟叶片焦枯或整株枯萎。甘蔗缺硅时，产量会剧降，成熟叶片出现典型的"雀斑症"。新生叶畸形，开花稀疏，授粉率低，严重时叶凋株枯。灌淤土有效硅平均含量为 151.27 mg/kg，整体处于高水平。

依据甘新区养分分级标准，通过对灌淤土有效硅养分等级分布的分析，可以看出，灌淤土有效硅含量在一至五级均有分布，且集中分布于二级、三级。其中，二级水平分布面积最大，占比为 44.27%；五级水平分布面积最小，占比为 0.16%（图 5-10）。

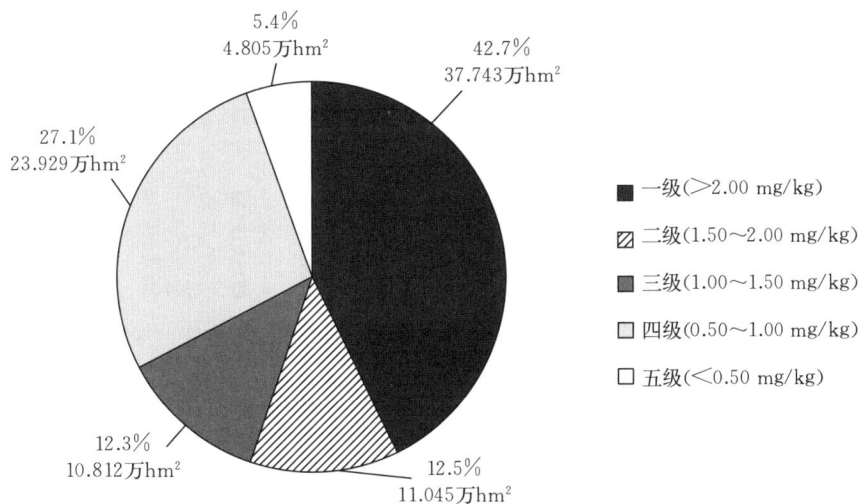

图 5-9　灌淤土有效锌等级分布

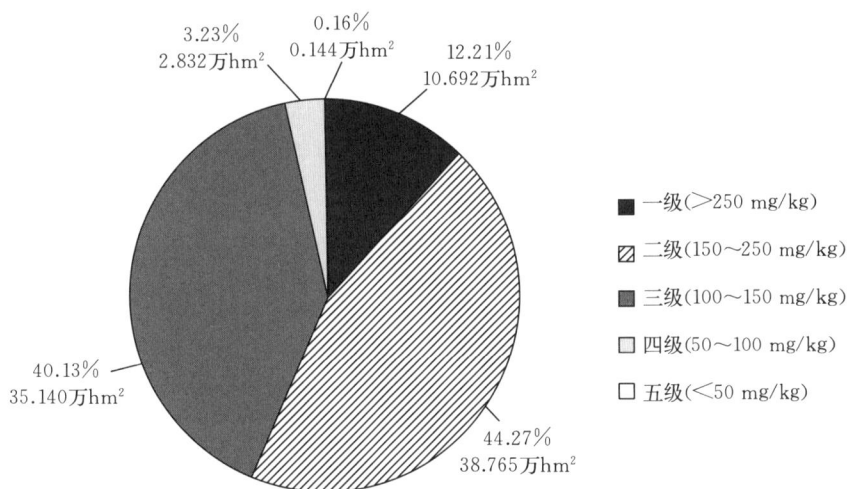

图 5-10　灌淤土有效硅等级分布

10. 土壤有效钼　钼元素增强光合作用，促进碳水化合物的转移，促进作物体内有机含磷化合物的合成，促进繁殖器官的迅速发育，增强抗病能力。当土壤中有效钼含量<0.15 mg/kg 时，作物从土壤中吸收的钼不足，缺钼时作物叶片畸形、瘦长、螺旋状扭曲，生长不规则，老叶脉间淡绿发黄，有褐色斑点，变厚焦枯。土壤供钼过量，症状不明显，多表现为失绿，过量的钼会影响有效铁的吸收。钼与磷有相互促进的作用，磷能增强钼的效果。灌淤土有效钼平均含量为 0.18 mg/kg，整体处于较高水平。

依据甘新区养分分级标准，通过对灌淤土有效钼养分等级分布的分析，可以看出，灌淤土有效钼含量在一至五级均有分布。其中，一级水平分布面积最大，占比为 46.2%；五级水平分布面积最小，占比不足 0.1%（图 5-11）。

11. 土壤有效硼　硼元素促进作物分生组织生长和核酸代谢，有利于根系生长发育，促进碳水化合物的运输和代谢，与生殖器官的建成和发育有关，促进作物早熟，增强作物抗逆性。当土壤中有效硼含量<0.5 mg/kg 时，作物从土壤中吸收的硼不足，缺硼时作物根尖、茎尖的生长点停止生长，严重时生长点萎缩而死亡，侧芽大量发生，植株生长畸形。开花结实不正常，花粉畸形，蕾、花和子房易脱落，果实种子不充实。叶片肥厚、粗糙、发皱卷曲。如油菜花而不实、花椰菜褐心病、萝卜黑心

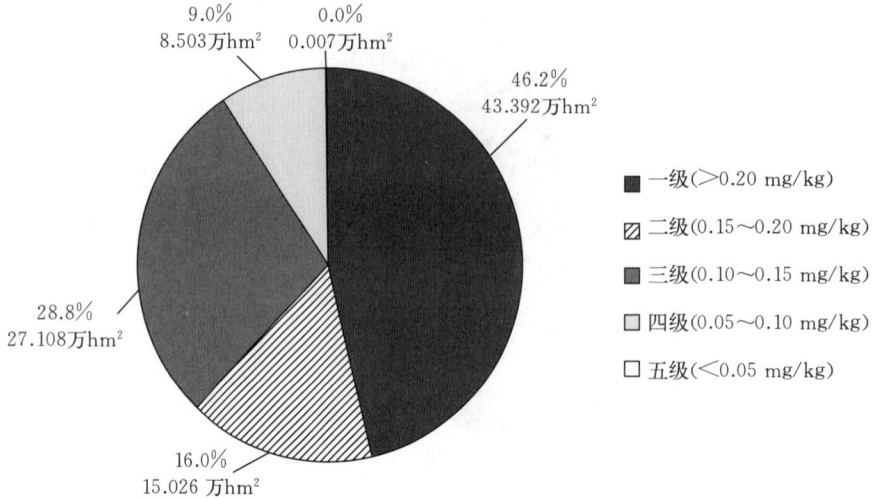

图 5-11　灌淤土有效钼等级分布

病等。硼在土壤中浓度稍高就可引起作物中毒，尤其是在干旱土壤中。硼过量导致缺钾。作物硼中毒时的典型症状是"金边"，即叶缘最容易积累硼而失绿呈黄色，重者焦枯坏死。对硼高度敏感的有油菜、花椰菜、芹菜、葡萄、萝卜、甘蓝、莴苣等。对硼中度敏感的有番茄、马铃薯、胡萝卜、花生、桃、板栗、茶等。对硼敏感性差的有水稻、玉米、黄豆、蚕豆、豌豆、黄瓜、洋葱、禾本科牧草等。灌淤土有效硼平均含量为 1.75 mg/kg，整体处于较高水平。

依据甘新区养分分级标准，通过对灌淤土有效硼养分等级分布的分析，可以看出，灌淤土有效硼含量在一至四级均有分布，五级水平没有分布。其中：三级水平分布面积最大（45.3%）；四级水平分布面积最小，占比仅为 4.8%（图 5-12）。

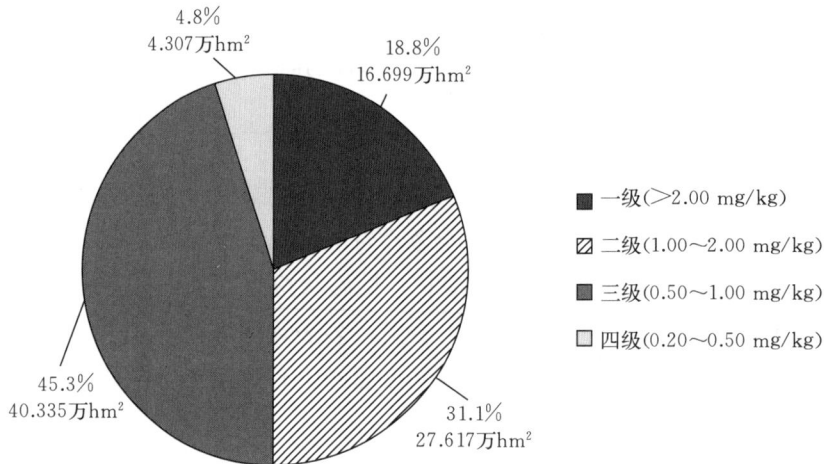

图 5-12　灌淤土有效硼等级分布

（二）宁夏惠农和灵武试区土壤养分的空间变异性

宁夏惠农试区所有样点镁、硫含量都大于临界值，而仅有一个样点速效态钙含量为 304.9 mg/L，小于临界值 400.0 mg/L，其余各样点的速效态钙含量都大于临界值。所有样点铵态氮含量都小于其临界值 50.0 mg/L，钾、磷含量小于临界值的样点数分别为 13 个、25 个。如表 5-16 所示，钙、镁含量范围分别为 304.9～26 375.1 mg/L 和 268.5～4 026.1 mg/L，符合北方石灰性土壤特性。另外，

Ca^{2+} 和 Mg^{2+} 是与盐渍化土壤和水有关的主要阳离子，而当地土壤盐渍化严重，因而钙和镁含量非常高，且二者的变异量也很大，变异系数分别达到 131.1% 和 56.5%。土壤速效态硫含量也很高，平均值达 134.96 mg/L，这可能是由于 SO_4^{2-} 是与盐渍化土壤有关的主要阴离子之一，并且硫可能会伴随灌溉水和含硫化肥、农药等进入土壤。有机质含量比较低，平均仅为 0.23%。氮含量也很低，变幅为 4.0～16.5 mg/L，平均为 9.19 mg/L，变异系数较小，为 33.0%。磷含量变幅较大，为 3.0～141.4 mg/L，平均含量为 24.52 mg/L，低于临界值的样本数所占的比例为 23%。磷的变异系数为 77.5%，表明该地施磷水平差异较大。钾平均含量为 118.79 mg/L，变异系数为 37.6%。土壤磷变异系数比钾变异系数大，可能与磷和钾在土壤中的化学行为以及施用磷肥和钾肥有关：磷肥施入土壤后移动性差，当季利用率较低，残留在土壤中的较多，导致土壤中有效磷分布不均匀；而钾肥相反，钾的移动较强，且在当地施用量少，土壤钾分布比较均匀。

表 5-16 宁夏惠农试区耕层土壤养分的统计特征

养分	浓度范围	平均值	标准差	变异系数（%）	偏度	峰度	中值
有机质	0.02%～0.40%	0.23%	0.09%	39.13	−0.37	2.25	0.24%
钙	304.9～26 375.1 mg/L	2 604.90 mg/L	3 415.80 mg/L	131.1	4.50	25.81	1 630.50 mg/L
镁	268.5～4 026.1 mg/L	670.63 mg/L	378.82 mg/L	56.5	6.55	57.85	618.40 mg/L
钾	51.2～302.4 mg/L	118.79 mg/L	44.65 mg/L	37.6	1.80	7.02	104.90 mg/L
氮	4.0～16.5 mg/L	9.19 mg/L	3.03 mg/L	33.0	0.26	2.42	9.20 mg/L
磷	3.0～141.4 mg/L	24.52 mg/L	18.99 mg/L	77.5	3.98	24.71	22.10 mg/L
硫	30.7～819.8 mg/L	134.96 mg/L	101.91 mg/L	75.5	3.74	22.32	109.40 mg/L
硼	1.06～22.32 mg/L	4.29 mg/L	3.74 mg/L	87.2	3.13	13.71	3.01 mg/L
铜	0.30～4.20 mg/L	1.80 mg/L	0.73 mg/L	40.6	0.65	3.42	1.70 mg/L
铁	1.60～27.40 mg/L	11.96 mg/L	4.70 mg/L	39.3	−0.05	3.43	12.50 mg/L
锰	1.30～29.20 mg/L	10.30 mg/L	4.18 mg/L	40.6	1.50	7.02	9.20 mg/L
锌	0.40～2.10 mg/L	1.10 mg/L	0.33 mg/L	30.0	0.27	3.04	1.10 mg/L

注：ASI 法土壤养分临界值（mg/L）：钙（400.00）、镁（120.00）、钾（80.00）、氮（50.00）、磷（12.00）、硫（12.00）、硼（0.20）、铜（1.00）、铁（10.00）、锰（5.00）、锌（2.00）。

宁夏惠农试区土壤中微量元素含量的变异情况各不相同，变异系数在 30.0%～87.2%（表 5-16）。其中，硼变异最大，变异系数为 87.2%。锌、铜、铁、锰次之，变异系数为 30.0%～40.6%。硼含量比较高，最小值为 1.06 mg/L，远大于其临界值 0.2 mg/L。锌含量比较低，110 个样点中只有一个样点的含量大于其临界值 2.0 mg/L。另外，在 110 个样点中，铜、铁、锰分别有 11 个、32 个、6 个样点值小于各自的临界值。

由表 5-17 可以看出，宁夏灵武试区所有样点钙、镁、硫、铜、铁、锰含量都大于临界值，钾、磷、硼、锌含量小于临界值的样点数分别为 78 个、68 个、35 个、80 个。钙、镁的含量均很高，含量分别为 400.80～2 582.20 mg/L 和 196.80～753.30 mg/L（表 5-17），与惠农试区一样，都符合北方石灰性土壤特性。有机质含量比较低，平均仅为 0.23%。氮含量也很低，变幅为 5.80～19.10 mg/L，平均为 9.32 mg/L，所有采样点氮含量均低于临界值；磷含量变幅较大，为 4.90～68.20 mg/L，平均值为 14.52 mg/L，低于临界值的样本数所占的比例高达 53.1%；钾平均含量为 74.93 mg/L，有 60.94% 的采样点速效钾含量小于临界值，这是由于传统的观点认为北方土壤不缺钾，因此很少施钾肥或者不施钾肥。

表 5-17 宁夏灵武试区耕层土壤养分的统计特征

养分项目	浓度范围	平均值	标准差	变异系数（%）	偏度	峰度	中值
有机质	0.08%～0.47%	0.23%	0.08	34.78	0.37	2.92	0.23%
钙	400.80～2 582.20 mg/L	1 752.80 mg/L	344.86 mg/L	19.10	−0.71	4.37	1 803.60 mg/L
镁	196.80～753.30 mg/L	389.24 mg/L	90.59 mg/L	23.27	1.06	5.34	382.70 mg/L
钾	39.10～132.90 mg/L	74.93 mg/L	17.71 mg/L	23.64	0.79	3.63	70.40 mg/L
氮	5.80～19.10 mg/L	9.32 mg/L	2.03 mg/L	21.78	1.21	7.19	9.20 mg/L
磷	4.90～68.20 mg/L	14.52 mg/L	9.67 mg/L	66.60	2.53	11.15	11.50 mg/L
硫	25.00～272.50 mg/L	126.31 mg/L	28.25 mg/L	22.37	1.25	9.72	123.10 mg/L
硼	0.01～5.79 mg/L	1.50 mg/L	1.42 mg/L	94.67	1.40	4.19	1.03 mg/L
铜	1.50～7.00 mg/L	3.68 mg/L	0.98 mg/L	26.63	0.95	4.27	3.60 mg/L
铁	24.60～90.20 mg/L	44.84 mg/L	14.42 mg/L	32.16	1.22	4.01	41.40 mg/L
锰	10.40～35.70 mg/L	18.16 mg/L	4.96 mg/L	27.31	0.91	3.78	17.30 mg/L
锌	1.00～4.10 mg/L	1.94 mg/L	0.43 mg/L	22.16	1.67	8.01	1.80 mg/L

注：ASI 法土壤养分临界值（mg/L）：钙（400.00）、镁（120.00）、钾（80.00）、氮（50.00）、磷（12.00）、硫（12.00）、硼（0.20）、铜（1.00）、铁（10.00）、锰（5.00）、锌（2.00）。

由以上分析可见，宁夏灵武试区土壤铵态氮十分缺乏，磷、钾也表现出不同程度的缺乏。通过对几种微量元素速效态含量与土壤养分 ASI 分析方法中各养分含量的临界值进行比较可知，除硼和锌分别有 27.3% 和 62.5% 的采样点含量低于临界值外，其他微量元素基本不缺。钙、镁、钾的变异较小，变异系数分别为 19.10%、23.27% 和 23.64%。氮的变异系数为 21.78%，表明氮是极易流失的，且土壤对氮的吸附保存性质基本稳定。磷变异系数较大，为 66.60%。这种较大的差异性一方面是因为施用磷肥不均匀，另一方面是因为磷在土壤中移动性小，不易淋失。微量元素中，硼的变异系数最大，为 94.67%，其他元素（铜、铁、锰、锌）的变异系数不超过 32.16%。

（三）宁夏惠农和灵武试区土壤养分含量特征值比较

由表 5-18 可以看出，两试区土壤有机质含量范围都比较小，平均含量仅为 0.23%。而钙、镁、硫含量都比较高，平均值处于高水平状态。其中，惠农试区的镁、硫含量明显高于灵武试区，这可能是由于 Mg^{2+} 和 SO_4^{2-} 是与盐渍化土壤有关的主要阳离子和阴离子。惠农试区处于银川平原的北部、引黄灌溉的末端，引水灌溉和排水条件不及灵武试区，并且地势低洼，地下水位高且排水不利，土壤较灵武试区土壤更易盐渍化，土壤钾和磷含量均高于灵武试区。两个试区氮含量都低于临界值（50 mg/L），且变异系数也都比较低，分别为 32.97% 和 21.78%，这也表明氮是极易流失的。

表 5-18 两试区土壤大量、中量养分含量特征值

试区	养分	浓度范围	平均值	变异系数（%）	低于临界值样品比（%）
惠农试区	有机质	0.02%～0.40%	0.23%	39.13	—
	钙	304.9～26 375.1 mg/L	2 604.9 mg/L	131.13	0.9
	镁	268.5～4 026.1 mg/L	670.63 mg/L	56.49	0
	钾	51.2～302.4 mg/L	118.79 mg/L	37.59	10.9
	氮	4.0～16.5 mg/L	9.19 mg/L	32.97	100.0
	磷	3.0～141.4 mg/L	24.52 mg/L	77.45	20.0
	硫	30.7～819.8 mg/L	134.96 mg/L	75.51	0

（续）

试区	养分	浓度范围	平均值	变异系数（%）	低于临界值样品比（%）
灵武试区	有机质	0.08%～0.47%	0.23%	34.78	—
	钙	400.80～2 582.20 mg/L	1 752.8 mg/L	19.1	0
	镁	196.80～753.30 mg/L	389.24 mg/L	23.27	0
	钾	39.10～132.90 mg/L	74.93 mg/L	23.64	68.8
	氮	5.80～19.10 mg/L	9.32 mg/L	21.78	100.0
	磷	4.90～68.20 mg/L	14.52 mg/L	66.6	53.1
	硫	25.00～272.50 mg/L	126.31 mg/L	22.37	0

由表 5-19 可以看出，在所测定的微量元素含量中，除惠农试区硼含量（4.29 mg/L）大于灵武试区速效硼含量（1.50 mg/L）外，惠农试区其他各微量元素含量都低于灵武试区。灵武试区位于银川平原引黄灌区中部，而惠农试区位于引黄灌区的末端，且前者以种稻为主，而后者以种植脱水蔬菜为主。因此，这种养分含量的差异可能是由不同的种植和田间管理方式以及落水灌淤的不同速度引起的。其中，惠农试区硼含量大于灵武试区，这可能是由于惠农试区灌溉条件不及灵武试区，硼酸盐在土壤表层富集。另外，灵武和惠农两试区耕层土壤比较缺锌，低于临界值的土壤样品占比分别为72.7%和99.1%。

表 5-19　两试区土壤微量养分含量统计特征值

试区	养分	浓度范围（mg/L）	平均值（mg/L）	变异系数（%）	低于临界值样品占比（%）
惠农试区	硼	1.06～22.32	4.29	87.2	0
	铜	0.30～4.20	1.80	40.6	9.0
	铁	1.60～27.40	11.96	39.3	28.2
	锰	1.30～29.20	10.3	40.6	5.4
	锌	0.40～2.10	1.10	30.0	99.1
灵武试区	硼	0.01～5.79	1.50	94.7	8.6
	铜	1.50～7.00	3.68	26.6	0
	铁	24.60～90.20	44.84	32.2	0
	锰	10.40～35.70	18.16	27.3	0
	锌	1.00～4.10	1.94	22.2	72.7

二、盐分运移

灌淤土可溶性盐的含量一般很低，多小于 1.5 g/kg，以重碳酸盐为主，但盐化灌淤土的可溶性盐含量较高，多为 1.5～10.0（或 20.0）g/kg。微溶性盐石膏的含量很低，多数不足 0.8 g/kg，但钙积灌淤土可高至 3.3 g/kg。

灌淤土为石灰性土壤，同一剖面的碳酸钙含量比较均匀，但钙积灌淤土剖面自上而下碳酸钙含量有增加的趋势，不同地区的灌淤土，碳酸钙的含量有一定差异。黄河及其支流冲积平原地区，灌淤土的碳酸钙含量多为 100～140 g/kg；新疆南部漠境，灌淤土的碳酸钙含量较高，为 170～250 g/kg；新疆北部、河北张家口及西藏等地灌淤土的碳酸钙含量较低，多为 40～70 g/kg，低者仅 15 g/kg。碳酸钙含量的这种差异可能与不同地区源土的碳酸钙含量有关。

盐化灌淤土分布于低洼地区，土壤盐分可随着灌溉水下移。耕层含有较多的可溶性盐，影响农作物正常生长发育。含盐量指标因生物气候条件及盐分组成的不同而异，新疆 0～60 cm 土层全盐量大于 1.5 g/kg，宁夏 0～20 cm 土层全盐量大于 1.5 g/kg。灌溉时间越长，淋溶的深度越大，冲洗层的全盐量通常低于 0.2%，但地下水位高的绿洲土壤有次生盐渍化的风险。

甘肃厚层灌淤土（兰州市红古区）剖面可溶性盐和全盐量自上而下呈递增的趋势，心土层和底土层质地黏重，心土层全盐量大于其他层次。剖面耕作层含盐量大于大田耕作层。虽都属于非盐渍化土壤，但因剖面心土层全盐量高于其他层次，易出现返盐现象。

灌淤土的形成过程伴随着土层加厚，地面随之抬高，加上人工筑埂平田，导致灌区形成了一种特殊地形，即垂直于干渠、支渠的阶梯式缓斜地形（表 5-20）。在地面抬高的同时，地下水位相对下降，阶梯式缓斜地上部地下水位深、土壤脱盐，下部地下水位高、土壤盐渍化。排水不良、阶梯式缓斜地之间的洼地积水成湖，土壤沼泽化。

表 5-20　阶梯式缓斜地形土壤全盐量及地下水指标

指标	项目	剖面 1	剖面 2	剖面 3	剖面 4	剖面 5
土壤全盐量（%）	耕作层	0.06	0.14	0.18	1.70	2.30
	灌淤熟化土层	0.05	0.10	0.15	0.33	0.48
	原母质层	0.05	0.08	—	0.25	0.26
地下水	矿化度（g/L）	0.55	0.93			3.9
	埋深（cm）	220	170	—	—	45

第二节　灌淤土的其他化学性质

灌淤土的化学组成以硅、铁、铝及钙为主，四者的氧化物之和大于 82%，其余元素氧化物之和不足 10%（表 5-21）。同一剖面灌淤层各自然层次之间，化学组成无明显差异，硅铁铝率在 6.5 左右。不同地区的灌淤土，其化学组成中氧化钙的变异较大，变异系数（标准差除以平均数）达 48%，变异趋势与碳酸钙一致，其他元素变异很小。

表 5-21　灌淤土的化学组成（烘干土重）

类型	层段	项目	烧失量（%）	SiO_2（%）	Fe_2O_3（%）	Al_2O_3（%）	CaO（%）	MgO（%）	TiO_2（%）	MnO（%）	K_2O（%）	Na_2O（%）	P_2O_5（%）	SiO_2/R_2O_3（%）
土壤	灌淤耕层	平均值	9.22	58.80	4.27	12.14	6.90	2.66	0.49	0.09	2.32	1.81	0.22	6.77
		标准差	2.72	5.20	0.73	1.42	3.32	0.71	0.12	0.02	0.50	0.53	0.03	0.92
	老灌淤层	平均值	8.84	58.90	4.46	12.50	7.28	2.72	0.53	0.09	2.23	1.75	0.20	6.54
		标准差	2.54	5.20	0.55	1.30	3.50	0.77	0.08	0.01	0.33	0.42	0.06	0.75

（续）

类型	层段	项目	烧失量（%）	SiO$_2$（%）	Fe$_2$O$_3$（%）	Al$_2$O$_3$（%）	CaO（%）	MgO（%）	TiO$_2$（%）	MnO（%）	K$_2$O（%）	Na$_2$O（%）	P$_2$O$_5$（%）	SiO$_2$/R$_2$O$_3$（%）
黏粒	灌淤耕层	平均值	7.30	51.90	8.68	20.96	0.56	2.73	0.82	0.06	3.73	0.67	0.14	3.34
		标准差	0.81	2.40	0.91	1.52	0.29	0.91	0.14	0.01	0.57	0.19	0.01	0.33
	老灌淤层	平均值	8.13	51.50	8.76	20.01	0.56	2.66	0.83	0.05	3.71	0.67	0.12	3.30
		标准差	1.58	5.40	1.14	1.20	0.27	0.89	0.14	0.02	0.56	0.22	0.02	0.33

黏粒的化学组成以硅、铁及铝为主，三者的氧化物之和为81.54%，其余元素氧化物之和为8.71%。同一剖面灌淤层各自然层次之间，化学组成更趋一致。硅铁铝率均在3左右，不同地区的灌淤土黏粒化学组成中氧化钙变异较大，变异系数为50%左右，氧化镁次之，变异系数为30%左右，其余元素变异很小。

同一剖面灌淤土的化学组成无明显变异，硅铁铝率基本一致，说明了灌淤层的均匀一致性，风化作用微弱，物质迁移不明显。

灌淤土胡敏酸和富里酸之和代表土壤中游离松结合态腐殖质的含量，以占全碳量的百分比计，灌淤土的胡敏酸（HA）和富里酸（FA）之和为15.0%～40.1%。暗色的普通灌淤土胡敏酸和富里酸之和偏高，为23.3%～40.1%，主要受源土腐殖质组成的影响。肥熟灌淤土次之，为23.9%～30.3%，与大量施入有机肥有关（表5-22）。

表5-22 灌淤土腐殖质组成

类型	地点	层次（cm）	有机碳（g/kg）	占全碳百分比（%）总量	胡敏酸	富里酸	胡富比	备注
普通灌淤土	宁夏中卫	0～17	9.78	16.2	10.1	6.1	1.66	
		32～55	6.08	16.9	9.4	7.5	1.25	
	新疆昌吉	0～15	9.44	18.9	11.9	7.0	1.70	
	新疆和田	0～16	7.98	17.3	8.8	8.5	1.03	母质为灰色灌淤物
	新疆疏勒	0～12	5.48	15.1	6.4	8.7	0.74	
	新疆库车	0～13	9.04	29.2	14.4	14.8	0.97	
	河北张家口	0～23	13.80	28.3	16.6	11.7	1.42	母质为暗色灌淤物
		46～73	7.90	35.1	21.2	13.9	1.54	
		96～118	7.50	40.1	24.8	15.3	1.62	
	宁夏中卫	0～14	16.80	23.3	13.9	9.4	1.47	母质为暗色灌淤物
		28～60	9.10	23.9	18.5	5.4	3.42	
		88～110	9.50	25.0	19.2	5.8	3.31	
肥熟灌淤土	宁夏中卫	0～16	13.70	25.3	12.6	12.7	0.98	
	新疆新和	0～16	10.30	30.3	15.2	15.1	1.01	
	新疆呼图壁	0～13	12.40	23.9	13.9	10.0	1.39	
		31～63	6.90	29.2	17.0	12.2	1.39	
钙积灌淤土	新疆疏勒	0～14	7.70	21.2	9.8	11.4	0.86	

（续）

类型	地点	层次（cm）	有机碳（g/kg）	占全碳百分比（%）			胡富比	备注
				总量	胡敏酸	富里酸		
潮灌淤土	宁夏平罗	0～15	8.60	20.4	9.6	10.8	0.89	
表锈灌淤土	宁夏中卫	0～18	10.90	21.0	10.1	10.9	0.93	
		36～50	8.20	16.4	7.9	8.5	0.93	
	宁夏中卫	0～13	9.10	20.1	10.9	9.2	1.18	

胡富比是比较腐殖质特征的常用指标，也常被用来说明耕作土壤熟化程度的高低。灌淤土的胡富比大于 0.74。同一地区，灌淤土的胡富比大于其母土。如宁夏平罗县的潮土，有机碳含量低，为 6.03 g/kg，胡富比也低，为 0.74；当地具有 50 cm 灌淤层的潮灌淤土有机碳的含量显著提高，为 8.60 g/kg，胡富比也提高到 0.89，说明在垦殖之后，灌淤施肥耕作对潮土的熟化作用。

灌淤土的胡富比变化与源土类型、熟化程度及气候条件有关，母质为暗色灌淤物的普通灌淤土，因其源土为草原土壤，胡富比偏高，为 1.42～3.42。肥熟灌淤土胡富比为 0.98～1.39，反映了熟化程度较高的特点。新疆南部为荒漠的生物气候条件，母质为灰色灌淤物的普通灌淤土的胡富比偏低，为 0.74～1.70。

一、腐殖质及矿物组成

1. 腐殖质组成　耕翻、耙耱及中耕等耕作措施搅动土层，并将灌淤物、肥料、作物根茬与耕作层土壤均匀混合起来，灌淤物的层次也因此消失。加上作物根系在土层中穿插，蚯蚓在土中穿行，冬春冻融，使土壤结构改善、孔隙增多，灌淤土的孔隙度一般为 41%～60%（容积）。施肥对灌淤土有明显的培肥作用。据试验，连续施用土粪（用量为 22～120 t/hm²）8 年后，土壤有机质含量由 14.6 g/kg 增加到 16.2 g/kg。因此，灌淤土的有机质及养分含量比其母土（灌淤土形成前的原地土壤）和源土（提供灌淤物的异地侵蚀土壤）均有所提高。由表 5-23 可见，灌淤土的腐殖质组成中，胡敏酸与富里酸之和以及胡富比均与所在地区的地带性土壤不同，说明灌淤土的形成丰富了腐殖质组成。需要指出的是，灌淤土腐殖质的胡富比虽然在各剖面间有差异，但总体来看，灌淤土的胡富比均比同地区的自然地带性土壤要高出许多，这是人为培肥作用的结果（表 5-23）。随着耕作熟化，灌淤土中的微生物状况也有很大变化，与当地钙积正常干旱土相比，不仅微生物的总量增加，而且氨化细菌、自生固氮菌等也相应增加。在施用土粪的过程中，碎砖块、碎陶瓷、兽骨及煤渣等侵入体也相随进入灌淤层。在每立方米的灌淤层中，侵入体可达 6.8 kg，这也是灌淤土人为成因的标志。在一定条件下，灌淤土有氧化还原和脱盐等附加作用。

表 5-23　灌淤土腐殖质组成

采样地点	深度（cm）	全碳（g/kg）	胡敏酸（g/kg）	富里酸（g/kg）	腐殖质总碳（g/kg）	腐殖质总碳占全碳（%）	CaCO₃相当物（g/kg）	胡富比
新疆阜康	0～12	9.2	3.16	1.82	4.98	54.13	15.0	1.74
	12～21	10.8	2.88	1.51	4.39	40.65	20.3	1.91
新疆策勒	0～11	7.9	0.66	1.18	1.84	23.29	122.4	0.56
	11～35	6.0	0.49	0.67	1.16	19.33	119.7	0.73

（续）

采样地点	深度 （cm）	全碳 （g/kg）	胡敏酸 （g/kg）	富里酸 （g/kg）	腐殖质 总碳 （g/kg）	腐殖质总碳 占全碳 （%）	CaCO$_3$ 相当物 （g/kg）	胡富比
甘肃武威 1	0～20	8.9	0.83	1.14	1.97	22.13	66.0	0.73
	20～45	6.8	0.78	0.86	1.64	24.12	68.6	0.91
甘肃武威 2	0～24	12.4	1.31	1.24	2.55	20.56	63.8	1.06
	24～60	14.3	1.29	1.33	2.62	18.32	77.4	0.97
宁夏永宁 1	0～19	7.7	0.66	1.15	1.81	23.51	100.3	0.57
宁夏永宁 2	0～22	7.3	0.68	0.97	1.65	22.60	123.2	0.70
	22～50	4.9	0.57	0.72	1.29	26.33	124.1	0.79

2. 矿物组成　灌淤土碳酸钙含量在 1.0% 以上，并随着不同剖面的具体条件（主要是灌溉水中的碳酸钙含量）而发生很大变化，可达 20%～30%，在形态特征上，没有明显的淀积现象，而且在垂直方向上分布较为均一。

灌淤土中矿物种类及其含量的差异以及矿物在土壤剖面中的分布特征可体现土壤成土过程中的母质、水热条件及区域的成土环境等。从灌淤土剖面土壤矿物组成可以看出（表 5-24），土壤矿物以石英为主，石英含量范围为 112～420 g/kg，其次为长石类，斜长石和微斜长石含量之和基本在 190～590 g/kg，剖面 64-048、剖面 64-052、剖面 64-054 长石类含量之和均超过了石英含量。剖面 64-018、64-023、64-024、64-048、64-052、64-054 长石类含量在 210～590 g/kg，其余为其他矿物，矿物学类型属于长石混合型，剖面 64-020、64-027 属于硅质混合型。

表 5-24　灌淤土剖面土壤矿物组成

采样编号	采样点	石英 （g/kg）	斜长石 （g/kg）	微斜 长石 （g/kg）	方解石 （g/kg）	白云石 （g/kg）	闪石 （g/kg）	石膏 （g/kg）	黏粒总量 （g/kg）	矿物类型
64-008	宁夏石嘴山市平罗县 城关镇星火村	310	140	50	180	—	—	—	340	混合型
64-017	宁夏银川市贺兰县 西岗镇五星村	370	230	80	120	—	50	—	160	长石混合型
64-018	宁夏银川市贺兰县 立岗镇陈家庄	390	160	50	170	—	—	—	230	长石混合型
64-020	宁夏银川市永宁县 望远镇通桥村	400	220	40	140	—	—	—	200	硅质混合型
64-023	宁夏吴忠市青铜峡市 瞿靖镇友好村	370	170	100	140	—	—	—	230	长石混合型
64-024	宁夏银川市永宁县 胜利乡先锋村	360	210	50	150	—	—	—	230	长石混合型
64-027	宁夏吴忠市利通区 金积镇丁家湾子村	420	190	50	140	—	—	—	200	硅质混合型
64-048	宁夏吴忠市利通区 金银滩镇银新村	112	310	270	90	80	30	80	150	长石混合型

（续）

采样编号	采样点	石英(g/kg)	斜长石(g/kg)	微斜长石(g/kg)	方解石(g/kg)	白云石(g/kg)	闪石(g/kg)	石膏(g/kg)	黏粒总量(g/kg)	矿物类型
64-052	宁夏中卫市中宁县新堡镇刘营村	123	310	280	120	100		40	160	长石混合型
64-054	宁夏中卫市沙坡头区迎水桥镇何滩村	128	310	210	60	120		40	270	长石混合型

如表 5-25 所示，灌淤土的黏粒的矿质组成以 SiO_2、Fe_2O_3 和 Al_2O_3 为主，三者之和可占到 80% 以上。从垂直分布来看，黏粒的矿质组成自上而下有一定的差异，但差异不大。SiO_2、Al_2O_3 的含量以及 SiO_2/Al_2O_3 的变化都较小，表明在灌淤土的形成过程中没有硅和铝的迁移作用。灌淤土剖面的上下层之间 Fe_2O_3 的含量及 SiO_2/Fe_2O_3 的变化比 Al_2O_3 的含量和 SiO_2/Al_2O_3 的变化要大得多，表明在灌淤土的形成过程中有铁的移动。这是因为在灌淤土形成过程中有一定的干湿交替，导致铁的微弱移动；但在有地下水参与的潮灌淤土中和种植水稻的水耕灌淤土中（如 $1W_5$ 为水耕亚类），铁的移动就更加明显。

黏粒中各氧化物的含量在各剖面之间的变化：SiO_2 的含量在 $1W_1$ 中较高，为 56.57%～57.77%，其他各剖面间差别不大，在 50.33%～53.91%；SiO_2/Al_2O_3 在各剖面间变化很小，在 3.90～4.77，$1W_1$ 剖面略高于其他剖面；Fe_2O_3 的含量在 $1W_1$ 剖面较小，在 6.39%～6.73%，其他剖面在 8.08%～9.99%；SiO_2/Fe_2O_3 的变化顺序为 $1W_1>1W_4>1W_3>1W_2>1W_5$（3 个土层平均值）；CaO 在各剖面中的含量都很小，在 1.00% 以下，尤其是在 $1W_1$ 剖面，小于 0.20%；P_2O_5 的含量也都在 0.20% 以下，这与黏粒提取过程中的脱碳酸盐及有机质有关；K_2O 的含量 $1W_1$ 中较低，为 2.62%～2.72%，其余都在 4.00% 左右（表 5-25）。

综上所述，灌淤土黏粒的矿质组成主要受灌淤土分布地区的大生物气候条件制约（表现在黏粒的 SiO_2 含量、SiO_2/Al_2O_3 以及 SiO_2/R_2O_3 普遍较高等），但各地生物气候条件的不同并不造成各灌淤土黏粒矿物化学组成的差异。例如，各地区灌淤土黏粒的 SiO_2 含量和硅铝率之间差异较小而且不随着生物气候条件的变化而发生有规律的变化。这是因为灌淤土是人为土壤，在灌淤土的形成过程中，各地区自然生物气候条件的差异已被人为作用消除，表现在人为灌溉消除了干旱程度的差异，人工栽培作物又排除了自然植被的不同，使各地区的生物气候条件趋于相同。

由于在灌淤土形成过程中自然成土作用较微弱，因此其黏粒的化学组成与母质（灌淤物等）之间具有很大的继承性，不同灌淤土剖面的黏粒化学组成的差异应归功于其物质来源的不同。同时，由表 5-25 还可以看出，各剖面黏粒的矿质组成非常接近，表明其主要黏土矿物的成分基本相同。

3. 黏粒中元素的富集特点 在土壤形成过程中，有些元素主要在粗颗粒中富集，有些则在黏粒中富集。元素在黏粒中的富集程度可以用富集率来衡量。富集率用黏粒中氧化物的含量与土体中相同氧化物含量的比值来表示。由表 5-26 可以看出，硅在各层黏粒中不表现出富集，除极个别层次外，富集率均小于 1，这是因为石英富集于粗颗粒之中。但从土壤黏粒的 X 射线衍射图谱可以看出，<2 μm 的黏粒中或多或少地含有某些极小的残留石英，同时硅还存在于铝硅酸盐矿物中。因此，硅的富集率也不会太低，一般都在 0.80～0.90。当然，沙性极大的土壤中硅的富集率会高一些（如 $1W_2$ 剖面）。

表 5 – 25　灌淤土黏粒（<2 μm）矿质组成（烘干土）

剖面代号	采样地点	采土深度 (cm)	发生层	烧失量 (%)	SiO₂ (%)	Fe₂O₃ (%)	Al₂O₃ (%)	CaO (%)	MgO (%)	TiO₂ (%)	MnO (%)	K₂O (%)	Ni₂O (%)	P₂O₅ (%)	合计 (%)	分子比率			
																SiO_2/Al_2O_3	SiO_2/Fe_2O_3	SiO_2/R_2O_3	Al_2O_3/Fe_2O_3
1W₁	新疆阜康	0～12	耕作层	7.80	56.57	6.73	20.57	0.14	2.81	0.89	0.04	2.72	0.67	0.13	99.07	4.67	22.34	3.86	4.79
		46～53	灌淤层	7.38	57.77	6.39	20.70	0.12	2.46	0.92	0.03	2.67	0.57	0.13	99.14	4.74	24.03	3.96	5.07
		77～85	下垫层	7.08	57.68	6.49	20.83	0.18	2.58	0.90	0.03	2.62	0.52	0.13	99.01	4.70	23.62	3.92	5.03
1W₂	新疆策勒	0～11	耕作层	6.20	53.91	8.40	19.17	0.94	4.18	0.99	0.07	4.14	1.09	0.13	99.20	4.77	17.06	3.73	3.57
		85～122	灌淤层	7.84	52.13	8.90	19.26	0.81	4.10	0.98	0.07	3.92	1.15	0.11	99.27	4.59	15.57	3.55	3.39
		196～220	母质层	6.55	51.46	9.75	19.49	0.79	4.66	1.02	0.07	4.08	1.08	0.11	99.06	4.48	14.03	3.40	3.26
1W₃	甘肃武威₁	0～20	耕作层	7.18	51.87	8.45	22.54	0.20	3.16	0.69	0.05	4.31	0.52	0.14	99.11	3.90	16.31	3.15	4.18
		70～105	灌淤层	7.02	52.05	8.30	22.51	0.20	3.24	0.69	0.05	4.39	0.63	0.14	99.22	3.92	16.67	3.18	4.25
		135～160	母质层	7.11	51.57	8.79	21.84	0.34	3.52	0.77	0.06	4.24	0.65	0.15	99.04	4.01	15.59	3.19	3.89
1W₄	甘肃武威₂	0～24	耕作层	8.03	52.48	8.63	21.22	0.53	3.35	0.71	0.06	4.28	0.69	0.16	99.14	4.20	16.16	3.33	3.85
		60～95	灌淤层	10.44	51.26	8.19	20.29	0.73	3.22	0.73	0.05	4.20	0.66	0.11	99.05	4.29	16.63	3.41	3.88
		147～160	下垫层	9.67	52.77	8.08	19.88	0.73	3.39	0.63	0.05	4.02	0.76	0.09	99.22	4.50	17.36	3.58	3.85
1W₅	宁夏永宁	0～19	耕作层	7.29	52.11	8.86	21.45	0.68	3.85	0.72	0.05	4.20	0.73	0.09	99.03	4.12	15.63	3.26	3.79
		19～34	灌淤层	7.66	50.33	9.99	21.45	0.68	4.15	0.80	0.06	4.10	0.62	0.18	99.02	3.98	13.39	3.07	3.36
		77～160	母质层	7.33	51.67	9.46	21.49	0.67	3.88	0.70	0.06	4.08	0.62	0.18	99.14	4.08	14.52	3.18	3.56

表 5 - 26　土壤剖面各层黏粒中元素的富集率

剖面代号	采样地点	采土深度(cm)	硅	铁	铝	钙	镁	钛	锰	钾	钠	磷
1W_1	新疆阜康	0~12	0.88	1.30	1.47	0.08	1.19	1.27	0.50	1.16	0.32	0.62
		46~53	0.88	1.27	1.42	0.10	1.25	1.26	0.43	1.17	0.51	0.72
		77~85	0.89	1.25	1.34	0.09	1.34	1.27	0.33	0.92	0.28	0.81
1W_2	新疆策勒	0~11	0.94	2.07	1.83	0.10	1.28	1.80	0.88	1.87	0.54	0.68
		85~122	0.90	2.41	1.84	0.08	1.32	1.85	0.88	1.81	0.50	0.52
		196~220	0.85	2.64	1.81	0.09	1.58	2.13	1.00	1.74	0.53	0.88
1W_3	甘肃武威_1	0~20	0.84	1.81	1.80	0.04	1.22	1.23	0.56	1.70	0.32	0.64
		70~105	0.81	1.74	1.72	0.05	1.23	1.19	0.56	1.63	0.38	0.78
		135~160	0.84	1.88	1.75	0.06	1.20	1.31	0.60	1.74	0.39	0.88
1W_4	甘肃武威_2	0~24	0.82	2.36	1.88	0.10	1.54	1.65	0.86	1.80	0.38	0.57
		60~95	0.84	2.16	1.78	0.33	1.55	0.63	0.63	1.81	0.38	0.34
		147~160	1.05	2.76	1.71	0.06	0.90	1.19	0.45	1.73	0.55	0.39
1W_5	宁夏永宁	0~19	0.84	2.27	2.02	0.10	1.49	1.29	0.71	2.09	0.42	0.47
		19~34	0.78	3.10	2.11	0.10	1.68	1.38	0.86	2.14	0.33	0.95
		77~160	0.71	3.47	2.43	0.14	2.09	1.63	1.20	2.19	0.34	1.29

　　铁在黏粒中的富集很明显，富集率均大于 1.00，甚至在 2.00 以上。各剖面之间比较，1W_1 剖面中铁的富集率明显小于其他剖面，同一剖面上下层之间，铁的富集率有一定变化，尤其是潮化亚类和水耕亚类，铁在不同层次之间的富集率变化更明显，说明其中有铁的移动。

　　铝在黏粒中的富集率也大于 1.00，这是因为铝主要存在于铝硅酸盐矿物中，因此在黏粒中富集。铝的富集率在剖面的上下层间变化小，这是因为灌淤土主要分布于温带、暖温带的干旱、半干旱地区，化学风化作用微弱，土壤中铝不易迁移。

　　钙在黏粒中的富集率很小，多在 0.10 及以下，这是因为土壤中的钙在提取黏粒的过程中淋失；镁的富集率一般都大于 1.00，是因为镁主要存在于硅酸盐矿物中或被吸附，因此不易在脱 CO_3^{2-} 的过程中被淋失而富集于黏粒中。

　　钾和钠在成土过程中的表现是不同的。钾在黏粒中的富集明显，除极个别层次外，富集率都大于 1.00，而钠的富集率则全在 0.60 以下。这是因为钠易被淋失，而钾则易被水云母晶穴固定。

　　磷的富集率也大多小于 1.00，甚至有个别小于 0.40。这是因为磷有很大一部分以有机质的形式存在，而土体中有机质在提取黏粒的过程中被淋失。检验土体中有机质含量和磷的富集率之间的相关性，$r=-0.783$（$n=15$，$r_{0.01}=0.641$），说明它们在 0.01 的置信水平上显著负相关。

　　同时，灌淤土中各元素在黏粒中的富集特征也与黏粒的矿质组成一样，在各地区之间并不表现出规律性的变化，而是与具体剖面条件有关，这与灌淤土为隐域性土壤、其黏粒的化学组成主要受物质来源制约是一致的。

　　4. 黏粒的矿物组成　灌淤土（1W_2）黏粒的 X 射线衍射图谱见图 5 - 13。根据供试土壤的图谱判断黏土矿物的主要成分（表 5 - 27）。由表 5 - 27 可以看出，灌淤土黏土矿物以水云母为主，只有 1W_2 剖面以水云母和绿泥石为主，这与灌淤土所处的自然区域西北干旱地区主要黏土矿物的类型是一致的，说明灌淤土的特性仍有明显的生物气候条件的烙印。这是因为在土壤的理化性质中，黏土矿物的组成是相对稳定的，灌淤土的成土时间较短，难以使这方面的性质发生改变。同时，灌淤土的物质来源也不会超出干旱地区的范围。所以，其黏土矿物仍以水云母为主。但由于各剖面的具体成土条件不同，灌淤土黏土矿物的组成也有一定的差异，主要表现在次要矿物上。最明显的是1W$_2$剖面，绿泥石成为其主要矿物之一，此外含有少量闪石，说明其形成物质的风化程度较弱。1W$_1$剖面中高岭石的含量较高，而绿泥石的含量又比其他剖面低，可能与其物质来源于第三纪风化程度较高的沉积物有关。此外，1W$_5$剖面中蒙皂石的含量明显高于其他剖面。这是因为该剖面种植水稻和受地下水的作用，说明农业利用方式和地下水的作用也会对灌淤土性质产生影响，因为水的浸渍作用有利于蒙皂石的形成。

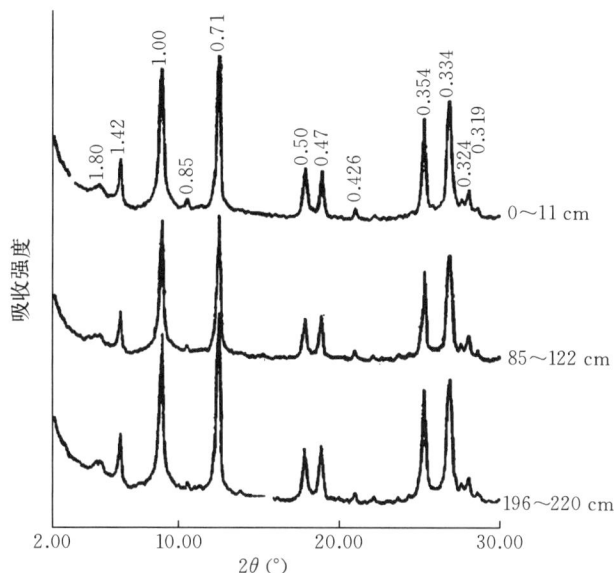

图 5 - 13　1W$_2$ 剖面土壤黏粒（<2 μm）的 X 射线衍射图谱

表 5 - 27　灌淤土黏粒（<2 μm）的矿物组成

剖面代号	采样地点	采土深度（cm）	发生层	主要矿物	次要矿物
1W$_1$	新疆阜康	0~12	耕作层	水云母	较多高岭石和少量蒙皂石、绿泥石、石英、长石
		46~53	灌淤层		
		77~85	下垫层		
1W$_2$	新疆策勒	0~11	耕作层	水云母、绿泥石	少量蒙皂石、石英、长石、闪石
		85~122	灌淤层		
		196~220	母质层		
1W$_3$	甘肃武威$_1$	0~20	耕作层	水云母	较多绿泥石，一定量的高岭石以及少量蒙皂石、石英、长石
		70~105	灌淤层		
		135~160	母质层		
1W$_4$	甘肃武威$_2$	0~24	耕作层	水云母	较多绿泥石，一定量的高岭石以及少量蒙皂石、石英、长石
		60~95	灌淤层		
		147~160	下垫层		

（续）

剖面代号	采样地点	采土深度（cm）	发生层	主要矿物	次要矿物
1W₅	宁夏永宁	0～19	耕作层	水云母	较多绿泥石，一定量蒙皂石、高岭石，少量石英、长石
		19～34	灌淤层		
		77～160	母质层		

此外，5 个供试土壤的耕层、灌淤层和母质层（下垫层）之间的黏粒的 X 射线衍射图谱具有很高的相似性，说明它们的黏粒矿物组成也相当一致。相对来说不同的是 1W₁ 剖面，耕层与灌淤层及下垫层相比，在 1.80 nm 处峰值较小，说明下面两层含有较多的蒙皂石，与这两层受地下水的影响有关。

土壤酸碱性影响作物对营养元素的吸收，过酸或过碱的土壤环境都不利于作物的生长。由表 5-28 可以看出，灌淤土剖面整体上均偏碱性，仅剖面 64-048、64-052 个别层次 pH 小于 8.00，其他层次及其他剖面均在 8.00 以上，少数层次达到强碱性，野外观察均有强或极强的石灰反应。剖面 64-054 碳酸钙含量较高，达到了 162.0～189.0 g/kg，其他剖面碳酸钙含量大部分在 100.0～140.0 g/kg。灌淤土剖面各层次碳酸钙含量较均匀，层次间差异也较小，应该是与灌淤土的成土母质及成土过程有关。

表 5-28 灌淤土的酸碱性和交换性能

采样编号	采样点	深度（cm）	pH	CaCO₃（g/kg）	电导率（mS/cm）	交换性盐基（cmol/kg）				阳离子交换量（cmol/kg）	BS（%）
						Ca²⁺	Mg²⁺	K⁺	Na⁺		
64-008	宁夏石嘴山市平罗县城关镇星火村	0～40	8.58	121.0	0.19	5.34	2.46	0.39	0.76	12.54	71.37
		40～65	8.86	138.0	0.27	7.85	4.03	0.42	1.04	14.58	91.50
		65～100	9.04	117.0	0.22	3.79	2.36	0.29	0.78	8.76	82.42
64-017	宁夏银川市贺兰县西岗镇五星村	0～20	8.65	117.0	0.15	9.49	1.56	0.50	0.62	12.77	95.30
		20～40	8.68	113.0	0.12	6.29	1.30	0.29	0.51	8.53	98.36
		40～80	8.64	100.0	0.11	4.19	0.89	0.20	0.40	6.27	90.59
64-018	宁夏银川市贺兰县立岗镇陈家庄	0～20	8.05	126.0	0.18	6.61	1.95	0.49	1.52	11.75	89.96
		20～50	8.81	135.0	0.20	6.29	2.88	0.26	0.78	13.22	77.23
		50～100	8.93	139.0	0.19	10.10	2.81	0.33	0.74	19.04	73.42
64-020	宁夏银川市永宁县望远镇通桥村	0～20	8.56	141.0	0.32	9.39	3.18	0.32	1.34	16.58	85.83
		20～50	9.11	136.0	0.32	6.11	3.69	1.41		11.67	99.66
		50～70	8.90	134.0	0.37	5.68	3.49	0.49	1.46	11.92	93.29
64-023	宁夏吴忠市青铜峡市瞿靖镇友好村	0～40	9.06	137.0	0.14	8.24	1.83	0.43	0.29	12.28	87.87
		40～90	8.55	133.0	0.12	5.91	1.84	0.40	0.32	11.18	75.76
64-024	宁夏银川市永宁县胜利乡先锋村	0～60	8.24	131.0	0.25	8.50	1.79	0.36	0.66	11.83	95.60
		60～100	8.26	132.0	0.23	7.67	1.56	0.25	0.50	9.81	

（续）

采样编号	采样点	深度（cm）	pH	CaCO₃（g/kg）	电导率（mS/cm）	交换性盐基（cmol/kg）				阳离子交换量（cmol/kg）	BS（%）
						Ca²⁺	Mg²⁺	K⁺	Na⁺		
64-027	宁夏吴忠市利通区金积镇丁家湾子村	0~20	8.57	112.0	0.16	5.91	1.31	0.28	0.51	9.59	83.52
		20~60	8.54	87.9	0.15	5.63	1.26	0.26	0.44	8.24	92.11
64-048	宁夏吴忠市利通区金银滩镇银新村	0~30	7.84	104.0	2.77	1.14	1.58	0.42	1.22	5.11	85.29
		30~80	8.12	103.0	1.31	2.46	1.74	0.29	1.46	6.52	91.27
		80~110	8.30	89.6	0.50	1.89	1.33	0.19	0.70	4.27	96.31
64-052	宁夏中卫市中宁县新堡镇刘营村	0~25	8.44	118.0	0.14	3.02	0.51	0.22	0.57	5.57	77.45
		25~60	8.40	108.0	0.12	2.58	1.19	0.33	1.02	6.57	77.88
		60~110	7.21	91.5	0.10	1.83	1.74	0.31	0.54	5.61	78.77
64-054	宁夏中卫市沙坡头区迎水桥镇何滩村	0~25	8.00	162.0	1.19	2.64	2.36	0.24	1.61	10.79	63.56
		25~50	8.27	162.0	0.34	3.35	2.79	0.37	1.13	11.14	68.57
		50~65	8.28	189.0	0.31	2.93	3.41	0.42	0.50	11.44	63.40

根据黏粒 X 射线衍射图谱，灌淤土的黏粒矿物组成主要有 4 种类型。

（1）以水云母为主。灌淤土主要分布于干旱地区，且其物质来源为黄土或黄土状物质，故大部分灌淤土的黏粒矿物与黄土相似，以水云母为主，伴有一定量的绿泥石以及少量的蒙皂石、高岭石、石英和长石。但天山南麓喀什与阿克苏的灌淤土，水云母结晶好，可能与当地温度较高有关，昆仑山北麓和田的灌淤土含有闪石类易风化矿物，这些是地区性的较小变异。

（2）以水云母和蒙皂石为主，并伴有少量的绿泥石、高岭石、石英和长石。主要原因是灌淤物来源于以水云母和蒙皂石为主的草原土壤，如河北张家口的灌淤土。

（3）以水云母和高岭石为主。西藏冷灌淤土的黏粒矿物组成属于这种类型，还伴有一定量的蒙皂石和少量绿泥石。存在风化程度较高的高岭石是亚高山地区古土壤的残遗特征。

（4）以水云母为主、蒙皂石较多。表锈灌淤土的灌淤耕层和潮灌淤土剖面中下部，黏粒矿物组成虽以水云母为主，但蒙皂石含量明显增加，反映了土壤水分过多有促进蒙皂石形成的作用。从黏粒矿物这个角度说明了灌淤土这两个亚类的发生学意义。

此外，史成华发现，新疆策勒灌淤土的黏粒矿物以水云母和绿泥石为主，含有少量的蒙皂石、石英、长石和闪石。这可能是源土的不同所引起的差异。

土壤中的氧化铁是土壤成土过程中的产物，同时也能反映成土环境，在一定程度上能反映土壤的形成历史。灌淤土仅剖面 64-020 表层全铁含量为 16.8 g/kg，其他剖面各层次变化范围为 20.6~40.9 g/kg，大部分集中在 20.60~30.00 g/kg，层次间的变化无一致性规律，剖面间差别不大。游离氧化铁含量仅剖面 64-048 表层和底层在 4.00 g/kg 下，剖面 64-008、64-018 个别层次分别为 7.61 g/kg 和 6.25 g/kg，其他剖面各层次均在 4.25~5.94 g/kg。整体来说，剖面间差异不大，各层次间也无较大差别。剖面 64-020 表层游离度最大，达到了 34.0%，其他剖面层次游离度变化范围为 13.5%~26.6%，游离度均较低。剖面 64-054 无定形铁含量较高，各层次均在 2.00 g/kg 以上，表层最高，为 2.73 g/kg，由上向下递减，其他剖面含量范围为 0.42~1.79 g/kg，剖面 64-048 层次间变化较大，其他剖面层次间差异较小。剖面 64-054 活化度较高，各层次活化度分别为 49.0%、40.1% 和

46.2%，其他剖面活化度均在 34.0% 及以下，最小值为 10.6%。由以上分析可知，剖面 64-054 游离氧化铁和活化度与其他剖面相比均较高，表明此剖面比其他剖面发育弱。而剖面 64-052 游离氧化铁含量及活化度均较低，说明此剖面发育相对较强（表 5-29）。

表 5-29 灌淤土铁形态特征

采样编号	采样点	深度（cm）	游离氧化铁（g/kg）	无定形铁（g/kg）	全铁（g/kg）	游离度（%）	活化度（%）
64-008	宁夏石嘴山市平罗县城关镇星火村	0~40	4.99	0.82	37.0	13.5	16.4
		40~65	7.61	1.53	40.9	18.6	20.0
		65~100	5.17	1.03	32.6	15.9	19.8
64-017	宁夏银川市贺兰县西岗镇五星村	0~20	5.77	1.26	33.8	17.1	21.9
		20~40	5.03	1.04	30.2	16.7	20.6
		40~80	4.25	0.95	26.6	16.0	22.4
64-018	宁夏银川市贺兰县立岗镇陈家庄	0~20	5.80	1.21	35.0	16.6	20.8
		20~50	5.77	1.10	24.2	23.8	19.0
		50~100	6.25	1.18	23.9	26.1	18.9
64-020	宁夏银川市永宁县望远镇通桥村	0~20	5.72	1.79	16.8	34.0	31.4
		20~50	5.69	1.54	25.4	22.4	27.0
		50~70	5.30	1.22	23.2	22.8	23.1
64-023	宁夏吴忠市青铜峡市翟靖镇友好村	0~40	5.94	1.11	22.3	26.6	18.7
		40~90	5.49	1.02	26.0	21.1	18.5
64-024	宁夏银川市永宁县胜利乡先锋村	0~60	5.63	1.31	24.7	22.8	23.2
		60~100	4.88	1.22	24.8	19.7	25.0
64-027	宁夏吴忠市利通区金积镇丁家湾子村	0~20	5.24	1.73	29.1	18.0	33.0
		20~60	5.07	0.59	28.8	17.6	11.6
64-048	宁夏吴忠市利通区金银滩镇银新村	0~30	3.66	0.79	25.7	14.2	21.6
		30~80	4.35	1.48	27.1	16.1	34.0
		80~110	3.72	0.42	20.6	18.0	11.3
64-052	宁夏中卫市中宁县新堡镇刘营村	0~25	4.40	0.55	26.0	16.9	12.5
		25~60	4.73	0.50	24.9	19.0	10.6
		60~110	4.32	0.47	26.5	16.3	10.9
64-054	宁夏中卫市沙坡头区迎水桥镇何滩村	0~25	5.56	2.73	30.8	18.1	49.0
		25~50	5.36	2.15	29.1	18.4	40.1
		50~65	4.51	2.08	32.3	14.0	46.2

灌淤土各剖面土壤化学组成及分子间的比率见表 5-30。SiO_2 在灌淤土化学组成中含量最高，各剖面含量范围为 507.2~626.7 g/kg；其次为 Al_2O_3，其含量为 108.6~139.2 g/kg；CaO 含量为 70.1~102.9 g/kg；MnO 与 P_2O_5 含量均较低，各剖面间各矿物组分的含量差别不大；灌淤土 ba 值

为 2.06～2.52，多数剖面在 2.20 左右；Sa 值范围为 6.24～9.81；Saf 值为 4.97～8.06。各剖面 ba 值相差不大，但 Sa 值相差较大，表明剖面淋溶作用小。Sa 值和 Saf 值均以剖面 64-008 为最低，表明此剖面土壤风化程度较其他剖面强。

表 5-30　灌淤土化学组成及分子间的比率

采样编号	采样点	SiO (g/kg)	Al$_2$O$_3$ (g/kg)	CaO (g/kg)	Fe$_2$O$_3$ (g/kg)	K$_2$O (g/kg)	MgO (g/kg)	MnO (g/kg)	Na$_2$O (g/kg)	P$_2$O$_5$ (g/kg)	TiO$_2$ (g/kg)	ba 值	Sa 值	Saf 值
64-008	宁夏石嘴山市平罗县城关镇星火村	510.90	139.2	88.3	55.9	26.8	30.4	1.1	11.8	1.5	6.3	2.06	6.24	4.97
64-017	宁夏银川市贺兰县西岗镇五星村	626.7	108.6	71.3	37.1	21.3	21.3	0.7	17.7	1.4	5.9	2.18	9.81	8.06
64-018	宁夏银川市贺兰县立岗镇陈家庄	567.1	121.0	81.6	44.8	23.6	27.8	0.9	15.2	1.5	6.1	2.23	7.97	6.45
64-020	宁夏银川市永宁县望远镇通桥村	566.5	118.5	82.6	44.4	23.5	26.8	0.8	15.2	1.8	6.5	2.27	8.13	6.56
64-023	宁夏吴忠市青铜峡市翟靖镇友好村	561.0	124.2	82.0	46.9	24.6	26.4	0.8	14.0	1.6	6.2	2.14	7.68	6.19
64-024	宁夏银川市永宁县胜利乡先锋村	568.1	116.9	84.5	43.9	22.9	25.1	0.8	14.8	1.7	6.3	2.28	8.26	6.67
64-027	宁夏吴忠市利通区金积镇丁家湾子村	594.5	114.2	77.6	43.4	22.3	23.5	0.9	15.7	1.6	6.8	2.20	8.85	7.12
64-048	宁夏吴忠市利通区金银滩镇银新村	615.3	110.4	73.8	42.0	22.1	24.2	0.8	18.2	1.0	6.4	2.26	9.47	7.63
64-052	宁夏中卫市中宁县新堡镇刘营村	614.7	113.2	70.1	41.3	22.4	23.0	0.8	16.7	1.5	5.8	2.10	9.23	7.49
64-054	宁夏中卫市沙坡头区迎水桥镇何滩村	507.2	126.3	102.9	48.9	25.4	32.3	1.0	13.1	1.5	5.6	2.52	6.83	5.48

二、氧化还原电位

灌淤土的氧化还原附加作用，以前仅凭土壤有无锈纹锈斑进行评价。现在运用新的电化学方法进行全年定位研究，还原性物质总量与氧化还原电位的变化揭示了普通灌淤土、潮灌淤土和表锈灌淤土氧化还原的内在特性差异。灌淤土主要亚类土壤氧化还原特征各有特点。不同时期的土壤还原性物质总量和氧化还原标准电位（Eh，mL）有一定的变化，现分不同时期阐述如下。

1. 还原性物质总量（4 月）　普通灌淤土全剖面土壤还原性物质总量最低，小于 1×10^{-5} mol/L（$MnSO_4$），还原性物质以弱还原性物质为主。潮灌淤土表层虽与普通灌淤土相似，但剖面中下部土壤还原性物质总量升高，为（1.4～1.8）$\times 10^{-5}$ mol/L（$MnSO_4$），还原性物质组成中硫酸亚铁等化合物占还原性物质总量的 10% 以上。表锈灌淤土全剖面土壤还原性物质总量最高，均大于 2.0×10^{-5} mol/L（$MnSO_4$），强还原性物质占还原性物质总量的 10% 以上。其中，前一年种水稻的表锈灌淤土的表层土壤还原性物质总量高达 2.7×10^{-5} mol/L（$MnSO_4$）。

2. 作物生育期 普通灌淤土全剖面还原性物质总量虽然在作物生育中期曾高达 5×10^{-5} mol/L（MnSO$_4$）。但高峰期持续时间较短。对全剖面还原性物质总量进行比较，普通灌淤土的还原性物质总量最低。

潮灌淤土表层还原性物质总量在作物生育中期（6月下旬至8月中旬）一直维持在相对较高的水平，为 3×10^{-5} mol/L（MnSO$_4$）左右；下部还原性物质总量则随着土层深度的增加而增加，剖面最底部（130~150 cm）还原性物质总量在作物生育中期可达 5.3×10^{-5} mol/L（MnSO$_4$），强还原性物质含量占还原性物质总量的 20%，且高峰的上升及下降均较为缓慢。表锈灌淤土全剖面还原性物质总量高，当年种水稻的表锈灌淤土表层还原性物质总量在水稻生育期内一直维持着（8.5~9.0）× 10^{-5} mol/L（MnSO$_4$）的高水平，强还原性物质也较多，占还原性物质总量的 22%~31%。

表层以下各层段还原性物质总量也较高，均大于 6×10^{-5} mol/L（MnSO$_4$），当年种植旱地作物的表锈灌淤土剖面上部还原性总量大于 3×10^{-5} mol/L（MnSO$_4$），且氧化还原作用频繁，在作物生育期内最高达 9.8×10^{-5} mol/L（MnSO$_4$），但高峰值持续时间短，其剖面下部还原性物质总量在作物整个生育期内也较高，大于 2.5×10^{-5} mol/L（MnSO$_4$），强还原性物质也较多，占还原性物质总量的 10%~20%。

3. 还原性物质总量（10月） 作物收获后，普通灌淤土全剖面还原性物质总量与4月相似，仍小于 1.0×10^{-5} mol/L（MnSO$_4$），还原性物质组成仍以弱还原性物质为主，潮灌淤土表层土壤还原性物质总量也仍较低，小于 1.0×10^{-5} mol/L（MnSO$_4$），但其剖面下部土壤还原性物质总量明显比4月高，相对增加 148%，强还原性物质占还原性物质总量的 10% 以上。当年种植旱地作物的表锈灌淤土表层土壤还原性物质总量比4月低，但仍大于 1.9×10^{-5} mol/L（MnSO$_4$），而其表下层土壤还原性物质总量却较4月高，达 4.5×10^{-5} mol/L（MnSO$_4$），增加幅度为 77%。当年种水稻的表锈灌淤土表层土壤还原性物质总量比4月显著提高，达 4.9×10^{-5} mol/L（MnSO$_4$），相对提高了 120%，剖面下部土壤还原性物质总量也较4月增加了 236%。

据此，提出灌淤土3个亚类的分类指标，分别为：

普通灌淤土：4月与10月全剖面还原性物质总量小于 1.0×10^{-5} mol/L（MnSO$_4$）。

潮灌淤土：4月与10月表层还原性物质总量小于 1.0×10^{-5} mol/L（MnSO$_4$），表下层大于 1.0×10^{-5} mol/L（MnSO$_4$）。

表锈灌淤土：4月与10月全剖面还原性物质总量大于 1.0×10^{-5} mol/L（MnSO$_4$）；轮种水稻期，土壤还原性物质总量表层大于 5.0×10^{-5} mol/L（MnSO$_4$），表下层大于 3.0×10^{-5} mol/L（MnSO$_4$）。

对灌淤土主要亚类进行比较，其还原性物质总量的动态变异各有特点。普通灌淤土地下水位深，不种水稻，氧化作用强，还原作用弱，故还原性物质总量最低，全剖面小于1当量单位。作物生育期还原性物质总量的动态曲线为立坡尖峰形，4月灌区灌溉后，仅剖面下部（130~150 cm）还原性物质总量缓慢增加，剖面上部（0~50 cm）无明显变化。只是在7—8月作物（玉米）大量灌水期，土壤水分增加、空气减少，还原作用才加强。全剖面各层次的还原性物质总量快速增加，但持续时间不长，在9月停止灌溉后，全剖面各层次的还原性物质总量便迅速减少，这些反映了普通灌淤土良好的内排水条件和强氧化、弱还原状况。

潮灌淤土的还原性物质总量大于普通灌淤土，灌区灌水后，土壤中各层次的还原性物质总量均以较快的速度增加，7月小麦收获后均降低。各层次比较，不同时期的还原性物质总量均以底层（130~150 cm）为最高，自下而上逐渐减少，表层（0~20 cm）最低。换言之，越接近地下水层次，还原性物质总量越高，表明在地下水影响下，剖面中下部有一定的还原作用。

表锈灌淤土的还原性物质总量大于潮灌淤土，其中种水稻的还原性物质总量更大，水稻生育期的动态曲线为立坡高平台形，即在水稻淹水期（5—9 月），还原性物质总量均保持在较高水平。各层次比较，表层最高，表下层较低，说明水稻淹水导致较强的还原作用。

表锈灌淤土种稻期氧化还原标准电位（Eh_7）最低，表层小于 200 mV（表下层大于 300 mV），显示出较强的还原作用。非种稻期的表锈灌淤土、潮灌淤土和普通灌淤土的氧化还原标准电位均大于475 mV，但普通灌淤土最高，大于 520 mV（表 5 - 31），均属于氧化态。

表 5 - 31　灌淤土主要亚类氧化还原作用特点

亚类	层段	还原性物质总量		氧化还原电位 [Eh_7, mV] 4 月、10 月]	形态特征	氧化还原作用 主要特点
		[$\times 10^{-5}$ mol/L ($MnSO_4$), 4 月、10 月]	作物生育期 动态特征			
普通灌淤土	全剖面	<1	立坡尖峰形	>520	无锈纹锈斑	以氧化作用为主，无还原作用交替发生
潮灌淤土	表层	<1	陡坡高峰形	>500	剖面中下部 有锈纹锈斑	受地下水升降影响，剖面中下部有氧化还原作用交替发生
	表下层	>1		>475		
非种稻期表锈灌淤土	表层	>1	陡坡高峰形	>490	表层有锈纹 锈斑	种稻期淹水，非稻期不淹水，表层有氧化还原作用交替发生
	表下层	>1		>475		
种稻期（5—9 月） 表锈灌淤土	表层	>5	立坡高平台形	<200		
	表下层	>3		>300		

综合普通灌淤土、潮灌淤土和表锈灌淤土上述还原性物质总量与氧化还原电位的特点，可进一步说明普通灌淤土没有氧化还原交替发生的附加作用，因此其还原性物质总量很低，氧化还原电位很高，潮灌淤土受地下水影响，剖面中下部氧化还原作用交替发生，因此剖面中下部有一定量的还原性物质存在，但仍有较高的氧化还原电位。表锈灌淤土表层在种稻时期以还原作用为主，其氧化还原电位最低，还原性物质较多；但在非种稻期，则以氧化作用为主，具有较高的氧化还原电位，还原性物质减少。

4. 氧化还原电位　4 月，普通灌淤土、潮灌淤土和表锈灌淤土全剖面 Eh_7 大于 480 mV，均处于氧化状态，但 3 个亚类仍稍有差异：普通灌淤土全剖面 Eh_7 均大于 525 mV；其次为潮灌淤土，表层土壤 Eh_7 较高，平均为 535 mV，剖面下部平均为 510 mV，较上部低 30 mV；表锈灌淤土全剖面 Eh_7 均较低，为 480～520 mV。

作物生育期（6 月下旬至 8 月中旬）：普通灌淤土、潮灌淤土和当年种植旱地作物的表锈灌淤土全剖面 Eh_7 在作物生育期内变化不大，最低值也大于 410 mV，均处于氧化状态。而当年种稻的表锈灌淤土表层 Eh_7 在种稻淹水期低于 200 mV，多样点测定结果均值为 13 mV。而表下各层段土壤 Eh_7 为 320～480 mV。

作物收获后，普通灌淤土全剖面氧化还原标准电位（Eh_7）仍大于 520 mV，潮灌淤土表层 Eh_7平均为 520 mV，比剖面下部高 30 mV，表锈灌淤土全剖面 Eh_7 为 483～515 mV。

三、阳离子交换量

阳离子交换量可用来判断土壤肥力的高低。灌淤土阳离子交换量为 4.27～19.04 cmol/kg，多数剖面层次为 5.00~12.00 cmol/kg，在剖面各层次上从表层至表下层有下降的趋势，保肥力相较于灰钙土有较大的提升。灌淤土各亚层之间的土壤阳离子交换量最高值与最低值之差小于 50%，且与黏粒含量及有机质含量显著正相关。灌淤土阳离子交换量为 7.00~20.00 cmol/kg。阳离子交换量（x）与黏粒含量（y）有一定的相关性，其相关方程为 $y=6.84+1.22x$，相关系数（r）为 0.70。阳离子交换量随着有机质含量的增加而有增大的趋势。

宁夏古灌区灌淤土不同层次土壤阳离子交换量变化缓慢，无明显规律，为 5.57~14.58 cmol/kg，均小于 20.00 cmol/kg，保肥能力相对较差，各剖面交换性盐基离子均以 Ca^{2+} 为主，Mg^{2+} 次之。

四、盐基饱和度

土壤盐渍化是指可溶性盐分在土壤表层积累的现象或过程，也称盐碱化。盐渍化会使土壤肥力减弱、缺少水分，不适合作物生产发育，进而影响作物产量。灌淤土没有可溶性盐的积累特征，在非次生盐渍化情况下，可溶性盐含量在 0.3% 以下，其离子组成与灌溉水的水化学组成非常接近。灌淤土盐基饱和度均在 60% 以上，高者在 90% 以上。剖面间盐基饱和度差异不大，但多数剖面各层次间有较大的差异，且无变化规律。剖面交换性盐基离子中以 Ca^{2+} 居多，含量在 1.14~10.10 cmol/kg，多数层次达到了交换性阳离子总和的 50%~78%。其次为 Mg^{2+}，含量为 0.51~4.03 cmol/kg，主要集中在 1.00~3.00 cmol/kg。交换性 K^+ 含量均不高于 0.50 cmol/kg，含量较低，不同剖面含量差别不大。交换性 Na^+ 含量范围为 0.29~1.61 cmol/kg，不同剖面含量相差较大。

灌淤土无盐渍化的面积最大，占全部耕地面积的 70.49%；盐土盐渍化的面积最小，为 $10.33\times10^3 \ hm^2$，占全部耕地面积的 1.18%。

第六章 灌淤土的养分状况 >>>

第一节　灌淤土养分现状及变化趋势

　　灌淤土属人为土纲，引流灌溉是灌淤土灌淤层形成的主要原因。在我国有着悠久的灌溉耕种历史，"必得河水乃润，必得浊泥乃沃"这类记载就充分说明古人早已有引流灌溉以改良耕地土壤的做法。灌淤土层是在引流灌溉形成的灌水落淤和人为长期耕种施肥交叠作用下形成的。一方面，灌溉可以满足作物对水的需要而许多其他物质也随水一并被引入农田；灌溉水中存在的大量悬浮物质是灌淤土的主要物质来源之一。引用河流灌溉，河流的泥沙含量一般都很大，随流水进入农田的泥沙可使农田地面抬升，同时灌溉水和泥沙中含有一定量的有机物质和各种养分元素也进入农田，对培肥土壤产生了积极作用。另一方面，在引水灌溉的同时，一些人为活动的侵入体，如炭屑、煤渣、碎砖块、碎陶瓷、动植物残体、土粪等，也一起进入土壤。经过长期的灌淤，形成深厚的灌淤层。综上所述，灌淤土的养分来源与其形成过程息息相关。

　　灌淤土引流灌溉依赖自然生态分布的河流，在不同的自然生态环境中，河水所携带的泥沙等侵入体存在区域性差异。因此，灌淤土层养分也必然存在差异。然而，各类型灌淤土灌溉依赖的河流不同。例如：内蒙古、宁夏、甘肃的黄河沿岸平原以及青海湟水河谷地主要依赖黄河及其支流进行灌溉，黄河水系的泥沙主要来源于青海东部的黄土地区，淤积物的肥力较高、颜色较黄、不含砾石，为黄土状物质；河西走廊地区主要依赖发源于祁连山的各条河流进行灌溉；新疆准噶尔盆地南部依赖天山北坡的河流；新疆塔里木盆地南部则主要由发源于昆仑山北坡的河流进行灌溉。这些河流携入的泥沙，有的来源于山地的草甸和草原地区或森林地区的土壤，颜色较暗，肥力较高，而有的则来源于山前洪积冲积平原的干旱土，淤积物颜色较浅，肥力水平不高。总体来看，与黄河水系的淤积物相比，来源于高山、草地或林地的淤积物含有的粗粒较多，因此外观也较为复杂。即使是由同一条河流灌溉，引流渠道的差异也会引起淤积物的差异。由于水流速度、渠道宽窄等因素影响，流水对泥沙进行了分选，形成灌淤层时淤积物的性质也会发生层次之间的变化，但相差不超过15%。

　　灌淤土的物质来源，除了灌溉水携入物淤积以外，另一个主要方面是人为施用土粪、化肥等。农民用渠道清淤物或其他从田地中取来的土壤物质垫圈，使其形成堆肥，然后施于土壤表层，作物种植过程中再施入化肥，经过各种耕作措施，土粪、化肥等与土壤均匀混合，改变了灌淤土养分状况；但是，人为携入物因为各种因素的影响会产生区域分布差异。例如：靠近居民点的农田，由于土粪肥料运输方便，投入的土粪不但量大，而且质量好，而远离居民点的农田投入的土粪量和质量相对较差，由此形成了灌淤土肥力从村庄附近向外逐渐降低、土壤的厚度逐渐变薄的特点。有些灌淤土区种植蔬菜，蔬菜种在城镇与村庄的附近，肥料较为充足，尤其是人粪尿、畜禽粪便的来源较多。因此，此区域的土壤中含有较多的有机质，全磷和有效磷的含量也较高，尤其是有效磷的含量，可高出其他土壤4～6倍，全磷也高出50％以上。

我国的灌淤土可以在多种类型的土壤上发育形成。灌淤土的下垫土壤可以是地带性土壤，也可以是各种水成土壤，甚至是冲积、洪积性母质，下垫土壤的类型有时会对其上覆灌淤土的性质产生影响。当灌淤土的下垫土壤为盐土或盐渍化程度较重的土壤时，若灌淤层的厚度还不足以使其完全脱离该地区含盐地下水或母质的影响，地下水可随着毛管水上升到地表。

灌淤土是人为耕作土壤，多分布于干旱地区。干旱地区要进行农业活动，灌溉是必需的；而这类地区普遍植被稀疏、土层疏松，引灌的河水中泥沙含量比较大，这些泥沙随着灌溉被携入农田耕层，加上农民又投入大量的畜禽粪便和化肥，这些携入物带入了大量的有机质、氮、磷、钾等土壤养分，随着灌溉年限的增长，灌淤层不断加厚，耕层地面抬升，土壤养分累积也越来越多。

总结起来，引起灌淤土养分变化的因素主要如下。

（1）农田中每年作物遗留的大量根茬和残落物随着农事耕作返回土壤，山洪和泉水携带的枝叶在灌溉时被带入农田，这些均改善了土壤微生态环境，包括水热状况、土壤微生物环境、土壤动物（如蚯蚓）的活跃度，以及通过不同作物根系对营养元素的选择富集，累积了灌淤土有机质和营养元素。

（2）灌淤土是人为土壤，人为农事操作是影响灌淤土养分变化的主要因素之一，通过人为耕作，配合施肥和浇水，加上客土、客沙等改土措施，使得灌淤土的有机质和营养元素状况得到改善。经多年耕作熟化，灌淤土中的土壤微生物总量增加，有益细菌（如氨化细菌、自生固氮菌等）相应增加。据统计，每立方米的灌淤层中，侵入体可达6.8 kg，这也是灌淤土人为成因的标志。

（3）在一些泉水灌溉的区域，灌淤土耕层可溶性盐和石膏可被淋洗下移，导致脱盐。通常灌淤土都是引用水质良好的河水进行灌溉，对土壤中的这些物质具有淋洗作用，并使它们很难积累。在干旱地区，灌淤土刚开始形成的时候正是由于灌溉水洗去了土壤中的可溶性盐和石膏，作物才能正常生长。但地下水位较高的地区，灌溉停止后，盐类可能随着土壤毛管水上升。

一、有机质

（一）灌淤土有机质的一般特性

灌淤土有机质含量远高于自然地带性土壤，且在灌淤耕层含量最高，向下逐渐减少，相邻两自然层次之间相差不超过40％。如灌淤耕层上层有机质大于下层的老灌淤层，老灌淤层有机质含量平均为8.40～10.30 g/kg，上层新灌淤层有机质平均含量在10.14～12.60 g/kg，但灌淤心土层有机质含量不小于5.00 g/kg。

分布于城镇附近的灌淤土，由于人为耕作，化肥和有机肥投入较多，其耕层有机质含量较其他分布区域要高，平均可达20.00 g/kg。另外，种植水稻以及发育于沼泽土之上的灌淤土，耕层有机质受厌氧环境的影响分解缓慢，从而容易积累，因此有机质含量较普通灌淤土高。就外观形态而言，暗色的普通灌淤土要较浅色灌淤土有机质含量高，这是由源土有机质含量差异造成的。灌淤土有机质存在地带性分布差异，如土壤普查数据显示，河北、宁夏和甘肃灌淤土有机质含量基本相近，新疆灌淤土有机质含量较低。从垂直地带性分布来看，分布于高山河谷的灌淤土，因为海拔高、温度低，有利于有机质的累积，所以其有机质含量一般高于平原地区，一般可达 25.00～50.00 g/kg。灌淤土有机质还与土壤质地密切相关，随着土壤质地加重有增加的趋势，如宁夏古灌区的灌淤土，土壤质地为壤土的，有机质含量在 12.00 g/kg 左右，而土壤质地为黏土的，有机质含量增加至 15.00 g/kg 左右。

(二) 灌淤土有机质演变

第二次全国土壤普查结果显示，甘肃灌淤土有机质平均含量为 11.50 g/kg。2008 年的调研结果显示，甘肃土壤有机质平均含量为 14.80 g/kg，而灌淤土有机质含量为 12.90 g/kg，低于平均水平，较第二次全国土壤普查结果增加了 1.40 g/kg。2017 年在甘肃省进行了 392 个灌淤土样点的调研，调研区域包括酒泉市、嘉峪关市、张掖市、武威市、兰州市、白银市、临夏回族自治州（以下简称临夏州）、天水市、平凉市（图 6-1）。

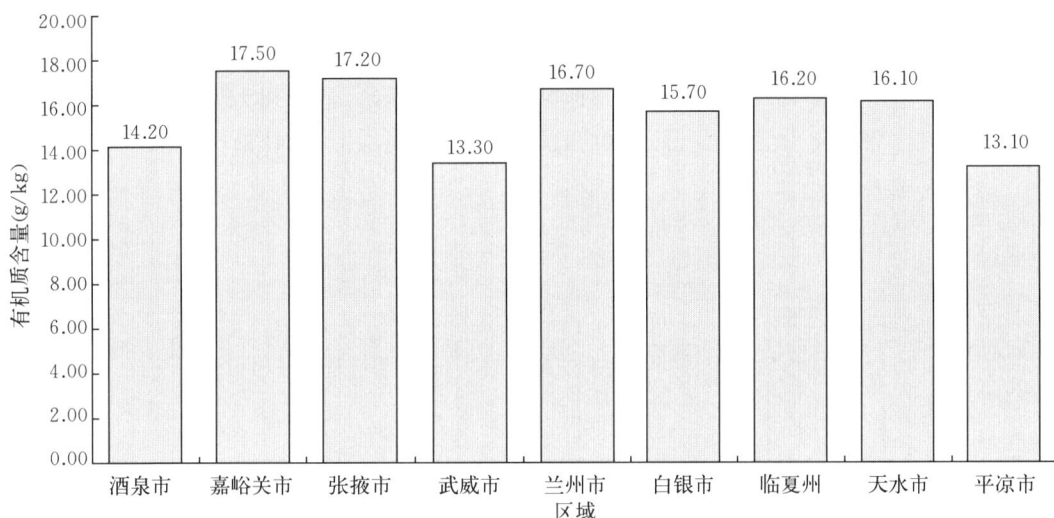

图 6-1 甘肃灌淤土有机质含量区域分布特征

结果显示，甘肃省灌淤土有机质平均为 14.38 g/kg，含量变幅在 2.90～52.20 g/kg，较第二次全国土壤普查结果显著提高，提高了 2.88 g/kg。但是，区域分布存在很大变异。甘肃河西走廊的嘉峪关市和张掖市灌淤土有机质含量最高，平均值均高于 17.00 g/kg；处于甘肃中部的兰州市、临夏州、天水市灌淤土有机质含量次之，平均值高于 16.00 g/kg；而武威市和平凉市灌淤土有机质含量均较低，平均值仅为 13.00 g/kg 左右。

第二次全国土壤普查结果显示，宁夏灌淤土有机质含量约为 11.90 g/kg。一项针对宁夏古灌区耕地土壤养分在 1982—2005 年的演变的研究结果表明，截至 2005 年，宁夏灌淤土有机质含量显著提升，增至 14.97 g/kg，增幅为 25.80%。然而，经过多年的人为耕作，2012 年的一项调查结果显示，宁夏灌淤土耕层有机质含量在 14.30 g/kg。2017 年对 523 个灌淤土样点的调研发现，有机质含量平均为 16.00 g/kg，变幅为 3.70～42.80 g/kg。从区域分布来看，银川市有机质平均为 15.50 g/kg，吴忠市为 16.70 g/kg，石嘴山市为 16.30 g/kg，中卫市为 15.70 g/kg，吴忠市的有机质含量显著高于其他地区，银川市最低。分布特征为南北低、中部高（图 6-2）。

第二次全国土壤普查结果显示，新疆灌淤土有机质平均含量约为 10.10 g/kg。从第二次全国土壤普查至 2005 年，新疆灌淤土有机质含量呈增加趋势，从 10.10 g/kg 提升到 14.90 g/kg，增加了 4.80 g/kg。2017 年对 853 个灌淤土样点有机质的调研发现，新疆灌淤土有机质平均含量为 15.10 g/kg，从区域

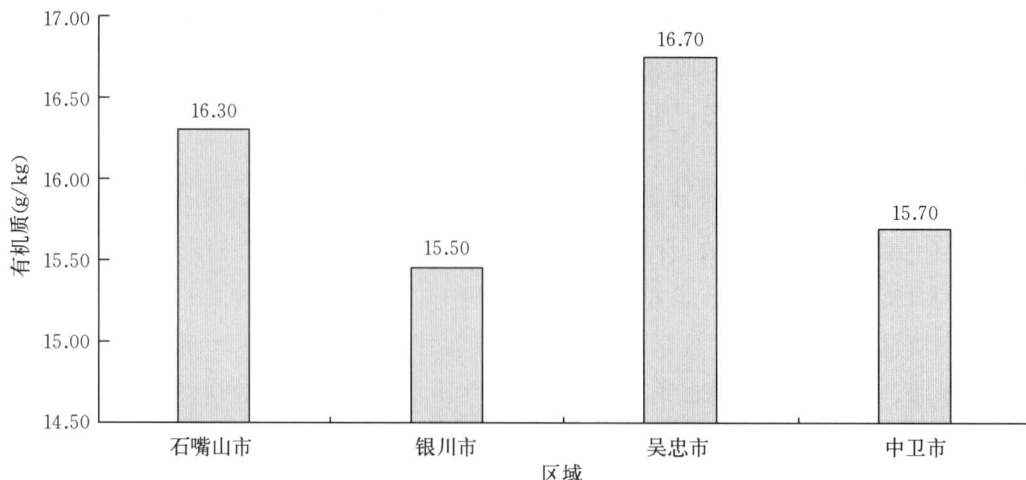

图 6-2 宁夏灌淤土有机质含量区域分布特征

分布来看，塔城地区平均为 16.80 g/kg，克州地区为 15.80 g/kg，昌吉州为 14.20 g/kg，吐鲁番地区为 15.30 g/kg，阿克苏地区为 15.10 g/kg，巴州地区为 14.10 g/kg，喀什地区为 16.20 g/kg，和田地区为 13.10 g/kg（图 6-3）。

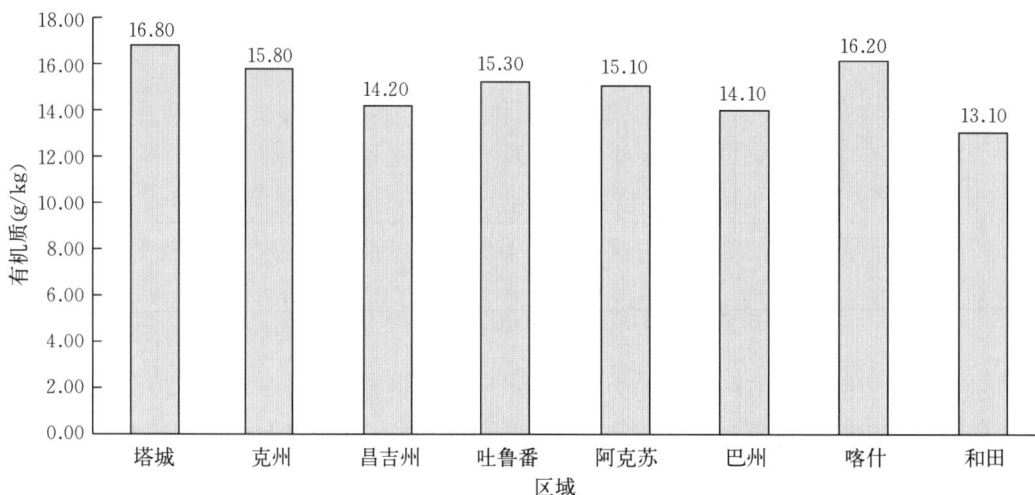

图 6-3 新疆灌淤土有机质含量区域分布特征

二、大量元素

（一）灌淤土大量元素的一般特性

第二次全国土壤普查结果显示，灌淤土的全氮平均含量约为 0.7 g/kg，碱解氮含量约为 44.6 mg/kg，与有机质类似，氮在灌淤土中的含量分布也表现为上层灌淤耕层土壤全氮含量高于下层老灌淤层和下伏母土层。氮含量与有机质有很好的相关性，碳氮比一般为 8~12。

灌淤土耕层全磷含量约为 1.37 g/kg，其含量与有机质含量正相关，有机质含量越高，则磷含量越高。而当有机质含量相近时，磷含量与土壤质地相关，质地轻的灌淤土的磷含量一般较质地重的低。耕层有效磷平均含量约为 6.7 mg/kg，主要以 Ca_2-P 存在，含量不高，其含量也有随着有机质含量的增加而增加的趋势，且有效磷含量与灌淤土土层厚度相关，一般而言，土层越厚，有效磷含量越高，城镇附近的灌淤土熟化程度高于偏远地区，因此，土壤有效磷含量也相对较高。灌淤土无机磷占全磷量的 84%，主要以 Ca_{10}-P 的形态存在，占无机磷总量的 57.3%，闭蓄态磷占 17.5%，Fe-P 占 8.5%，Ca_8-P 占 8.3%，Al-P 占 5.5%，Ca_2-P 占 2.8%。

灌淤土钾含量相对较高，全钾含量约为 22 g/kg，全钾含量区域分布变化不大，与土壤质地有相关性，土壤越黏重，则全钾含量越高。速效钾含量平均为 226.6 mg/kg，也表现为上层耕作灌淤层含量高于下层老灌淤层和下伏母土层。

第二次全国土壤普查结果显示，灌淤土的主要养分状况是缺氮、少磷、钾丰富。经过多年耕作，灌淤土氮、磷、钾发生了怎样的变化，下面按区域进行分析。

(二) 灌淤土大量元素演变

第二次全国土壤普查结果显示，甘肃灌淤土全氮含量为 0.74 g/kg，全磷 0.71 g/kg，全钾 18.5 g/kg，碱解氮 67.4 mg/kg，有效磷 14.3 mg/kg，速效钾 175 mg/kg。至 2008 年，全氮含量为 0.78 g/kg，较甘肃土壤平均值 0.90 g/kg 低，较第二次全国土壤普查时增加了 0.04 g/kg。土壤全磷含量为 0.91 g/kg，较甘肃土壤平均值 0.72 g/kg 高，较第二次全国土壤普查结果增加了 0.20 g/kg。土壤全钾含量为 20.9 g/kg，较甘肃土壤平均值 21.8 g/kg 低，较第二次全国土壤普查结果增加了 2.4 g/kg。土壤碱解氮含量为 62.3 mg/kg，较甘肃土壤平均值 61.4 mg/kg 高，较第二次全国土壤普查结果降低了 5.1 mg/kg。土壤有效磷含量为 21.6 mg/kg，较甘肃土壤平均值 17.7 mg/kg 高，较第二次全国土壤普查结果增加了 7.3 mg/kg。土壤速效钾含量为 156 mg/kg，较甘肃土壤平均值 173 mg/kg 低，较第二次全国土壤普查结果下降了 19.0 mg/kg。pH 为 8.39，较甘肃土壤平均值 8.13 高，较第二次全国土壤普查数据增加了 0.06。总体来看，土壤全氮、全磷、全钾、pH 和有效磷含量均增加，碱解氮和速效钾含量有所下降；但对比甘肃平均值，土壤氮含量仍处于缺乏的水平，土壤磷、钾含量较高，属碱性土壤（表 6-1）。

表 6-1 甘肃灌淤土成分演变

时间	全氮 (g/kg)	全磷 (g/kg)	全钾 (g/kg)	碱解氮 (mg/kg)	有效磷 (mg/kg)	速效钾 (mg/kg)	pH
第二次全国 土壤普查时	0.74	0.71	18.5	67.4	14.3	175	8.33
2008 年	0.78	0.91	20.9	62.3	21.6	156	8.39

2017 年在甘肃省进行了 392 个灌淤土样点调研，调研区域包括酒泉市、嘉峪关市、张掖市、武威市、兰州市、白银市、临夏州、天水市、平凉市。其中，兰州市、白银市、临夏州、天水市、平凉市 5 个地区 113 个样本的全氮含量调研结果显示，样本土壤全氮平均值为 0.99 g/kg，变幅在 0.13～2.80 g/kg，白银市和天水市土壤全氮含量高于其他区域，临夏州土壤全氮含量最低，仅为 0.882 g/kg；有效磷平均含量为 25.4 mg/kg，变幅在 1.7～146.0 mg/kg，区域分布也存在很大变异，兰州市和白银市土壤有效磷含量高于其他区域，平均值均高于 30.0 mg/kg，酒泉市和平凉市土壤有效磷含量均最低，平均值分别为 18.3 mg/kg 和 14.5 mg/kg；灌淤土速效钾含量平均值为 167.2 mg/kg，变幅在 35.0～532.0 mg/kg，兰州市、武威市和平凉市土壤速效钾含量高于其他区域，平均值均高于 200.0 mg/kg，嘉峪关市土壤速效钾含量最低，平均值仅为 103.4 mg/kg。对比第二

次全国土壤普查结果，全氮提高了 0.25 g/kg，有效磷提高了 11.1 mg/kg，速效钾降低了7.8 mg/kg（图 6-4）。

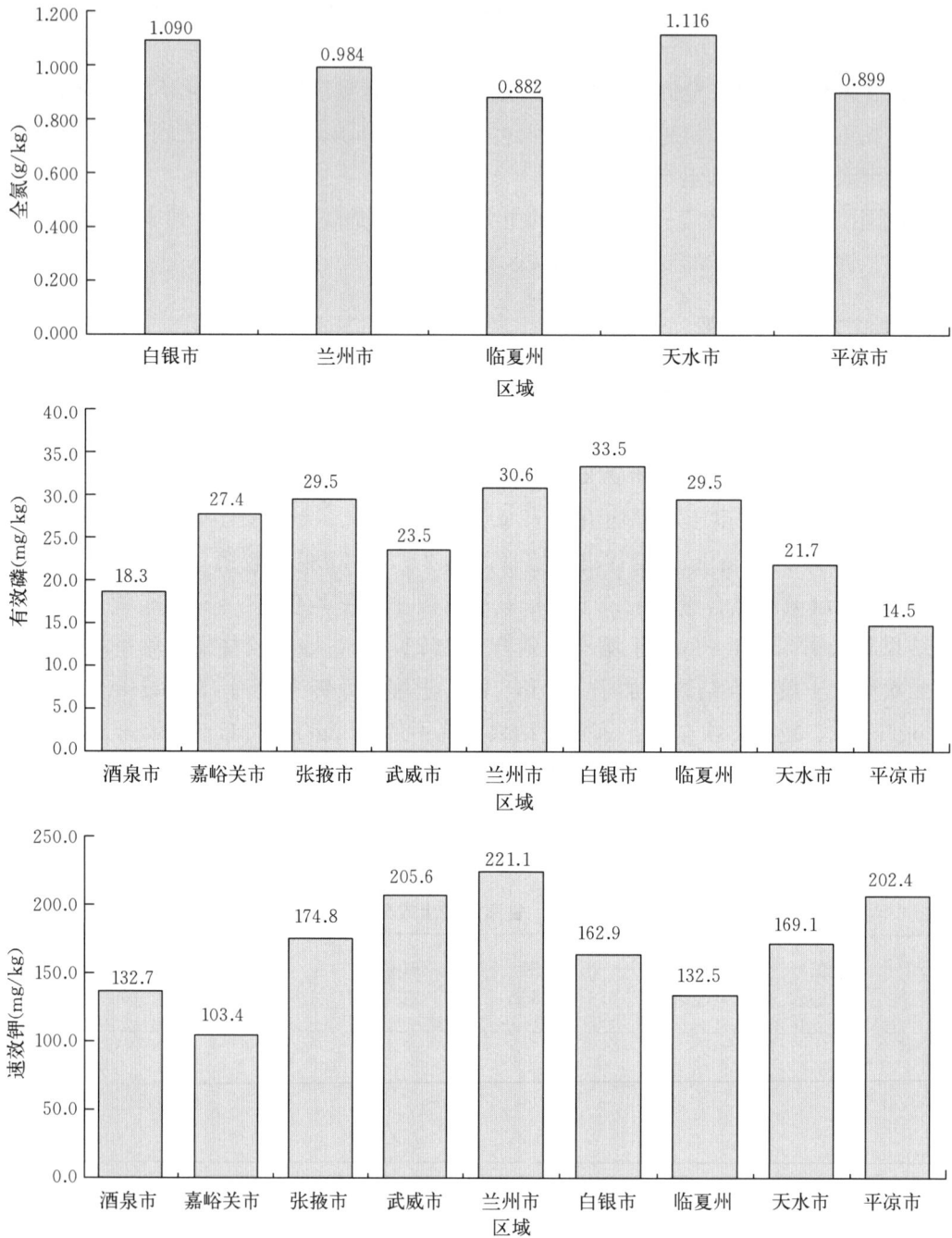

图 6-4　甘肃灌淤土土壤养分区域分布

　　第二次全国土壤普查结果显示，宁夏灌淤土全氮含量为 0.77 g/kg，碱解氮含量为 56.9 mg/kg，有效磷含量为 14.2 mg/kg，速效钾含量为 212.2 mg/kg；截至 2005 年，宁夏古灌区耕层养分除速效钾有所降低外，全氮、碱解氮和有效磷含量均呈增加趋势（表 6-2）。相较于第二次全国土壤普查，全氮含量增幅为 24.67%，碱解氮增幅为 6.33%，有效磷增幅为 92.25%，速效钾有所下降，降幅为 29.26%。从区域分布来看，2005 年土壤养分含量较高的区域主要在宁夏古灌区北部和中南部。

表 6 - 2　宁夏古灌区土壤养分演变

时间	全氮（g/kg）	碱解氮（mg/kg）	有效磷（mg/kg）	速效钾（mg/kg）
第二次全国土壤普查时	0.77	56.9	14.2	212.2
2005 年	0.96	60.5	27.3	150.1

　　北部的石嘴山市平罗县、银川市贺兰县，中南部的中卫市土壤有机质、全氮、碱解氮、有效磷含量均相对较高，北部的石嘴山市平罗县、银川市贺兰县以及金凤区速效钾含量相对较高。然而，经过多年人为耕作，宁夏灌淤土的养分状况也发生了变化。2012 年的一项调查结果显示，全氮为 0.9 g/kg，碱解氮为 56.1 mg/kg，有效磷为 26.8 mg/kg，速效钾为 163 mg/kg，pH 为 8.14，全盐量为 1.2 g/kg。

　　2017 年对宁夏 523 个灌淤土样点进行土壤有效磷、速效钾含量调研，其中石嘴山市样点 84 个、银川市样点 189 个、吴忠市样点 132 个、中卫市样点 118 个，结果表明，有效磷平均含量为 33.0 mg/kg，速效钾平均含量为 194.8 mg/kg。可见，宁夏灌淤土有效磷和速效钾含量均在逐年增加。从区域分布来看，石嘴山市、银川市、吴忠市、中卫市土壤有效磷含量分别为 20.6 mg/kg、32.1 mg/kg、36.7 mg/kg 和 39.3 mg/kg，区域分布规律为由北向南逐渐升高；土壤速效钾含量分别为 202.4 mg/kg、211.8 mg/kg、184.7 mg/kg 和 173.5 mg/kg，区域分布规律为由北向南逐渐降低。综合来看，宁夏灌淤土主要养分元素除了钾含量降低外，其他养分元素含量均有明显提高，耕地肥力水平明显改善（图 6 - 5）。

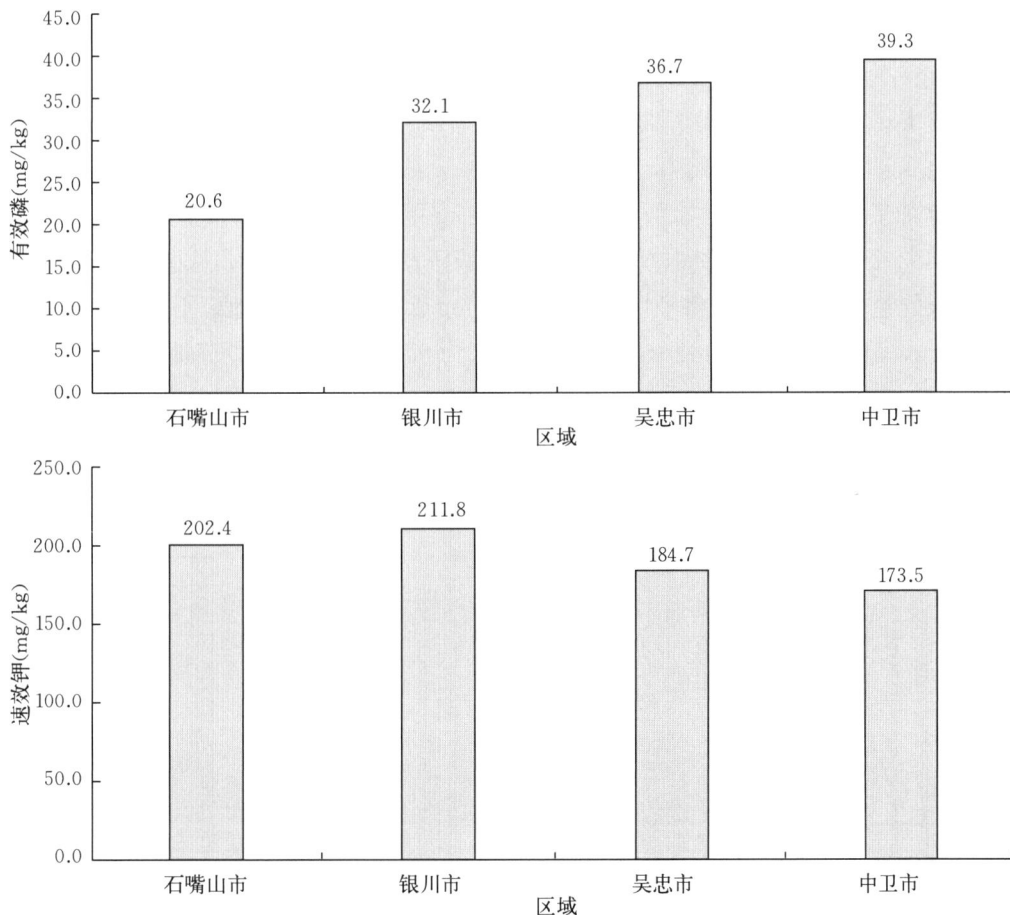

图 6 - 5　宁夏灌淤土有效磷、速效钾含量区域分布

新疆是我国灌淤土面积最大的省份，其耕地面积的 1/4 为灌淤土。灌淤土是人为土壤，常年的人类活动对新疆灌淤土养分特性也产生了很大的影响。第二次全国土壤普查至 2005 年，土壤有机质、有效磷、碱解氮含量均呈增加趋势，全氮、速效钾含量呈减少趋势（表 6 - 3）。与第二次全国土壤普查结果相比，新疆灌淤土有机质含量呈增加趋势，从 13.06 g/kg 增加到 15.03 g/kg，增加了 1.97 g/kg；土壤全氮含量从 0.83 g/kg 下降到 0.81 g/kg；土壤碱解氮由 48.12 mg/kg 增加到 52.57 mg/kg，增加了 4.45 mg/kg；有效磷含量由 5.54 mg/kg 增加到 17.96 mg/kg，增加了 12.42 mg/kg；速效钾含量由 196.9 mg/kg 下降到 170.6 mg/kg；新疆灌淤土多处于内陆干旱气候区域，土壤含一定石灰成分，偏碱性，长期耕作施肥对土壤 pH 的影响甚微，故 pH 基本保持稳定。综合来看，第二次全国土壤普查对新疆灌淤土的评价是缺氮、少磷、钾丰富，而截至 2005 年，其特性已演变为缺氮、多磷、钾有余。

表 6 - 3　新疆灌淤土养分演变

时间	有机质（g/kg）	全氮（g/kg）	碱解氮（mg/kg）	有效磷（mg/kg）	速效钾（mg/kg）
第二次全国土壤普查时	13.06	0.83	48.12	5.54	196.9
2005 年	15.03	0.81	52.57	17.96	170.6

另一项研究对比了 1980—2010 年新疆巴州灌淤土养分演变，研究发现：30 年间，灌淤土有机质含量从 15.50 g/kg 下降到 7.89 g/kg，降低了 7.61 g/kg；全氮含量由 0.87 g/kg 下降到 0.77 g/kg，降低了 0.10 g/kg；碱解氮含量从 30.0 mg/kg 增加到 46.9 mg/kg，增加了 16.9 mg/kg；有效磷含量从 3.0 mg/kg 增加到 11.8 mg/kg，增加了 8.8 mg/kg；速效钾含量从 174 mg/kg 增加到 184 mg/kg，增加了 10 mg/kg。微量元素含量也发生了很大变化。有效铜含量由 1.88 mg/kg 增加到 2.09 mg/kg，增加了 0.21 mg/kg；有效铁含量从 0.83 mg/kg 增加到 12.18 mg/kg，增加了 11.35 mg/kg；有效锌含量由 0.47 mg/kg 增加到 0.81 mg/kg，增加了 0.34 mg/kg；有效锰含量从 3.92 mg/kg 增加到 8.19 mg/kg，增加了 4.27 mg/kg；有效硼从 2.87 mg/kg 下降到 0.81 mg/kg，降低了 2.06 mg/kg。

2017 年对 853 个样点的有效磷和速效钾含量进行调研发现（图 6 - 6），从区域分布来看，呈现由北向南依次降低的趋势。土壤有效磷平均含量为 11.5 mg/kg，其中塔城地区平均为 11.7 mg/kg，克州为 11.7 mg/kg，昌吉州为 12.8 mg/kg，吐鲁番地区为 9.7 mg/kg，阿克苏地区为 10.7 mg/kg，巴州为 11.8 mg/kg，喀什地区为 12.3 mg/kg，和田地区为 11.6 mg/kg，区域分布上表现为南北高、中部低。土壤速效钾平均含量为 170.8 mg/kg，其中塔城地区平均为 127.0 mg/kg，克州为 155.9 mg/kg，

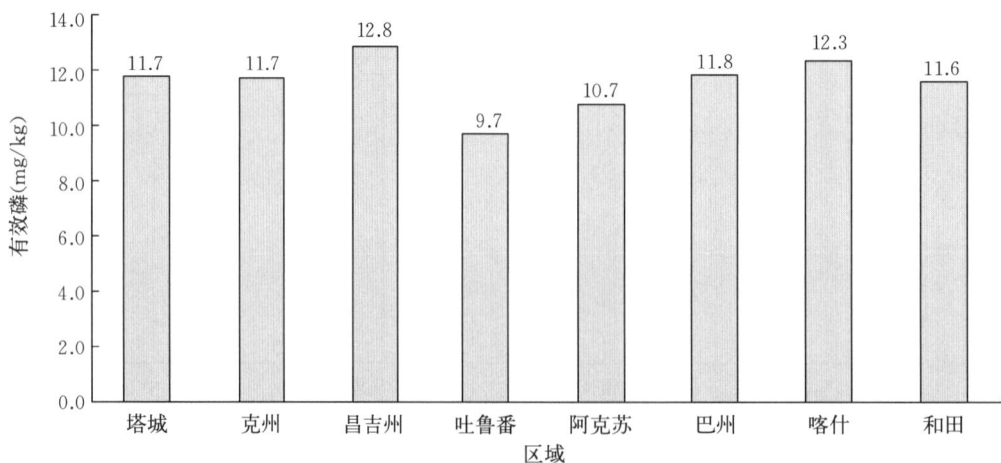

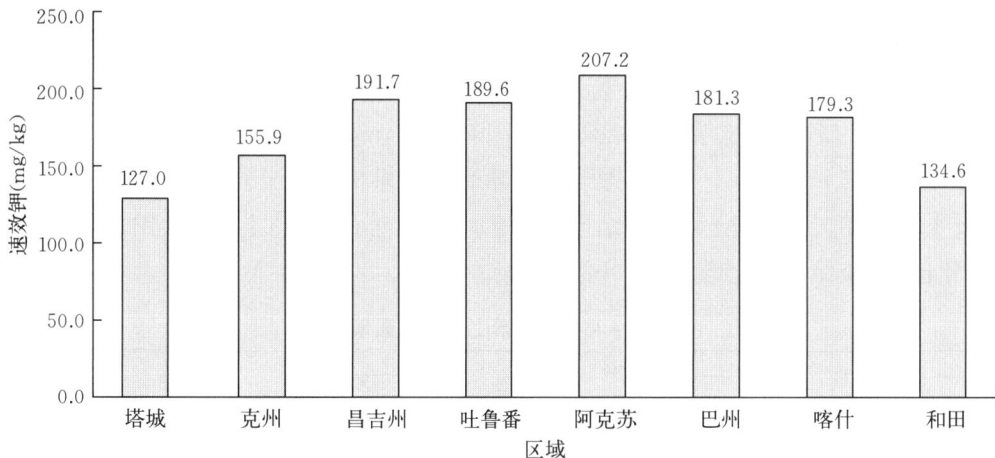

图 6-6　新疆灌淤土养分区域分布

昌吉州为 191.7 mg/kg，吐鲁番地区为 189.6 mg/kg，阿克苏地区为 207.2 mg/kg，巴州地区为 181.3 mg/kg，喀什地区为 179.3 mg/kg，和田地区为 134.6 mg/kg，区域分布上表现为南北低、中部高。

三、中量元素

灌淤土的化学组成以硅、铁、铝、钙为主，四者的氧化物之和大于 82%。同一灌淤土剖面上下层次间硅铁铝率变化不大，维持在 6.5 左右，而氧化钙存在区域分布差异，变异系数可达 48%。

灌淤土为石灰性土壤，全剖面富含碳酸钙，同一剖面上下层之间碳酸钙含量差异不大，但在钙积灌淤土剖面里，碳酸钙含量自上而下呈增加趋势。另外，灌淤土碳酸钙含量存在区域分布差异，如黄河冲积平原地区碳酸钙含量为 100～400 g/kg，新疆荒漠地带碳酸钙含量为 170～250 g/kg，而在河北张家口、西藏、新疆北部等地碳酸钙含量为 40～70 g/kg。灌淤土的黏粒矿物组成以 SiO_2、Fe_2O_3、Al_2O_3 为主，三者之和占全量的 80% 以上。硅在灌淤土中的富集率较低，各地灌淤土中 SiO_2 的含量差异较小，铁在灌淤土中富集明显，尤其是在潮化亚类和水耕亚类的灌淤土中，同一剖面上下层间铁含量差异明显，说明铁具有移动性，铝在土壤中为惰性元素，不易迁移，灌淤土中铝主要存在于铝硅酸盐矿物中，灌淤土中钙主要以碳酸钙的形式存在。

四、微量元素

（一）灌淤土微量元素的一般特性

灌淤土有效态微量元素较丰富，有效锌 0.64～1.01 mg/kg、有效锰 6.41～10.20 mg/kg、有效铜 0.81～2.41 mg/kg、有效铁 8.1～37.9 mg/kg、有效硼 1.29～1.33 mg/kg、有效钼 0.12～0.14 mg/kg。

（二）灌淤土微量元素演变

第二次全国土壤普查数据（表 6-4）显示，甘肃灌淤土有效铁 19.6 mg/kg、有效锰 9.47 mg/kg、有效铜 1.71 mg/kg、有效锌 0.56 mg/kg、有效硼 1.24 mg/kg、有效钼 0.13 mg/kg。2008 年，土

壤有效铜含量为 1.48 mg/kg，较甘肃土壤平均值 1.74 mg/kg 低，与第二次全国土壤普查结果相比下降了 0.23 mg/kg；土壤有效锰含量为 8.07 mg/kg，较甘肃土壤平均值 8.25 mg/kg 低，与第二次全国土壤普查结果相比下降了 1.40 mg/kg；土壤有效铁含量为 10.7 mg/kg，较甘肃土壤平均值 9.94 mg/kg 高，与第二次全国土壤普查结果相比下降了 8.9 mg/kg；土壤有效锌含量为 1.54 mg/kg，较甘肃土壤平均值 1.01 mg/kg 高，与第二次全国土壤普查结果相比增加了 0.98 mg/kg；土壤有效硼含量为 1.83 mg/kg，与第二次全国土壤普查结果相比增加了 0.59 mg/kg；土壤有效钼含量为 1.15 mg/kg，与第二次全国土壤普查结果相比增加了 1.02 mg/kg。

表 6-4　甘肃灌淤土微量元素演变

时间	有效铁 (mg/kg)	有效锰 (mg/kg)	有效铜 (mg/kg)	有效锌 (mg/kg)	有效硼 (mg/kg)	有效钼 (mg/kg)
第二次全国 土壤普查时	19.6	9.47	1.71	0.56	1.24	0.13
2008 年	10.7	8.07	1.48	1.54	1.83	1.15

综合来看，从第二次全国土壤普查至 2008 年，经过 20 多年的演变，甘肃灌淤土有效铁、有效锰、有效铜含量均降低，有效锌、有效硼和有效钼含量均有所增加。然而，甘肃土壤呈碱性，导致土壤微量元素有效性较低。

2017 年，有效铁 13.01 mg/kg、有效锰 11.71 mg/kg、有效铜 1.30 mg/kg、有效锌 1.32 mg/kg、有效硼 0.84 mg/kg、有效钼 0.17 mg/kg、有效硫 16.40 mg/kg、有效硅 142.01 mg/kg。与第二次全国土壤普查结果相比，2017 年甘肃灌淤土有效锰、有效锌、有效钼含量均提高：有效锰提高了 2.24 mg/kg，增幅为 23.6%；有效锌提高了 0.76 mg/kg，增幅为 135.7%，有效钼提高了 0.04 mg/kg，增幅为 30.8%；有效铁、有效铜、有效硼均不同程度下降，有效铁下降了 6.59 mg/kg，降幅为 33.6%，有效铜下降了 0.41 mg/kg，降幅为 24.0%，有效硼下降了 0.40 mg/kg，降幅为 32.2%。

第二节　灌淤土土壤养分对主要作物生产的影响

灌淤土是我国重要的农业土壤，在现代农业发展中具有特别重要的地位。灌淤土质地适中，土壤结构和通气状况良好，有机质和其他养分丰富，生产潜力高。宁夏古灌区是宁夏灌淤土的主要分布区域，此区域以 34% 的耕地生产了宁夏 70% 的粮食。长期培育条件下形成的灌淤土宜种性广，多数灌淤土区域以种植旱作的粮食作物和经济作物为主，有些区域还生产大量的油料、甜菜、瓜果、蔬菜、枸杞等。宁夏古灌区是水稻、枸杞的重要产地，新疆南部和甘肃西部的酒泉、敦煌地区是棉花的重要产地，新疆和田地区又是蚕桑及瓜果的重要产地。但在地下水位较高的地区，为了防止土壤的次生盐渍化，有部分农田种植水稻或实行稻旱轮作。灌淤土的土壤养分形成来源决定了其理化性状优于其他土类，决定了其高产性能。一方面，灌溉水和泥沙中携入的土粪、炭屑、煤渣等外来侵入物逐渐形成灌淤层，对灌淤土有机物质和养分元素及土壤肥力的提升产生了积极作用；另一方面，受淹水和排水的影响，尤其是稻田，耕作层氧化还原作用交替，出现铁、锰的离析聚集，因此易形成锈纹锈斑。有研究表明，灌淤层的厚度、养分状况与作物生产密切相关，在一定范围内，灌淤土的生产能力与灌淤层厚度正相关。

一、小麦

（一）灌淤土养分与小麦生产关系的研究现状

灌淤土丰富的养分适宜种植小麦，灌淤土分布区基本都有小麦种植，并且小麦是灌淤土区种植的第一大粮食作物，灌淤土区的小麦在国家粮食安全战略中处于非常重要的地位。

一项在宁夏古灌区开展的灌淤土土层厚度与小麦生产关系的研究结果表明，宁夏灌淤土层为壤质土，下伏母土层为黄河水冲积物，偏沙壤，灌淤土层的有机质和养分含量是下伏母土层的 3～4 倍，灌淤土层厚度与小麦产量存在线性关系。当灌淤土层厚度在 50 cm 以下时，小麦产量提升较快；当灌淤土层厚度在 50～80 cm 时，小麦产量提升偏缓；而当灌淤土层厚度大于 80 cm 时，小麦产量提升曲线平缓。引起这种变化的根本原因在于灌淤土层厚度影响小麦的穗粒数，灌淤土层厚度 50 cm 是分界点。灌淤土层厚度小于 50 cm 时，随着灌淤土层厚度的增加，小麦穗粒数增加，产量增加；而灌淤层厚度大于 50 cm 时，变化趋于平缓。

另外，施肥是增加灌淤土小麦产量的主要措施。一项在新疆和田开展的近 20 年（1989—2006 年）的灌淤土肥力对小麦产量的影响的研究结果表明，多年施肥对小麦产量产生极显著的影响，不施肥处理小麦产量随着时间的延长呈下降趋势，多年平均产量为 1 420 kg/hm²，而施肥处理小麦产量随时间的延长呈显著的增长趋势，多年平均产量可达 5 354 kg/hm²；小麦产量与化肥、有机肥、总施肥量（有机肥＋化肥）均呈显著正相关（图 6-7）。

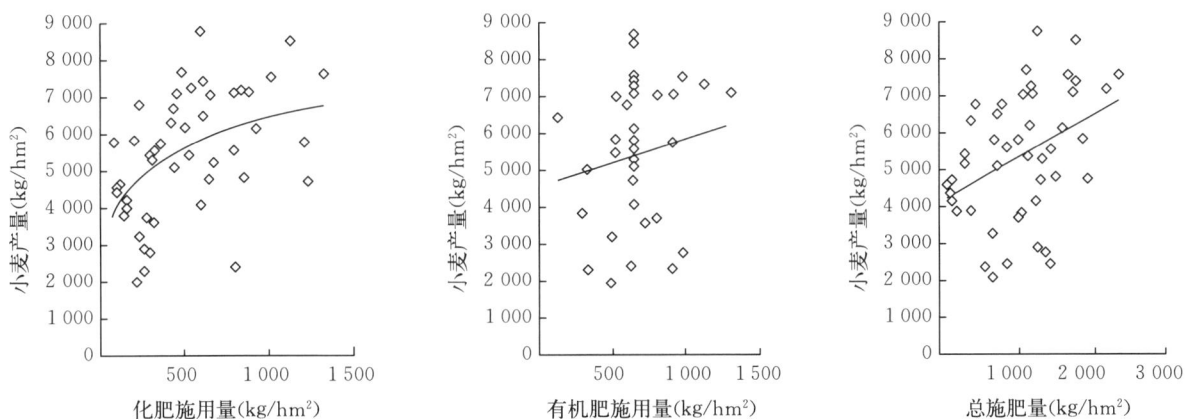

图 6-7　灌淤土小麦产量与肥料施用量的关系

一项在宁夏古灌区开展的化肥对小麦产量影响的研究结果表明，该区域灌淤土种小麦，化肥对小麦产量的贡献率为 56.3%。其中，氮肥对小麦产量的贡献率可达 28.0%，磷肥的贡献率为 9.2%，钾肥的贡献率为 1.2%。

（二）灌淤土养分对小麦生产的影响

2017 年，对甘肃 73 个灌淤土小麦种植区样点进行了调研（$n=73$）。其中，酒泉 19 个样点、武威 10 个样点、兰州 34 个样点、平凉 10 个样点。结果表明，甘肃灌淤土有机质平均含量为 15.6 g/kg，其中，酒泉为 16.6 g/kg，武威为 13.3 g/kg，兰州为 17.2 g/kg，平凉为 10.9 g/kg。从区域分布来看，甘肃西部和中部地区小麦种植区灌淤土有机质平均含量高于东部。

对宁夏灌淤土小麦种植区 31 个样点进行了调研（$n=31$）。其中，石嘴山 22 个样点、吴忠 5 个样点、中卫 4 个样点。结果表明，3 个种植区的灌淤土有机质平均含量为 15.8 g/kg。其中，石嘴山为 16.5 g/kg，吴忠为 15.6 g/kg，中卫为 11.9 g/kg。从区域分布来看，宁夏小麦种植区灌淤土有机质平均含量由北向南降低。

对新疆灌淤土小麦种植区 29 个样点进行了调研（$n=29$）。其中，克拉玛依 9 个样点、和田 20 个样点。结果表明，2 个种植区的灌淤土有机质平均含量为 16.4 g/kg。其中，克拉玛依平均为 13.1 g/kg，和田平均为 17.9 g/kg。从区域分布来看，新疆小麦种植区灌淤土有机质北疆低于南疆。

从产量结果来看，甘肃灌淤土区小麦平均产量为 6 277 kg/hm²。其中，酒泉小麦平均产量为 6 792 kg/hm²，武威小麦平均产量为 10 080 kg/hm²，兰州小麦平均产量为 5 426 kg/hm²，平凉小麦平均产量为 4 470 kg/hm²。甘肃小麦分为春小麦和冬小麦。其中，兰州以西以种植春小麦为主，兰州以东以种植冬小麦为主。从产量结果来看，春小麦平均产量为 7 898 kg/hm²，冬小麦平均产量为 5 209 kg/hm²。宁夏古灌区灌淤土小麦平均产量为 4 896 kg/hm²。其中，石嘴山小麦平均产量为 4 479 kg/hm²，吴忠小麦平均产量为 6 450 kg/hm²，中卫小麦平均产量为 5 250 kg/hm²。新疆小麦平均产量为 5 759 kg/hm²。其中，克拉玛依平均产量为 6 300 kg/hm²，和田平均产量为 5 516 kg/hm²。甘肃的小麦平均产量高于新疆，新疆的小麦平均产量又高于宁夏（图 6-8）。

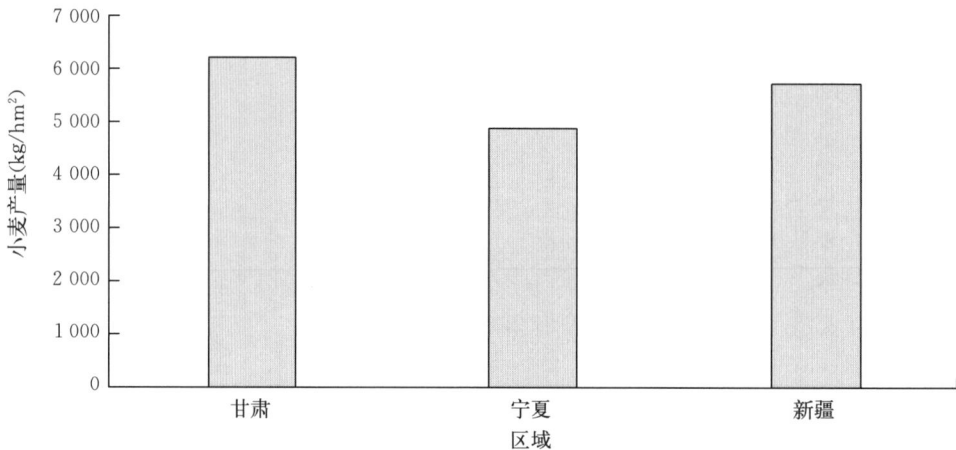

图 6-8 不同生态区域小麦产量

从灌淤土有机质含量与小麦平均产量的关系可以看出，甘肃、宁夏、新疆 3 个省份的灌淤土有机质对小麦平均产量的影响不显著（图 6-9）。综合来看，甘肃灌淤土质地为壤土，部分区域为沙壤，如河西走廊灌区，甘肃灌淤土小麦种植多为大水漫灌种植，土壤剖面结构上松下紧。总体而言，土壤较瘠薄。土壤养分分布空间变异较大，总体有越往东而土壤养分含量越低的趋势。而产量与灌淤土有机质含量对应，甘肃西部的春小麦平均产量要高于东部的冬小麦，可能是因为河西灌区延续着河水漫灌的习惯，而甘肃东部为雨养农业区，灌溉相较于甘肃西部要少。宁夏和新疆灌淤土小麦平均产量与有机质含量并未表现出直接的关系。

甘肃 56 个样点的灌淤土有效磷平均含量为 34.4 mg/kg。其中，酒泉为 19.2 mg/kg，武威为 31.2 mg/kg，兰州为 33.1 mg/kg，平凉为 12.8 mg/kg。从区域分布来看，甘肃中部灌淤土有效磷含量显著高于甘肃西部和东部地区。宁夏 31 个样点的灌淤土有效磷平均含量为 23.4 mg/kg。其中，石嘴山为 18.8 mg/kg，吴忠为 41.2 mg/kg，中卫为 26.4 mg/kg。从区域分布来看，呈现中部有效

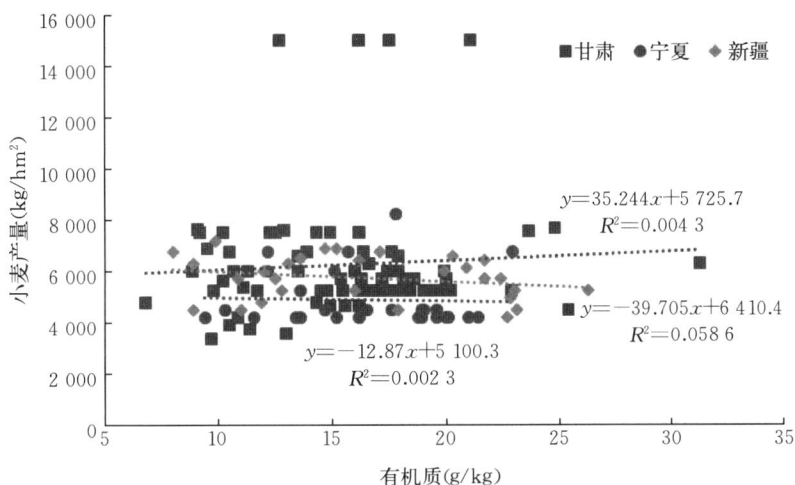

图 6-9　土壤有机质含量与小麦产量的关系

磷平均含量高于北部和南部的趋势。新疆 29 个样点的灌淤土有效磷平均含量为 12.7 mg/kg。其中，克拉玛依有效磷平均含量为 9.3 mg/kg，和田有效磷平均含量为 14.3 mg/kg，南疆地区高于北疆地区。

3 个省份灌淤土有效磷平均含量与小麦产量的关系见图 6-10，可以看出新疆灌淤土有效磷平均含量远远低于甘肃和宁夏，且其有效磷平均含量与小麦产量呈负相关关系，而甘肃和宁夏灌淤土有效磷平均含量与小麦平均产量呈正相关关系。

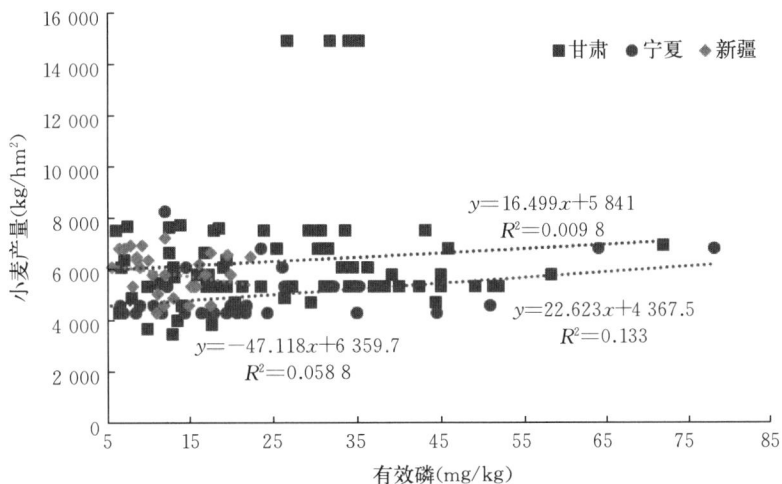

图 6-10　土壤有效磷含量与小麦产量的关系

3 个区域灌淤土速效钾含量与小麦产量的关系见图 6-11，可以看出，3 个区域灌淤土速效钾平均含量与小麦平均产量均呈负相关关系。甘肃灌淤土速效钾平均含量为 242.4 mg/kg。其中，酒泉为 113.8 mg/kg，武威为 176.6 mg/kg，兰州为 230.4 mg/kg，平凉为 199.1 mg/kg。宁夏灌淤土速效钾平均含量为 157.5 mg/kg。其中，石嘴山为 160.8 mg/kg，吴忠为 141.4 mg/kg，中卫为 154.7 mg/kg。新疆灌淤土速效钾平均含量为 153.7 mg/kg。其中，克拉玛依为 142.8 mg/kg，和田为 158.6 mg/kg。总体来看，甘肃灌淤土速效钾平均含量高于宁夏和新疆。

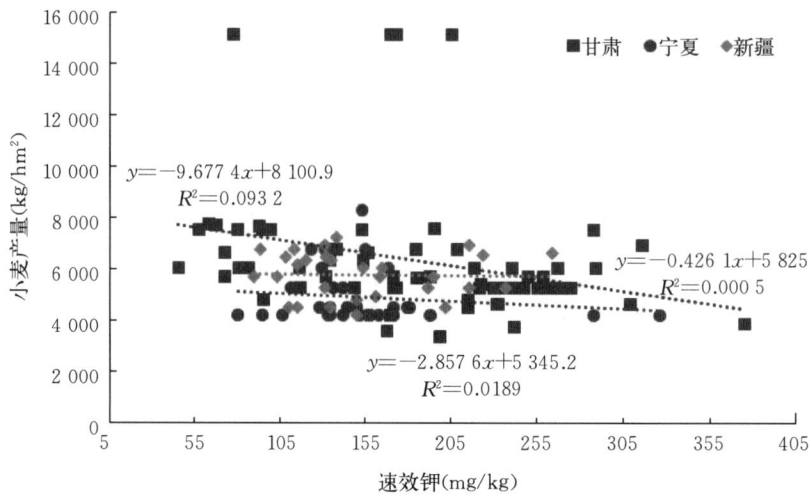

图 6-11　土壤速效钾含量与小麦产量的关系

二、玉米

（一）灌淤土养分与玉米生产关系的研究现状

玉米是灌淤土区种植的主要粮食作物之一，1988—2016 年，在宁夏银川、吴忠、石嘴山和新疆和田典型灌淤土区域陆续建立了 7 个国家耕地质量监测点，通过监测小麦、玉米、水稻产量发现，灌淤土上小麦产量随着时间的延长呈现递增的趋势，在 2004 年达到最高值（7.58 t/hm²），之后保持稳定，2016 年产量约为 1988 年的 3 倍，玉米产量随着时间的延长一直呈递增趋势，2016 年平均产量为 9.8 t/hm²，约为 1988 年的 2 倍，水稻产量变化不大。小麦、玉米增产率随着土壤全氮含量的增加而显著增加，监测点灌淤土的全氮含量呈现逐年增加的趋势，每年增加的速率约为 0.1 g/kg。

（二）灌淤土养分对玉米生产的影响

对甘肃 85 个灌淤土玉米种植区样点进行了调研（$n=85$）。其中，酒泉 23 个样点，张掖 8 个样点，武威 18 个样点，兰州 5 个样点，天山 10 个样点，临夏 11 个样点，平凉 10 个样点。结果表明，甘肃灌淤土有机质含量平均为 14.3 g/kg。其中，酒泉 14.5 g/kg，张掖 17.2 g/kg，武威 11.2 g/kg，兰州 13.5 g/kg，临夏 16.2 g/kg，天山 15.2 g/kg，平凉 14.9 g/kg。从区域分布来看，甘肃西部和东部地区有机质含量高于中部地区。土壤有效磷含量平均为 24.2 mg/kg。其中，酒泉 20.4 mg/kg，张掖 29.5 mg/kg，武威 29.8 mg/kg，兰州 21.1 mg/kg，临夏 29.5 mg/kg，天山 20.9 mg/kg，平凉 17.6 mg/kg。从区域分布来看，甘肃西部灌淤土有效磷含量高于中部和东部地区。土壤速效钾含量平均为 154.1 mg/kg。其中，酒泉 118.1 mg/kg，张掖 174.7 mg/kg，武威 144.3 mg/kg，兰州 211.1 mg/kg，临夏 132.5 mg/kg，天山 182.9 mg/kg，平凉 203.9 mg/kg。从区域分布来看，甘肃东部地区速效钾含量高于西部和中部地区。

对宁夏灌淤土玉米种植区 371 个样点进行了调研（$n=371$）。其中，石嘴山 43 个样点，银川 163

个样点，吴忠 66 个样点，中卫 99 个样点。结果表明，灌淤土有机质平均含量为 15.6 g/kg，石嘴山平均为 15.0 g/kg，银川平均为 15.5 g/kg，吴忠平均为 16.2 g/kg，中卫平均为 15.6 g/kg。从区域分布来看，宁夏灌淤土玉米种植区中部灌淤土有机质含量高于北部和南部。土壤有效磷含量平均值为 32.6 mg/kg，石嘴山为 18.8 mg/kg，银川为 32.3 mg/kg，吴忠为 34.8 mg/kg，中卫为 37.5 mg/kg。从区域分布来看，宁夏灌淤土玉米种植区灌淤土有效磷含量南部高于北部。土壤速效钾含量平均值为 190.0 mg/kg，石嘴山为 202.2 mg/kg，银川为 212.0 mg/kg，吴忠为 163.1 mg/kg，中卫为 166.5 mg/kg。从区域分布来看，宁夏灌淤土玉米种植区速效钾含量北部高于南部。

对新疆灌淤土玉米种植区 565 个样点进行了调研（$n=565$）。其中，克拉玛依 31 个样点，库尔勒 8 个样点，阿克苏 40 个样点，喀什 321 个样点，和田 165 个样点。结果表明，新疆灌淤土有机质平均值为 14.8 g/kg。其中，克拉玛依 16.7 g/kg，库尔勒 13.8 g/kg，阿克苏 14.0 g/kg，喀什 15.8 g/kg，和田 12.5 g/kg。从区域分布来看，新疆玉米种植区灌淤土有机质含量西北部高于东南部。新疆灌淤土有效磷含量平均值为 12.1 mg/kg，克拉玛依 12.1 mg/kg，库尔勒 12.5 mg/kg，阿克苏 10.6 mg/kg，喀什 12.5 mg/kg，和田 11.6 mg/kg。从区域分布来看，新疆玉米种植区灌淤土有效磷含量北部和南部高于中部。新疆灌淤土速效钾含量平均值为 162.9 mg/kg，克拉玛依 157.5 mg/kg，库尔勒 208.3 mg/kg，阿克苏 184.3 mg/kg，喀什 176.7 mg/kg，和田 130.6 mg/kg。从区域分布来看，新疆玉米种植区灌淤土速效钾含量中部高于北部和南部。

从产量结果（图 6 - 12）来看，甘肃灌淤土区玉米平均产量为 10 941.2 kg/hm²，宁夏为 12 145 kg/hm²，新疆为 6 510 kg/hm²。甘肃酒泉玉米平均产量为 10 513 kg/hm²，张掖为 11 437 kg/hm²，武威为 13 550 kg/hm²，兰州为 10 410 kg/hm²，临夏为 9 954 kg/hm²，天水为 10 580 kg/hm²，平凉为 8 460 kg/hm²。宁夏石嘴山玉米平均产量为 12 000 kg/hm²，银川为 12 331 kg/hm²，吴忠为 12 000 kg/hm²，中卫为 12 000 kg/hm²。新疆克拉玛依玉米平均产量为 8 552 kg/hm²，库尔勒为 5 746 kg/hm²，阿克苏为 1 713 kg/hm²，喀什为 6 894 kg/hm²，和田为 6 600 kg/hm²。

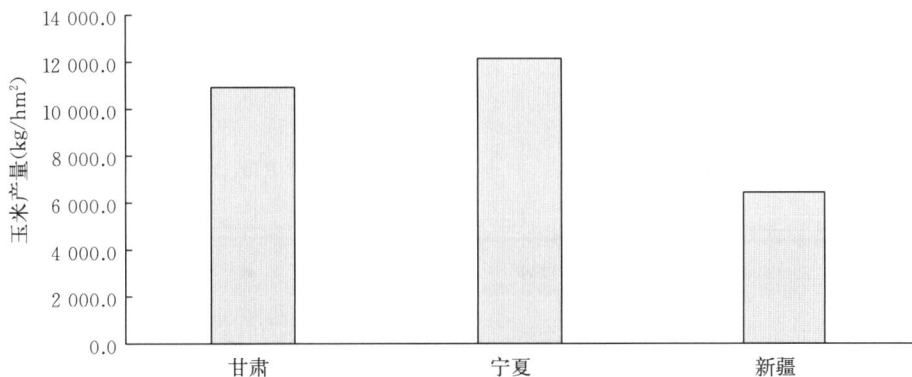

图 6 - 12　不同生态区域玉米产量

各生态区域灌淤土养分与玉米产量有一定的相关性（图 6 - 13）。甘肃灌淤土玉米种植区域土壤有机质含量与玉米产量负相关，而宁夏和新疆地区灌淤土有机质含量对玉米的产量影响不显著，3 个生态区域玉米高产对应的有机质含量均在 15 g/kg 左右。宁夏灌淤土玉米种植区土壤有效磷含量与玉米产量负相关，甘肃灌淤土玉米种植区土壤有效磷含量与玉米产量正相关，新疆土壤有效磷含量对玉米产量无显著影响。甘肃灌淤土玉米种植区土壤速效钾含量与玉米产量呈负相关关系，而宁夏和新疆灌淤土玉米种植区土壤速效钾含量对玉米产量无显著影响。

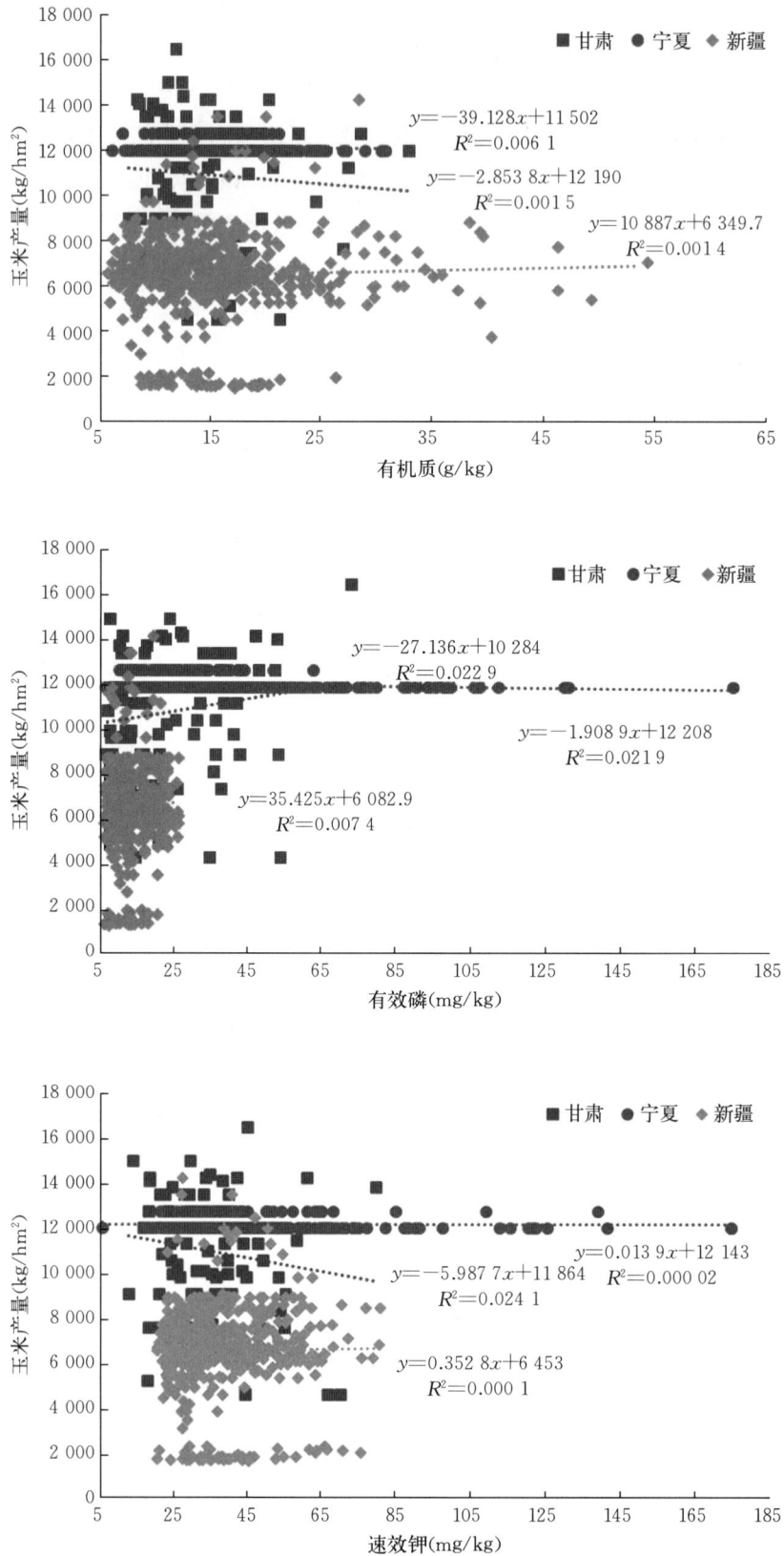

图 6-13　灌淤土养分与玉米产量的关系

三、水稻

（一）灌淤土养分与水稻生产关系的研究现状

种植水稻的灌淤土主要分布于宁夏古灌区中部与南部、新疆天山以南的乌什县。对应灌淤土类型为表锈灌淤土，水稻种植主要以轮作为主，一般每隔一年或两年种一年水稻，轮作作物一般为小麦、玉米、胡麻、甜菜等。

在宁夏灌淤土上进行的氮、磷、钾肥配施对水稻产量影响的研究结果表明，施用氮、钾肥对水稻产量有显著影响，说明灌淤土上水稻对氮、钾肥较为敏感，肥料对水稻的增产效应表现为氮肥＞钾肥＞磷肥。2004—2016 年对宁夏典型灌淤土的长期监测结果表明，长期施肥可增加水稻产量，但是水稻增产率随着施肥年限的延长变化不大。

（二）灌淤土养分对水稻生产的影响

对宁夏灌淤土水稻种植区 72 个样点（$n=72$）和新疆和田 3 个样点进行调研。其中，石嘴山 7 个样点，银川 22 个样点，吴忠 41 个样点，中卫 2 个样点。结果表明，宁夏灌淤土水稻种植区有机质含量平均为 16.7 g/kg。其中，石嘴山 18.3 g/kg，银川 15.1 g/kg，吴忠 17.3 g/kg，中卫 18.6 g/kg。新疆和田灌淤土有机质含量平均为 11.5 g/kg。宁夏灌淤土水稻种植区有效磷含量平均为 29.4 mg/kg。其中，石嘴山 20 mg/kg，银川 30.3 mg/kg，吴忠 30.4 mg/kg，中卫 32.8 mg/kg。新疆和田灌淤土有效磷含量平均为 13.3 mg/kg。宁夏灌淤土水稻

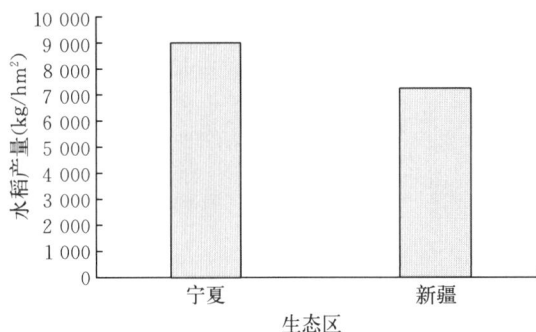

图 6 - 14　不同生态区域水稻产量

种植区灌淤土速效钾含量平均为 183.2 g/kg。其中，石嘴山 203.3 mg/kg，银川 218.2 mg/kg，吴忠 163.6 mg/kg，中卫 129.0 mg/kg。新疆和田灌淤土速效钾含量平均为 118.6 mg/kg。

从产量结果（图 6 - 14）来看，宁夏灌淤土水稻种植区平均产量为 9 070.4 kg/hm²，新疆为 7 280.5 kg/hm²。宁夏灌淤土养分含量指标较新疆灌淤土高，对应的产量也高。

四、马铃薯

对新疆灌淤土马铃薯种植区 8 个样点（$n=8$）进行了调研。其中，吐鲁番 6 个样点，克拉玛依和喀什各 1 个样点。土壤有机质平均含量为 16.3 g/kg，喀什为 35 g/kg，克拉玛依为 9.7 g/kg，吐鲁番为 14.3 g/kg。土壤有效磷平均含量为 10.5 mg/kg，喀什为 20.0 mg/kg，克拉玛依为 5.9 mg/kg，吐鲁番为 9.7 mg/kg。土壤速效钾平均含量为 206.6 mg/kg，喀什 186.0 g/kg，克拉玛依为 288.0 g/kg，吐鲁番为 196.5 g/kg。调研区马铃薯平均产量为 35 531 kg/hm²，喀什为 24 000 kg/hm²，克拉玛依为 27 000 kg/hm²，吐鲁番为 38 875 kg/hm²。

新疆灌淤土马铃薯产量与土壤养分的关系见图 6 - 15，由图 6 - 15 可知，马铃薯产量与土壤有机质和有效磷含量的关系表现为马铃薯产量随着有机质和有效磷含量的增加而先增加后降低，高产时对应的

土壤有机质含量约为 20 g/kg，有效磷含量约为12 mg/kg。马铃薯产量与速效钾含量无显著相关性。

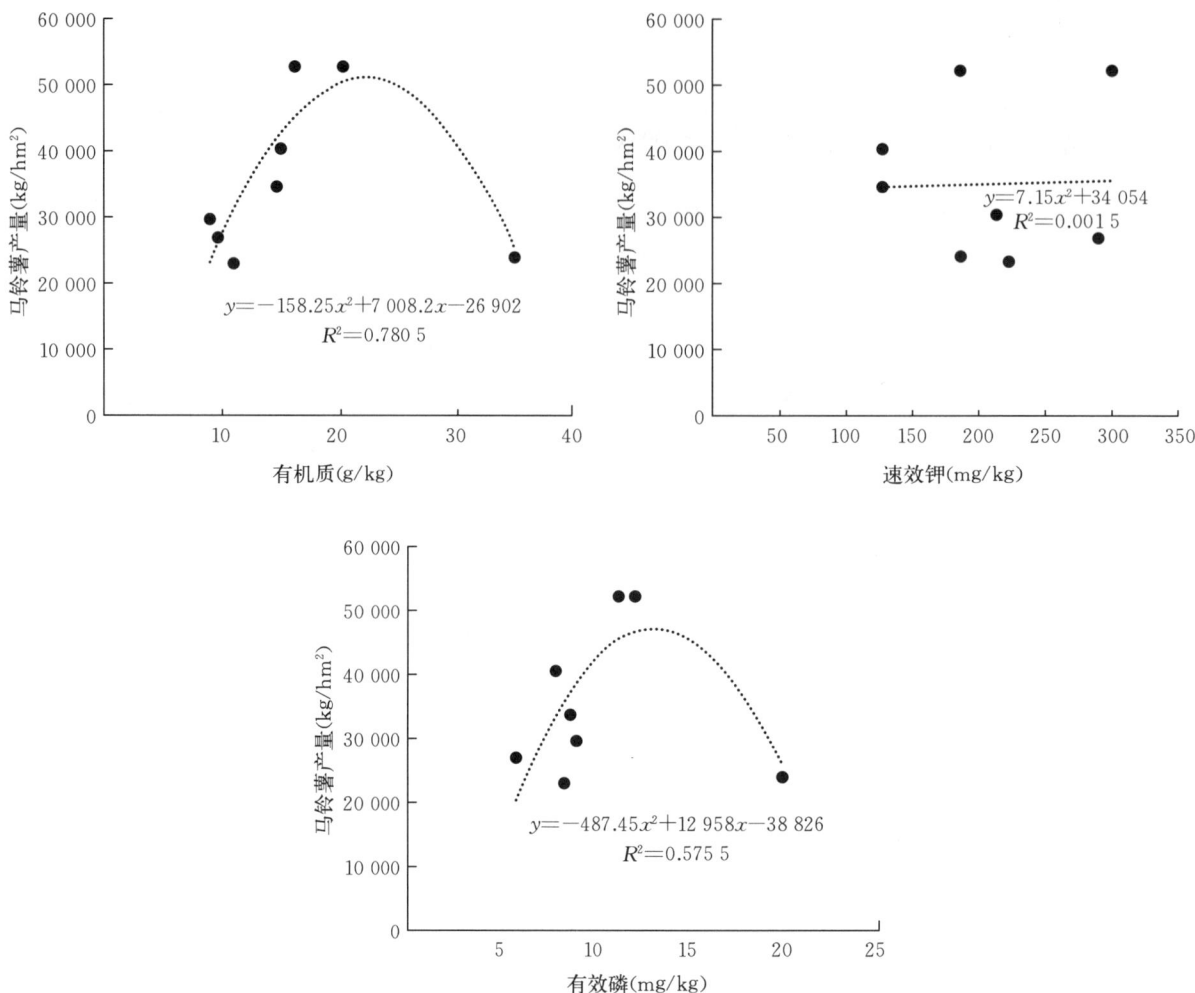

图 6-15　新疆灌淤土马铃薯产量与土壤养分的关系

五、油料作物

　　对新疆灌淤土棉花种植区 252 个样点（$n=252$）进行了调研。其中，吐鲁番 8 个样点，克拉玛依 3 个样点，喀什 60 个样点，和田 15 个样点，昌吉 3 个样点，巴州 28 个样点，阿克苏 135 个样点。土壤有机质平均含量为 15.8 g/kg，吐鲁番 16.0 g/kg，克拉玛依 17.6 g/kg，喀什 18.0 g/kg，和田 13.2 g/kg，昌吉 14.9 g/kg，巴州 14.1 g/kg，阿克苏 15.5 g/kg。土壤有效磷平均含量为 10.9 mg/kg，吐鲁番 9.7 mg/kg，克拉玛依 16.6 mg/kg，喀什 11.4 mg/kg，和田 8.4 mg/kg，昌吉 9.7 mg/kg，巴州 11.8 mg/kg，阿克苏 10.8 mg/kg。土壤速效钾平均含量为 197.8 mg/kg，吐鲁番 184.5 mg/kg，克拉玛依 105.0 mg/kg，喀什 189.5 mg/kg，和田 158.0 mg/kg，昌吉 163.3 mg/kg，巴州 176.6 mg/kg，阿克苏 214.0 mg/kg。调研棉花平均产量为 1 738.8 kg/hm²，吐鲁番 1 665.0 kg/hm²，克拉玛依 1 725.0 kg/hm²，喀什 1 730.0 kg/hm²，和田 1 595.0 kg/hm²，昌吉 1 935.0 kg/hm²，巴州 1 764.6 kg/hm²，阿克苏 1 757.0 kg/hm²（图 6-16）。

　　甘肃仅在酒泉的敦煌有棉花种植，对该区域的灌淤土棉花种植区 14 个样点进行调研发现：土壤有机质平均含量为 10.7 g/kg，有效磷平均含量为 22.7 mg/kg，速效钾平均含量为 175.6 mg/kg，棉花平

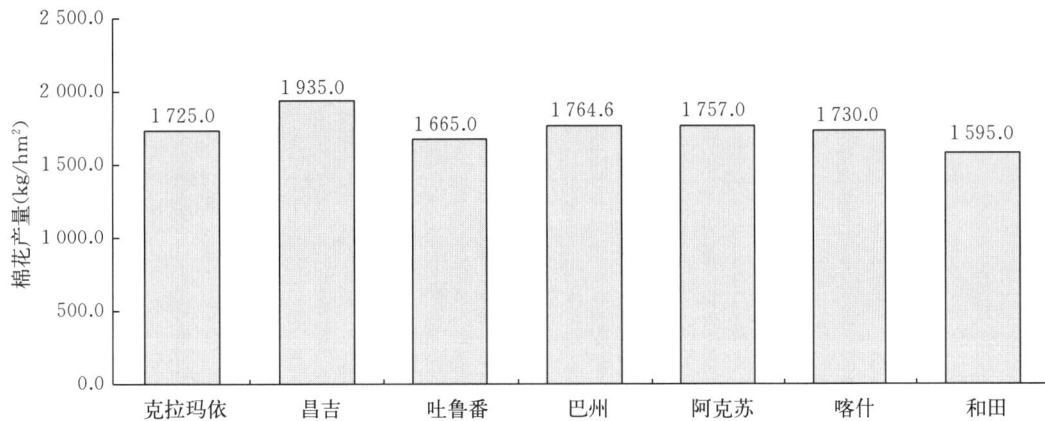

图 6-16 新疆灌淤土棉花产量分布

均产量为 5 507.1 kg/hm²。

新疆灌淤土棉花种植区棉花产量与土壤养分的关系见图 6-17。结果表明，棉花产量与土壤有机

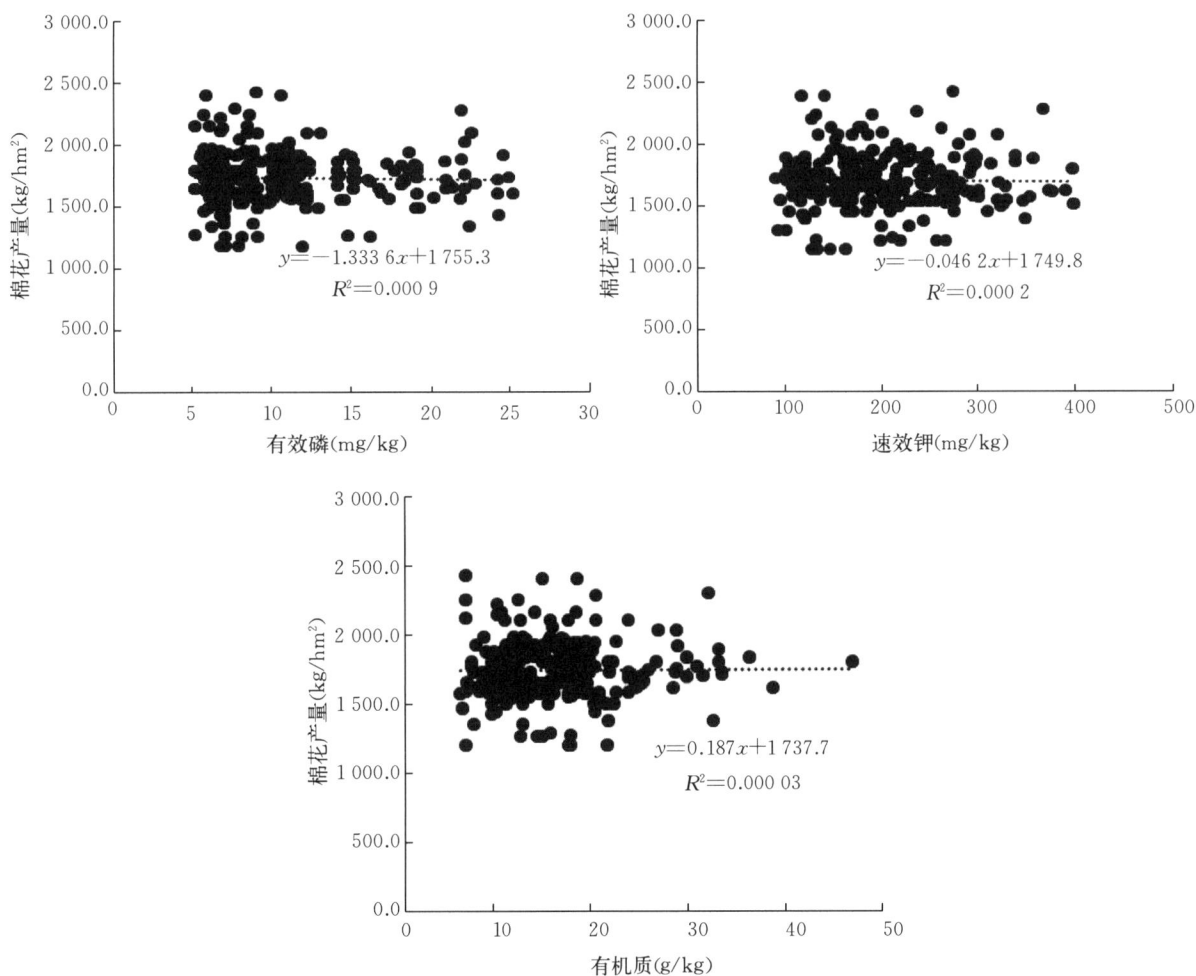

$y=-1.333\,6x+1\,755.3$
$R^2=0.000\,9$

$y=-0.046\,2x+1\,749.8$
$R^2=0.000\,2$

$y=0.187x+1\,737.7$
$R^2=0.000\,03$

图 6-17 新疆灌淤土棉花种植区棉花产量与土壤养分的关系

质、有效磷、速效钾含量关系不显著，高产棉花对应的土壤有机质含量为 15～20 g/kg，对应的有效磷含量约为 10 mg/kg，对应的速效钾含量约为 200 mg/kg。

甘肃灌淤土棉花种植区棉花产量与土壤养分关系结果（图 6-18）表明，棉花产量与土壤有机

质、有效磷、速效钾含量呈负相关关系。

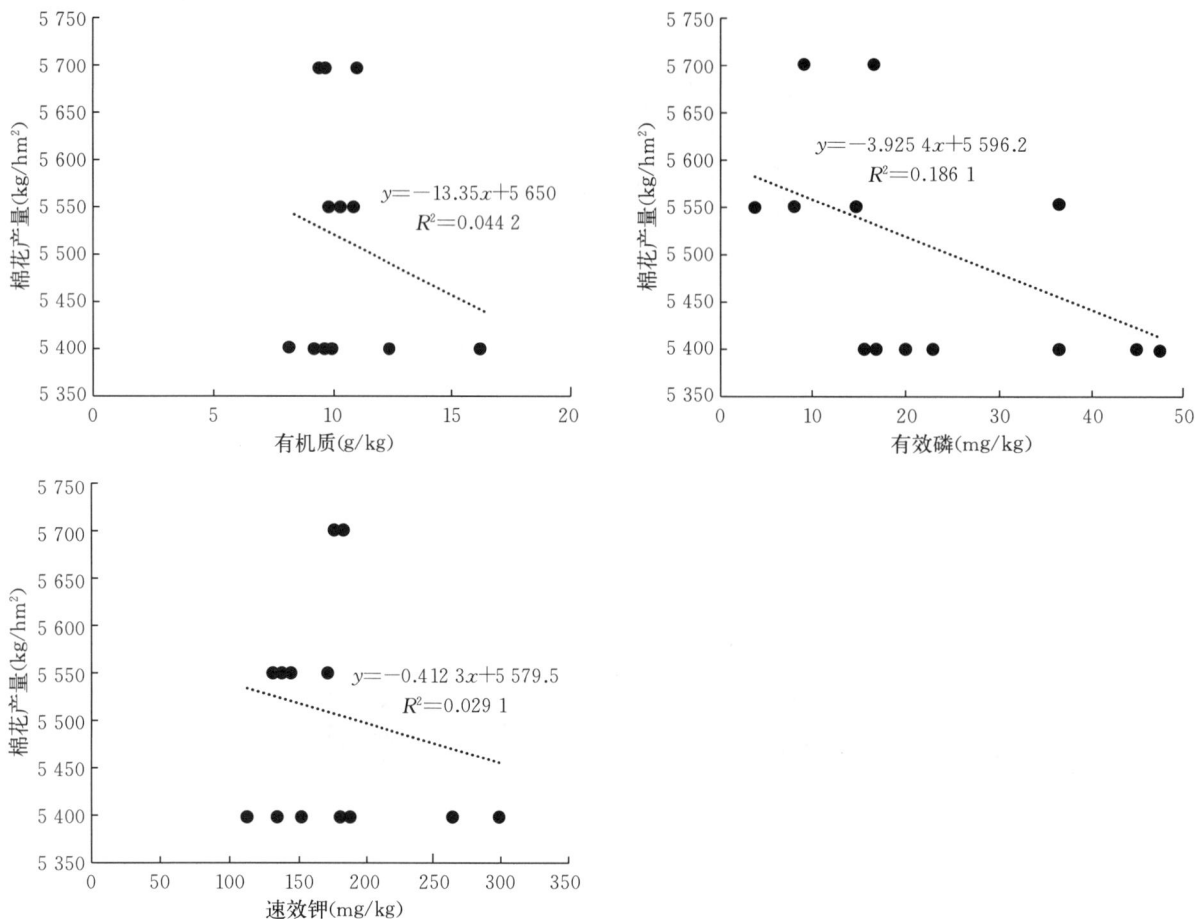

图 6-18 甘肃灌淤土棉花种植区棉花产量与土壤养分的关系

第三节 灌淤土土壤主要养分含量丰缺指标分级及应用

土壤养分丰缺指标是合理施肥、进行土壤培肥和改良的重要参考依据。依据灌淤土生产条件与土壤养分的对应关系，对灌淤土耕层养分进行分级，以确定养分丰缺状况（表 6-5）。

表 6-5 灌淤土耕层土壤养分丰缺指标分级

养分	丰富	中等		缺乏	
		中上	中下	缺	极缺
有机质（g/kg）	>17	15~17	10~15	6~10	<6
全氮（g/kg）	>1.0	0.8~1.0	0.6~0.8	0.4~0.6	<0.4
碱解氮（mg/kg）	>130	90~130	60~90	30~60	<30
有效磷（mg/kg）	>30	15~30	5~15	3~5	<3
有效锌（mg/kg）	>2.0	1.0~2.0		0.5~1.0	<0.5
有效锰（mg/kg）	>9.0	7.0~9.0		3.0~7.0	<3.0
有效铜（mg/kg）	>2.0	1.0~2.0		0.5~1.0	<0.5
有效铁（mg/kg）	>25.0	10.0~25.0		5.0~10.0	<5.0
有效硼（mg/kg）	>1.00	0.50~1.00		0.25~0.50	<0.25
有效钼（mg/kg）	>0.20	0.15~0.20		0.10~0.15	<0.10

第七章 灌淤土的耕地质量等级 >>>

第一节　灌淤土耕地质量红线因素筛选

一、土壤质量的概念

土壤质量是指在一定的生态系统内，土壤支持生物生产、保障环境、使动植物和人类生存与保持健康的能力，包括土壤肥力质量、环境质量、健康质量。土壤质量评价对于评价土壤的现状与生产力、土壤改良、促进农业可持续发展、降低生产成本、保护生态环境具有重要意义。

灌淤土是具有一定厚度灌淤层的土壤。这种灌淤层是在引用含大量泥沙的水流进行灌溉，灌水落淤与耕作施肥交叠作用形成的。土壤颜色、质地、结构、有机质含量等性状比较均匀一致，有碎砖块、碎陶瓷、兽骨及煤渣等人为侵入体。人为耕作在灌淤土形成中起到重要的作用，耕作消除了淤积层次，并把灌淤物、土粪、残留的化肥、作物残茬和根系、人工施入的秸秆和绿肥等均匀地混合在一起。年复一年，这种均匀的灌淤土层不断加厚，在原来的母土之上，形成了新的土壤类型——灌淤土。同时，由于土层加厚，地面相应抬高，地下水位相对下降。在灌溉水的淋洗下，土壤中的盐分和有机无机胶体可被淋洗下移。因此，在灌淤心土层的结构面上可见有机无机胶膜。除分布于低洼地区的盐化灌淤土外，灌淤土多无盐分积聚层。

灌淤土是我国干旱半干旱地区平原的主要土壤，该区域一年一熟，以春播作物为主，生长小麦、玉米、糜子等。地下水位较浅，水源充沛。因排水条件较差，有次生盐渍化现象，应注意灌排结合。主要分布于宁夏银川、内蒙古后套平原及辽西平原。灌淤层 30～70 cm，有的在 1 m 以上。土壤剖面上下较均质，底部常见文化遗物。灌淤层下可见被埋藏的古老耕作表层。土壤的理化性质因地区不同而异。辽西平原的灌淤土，质地较黏重，有机质含量为 2%～4%，全盐量一般小于 0.3%，不含石膏；后套平原的灌淤土，质地较沙松，有机质含量约为 1%，全盐量较高。

灌淤土剖面形态比较均匀，上下无明显变化。剖面可分为灌淤耕层、灌淤心土层和下伏母土层 3个层段，前两个层段合称为灌淤土层。灌淤土的主要特征如下。

（1）剖面性状均匀。同一土壤剖面，颜色没有明显变异。土壤质地一般为壤质土，垂直方向的变化很小，上下两自然层次之间粒级分选不明显。土壤有机质及氮、磷、钾含量灌淤耕层较高，自灌淤耕层向下缓慢递减，相邻两自然层次之间相差不超过 40%；灌淤心土层有机质含量不小于 5 g/kg。碳酸钙含量因灌淤物来源不同而异，一般为 12%左右，同一剖面的垂直变化很小，相邻两自然层次之间相差不超过 15%。

（2）灌淤土疏松多孔，灌淤耕层容重为 1.20～1.40 g/cm³。灌淤心土层容重为 1.3～1.5 g/cm³。孔隙度为 50% 左右。

（3）灌淤土风化作用微弱。土壤的硅铁铝率为 6～8，黏粒的硅铁铝率为 3.5 左右，同一剖面的垂直变化很小。X 射线衍射分析结果表明，黏土矿物以水云母为主，其次为绿泥石及高岭石。

二、土壤质量评价参数与指标体系

一般来说，反映土壤质量与土壤健康状况的诊断特征可以分成两组：一组是描述土壤健康的描述性特征，另一组是分析性指标。分析性指标通常包括物理指标、化学指标和生物学指标，在土壤质量评价中，需要根据不同的土壤、不同的评价目的，按照上述指标选择原则对这些指标进行取舍组合。

物理指标：土壤质地、土层和根系深度、土壤容重、土壤渗透率、田间持水量、土壤持水特征、土壤含水量和土壤温度等。

化学指标：土壤有机碳、全氮、pH、电导率、矿化氮、磷和钾等。

生物学指标：微生物生物量碳、微生物生物量氮、潜在可矿化氮、土壤呼吸量、总有机碳、呼吸量（生物量）等。

根据土壤质量评价指标涉及的内容，可将土壤质量指标分为以下 4 个方面。

1. 土壤肥力 土壤肥力因素包括水、肥、气、热四大肥力因素，具体指标有土壤质地、紧实度、耕层厚度、土壤结构、土壤含水量、田间持水量、土壤排水性、渗滤性、有机质、全氮、全磷、全钾、碱解氮、有效磷、缓效钾、速效钾、微量元素全量和有效量、土壤通气状况、土壤热量、土壤侵蚀状况、pH、阳离子交换量等。土壤肥力退化主要是指土壤养分贫瘠化，为了维持作物生产，土壤就必须年复一年地消耗它有限的物质储库，特别是作物必需的营养元素，一旦土壤中营养元素被耗竭，土壤就不能满足作物生长需求。

2. 土壤环境质量 背景值、盐分种类与含量、硝酸盐、碱化度、农药残留量、污染指数、作物中污染物、环境容量、地表水污染物、地下水矿化度与污染物、重金属元素种类及其含量、污染物存在状态及其浓度等。

3. 土壤生物活性 微生物生物量碳、微生物生物量氮、土壤呼吸强度、微生物区系、磷酸酶活性、脲酶活性等。

4. 土壤生态质量 节肢动物、蚯蚓、种群丰富度、多样性指数、优势度指数、均匀度指数、杂草等。

三、土壤质量评价方法

（一）土壤质量评价原则

1. 代表性 一个指标能代表或反映土壤质量的全部或至少一个方面的功能，或者一个指标能与多个指标相关联，即选取的指标能正确反映土壤的基本功能，是土壤中决定物理、化学及生物学过程的主要特性，对表征土壤功能是有效的。

2. 灵敏性 选取的土壤质量指标对土壤利用方式、人为扰动过程、土壤侵蚀强度及程度的变化足够敏感。如果所选指标对土壤变化不敏感，则对监测土壤质量变化没有价值。但是，指标的敏感性要依据监测土壤质量变化的时间尺度而定。

3. 实用性 选取的土壤质量指标要易于定量测定、简便实用。在田间或实验室测定时，测定过程稳定，测定误差小，具有较高的再现性与适宜的精度水平。

4. 通用性 影响土壤质量的因素有很多，必须立足于综合的、系统的观点。通过分析各种土壤特性在土壤质量形成中的主次作用，选取有重要影响的指标，尤其是不要遗漏制约土壤生产力的主要指标。另外，不要无限制地扩大指标的选择面而使整个指标体系复杂化。

（二）土壤质量评价方法

针对土壤质量评价已有多种方法，如土壤质量综合评分法、土壤质量动力学方法、土壤质量多变量指标方法等。但不管采用何种评价方法，首先要确定有效、可靠、敏感、可重复及可接受的指标，建立全面评价土壤质量的框架体系。可根据不同的评价目标和技术水平选择或设计合适的评价方法。美国国家土壤保持局（SCS，现为美国自然资源保护局，NRCS）建立的土壤评价目标包括：确定当前技术水平可测定的参数，建立评价这些参数的标准，建立短期和长期土壤质量变化的体系，确定耕作管理措施组成及其对土壤质量的影响，评价现有知识和数据以找出适合它们的参数和方法。在1992年的土壤质量国际会议上，建立的标准的土壤质量评价方法包括对气候、景观、土壤化学和物理性质的综合评价。

1. 多变量指标克立格法（MVIT） Smith（1993）利用多变量指标克立格法来评价土壤质量。这种方法可以将无数量限制的单个土壤质量指标综合成一个总体的土壤质量指数，这一过程称为多变量指标转换（multiple variable indicator transform），根据特定的标准将测定值转换为土壤质量指数。各个指标的标准代表土壤质量最优的范围或阈值。该方法的优点是可以把管理措施、经济和环境限制因子引入分析过程，其评价空间尺度弹性大。

2. 土壤质量动力学法 Larson（1994）提出土壤质量动力学方法，从数量和动力学特征上对土壤质量进行定量。某一土壤的质量可看作它相对于标准（最优）状态的当前状态，土壤质量（Q）可由土壤性质 q_i 的函数来表示：$Q = f(q_{i\cdots n})$。

描述 Q 的土壤性质 q_i 是根据土壤性质测定的难易程度、重视性高低以及对土壤质量关键变量的反应程度来选择的最小数据集。例如，土壤生产力指数（PI）是由土壤 pH、容重、有效水容量对根系生长的满足度计算的，该指数被用来估计土壤侵蚀对土壤质量及其变化的影响。该方法适用于描述土壤系统的动态性，特别适用于土壤可持续管理。

3. 土壤质量综合评分法 Doran 等（1994）提出土壤质量综合评分法，将土壤质量评价细分为对 6 个特定的土壤质量元素的评价，这 6 个土壤质量元素分别为作物产量、抗侵蚀能力、地下水质量、地表水质量、大气质量和食物质量，根据不同地区的特定农田系统、地理位置和气候条件，建立数学表达式，说明土壤功能与土壤性质的关系，通过对土壤性质的最小数据集评价土壤质量。

4. 土壤相对质量法 通过引入相对土壤质量指数来评价土壤质量的变化，这种方法首先是假设研究区有一种理想土壤，其各项评价指标均能完全满足作物生长的需要，以这种土壤的质量指数为标准，将其他土壤的质量指数与之相比，得出土壤的相对质量指数（RSQI），从而定量地表示所评价土壤的质量与理想土壤质量之间的差距。这样根据一种土壤的 RSQI 值就可以表示土壤质量的升降程度，从而可以定量地评价土壤质量的变化。该方法方便、合理，可以根据研究区域的不同土壤选定不同的理想土壤，针对性强，评价结果较符合实际。

第二节　灌淤土耕地质量等级划分及分布

一、耕地质量等级划分原则

耕地质量等级划分是以耕地利用为目的，估算耕地生产潜力和耕地适宜性的过程，是根据所在地特定区域以及地形地貌、成土母质、土壤理化性状、农田基础设施等要素相互作用表现出来的综合特征揭示耕地生产力高低。

目前，耕地质量等级划分的方法主要包括经验判断指数法、层次分析法、模糊综合评价法、回归分析法、灰色关联度分析法等。灌淤土区耕地质量等级评价是依据《耕地质量等级》（GB/T 33469—2016），在对耕地的立地条件、养分状况、耕层理化性状、剖面性状、健康状况等进行分析的基础上，充分利用 GIS（地理信息系统）技术，通过空间分析、层次分析、综合指数等方法，对耕地地力、土壤健康状况和田间基础设施构成的满足农产品持续产出和质量安全的能力进行综合评价。

1. 综合研究与主导因素分析相结合原则　综合研究是对耕地地力、土壤健康状况和田间基础设施等因素进行全面研究、分析，从而更好地评价耕地质量等级。主导因素是指对耕地质量相对重要的因素，如地形部位、灌溉能力、排水能力、有机质含量等，在建立评价指标体系的过程中，应赋予这些因素更大的权重。因此，只有运用合理的方法将综合因素和主导因素结合起来，才能更科学地评价耕地质量等级。

2. 定性评价与定量评价相结合原则　耕地质量等级评价中，尽可能地选择定量评价的方法，定量评价采用定量化的数学模型，对收集的资料进行系统分析和研究，对评价对象作出定量、标准、精确的判读。但由于部分评价指标不能被定量地表达出来，如地形部位、耕层质地等，需要借助德尔菲法或人工智能来定性评价，因此，耕地质量等级评价构建的是一种定性与定量相结合的评价方法。

3. 采用 GIS 和 GPS 技术支持的评价方法原则　随着现代科学技术的发展与应用，GIS 和 GPS（全球定位系统）技术已成为现代资源调查的有效手段，在耕地质量评价中得到广泛应用。灌淤土区耕地质量等级评价利用 GPS 技术对采样点位置进行精确定位，利用 GIS 技术构建耕地质量评价信息系统，综合运用空间分析、层次分析、模糊数学和综合指数等方法，对耕地质量进行快速、准确评价。

4. 共性评价与专题研究相结合原则　灌淤土区耕地质量等级评价，既对灌淤土区现有耕地的地力水平、土壤健康状况和田间基础设施构成的质量状况进行科学系统评价，又充分考虑灌淤土区地形地貌、气候特点以及灌淤土区农业资源优势，对有特色的农产品种植区开展专题质量评价。

二、耕地质量划分指标

根据指标选取的原则，针对灌淤土区耕地质量评价的要求和特点，依据《耕地质量等级》（GB/T 33469—2016）规定的"N＋X"指标体系，建立灌淤土区耕地质量划分评价指标层次结构，最终从立地条件、剖面性状、耕层理化性状、养分状况、健康状况和土壤管理 6 个部分共选取 16 个评价指标：地形部位、灌溉能力、排水能力、耕层质地、质地构型、土壤容重、有效土层厚度、有机质、有效磷、速效钾、海拔、障碍因素、盐渍化程度、农田林网化程度、生物多样性、清洁程度（表 7 - 1）。

表 7-1　耕地质量划分指标

目标层	准则层	指标层
耕地质量等级	立地条件	地形部位
		海拔
		农田林网化程度
	剖面性状	有效土层厚度
		质地构型
		障碍因素
		耕层质地
	耕层理化性状	土壤容重
		盐渍化程度
	养分状况	有机质
		有效磷
		速效钾
	健康状况	生物多样性
		清洁程度
	土壤管理	灌溉能力
		排水能力

三、耕地地力等级分布及特点

（一）灌淤土的分布与基本特征

甘新区灌淤土面积为 875.71×10^3 hm²，占耕地总面积的 11.41%。灌淤土包括普通灌淤土、潮灌淤土、表锈灌淤土、盐化灌淤土 4 个亚类。甘新区耕地普通灌淤土亚类分布面积最大，为 367.23×10^3 hm²，占灌淤土总面积的 41.94%；潮灌淤土次之，占比为 35.37%；盐化灌淤土面积最小，为 92.64×10^3 hm²，占比为 10.58%（表 7-2）。

表 7-2　甘新区灌淤土亚类耕地面积统计

土类	亚类	面积（$\times10^3$ hm²）	占比（%）
灌淤土	普通灌淤土	367.23	41.94
	潮灌淤土	309.76	35.37
	表锈灌淤土	106.08	12.11
	盐化灌淤土	92.64	10.58
总计		875.71	100.00

1. 不同农牧林区灌淤土的分布　灌淤土在各二级区均有分布。其中，蒙宁甘农牧林区分布面积最大，占灌淤土总面积的 50.46%；南疆农牧林区次之，占比为 49.17%；北疆农牧林区分布面积最小，占比仅为 0.37%（表 7-3）。

表 7 - 3   甘新区各二级区灌淤土面积分布与占比

二级区	面积（×10³ hm²）	占比（%）
蒙宁甘农牧区	441.92	50.46
南疆农牧林区	430.54	49.17
北疆农牧林区	3.25	0.37
总计	875.71	100.00

2. 不同评价区灌淤土的分布   从各评价区灌淤土的分布情况来看，灌淤土集中分布在新疆，分布面积 $433.80×10^3$ hm²，占比为 49.54%。其中，喀什地区分布面积最大，占比为 24.01%，和田地区、阿克苏地区次之，巴音郭楞蒙古自治州、吐鲁番市、昌吉回族自治州、塔城地区分布面积较小，占比均不足 1%。内蒙古、宁夏分布面积次于新疆，占比均大于 20%。其中，巴彦淖尔市分布面积最大，占比为 27.74%，银川市、吴忠市、石嘴山市、中卫市面积占比均不足 10%；鄂尔多斯市、乌海市、阿拉善盟面积占比均不足 1%。甘肃评价区分布面积最小，且仅分布于白银市，占比为 0.08%（表 7 - 4）。

表 7 - 4   甘新区各评价区灌淤土面积分布与占比

评价区	地级市（省辖县）	面积（×10³ hm²）	占比（%）
新疆评价区	喀什地区	210.20	24.01
	和田地区	103.97	11.88
	阿克苏地区	95.32	10.88
	克孜勒苏柯尔克孜自治州	12.18	1.39
	巴音郭楞蒙古自治州	4.77	0.54
	吐鲁番市	4.11	0.47
	昌吉回族自治州	3.17	0.36
	塔城地区	0.08	0.01
小计		433.80	49.54
内蒙古评价区	巴彦淖尔市	242.95	27.74
	鄂尔多斯市	4.21	0.48
	乌海市	1.88	0.21
	阿拉善盟	0.36	0.04
小计		249.40	28.47
宁夏评价区	银川市	70.68	8.07
	吴忠市	45.70	5.22
	石嘴山市	43.93	5.02
	中卫市	31.51	3.60
小计		191.82	21.91
甘肃评价区	白银市	0.69	0.08
小计		0.69	0.08
总计		875.71	100.00

（二）耕地地力等级分布及特点

1. 耕地地力等级灌淤土分布   甘新区一至十级耕地均有灌淤土的分布。其中，四等地、五等地分布面积较大，面积占比分别为 25.31％和 25.52％；三等地、六等地、二等地分布面积次之，占比为 13.53％、11.61％、10.61％；一等地、七等地分布面积较小，占比在 5.33％和 6.23％；九等地、十等地分布面积分别仅 1.66×10³ hm² 和 0.08×10³ hm²，占比均不足 1％（表 7-5）。

表 7-5　甘新区各质量等级耕地灌淤土分布面积与占比

质量等级	面积（×10³ hm²）	占比（％）
一等地	46.66	5.33
二等地	92.90	10.61
三等地	118.50	13.53
四等地	221.65	25.31
五等地	223.56	25.52
六等地	101.63	11.61
七等地	54.52	6.23
八等地	14.55	1.66
九等地	1.66	0.19
十等地	0.08	0.01
总计	875.71	100.00

2. 耕地地力等级灌淤土亚类分布　表锈灌淤土在一至七等地均有分布，在八至十等地没有分布；一等地分布面积最大，占比为 3.60％；七等地分布面积最小，占比仅为 0.02％。潮灌淤土在一至十等地均有分布，在五等地分布面积最大，为 74.17×10³ hm²，占比为 8.47％；十等地分布面积最小，占比为 0.01％。普通灌淤土和盐化灌淤土除在九等地和十等地没有分布外在其余各等级地均有分布。五等地普通灌淤土分布面积最大，占比为 14.54％；八等地普通灌淤土分布面积最小，占比为 0.07％。四等地盐化灌淤土分布面积最大，占比为 3.29％（表 7-6）。

表 7-6　灌淤土亚类在各质量等级耕地的分布面积与占比

质量等级	表锈灌淤土 面积（×10³ hm²）	占比（％）	潮灌淤土 面积（×10³ hm²）	占比（％）	普通灌淤土 面积（×10³ hm²）	占比（％）	盐化灌淤土 面积（×10³ hm²）	占比（％）	总计 面积（×10³ hm²）	占比（％）
一等地	31.55	3.60	4.31	0.49	9.68	1.11	1.12	0.13	46.66	5.33
二等地	30.85	3.52	32.09	3.66	27.28	3.12	2.67	0.30	92.89	10.61
三等地	29.32	3.35	41.82	4.78	32.82	3.75	14.54	1.66	118.50	13.53
四等地	11.25	1.28	73.33	8.37	108.30	12.37	28.77	3.29	221.65	25.31
五等地	2.69	0.31	74.17	8.47	127.44	14.54	19.27	2.20	223.57	25.52
六等地	0.25	0.03	39.52	4.51	48.03	5.48	13.83	1.58	101.63	11.61
七等地	0.17	0.02	31.48	3.60	13.10	1.50	9.77	1.12	54.52	6.23
八等地	0	0	11.31	1.29	0.58	0.07	2.67	0.30	14.56	1.66
九等地	0	0	1.65	0.19	0	0	0	0	1.65	0.19
十等地	0	0	0.08	0.01	0	0	0	0	0.08	0.01
总计	106.08	12.11	309.76	35.37	367.23	41.94	92.64	10.58	875.71	100.00

第三节　灌淤土耕地地力等级的生产能力

　　耕地地力是耕地的基础能力，由耕地土壤的地形地貌条件、成土母质特征、农田基础设施及培肥水平、土壤理化性状等综合构成。灌淤土是我国内陆灌溉农业区的一种重要灌溉耕作土壤类型。灌淤土所处区域地势平坦、灌溉便利、土壤肥沃、土壤生产性能良好，是优质适宜的耕种土壤，在农业生产中具有重要地位。因此，灌淤土的耕地地力是影响我国粮食安全和科学施肥的重要因素。

　　在农业的可持续发展中，保护土壤、培肥地力、不断提高土壤的生产能力是重要目标。在耕地地力评价过程中，土壤养分状况好坏在一定程度上决定了耕地地力的高低，是耕地地力评价中的重要参考。因此，了解土壤养分的变化情况对研究耕地地力具有实际意义。

一、灌淤土耕地地力等级土壤养分状况

　　土壤有机质是反映土壤肥力的重要指标，也是土壤肥力的基础。土壤速效养分是作物生长发育所必需的养分，磷是合成作物体内许多重要有机化合物的元素之一，磷对作物高产及保持品种的优良特性有明显作用，也是反映土壤供磷水平的重要指标。土壤速效钾对作物产量和品质改进有明显的作用，其含量水平在一定程度上反映了土壤肥力状况。灌淤土耕地土壤有机质平均含量为 14.44 g/kg，属于四级水平；有效磷含量为 17.37 mg/kg，属于四级水平；速效钾含量为 179.72 mg/kg，属于三级水平。各地力等级土壤养分等级分布表现为：一至三等地耕地土壤有机质平均含量均在 15.06～16.25 g/kg，属于三级水平；四至十等地土壤有机质平均含量在 13.03～14.42 g/kg，属于四级水平。一等地、二等地土壤有效磷平均含量在 21.34～23.65 mg/kg，属于三级水平；其余等级地有效磷平均含量在 14.30～19.68 mg/kg，属于四级水平。一至九等地土壤速效钾含量在 168.55～185.87 mg/kg，属于三级水平；十等地速效钾含量属于二级水平（表 7-7）。

表 7-7　灌淤土耕地地力等级土壤养分等级分布

质量等级	有机质		有效磷		速效钾	
	含量（g/kg）	等级	含量（mg/kg）	等级	含量（mg/kg）	等级
一等地	16.25	三级	23.65	三级	185.87	三级
二等地	15.69	三级	21.34	三级	184.07	三级
三等地	15.06	三级	19.68	四级	181.01	三级
四等地	14.42	四级	16.70	四级	177.51	三级
五等地	14.24	四级	16.09	四级	177.63	三级
六等地	13.72	四级	15.30	四级	181.69	三级
七等地	13.03	四级	14.19	四级	181.58	三级
八等地	13.50	四级	15.91	四级	169.53	三级
九等地	14.24	四级	14.67	四级	168.55	三级
十等地	13.07	四级	14.30	四级	221.67	二级
平均	14.44	四级	17.37	四级	179.72	三级

二、灌淤土耕地土壤养分等级分布

（一）灌淤土耕地土壤有机质等级分布

土壤有机质调节着作物和土壤微生物的养分供应，在维持土壤结构、保持土壤水分和供应养分方面有着重要的作用，是指示土壤质量状况的指标。依据甘新区土壤养分分级标准，灌淤土耕地土壤有机质在一至五等级均有分布。其中，四级水平分布面积最大，占灌淤土耕地总面积的 55.7%；一级水平分布面积最小，占比为 0.1%（图 7-1）。

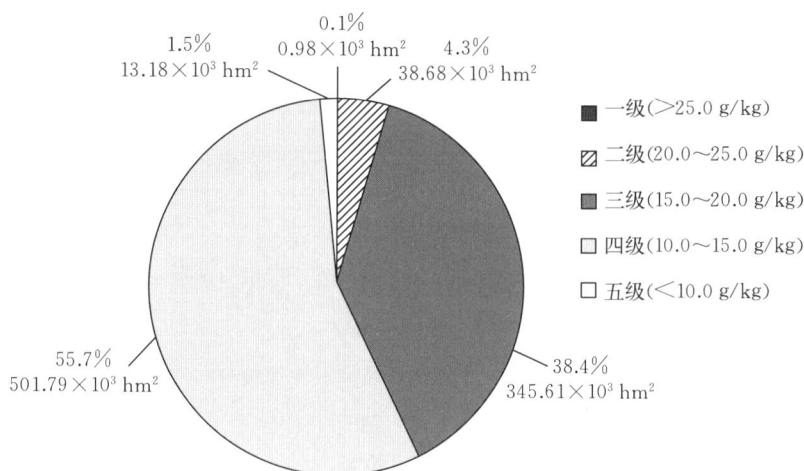

图 7-1 灌淤土耕地土壤有机质等级分布

（二）灌淤土耕地土壤有效磷等级分布

土地利用存在很多不合理的人为活动，引起土壤养分的不平衡，最终导致土壤肥力的退化。准确了解土壤肥力状况，开展土壤养分的检测对进行耕地地力评价、合理施用化肥、提高土壤生产力、促进土壤环境的可持续发展有着重要的意义。灌淤土耕地土壤有效磷在一至五等级均有分布。其中，四级水平分布面积最大，占灌淤土耕地总面积的 71.4%；一级水平分布面积最小，占比不足 0.1%（图 7-2）。

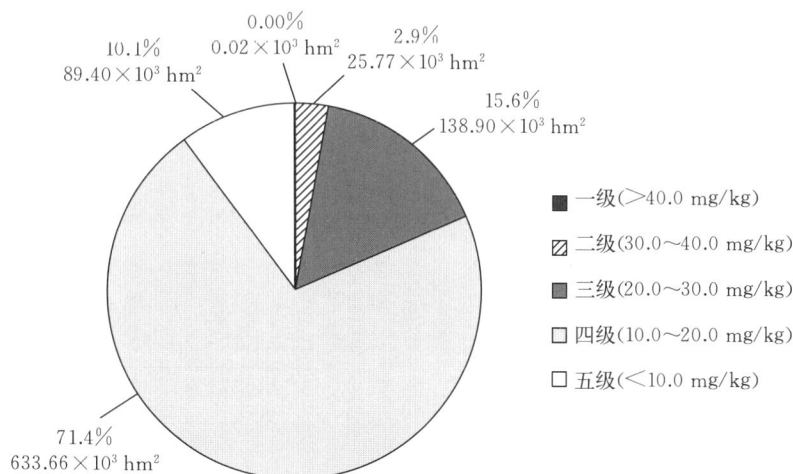

图 7-2 灌淤土耕地土壤有效磷等级分布

（三）灌淤土耕地土壤速效钾等级分布

土壤速效钾对作物产量和品质有明显影响，其含量水平在一定程度上反映了土壤肥力状况。如图 7-3 所示，灌淤土耕地土壤速效钾在五级水平没有分布，在三级水平分布面积最大，占灌淤土耕地总面积的 64.7%，在一级水平分布面积最小（1.0%）。

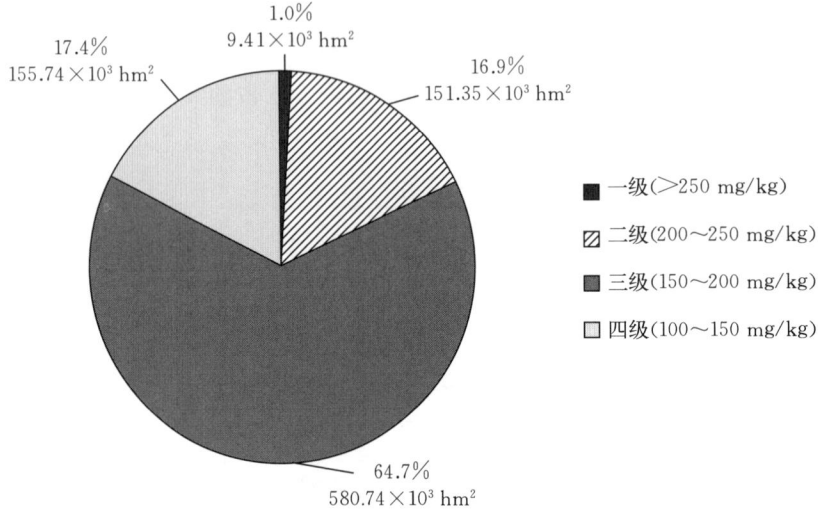

图 7-3　灌淤土耕地土壤速效钾等级分布

三、灌淤土耕地土壤灌排能力

灌排能力（灌溉能力、排水能力）是影响作物生长发育的因素之一。灌溉能力和排水能力基本满足的灌淤土面积均最大，分别为 505.56×10^3 hm² 和 362.72×10^3 hm²，分别占耕地面积的 57.73% 和 41.42%；不满足的面积最小，分别为 18.55×10^3 hm² 和 64.64×10^3 hm²，分别占全部耕地面积的 2.11% 和 7.38%。各地力等级不同灌排能力灌淤土面积与占比详见表 7-8 和表 7-9。

表 7-8　各地力等级不同灌溉能力灌淤土面积与占比

等级地	不满足		充分满足		基本满足		满足		总计 ($\times 10^3$ hm²)
	面积 ($\times 10^3$ hm²)	占比 (%)	面积 ($\times 10^3$ hm²)	占比 (%)	面积 ($\times 10^3$ hm²)	占比 (%)	面积 ($\times 10^3$ hm²)	占比 (%)	
一等地	—	—	27.33	24.41	6.37	5.41	12.96	5.41	46.66
二等地	—	—	29.52	26.37	31.72	13.21	31.65	13.21	92.89
三等地	—	—	26.11	23.32	39.53	22.06	52.86	22.06	118.50
四等地	0.01	0.08	19.31	17.25	145.82	23.58	56.51	23.58	221.65
五等地	8.98	48.34	3.21	2.87	140.70	29.48	70.68	29.48	223.57
六等地	3.30	17.81	6.47	5.78	81.39	4.37	10.47	4.37	101.63
七等地	4.41	23.77	—	—	47.13	1.25	2.98	1.25	54.52
八等地	1.85	10.00	—	—	11.80	0.37	0.90	0.37	14.55
九等地	—	—	—	—	1.02	0.27	0.64	0.27	1.66
十等地	—	—	—	—	0.08	—	—	0.00	0.08
总计	18.55	100.00	111.95	100.00	505.56	100.00	239.65	100.00	875.71

表7-9 各地力等级不同排水能力灌淤土面积与占比

| 等级地 | 不满足 | | 充分满足 | | 基本满足 | | 满足 | | 总计 |
	面积 ($\times 10^3$ hm²)	占比 (%)	面积 ($\times 10^3$ hm²)	占比 (%)	面积 ($\times 10^3$ hm²)	占比 (%)	面积 ($\times 10^3$ hm²)	占比 (%)	($\times 10^3$ hm²)
一等地	0.01	0.00	42.02	16.67	1.18	0.32	3.45	1.76	46.66
二等地	1.06	0.00	34.81	13.81	7.08	1.95	49.94	25.45	92.89
三等地	2.39	0.00	26.17	10.38	37.71	10.40	52.23	26.62	118.50
四等地	10.35	0.08	89.02	35.30	72.52	19.99	49.76	25.36	221.65
五等地	32.56	48.34	43.47	17.24	122.72	33.83	24.82	12.65	223.57
六等地	12.37	17.81	10.89	4.32	68.07	18.77	10.30	5.25	101.63
七等地	5.35	23.77	5.06	2.01	40.63	11.20	3.48	1.77	54.52
八等地	0.55	10.00	0.69	0.27	11.41	3.15	1.91	0.97	14.55
九等地	—	—	—	—	1.32	0.37	0.33	0.17	1.66
十等地	—	—	—	—	0.08	0.02	—	—	0.08
总计	64.64	100.00	252.13	100.00	362.72	100.00	196.22	100.00	875.71

四、灌淤土耕地土壤质地构型分布

灌淤土的质地构型分为薄层型、海绵型、夹层型、紧实型、上紧下松型、上松下紧型、松散型七大类。其中，紧实型面积最大，为 532.85×10^3 hm²，占全部耕地面积的60.85%；薄层型面积最小，为 1.08×10^3 hm²，占全部耕地面积的0.12%。各地力等级不同质地构型灌淤土面积与占比详见表7-10。

表7-10 各地力等级不同质地构型灌淤土面积与占比

| 等级地 | 薄层型 | | 海绵型 | | 夹层型 | | 紧实型 | | 上紧下松型 | | 上松下紧型 | | 松散型 | | 总计 | |
	面积 ($\times 10^3$ hm²)	占比 (%)	面积 ($\times 10^3$ hm²)	占比 (%)	面积 ($\times 10^3$ hm²)	占比 (%)	面积 ($\times 10^3$ hm²)	占比 (%)	面积 ($\times 10^3$ hm²)	占比 (%)	面积 ($\times 10^3$ hm²)	占比 (%)	面积 ($\times 10^3$ hm²)	占比 (%)	面积 ($\times 10^3$ hm²)	占比 (%)
一等地	0.00	0.00	18.47	54.45	1.01	11.25	12.17	2.28	5.07	6.25	9.10	7.10	0.83	0.93	46.66	5.33
二等地	0.00	0.00	3.57	10.51	2.20	24.41	32.49	6.10	3.46	4.27	34.24	26.69	16.95	18.96	92.90	10.61
三等地	0.27	24.80	4.27	12.59	3.41	37.95	57.39	10.77	3.59	4.42	32.87	25.63	16.70	18.67	118.50	13.53
四等地	0.43	39.81	5.26	15.50	2.19	24.31	170.37	31.96	10.02	12.34	22.42	17.48	10.97	12.26	221.65	25.31
五等地	0.19	18.07	1.59	4.68	0.11	1.18	153.70	28.85	45.03	55.48	14.49	11.30	8.46	9.45	223.56	25.52
六等地	0.00	0.25	0.03	0.09	0.07	0.83	75.07	14.09	7.88	9.71	7.99	6.23	10.58	11.83	101.63	11.61
七等地	0.02	2.05	0.74	2.18	0.00	0.04	26.04	4.89	4.30	5.29	6.16	4.80	17.25	19.30	54.52	6.23
八等地	0.07	6.08	0.00	0.00	0.00	0.03	5.62	1.06	1.14	1.40	0.98	0.77	6.74	7.54	14.55	1.66
九等地	0.10	8.94	0.00	0.00	0.00	0.00	0.00	0.00	0.68	0.84	0.00	0.00	0.88	0.98	1.66	0.19
十等地	0.00	0.00	0.00	0.00	0.00	0.00	0.00	0.00	0.00	0.00	0.00	0.00	0.08	0.08	0.08	0.01
总计	1.08	100.00	33.93	100.00	8.99	100.00	532.85	100.00	81.17	100.00	128.25	100.00	89.44	100.00	875.71	100.00

五、灌淤土耕地土壤障碍因素分布

灌淤土障碍因素分为贫瘠、无障碍层、盐碱、障碍层以及盐渍五大类。其中，无障碍层的面积最大，为 509.04×10^3 hm²，占全部耕地面积的 58.13%；障碍因素为盐渍的面积最小，为 15.38×10^3 hm²，占全部耕地面积的 1.76%（表 7-11）。

表 7-11 各地力等级不同土壤障碍因素灌淤土面积与占比

等级地	贫瘠		无障碍层		盐碱		障碍层		盐渍		总计	
	面积 ($\times 10^3$ hm²)	占比 (%)	面积 ($\times 10^3$ hm²)	占比 (%)	面积 ($\times 10^3$ hm²)	占比 (%)	面积 ($\times 10^3$ hm²)	占比 (%)	面积 ($\times 10^3$ hm²)	占比 (%)	面积 ($\times 10^3$ hm²)	占比 (%)
一等地	0.03	0.03	40.49	7.95	4.69	2.47	0.94	2.23	0.50	3.28	46.66	5.33
二等地	3.73	3.15	75.16	14.77	9.42	4.97	4.27	10.07	0.28	1.83	92.90	10.61
三等地	20.44	17.15	70.94	13.94	19.45	10.25	6.05	14.26	1.62	10.56	118.50	13.53
四等地	30.02	25.19	148.46	29.16	32.97	17.38	7.71	18.17	2.49	16.21	221.65	25.31
五等地	33.72	28.28	113.53	22.30	63.56	33.51	9.86	23.26	2.90	18.76	223.57	25.53
六等地	19.86	16.66	37.53	7.37	34.00	17.93	7.62	17.97	2.62	17.03	101.63	11.61
七等地	10.65	8.93	20.40	4.01	14.00	7.38	5.13	12.11	4.35	28.30	54.52	6.23
八等地	0.46	0.39	2.53	0.50	10.12	5.34	0.82	1.93	0.62	4.03	14.55	1.66
九等地	0.26	0.22	0.00	0.00	1.39	0.73	0.00	0.00	0.00	0.00	1.66	0.19
十等地	0.00	0.00	0.00	0.00	0.08	0.04	0.00	0.00	0.00	0.00	0.08	0.01
总计	119.21	100.00	509.04	100.00	189.68	100.00	42.40	100.00	15.38	100.00	875.71	100.00

六、灌淤土耕地土壤盐渍化程度分布

土壤盐渍化是指可溶性盐在土壤表层积累的现象或过程，也称盐碱化。盐渍化会使土壤肥力减弱、缺少水分，不适合作物生长发育，进而影响作物产量。灌淤土无盐渍化的面积最大，占全部耕地面积的 70.49%；盐土的面积最小，为 10.33×10^3 hm²，占全部耕地面积的 1.18%。各地力等级不同程度盐渍化灌淤土面积与占比详见表 7-12。

表 7-12 各地力等级不同程度盐渍化灌淤土面积与占比

等级地	轻度盐渍化		无盐渍化		盐土		中度盐渍化		重度盐渍化		总计	
	面积 ($\times 10^3$ hm²)	占比 (%)	面积 ($\times 10^3$ hm²)	占比 (%)	面积 ($\times 10^3$ hm²)	占比 (%)	面积 ($\times 10^3$ hm²)	占比 (%)	面积 ($\times 10^3$ hm²)	占比 (%)	面积 ($\times 10^3$ hm²)	占比 (%)
一等地	9.39	5.30	33.69	5.46	—	—	3.59	9.12	—	—	46.66	5.33
二等地	2.47	1.39	90.08	14.59	—	—	0.35	0.90	—	—	92.90	10.61
三等地	19.57	11.05	97.96	15.87	—	—	0.97	2.46	—	—	118.50	13.53
四等地	31.79	17.95	179.71	29.11	—	—	10.15	25.80	—	—	221.65	25.31
五等地	70.39	39.76	141.47	22.92	1.52	14.67	7.16	18.20	3.03	9.56	223.57	25.53

（续）

等级地	轻度盐渍化		无盐渍化		盐土		中度盐渍化		重度盐渍化		总计	
	面积 （×10³ hm²）	占比 （%）	面积 （×10³ hm²）	占比 （%）	面积 （×10³ hm²）	占比 （%）	面积 （×10³ hm²）	占比 （%）	面积 （×10³ hm²）	占比 （%）	面积 （×10³ hm²）	占比 （%）
六等地	25.63	14.47	49.57	8.03	4.16	40.39	10.05	25.54	12.22	38.61	101.63	11.61
七等地	12.94	7.31	21.90	3.55	2.67	25.84	5.52	14.03	11.48	36.29	54.51	6.23
八等地	4.90	2.77	2.67	0.43	1.83	17.72	1.55	3.95	3.60	11.36	14.55	1.66
九等地	—	—	0.26	0.04	0.07	0.65	—	—	1.32	4.18	1.65	0.19
十等地	—	—	—	—	0.08	0.73	—	—	0.08	0.24	—	—
总计	177.08	100.00	617.31	100.00	10.33	100.00	39.34	100.00	31.65	100.00	875.71	100.00

灌淤土的主要障碍因素与改良利用措施 >>>

第一节　灌淤土的主要障碍因素

一、地下水位高

灌淤土地下水位高，距离土壤表层过浅，极易引发土壤潮化，使得耕层土壤在春季的返潮现象严重，土壤水分含量过高影响农田耕作。而与此同时，过高的地下水位也降低了土壤的通透性，更促进了土壤水热向大气的移动，土壤水热向大气的移动使得土壤温度降低，导致土壤冷凉，影响作物根系生长，不利于作物的生长发育。

地下水位较高及农田排水系统不完善的灌淤土在大量的降水以及灌溉的作用下会造成大量盐分在土壤中聚集，会使土壤产生次生盐渍化；同时，过高的地下水位在降水、农田灌溉水的作用下造成土壤盐分淋溶，土壤水盐渗入地下水，污染地下水，提高地下水盐分含量。而由于灌溉水沉积效应的影响，农田地面逐渐抬高，造成地下水位下降，随着地下水位的下降，土壤发生土壤盐分深层淋溶，造成脱盐。相应地，地下水位高、土壤矿化度高的农田受水旱交替影响，土壤盐化程度更重。受降水、灌溉水影响，土壤水分由土壤表层向土壤深层入渗，土壤盐分也随着土壤水分向深层运移，受无降水、灌溉期高蒸发量影响，在下次大量降水以及灌溉前，土壤表层水分蒸发，表层盐分也略有增加。

灌淤土农田由于不合理的灌溉及排水体系不通畅而造成地下水水位逐渐上升，使得土壤养分淋溶、失调，农田土壤肥力下降，土壤结构受灌溉-蒸发连续作用影响而板结，土壤理化性质变差，导致土壤盐分排出障碍，使得土壤盐分在地表及耕作层聚集，土壤发生盐渍化。冬季土壤封冻，土壤水分与盐分向土壤冻层扩散，春季土壤表层冻土解冻，而表层以下土壤继续处于封冻状态，阻隔土壤上下层水分的运移，土壤表层解冻融水不能够下渗至土壤深层，促使表层土壤一直保持潮湿状态。融水提高了表层土壤水分，而表层土壤水分受风蚀、日晒等影响逐渐蒸发，使得水中的盐分在土壤表层逐渐积累。

同时，灌淤土含水量较高，冬季土壤封冻后在冻融作用下土壤结构会发生变化，在冻融作用下产生鳞片状结构，如果地下水位较深，则灌淤土在封冻期土壤孔隙中含有的水分较少，冻融作用对土壤结构造成的影响也较小，但在灌淤土表层仍然存在较多的块状或碎块状结构。在土壤封冻前，适时降低土壤地下水位，可以降低土壤的含水量和含盐量，有利于作物萌发和保苗。

设置不同初始含水量的灌淤土、黄绵土、风沙土模拟自然界冻融试验，研究冻融作用对不同类型土壤性状的影响。

灌淤土、黄绵土初始含水量分别为 4％、6％、8％、15％，风沙土增加 2％初始含水量的处理。将从野外取回的土样根系和石块剔除后自然风干，过 2 mm 孔径筛。根据实测野外各种土壤的表层容重，在绝热泡沫盒（长×宽×高：60 cm×30 cm×20 cm）中装土，根据设计质量含水率均匀地用喷壶喷水。冻融过程在闭合系统中进行，即没有外界水分补给。将土样配好后，放置在室温下 48 h，使土壤水分达到平衡，并用保鲜膜覆盖表层，防止水分蒸发。土样中水分与土壤混合均匀后，将土样放入制冷机进行冻结，冻结温度保持在−15～−10 ℃，冻结 12 h，在室温下融解，解冻 12 h，模拟自然界的夜冻昼融现象。

为土样装填完水分达到平衡后及每次冻融后测量表层（5 cm）土壤含水量，采用烘干法（105 ℃条件下烘干 12 h 至恒重）。结果表明，冻融过程中土壤水分的运移使土壤含水量发生变化，其变化程度与土壤质地、冻融循环次数和每次冻融前含水量有关。在不同初始含水量条件下，冻融循环次数对冻融后 3 种土壤含水量均有显著影响（$P<0.05$）。冻融后 3 种土壤含水量极差均随着初始含水量的增加而增大，表明初始含水量越大，冻融前后土壤含水量的变化幅度越大（表 8-1）。当初始含水量为 15％时，在经历不同冻融循环次数后，风沙土含水量变异系数（5.00％）大于黄绵土（3.57％）和灌淤土（3.81％）。而在初始含水量为 8％时，在相同初始含水量条件下，黄绵土含水量变异系数最大。

表 8-1 冰融循环后不同初始含水量土壤含水量统计特征值

土样类型	初始含水量（％）	样本数（个）	最小值（％）	最大值（％）	极差（％）	平均值（％）	标准差（％）	偏度	峰度	变异系数
灌淤土	4	24	4.24	4.95	0.71	4.55	0.27	0.62	−1.23	5.93
	6	24	6.23	7.56	1.34	6.95	0.48	−0.30	−1.40	6.85
	8	24	8.30	9.86	1.55	9.09	0.53	0.04	−0.89	5.80
	15	24	14.86	16.64	1.78	15.93	0.61	−0.91	−0.13	3.81
黄绵土	4	24	3.81	4.64	0.83	4.30	0.28	−0.75	−0.20	6.47
	6	24	5.87	7.09	1.22	6.56	0.45	−0.49	−1.13	6.82
	8	24	8.07	9.96	1.89	9.16	0.69	−0.78	−0.81	7.54
	15	24	14.71	16.57	1.86	15.89	0.57	−1.22	2.27	3.57
风沙土	2	24	2.13	2.66	0.53	2.37	0.18	0.49	−0.72	7.64
	4	24	3.96	4.65	0.69	4.38	0.22	−0.96	0.65	5.06
	6	24	5.91	7.27	1.35	6.60	0.46	−0.07	−1.21	6.97
	8	24	8.22	9.92	1.70	9.44	0.58	−1.47	2.10	6.19
	15	24	14.09	16.51	2.42	15.32	0.77	0.01	−0.30	5.00

在不同初始含水量条件下，3 种土壤含水量均随着冻融次数的增加呈先显著增加然后降低并逐渐趋于稳定的趋势，冻融 20 次后的土壤含水量均大于冻融前。当土壤初始含水量小于 5％时，冻融 3～5 次后，3 种土壤含水量显著增大；当初始含水量大于 5％时，冻融 1～3 次后，3 种土壤含水量显著增大。土壤初始含水量越大，相同冻融条件对土壤水分运移的影响越大。

当初始含水量分别为 2％、4％和 15％时，冻融 5～7 次后，土壤含水量达到最大值；而当初始含水量为 6％和 8％时，除了风沙土，冻融 7～10 次后土壤含水量达到最大值。冻融循环次数对土壤水分运移的影响有限，且与土壤初始含水量密切相关，在不同初始含水量条件下，冻融 10 次以后，土壤含水量随着冻融循环次数的增加而无显著变化。

二、土体构造不良

(一)灌溉土壤团聚体

1. 组分构成特征　宁夏古灌区，0～30 cm 土层，对照土壤与灌溉土壤的团聚体之间差异显著（$P<0.01$）。其中，微团聚体（0.053～0.25 mm）质量分数最高，大团聚体（>2 mm）质量分数在所有粒级中最低。除了中间团聚体（0.25～2 mm）外，对照土壤与灌溉土壤之间其他团聚体质量分数均有显著差异（$P<0.01$）（表 8 - 2）。

表 8 - 2　对照土壤与灌溉土壤团聚体质量分数

土壤	团聚体质量分数（%）			
	>2 mm	0.25～2 mm	0.053～0.25 mm	<0.053 mm
对照土壤	4.81±3.74**	18.37±9.63	49.27±20.04**	27.54±16.38***
灌溉土壤	10.47±7.56	28.71±11.5	37.36±13.14	23.56±9.12

注：**、***分别表示在 0.01、0.001 水平下的显著性。

不同土壤中大团聚体含量最高仅为 10.47%，而微团聚体含量均为最高，变幅为 37.36%～49.27%，说明微团聚体（0.053～0.25 mm）是宁夏古灌区土壤团聚体存在的主要形式。对照土壤团聚体质量分数顺序为微团聚体>粉+黏团聚体>中间团聚体>大团聚体。经过灌溉耕作后，土壤团聚体质量分数顺序为微团聚体>中间团聚体>粉+黏团聚体>大团聚体。灌溉土壤中>2 mm 的大团聚体质量分数较对照土壤增加 1.18 倍，0.053～0.25 mm 微团聚体质量分数降幅最大，但所占比例仍是 4 个粒级中最高的，对照土壤<0.053 mm 粉+黏团聚体与灌溉土壤间差异极显著（$P<0.001$）。土壤经灌溉耕作后，微团聚体和粉+黏团聚体含量有所降低，分别由原来的 49.27%和 27.54%降低到 37.36%和 23.56%；同时，大团聚体和中间团聚体含量有所增加，增幅均超过 36%。由此可见，灌溉耕作有利于>0.25 mm 团聚体的形成，原因在于有机物进入土壤中直接与微团聚体黏结形成大团聚体，同时作物根系本身具有胶结作用，根系把土壤微小颗粒胶结成稳定的大团聚体，提高了大团聚体含量。

2. 灌溉耕作对土壤团聚体稳定性的影响　土壤团聚体稳定性代表土壤结构的稳定性，影响土壤其他物理或化学性质，是土壤学中研究的重点，平均质量直径（MWD）是反映团聚体稳定性的重要指标，MWD 越高表示团聚度越高、团聚体结构越稳定。灌溉耕作对不同类型土壤团聚体平均质量直径的影响见图 8 - 1。由图 8 - 1 可以看出，对照土壤 MWD 稳定性差异明显，为淡灰钙土>风沙土>灌淤土（新积土）>潮土；不同类型灌溉土壤稳定性差异不明显，基本维持在 0.82～0.83 mm。灌溉耕作后的土壤稳定性较对照土壤增强，说明灌溉耕作活动对土壤稳定性的提高具有显著作用。

5 种类型对照土壤中，在 0～30 cm 深度土层，淡灰钙土团聚体稳定性最高，MWD 达到 0.81 mm。作物根系和微生物代谢产生的多糖胶结物质与菌丝体的缠绕对团聚体的稳定性具有积极作用，同时，灌溉耕作后大团聚体破裂，黏结成微团聚体和中间团聚体，稳定性得到提高。潮土稳定性最低，MWD 仅为 0.72 mm，稳定性最低可能与潮土的采样地点有关，潮土分别来源于 SOC 含量较高和较

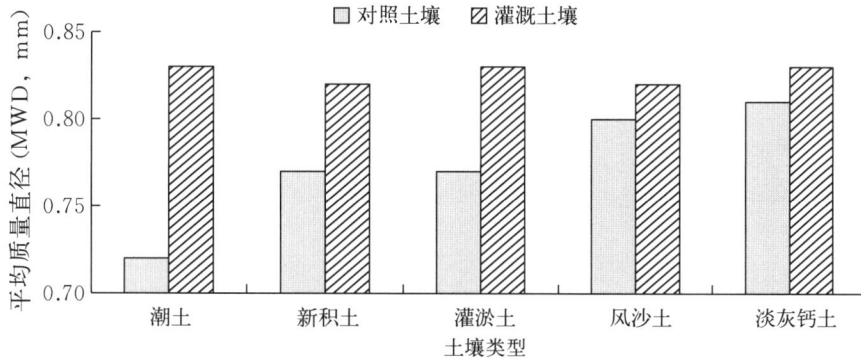

图 8-1 灌溉耕作对不同类型土壤平均质量直径的影响

低的惠农渠和东干渠，SOC 含量影响土壤稳定性，使其稳定性平均值在五类土壤中最低，灌溉耕作后潮土稳定性提升至 0.83 mm。

在不同类型灌溉土壤 0～30 cm 土层，新积土和风沙土稳定性为 0.82 mm，潮土、灌淤土和淡灰钙土稳定性为 0.83 mm，不同类型土壤灌溉耕作时间差异较大，新积土灌溉耕作时间仅有 15 年，灌淤土为 2 000 年左右，灌溉耕作后结果基本相同。由此可见，灌溉耕作时间不是影响土壤稳定性的主要因素。

（二）土壤质地变化

单因素方差分析结果表明，不同初始含水量条件下，不同土壤黏粒含量（CLA）、土壤颗粒几何平均直径（Dg）、中值粒径（d_{50}）、结构性颗粒指数（JG）和分形维数（Dp）均发生显著变化（$P <$ 0.05），其变化程度与初始含水量有关。对于不同土壤，土壤初始含水量越大，CLA、d_{50} 和 JG 的变异系数越大，而土壤 Dg 变异系数随着初始含水量的增加而无明显变化规律（表 8-3、表 8-4）。土壤初始含水量是影响土壤质地变化的重要因素，初始含水量越大，土壤质地变化幅度越大。不同土壤质地指标的变化幅度与土壤类型密切相关。

表 8-3 不同初始含水量条件下土壤 CLA 和 Dg 统计特征值

初始含水量（%）	特征值	灌淤土		黄绵土		风沙土	
		CLA（%）	Dg	CLA（%）	Dg	CLA（%）	Dg
2	最小值					4.91	0.04
	最大值					6.36	0.06
	均值					5.63	0.05
	标准差					0.51	0.00
	极差					1.45	0.012 1
	变异系数（%）					8.98	9.04
4	最小值	24.78	0.011 0	14.12	0.011 9	2.80	0.044 1
	最大值	28.96	0.012 3	17.24	0.013 4	4.71	0.048 1
	均值	26.56	0.011 8	15.54	0.012 8	3.57	0.047 1
	标准差	1.48	0.000 4	1.14	0.000 6	0.64	0.001 4
	极差	4.18	0.001 3	3.13	0.001 5	1.91	0.004 0
	变异系数（%）	5.59	3.64	7.35	4.60	17.86	2.88

（续）

初始含水量（%）	特征值	灌淤土 CLA（%）	灌淤土 Dg	黄绵土 CLA（%）	黄绵土 Dg	风沙土 CLA（%）	风沙土 Dg
6	最小值	23.60	0.010 8	13.08	0.012 1	4.06	0.043 5
	最大值	28.03	0.013 5	17.60	0.013 3	6.52	0.051 3
	均值	25.76	0.012 5	15.46	0.012 8	4.84	0.048 6
	标准差	1.47	0.001 0	1.54	0.000 5	0.89	0.002 7
	极差	4.44	0.002 7	4.52	0.001 2	2.46	0.007 8
	变异系数（%）	5.70	7.71	9.97	3.91	18.40	5.50
8	最小值	23.17	0.011 8	13.74	0.011 8	4.12	0.047 3
	最大值	28.50	0.013 8	17.90	0.013 0	7.40	0.051 3
	均值	25.56	0.012 6	16.09	0.012 3	5.70	0.048 6
	标准差	1.86	0.000 7	1.53	0.000 4	1.20	0.001 3
	极差	5.33	0.002 0	4.16	0.001 2	3.28	0.004 0
	变异系数（%）	7.27	5.72	9.53	3.18	20.96	2.66
15	最小值	23.24	0.010 3	12.55	0.012 3	5.86	0.045 8
	最大值	28.72	0.012 5	17.60	0.013 5	8.64	0.050 5
	均值	25.88	0.011 4	14.87	0.012 7	6.98	0.048 2
	标准差	2.19	0.000 8	1.73	0.000 4	0.98	0.001 8
	极差	5.48	0.002 2	5.05	0.001 2	2.78	0.004 7
	变异系数（%）	8.46	6.65	11.64	3.14	14.01	3.81

表 8 - 4　不同初始含水量条件下土壤 d_{50}、JG 和 Dp 统计特征值

初始含水量（%）	特征值	灌淤土 d_{50}（mm）	灌淤土 JG（%）	灌淤土 Dp	黄绵土 d_{50}（mm）	黄绵土 JG（%）	黄绵土 Dp	风沙土 d_{50}（mm）	风沙土 JG（%）	风沙土 Dp
2	最小值							70.77	0.16	2.61
	最大值							82.87	0.20	2.64
	均值							76.40	0.18	2.62
	标准差							4.97	0.01	0.01
	极差							12.10	0.04	0.03
	变异系数（%）							6.51	8.08	0.45
4	最小值	11.25	0.52	2.81	16.72	0.21	2.74	60.85	0.08	2.54
	最大值	14.48	0.67	2.83	20.13	0.25	2.76	80.04	0.13	2.60
	均值	12.25	0.58	2.82	17.94	0.23	2.75	68.06	0.10	2.57
	标准差	1.10	0.05	0.01	1.18	0.01	0.01	7.11	0.02	0.02
	极差	3.23	0.15	0.02	3.41	0.04	0.02	19.19	0.05	0.06
	变异系数（%）	9.02	9.06	0.27	6.55	5.69	0.36	10.45	17.97	0.74

（续）

初始含水量（%）	特征值	灌淤土			黄绵土			风沙土		
		d_{50}（mm）	JG（%）	Dp	d_{50}（mm）	JG（%）	Dp	d_{50}（mm）	JG（%）	Dp
6	最小值	9.33	0.52	2.80	15.61	0.19	2.73	57.60	0.10	2.57
	最大值	15.82	0.63	2.82	20.13	0.26	2.76	81.39	0.20	2.64
	均值	11.93	0.58	2.81	18.18	0.23	2.75	68.51	0.14	2.60
	标准差	2.25	0.03	0.01	1.63	0.02	0.01	9.60	0.03	0.02
	极差	6.49	0.11	0.02	4.52	0.07	0.03	23.79	0.10	0.07
	变异系数（%）	18.85	5.83	0.23	8.95	10.44	0.41	14.02	25.10	0.84
8	最小值	10.54	0.50	2.80	14.87	0.20	2.73	48.45	0.13	2.58
	最大值	15.12	0.67	2.82	19.63	0.26	2.77	90.31	0.25	2.66
	均值	12.20	0.57	2.81	17.33	0.24	2.75	68.00	0.19	2.62
	标准差	1.72	0.06	0.01	1.73	0.02	0.01	15.92	0.04	0.03
	极差	4.58	0.17	0.02	4.76	0.06	0.04	41.86	0.12	0.08
	变异系数（%）	14.12	10.12	0.30	10.01	9.10	0.47	23.42	22.95	1.11
15	最小值	9.43	0.48	2.8	15.32	0.18	2.72	58.57	0.16	2.61
	最大值	15.65	0.61	2.82	20.08	0.26	2.76	86.61	0.30	2.68
	均值	11.12	0.54	2.81	17.15	0.22	2.74	67.11	0.22	2.64
	标准差	2.07	0.05	0.01	1.91	0.03	0.01	9.96	0.05	0.03
	极差	6.22	0.13	0.02	4.76	0.08	0.04	28.04	0.14	0.07
	变异系数（%）	18.61	9.94	0.35	11.13	12.23	0.54	14.84	22.92	0.97

灌淤土和黄绵土黏粒含量随着初始含水量的增加呈显著减少趋势，初始含水量越大，黏粒减少幅度越大。风沙土只有当初始含水量较大（≥4%）时显著减少。不同初始含水量条件下，3种土壤 Dg 总体先增大后减小。灌淤土黏粒含量先增大后减小，不同土壤质地粗化，粒径趋于均一化。

（三）土壤结构变化

单因素方差分析结果表明，冻融循环次数和初始含水量对3种土壤孔隙和三相结构指数均有显著影响（$P<0.05$）（表8-5）。初始含水量越大，孔隙度的变化幅度越大，其中黄绵土的变化幅度最大。相同含水量条件下，不同土壤三相结构指数极差和变异系数大小顺序与孔隙度相同。

表8-5 不同初始含水量条件下土壤孔隙度和三相结构指数统计特征值

初始含水量（%）	特征值	灌淤土		黄绵土		风沙土	
		孔隙度	结构指数	孔隙度	结构指数	孔隙度	结构指数
2	最小值					48.74	56.76
	最大值					50.80	60.87
	极差					2.06	4.10
	均值					50.07	58.45

（续）

初始含水量（%）	特征值	灌淤土		黄绵土		风沙土	
		孔隙度	结构指数	孔隙度	结构指数	孔隙度	结构指数
2	标准差					0.65	1.41
	变异系数（%）					1.30	2.41
4	最小值	55.09	63.17	52.63	60.63	48.68	68.92
	最大值	56.00	66.42	56.98	65.82	51.95	71.07
	极差	0.91	3.25	4.35	5.19	3.27	2.15
	均值	55.56	64.48	55.24	63.62	50.82	70.10
	标准差	0.35	1.19	1.78	1.66	1.09	0.65
	变异系数（%）	0.63	1.84	3.23	2.60	2.15	0.93
6	最小值	54.23	70.56	52.63	70.47	49.02	76.63
	最大值	57.17	75.27	56.91	75.18	51.90	80.84
	极差	2.94	4.71	4.28	4.71	2.88	4.21
	均值	56.11	73.40	55.20	73.42	51.10	79.25
	标准差	0.93	1.56	1.74	1.52	0.90	1.40
	变异系数（%）	1.65	2.13	3.15	2.07	1.75	1.77
8	最小值	53.55	78.71	52.50	78.83	48.62	87.98
	最大值	56.52	83.06	57.17	82.93	51.96	90.53
	极差	2.97	4.35	4.67	4.09	3.34	2.55
	均值	55.29	81.56	55.65	81.01	50.82	89.53
	标准差	0.95	1.278	1.64	1.38	1.07	1.03
	变异系数（%）	1.72	1.56	2.95	1.71	2.11	1.15
15	最小值	53.98	89.77	52.56	89.85	48.68	96.34
	最大值	56.83	94.67	57.39	95.35	51.97	99.01
	极差	2.85	4.90	4.83	5.51	3.29	2.67
	均值	55.49	93.02	55.47	92.87	50.74	97.67
	标准差	1.00	1.71	1.69	2.42	1.06	0.95
	变异系数（%）	1.80	1.84	3.04	2.60	2.09	0.97

对于不同质地的土壤，当初始含水量小于8%时，灌淤土和风沙土孔隙度随着初始含水量的增大而增大，黄绵土变化不大。而当初始含水量大于8%时，灌淤土孔隙度随着初始含水量的增大而增大，黄绵土和风沙土孔隙度随着初始含水量的增大而减小。

土壤三相结构指数（GSSI）是表征土壤三相构成的参数，与土壤含水量、孔隙度和容重密切相关。通常情况下，旱作土壤的 GSSI 越大，结构越好。在相同含水量条件下，风沙土容重最大，其 GSSI 也显著大于另外两种土壤，随着初始含水量的增加，GSSI 均呈增大的趋势。灌淤土的 GSSI 随着冻融循环次数的增加总体呈先增大后减小的趋势。当初始含水量为 4% 和 6% 时，GSSI 在冻融 5～7 次后达到最大值；当初始含水量为 15% 时，GSSI 达最大值时与未冻融无显著差异。不同初始含水量条件下，黄绵土 GSSI 随着冻融循环次数的增加呈减小趋势，冻融 10 次 GSSI 显著小于未冻融土壤

（$P < 0.05$）。风沙土 GSSI 的变化较为复杂，当初始含水量为 4% 时，GSSI 与冻融循环次数无显著关系；当初始含水量大于 4% 时，GSSI 显著增大，冻融 15 次后，GSSI 显著小于未冻融土壤。由上述分析可知，在低含水量条件下，冻融次数小于 10 次时，冻融循环有改善土壤结构的作用，但随着初始含水量和冻融循环次数的增加，土壤结构被显著破坏，这与冻融对土壤孔隙度的影响基本相同。

（四）土壤团聚体变化

灌淤土和风沙土 >0.25 mm 的水稳性团聚体（$WSA_{>0.25}$）和团聚体平均重量直径（MWD）的变异系数均随着土壤初始含水量的增加而增加（表 8-6）。灌淤土 $WT_{0.05\sim0.5}$ 变异系数随着初始含水量的增大先增大后减小。相同含水量条件下，灌淤土 $WSA_{>0.25}$、MWD 和 $WT_{0.05\sim0.5}$ 均大于黄绵土和风沙土。

表 8-6 不同初始含水量条件下土壤团聚类因子统计特征值

初始含水量（%）	特征值	$WSA_{>0.25}$（%）			MWD（mm）			$WT_{0.05\sim0.5}$（%）		
		灌淤土	黄绵土	风沙土	灌淤土	黄绵土	风沙土	灌淤土	黄绵土	风沙土
2	最小值			4.34			0.038 8			53.07
	最大值			6.36			0.045 0			61.06
	均值			5.36			0.041 8			57.22
	标准差			0.62			0.002 2			3.21
	极差			2.02			0.006 2			7.99
	变异系数（%）			11.50			5.30			5.60
4	最小值	19.20	12.99	3.33	0.310 9	0.13	0.039 5	38.82	28.51	79.74
	最大值	36.06	17.72	5.60	0.457 5	0.151 8	0.047 6	55.46	39.07	87.68
	均值	26.36	14.99	4.18	0.375 0	0.139 0	0.044 2	45.51	33.13	83.52
	标准差	6.20	1.65	0.76	0.053 3	0.008 7	0.002 4	6.48	3.52	2.76
	极差	16.86	4.73	2.27	0.146 0	0.021 8	0.008 1	16.64	10.56	7.94
	变异系数（%）	23.52	11.01	18.26	14.22	6.25	5.49	14.24	10.64	3.31
6	最小值	19.15	12.71	3.17	0.250 8	0.125 6	0.037 9	36.42	29.50	76.36
	最大值	43.15	18.31	5.20	0.420 3	0.148 3	0.048 0	51.84	39.26	85.62
	均值	26.95	14.38	3.87	0.337 2	0.134 4	0.044 1	42.01	35.06	82.58
	标准差	8.07	1.88	0.70	0.053 3	0.007 6	0.032 0	5.16	3.26	2.81
	极差	24.00	5.60	2.03	0.169 5	0.022 7	0.010 1	15.42	9.76	9.25
	变异系数（%）	29.94	13.06	17.97	15.82	5.66	7.19	12.27	9.29	3.41
8	最小值	20.20	12.30	3.51	0.271 2	0.115 4	0.036 5	30.19	28.23	70.59
	最大值	47.70	17.98	6.54	0.420 3	0.144 4	0.047 9	51.84	36.43	84.71
	均值	30.93	13.86	4.57	0.334 7	0.130 6	0.042 7	41.95	33.06	79.87
	标准差	8.75	1.76	1.03	0.055 2	0.011 5	0.003 4	8.47	2.88	4.57
	极差	27.50	5.68	3.03	0.149 1	0.029 0	0.011 4	21.65	8.20	14.12
	变异系数（%）	28.30	12.70	22.61	16.50	8.78	8.04	20.20	8.71	5.72

（续）

初始含水量（%）	特征值	$WSA_{>0.25}$（%）			MWD（mm）			$WT_{0.05\sim0.5}$（%）		
		灌淤土	黄绵土	风沙土	灌淤土	黄绵土	风沙土	灌淤土	黄绵土	风沙土
15	最小值	17.92	12.09	3.04	0.248 8	0.110 0	0.036 5	28.63	19.52	67.44
	最大值	46.31	18.63	6.50	0.430 0	0.145 2	0.048 7	47.94	37.23	83.64
	均值	31.73	13.61	4.26	0.311 1	0.128 9	0.042 6	37.59	31.57	77.96
	标准差	10.37	2.17	1.18	0.057 7	0.010 7	0.004 0	7.06	5.79	8.53
	极差	28.39	6.54	3.46	0.181 2	0.035 2	0.012 2	19.31	17.71	16.20
	变异系数（%）	32.67	15.93	27.68	18.55	8.34	9.34	18.77	18.34	10.94

不同初始含水量条件下，3 种土壤 $WSA_{>0.25}$ 和 MWD 随着冻融循环次数的增加呈显著减小并逐渐趋于稳定的趋势（$P<0.05$）。灌淤土初始含水量为 4% 时，冻融循环至 7 次，$WSA_{>0.25}$ 达到极小值，并逐渐趋于稳定；当含水量大于 4% 时，$WSA_{>0.25}$ 先减小，冻融至 5～7 次后达到极大值，之后逐渐减小并趋于稳定。初始含水量为 4%、6%、8% 和 15% 的灌淤土，冻融 20 次后，$WSA_{>0.25}$ 分别减小了 15.51%、24.00%、27.50% 和 28.39%，MWD 的变化趋势与 $WSA_{>0.25}$ 相同，团聚体的破碎势必导致平均直径降低，冻融 20 次后，分别减小了 0.15 mm、0.17 mm、0.16 mm 和 0.18 mm。$WT_{0.05\sim0.5}$ 的变化趋势与以上两因子相反，大团聚体破碎，导致 0.05～0.5 mm 的小团聚体或颗粒增加。与灌淤土相同，黄绵土冻融后，$WSA_{>0.25}$ 和 MWD 均显著减小，$WT_{0.05\sim0.5}$ 显著增加（$P<0.05$）。冻融至 10 次左右，随着冻融循环次数的增加，不再发生显著变化。冻融 20 次后，初始含水量为 4%、6%、8% 和 15% 的黄绵土 $WSA_{>0.25}$ 分别减小了 4.73%、5.60%、5.68% 和 6.54%，MWD 分别减小了 0.022 mm、0.023 mm、0.029 mm 和 0.035 mm，而 $WT_{0.05\sim0.5}$ 分别增加了 10.17%、8.34%、2.99% 和 17.64%。风沙土为沙质壤土，团聚体含量较低，大于 0.05 mm 的粗颗粒较多，$WSA_{>0.25}$、MWD 和 $WT_{0.05\sim0.5}$ 的总体变化趋势与另外两种土大致相同，但当含水量较低（≤4%）、冻融次数较少（1～7 次）时，冻融 1 次后，$WSA_{>0.25}$ 和 MWD 随着冻融次数的增加而无显著变化（$P>0.05$）。

（五）土壤强度变化

土壤强度是表征土壤抵抗侵蚀能力的直接指标，土壤容重、抗剪强度和坚实度均是反映土壤强度的参数，冻融条件下土壤强度变化与初始含水量密切相关。初始含水量越大，土壤容重变异系数越大，在不同含水量条件下，黄绵土容重的变异系数大于灌淤土和风沙土（表 8-7）。土壤初始含水量越大，土壤抗剪强度极差越大，且灌淤土和黄绵土抗剪强度随着含水量的变化幅度均比风沙土大。相同含水量条件下，灌淤土的抗剪强度变异系数大于黄绵土和风沙土。3 种土壤坚实度的变异系数大小关系与抗剪强度基本相同，但含水量越大，坚实度极差越小。3 种土壤平均初始容重风沙土（1.36 g/cm³）＞黄绵土（1.26 g/cm³）＞灌淤土（1.21 g/cm³）。

表 8-7　不同初始含水量条件下土壤强度指标统计特征值

初始含水量（%）	特征值	容重（g/cm³）			抗剪强度（kPa）			坚实度（kPa）		
		灌淤土	黄绵土	风沙土	灌淤土	黄绵土	风沙土	灌淤土	黄绵土	风沙土
2	最小值			1.30			14.77			39.88

（续）

初始含水量（%）	特征值	容重（g/cm³）			抗剪强度（kPa）			坚实度（kPa）		
		灌淤土	黄绵土	风沙土	灌淤土	黄绵土	风沙土	灌淤土	黄绵土	风沙土
	最大值			1.36			17.69			57.00
	极差			0.06			2.92			17.12
	均值			1.32			16.34			49.28
	标准差			0.02			1.09			7.43
	变异系数（%）			1.52			6.67			15.07
4	最小值	1.165 9	1.140 0	1.273 2	13.44	15.96	16.21	34.25	41.93	39.10
	最大值	1.190 0	1.255 4	1.360 0	39.21	29.18	21.56	75.20	70.18	62.38
	极差	0.024 1	0.115 4	0.086 8	25.77	13.22	5.35	40.95	28.25	23.28
	均值	1.177 7	1.186 1	1.303 2	22.66	24.44	18.76	51.20	53.19	48.62
	标准差	0.009 3	0.047 3	0.029 0	9.22	4.22	1.94	14.61	10.22	8.89
	变异系数（%）	0.79	3.69	2.23	40.67	17.27	10.32	28.53	19.21	18.29
6	最小值	1.135 1	1.142 0	1.259 4	16.46	19.24	17.54	60.58	52.20	41.75
	最大值	1.212 8	1.255 4	1.351 0	44.16	35.30	22.52	94.05	64.75	59.79
	极差	0.077 7	0.113 4	0.091 6	27.70	16.06	4.98	33.47	12.55	18.04
	均值	1.163 0	1.187 3	1.288 2	27.83	29.43	20.72	74.22	58.80	50.44
	标准差	0.024 5	0.046 1	0.029 4	10.94	5.04	1.69	11.89	3.94	5.86
	变异系数（%）	2.11	3.58	2.28	39.32	17.12	8.14	16.03	6.71	11.61
8	最小值	1.152 3	1.135 0	1.299 5	25.14	25.58	14.10	57.69	58.75	60.05
	最大值	1.230 9	1.258 8	1.361 5	53.01	40.66	20.99	90.55	75.00	68.52
	极差	0.078 6	0.123 8	0.062 0	27.87	15.08	6.89	32.86	16.25	8.47
	均值	1.184 9	1.175 3	1.316 5	38.54	31.96	17.47	71.43	65.30	62.88
	标准差	0.025 2	0.043 6	0.019 0	10.34	4.86	2.88	11.96	4.87	2.81
	变异系数（%）	2.12	3.71	2.44	26.83	15.21	16.47	16.74	7.46	4.46
15	最小值	1.143 9	1.129 2	1.272 9	25.45	23.50	14.20	60.25	53.24	39.10
	最大值	1.219 6	1.257 2	1.360 0	54.65	44.92	19.52	84.03	66.75	62.38
	极差	0.075 7	0.128 0	0.087 1	29.20	21.42	5.32	23.78	13.51	23.28
	均值	1.179 6	1.180 1	1.305 3	38.80	33.25	16.07	71.52	58.12	48.62
	标准差	0.026 5	0.044 7	0.028 1	10.89	7.54	1.88	8.61	4.61	8.89
	变异系数（%）	2.25	3.79	2.65	28.05	22.67	11.68	12.04	7.93	18.29

在本研究中，当初始含水量增加到 15% 时，黄绵土和灌淤土抗剪强度均显著增加（$P < 0.05$）。冻融后，风沙土初始含水量为 2% 时，抗剪强度与冻融循环次数无显著关系。随着初始含水量的增加，冻融 3 次以上时，抗剪强度显著减小，冻融 7～10 次后，抗剪强度无显著变化。黄绵土抗剪强度随着冻融循环次数的增加基本均呈显著减小趋势（$P < 0.05$），初始含水量越大，抗剪强度变化幅度越大，冻融

$1 \sim 7$ 次和 $10 \sim 20$ 次的抗剪强度显著不同（$P < 0.05$）。灌淤土的抗剪强度随着冻融循环次数及含水量的变化趋势与黄绵土无显著差异，冻融循环次数对抗剪强度的影响也分两个阶段，即冻融 $1 \sim 7$ 次和 $10 \sim 20$ 次，每个阶段内每次冻融后土壤的抗剪强度无显著差异（$P > 0.05$）。3 种不同初始含水量土壤冻融 20 次后，抗剪强度平均降低幅度灌淤土（27.14 kPa）＞黄绵土（16.94 kPa）＞风沙土（5.22 kPa）。

不同初始含水量的 3 种土壤在冻融前后，坚实度与抗剪强度变化无显著差异。冻融前灌淤土平均坚实度（85.97 kPa）＞黄绵土（67.94 kPa）＞风沙土（61.89 kPa），随着初始含水量的增加，3 种土壤的坚实度呈先增大后减小趋势。冻融后土壤坚实度显著减小，初始含水量越大，土壤坚实度减小幅度越小，冻融 20 次后，3 种土壤坚实度平均减小幅度为灌淤土（31.38 kPa）＞黄绵土（15.82 kPa）＞风沙土（13.49 kPa）。

土壤冻融前后，影响冻融程度的冻融循环次数和冻融前初始含水量均与每次冻融后的土壤含水量显著正相关。土壤冻融前初始含水量是决定土壤结构的重要因素，因此与三相结构系数极显著相关，抗剪强度与坚实度也与含水量显著相关。冻融前土壤团聚体稳定性与初始含水量无显著关系，而每次冻融后含水量的变化将显著影响下次冻融后土壤团聚体的稳定性及平均重量直径。冻融循环次数与土壤含水量、土壤颗粒几何平均直径、中值粒径和孔隙度均呈显著正相关关系，与土壤黏粒含量、结构性指数、土壤团聚类因素和强度均呈显著负相关关系，而与土壤颗粒分形维数、土壤三相结构指数和有机质含量无显著关系。

土壤质地类因子包括土壤黏粒含量（CLA）、土壤颗粒几何平均直径（Dg）、结构性颗粒指数（JG）、中值粒径（d_{50}）和分形维数（Dp），其中 CLA 是通过直接测量获得的，而其他 4 个指标是在土壤黏粒、粉粒和沙粒的基础上计算而来的，各因子信息重叠且相互解释度较高。因此，在相关性检验中，5 个因子相互极显著相关。而 CLA 与 JG（0.93）、Dp（0.97）相关性最强，Dg 与 d_{50} 相关性最强（0.97）。土壤质地类因子与土壤三相结构系数无显著相关关系，与土壤其他可蚀性指标均显著相关，其中 CLA 和 JG 与土壤团聚类因子、有机质的相关系数均在 0.90 以上，而与土壤抗剪和坚实度的相关系数大于其他质地类因子。Dg 和 d_{50} 与土壤孔隙度和容重的相关系数大于其他质地类因子。土壤质地是土壤分类的基础，不同土壤的团聚体、有机质、抗剪强度等理化性质差异较大。

土壤结构类因子考虑了土壤孔隙度和三相结构指数，两者具有显著负相关性，相互解释度较高，一般孔隙度越大，土壤气相比例增加导致三相结构指数降低。土壤三相结构指数是表征土壤固液气三相比例的因素，与土壤质地类、团聚体类和化学类因子无显著相关性。土壤孔隙度一般与容重负相关，即容重越大孔隙度越小。

大于 0.25 mm 的水稳性团聚体（$WSA_{>0.25}$）、团聚体平均重量直径（MWD）和粒径在 $0.05 \sim 0.5$ mm 的微团聚体（$WSA_{0.05 \sim 0.5}$）相互解释度较高，具有极显著相关关系。团聚体类因子与黏粒含量、孔隙度、抗剪强度、坚实度和有机质等显著正相关，与中值粒径和容重显著负相关。团聚体是土壤的主要框架，黏粒和有机质对团聚体的形成与稳定具有重要作用，冻融过程导致团聚体的破碎，使容重减小、孔隙度增加，土壤结构被破坏，抗侵蚀力减弱。土壤抗剪强度和坚实度是土壤抵抗侵蚀的重要指标，与其他所有可蚀性指标均显著相关，冻融条件下，土壤理化性质的变化影响土壤强度，从而间接改变土壤可蚀性。

各粒级团聚体有机碳含量如图 8-2 所示。除粉＋黏团聚体外，灌溉耕作导致其他粒级团聚体有机碳分布差异显著（$P < 0.05$），$0 \sim 30$ cm 土层，对照土壤团聚体有机碳含量为微团聚体＞粉＋黏团聚体＞中间团聚体＞大团聚体，灌溉土壤团聚体有机碳含量为微团聚体＞中间团聚体＞粉＋黏团聚体＞大团聚体。灌溉耕作后，土壤微团聚体有机碳含量较对照土壤有所下降，下降幅度为 38.67%

（$P<0.05$），大团聚体和中间团聚体含量有所上升，增幅分别为 19.86％ 和 20.57％（$P<0.05$），粉＋黏团聚体有机碳含量基本不变，表明灌溉耕作对 >0.053 mm 团聚体有机碳分布影响明显，对 <0.053 mm 团聚体有机碳分布影响不大。Tisdall 和 Six 等关于团聚体的经典模型的研究表明，新鲜的有机质可将微团聚体胶结成大团聚体，有机质分解时，大团聚体直接分解成微团聚体。灌溉耕作及有机物质增加有利于大团聚体和中间团聚体的形成，土壤有机碳向稳定性更高的大团聚体和中间团聚体聚集。同时，灌溉土壤各粒级团聚体有机碳差异性较对照土壤减弱，团聚体有机碳分布更均匀。灌溉耕作时间会对团聚体有机碳产生重要影响，灌溉耕作时间不同，土壤团聚体有机碳的变化幅度也不同。

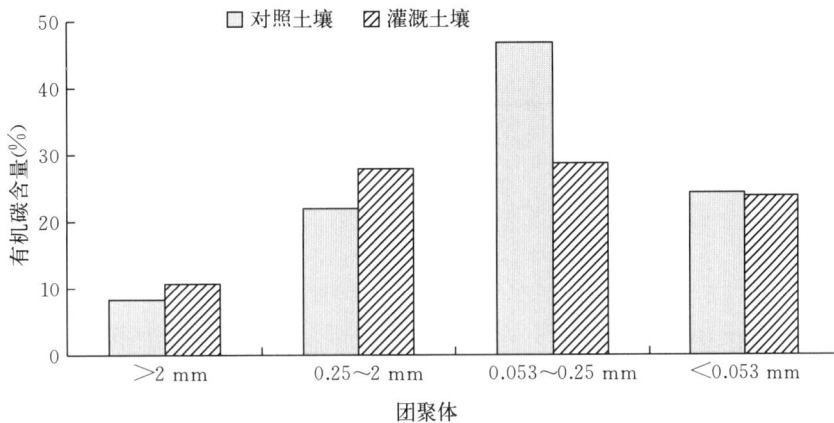

图 8-2　灌溉耕作对土壤各粒级团聚体有机碳含量的影响

在宁夏古灌区，不同粒级团聚体有机碳含量均比对照土壤有所增加，且灌溉耕作时间越长的灌区，团聚体有机碳含量越高。整体而言，灌溉耕作时间超过 55 年时，各粒级团聚体有机碳含量之间差值缩小；当灌溉耕作时间超过 57 年时，大团聚体和中间团聚体有机碳含量大于微团聚体和粉＋黏团聚体有机碳含量。

就大团聚体而言，对照土壤团聚体有机碳含量为 3.50 g/kg。灌溉耕作时间为 15 年时的团聚体有机碳含量为 3.58 g/kg，平均增加 0.08 g/kg；灌溉耕作时间为 22 年时的团聚体有机碳含量为 8.15 g/kg，平均增加 4.65 g/kg。当灌溉耕作时间少于 55 年时，大团聚体有机碳含量不超过 6.59 g/kg；当灌溉耕作时间超过 55 年时，大团聚体有机碳含量在 7.32～8.96 g/kg。这表明，>2 mm 团聚体有机碳含量刚开始增加缓慢，当灌溉耕作时间超过 55 年时，>2 mm 团聚体有机碳含量增加明显（$P\geqslant0.05$）。有机质能分解大团聚体，也是大团聚体的黏结剂，可以将微团聚体黏结成大团聚体，灌溉耕作时间长的大团聚体在有机质添加得足够多时，将微团聚体黏结成大团聚体，从而使大团聚体有机碳含量增加。中间团聚体有机碳含量与大团聚体有机碳含量的变化规律相似，当灌溉耕作时间超过 55 年时，中间团聚体有机碳含量增加明显（$P\geqslant0.05$）。

在灌溉耕作时间不超过 57 年时，微团聚体有机碳含量在所有粒级中最低；当灌溉耕作时间超过 57 年时，微团聚体有机碳含量增加明显超过粉＋黏团聚体。以 55 年为转折点，当灌溉耕作时间小于 55 年时，粉＋黏团聚体有机碳含量随着灌溉耕作时间的增加而增加；当灌溉耕作时间超过 55 年时，粉＋黏团聚体有机碳含量随着灌溉耕作时间的增加而下降。灌溉耕作时间少于 55 年的灌区，粉＋黏团聚体有机碳含量大于大团聚体和中间团聚体；当灌溉耕作时间超过 55 年时，粉＋黏团聚体有机碳含量小于大团聚体和中间团聚体。

在宁夏古灌区，土壤总有机碳含量与各粒级团聚体有机碳含量的关系如图 8-3 所示。在所有团聚体中，与灌溉土壤相比，对照土壤团聚体有机碳与总有机碳含量间均表现出更强的相关性，说明团聚体有机碳含量对总有机碳含量的响应在对照土壤中更为强烈。对照土壤与灌溉土壤间，＞0.053 mm 粒级团聚体有机碳含量与总有机碳含量间具有显著的相关性（$P<0.01$），＜0.053 mm 粒级团聚体有机碳含量与总有机碳含量无明显相关性（$P\geqslant0.05$）。

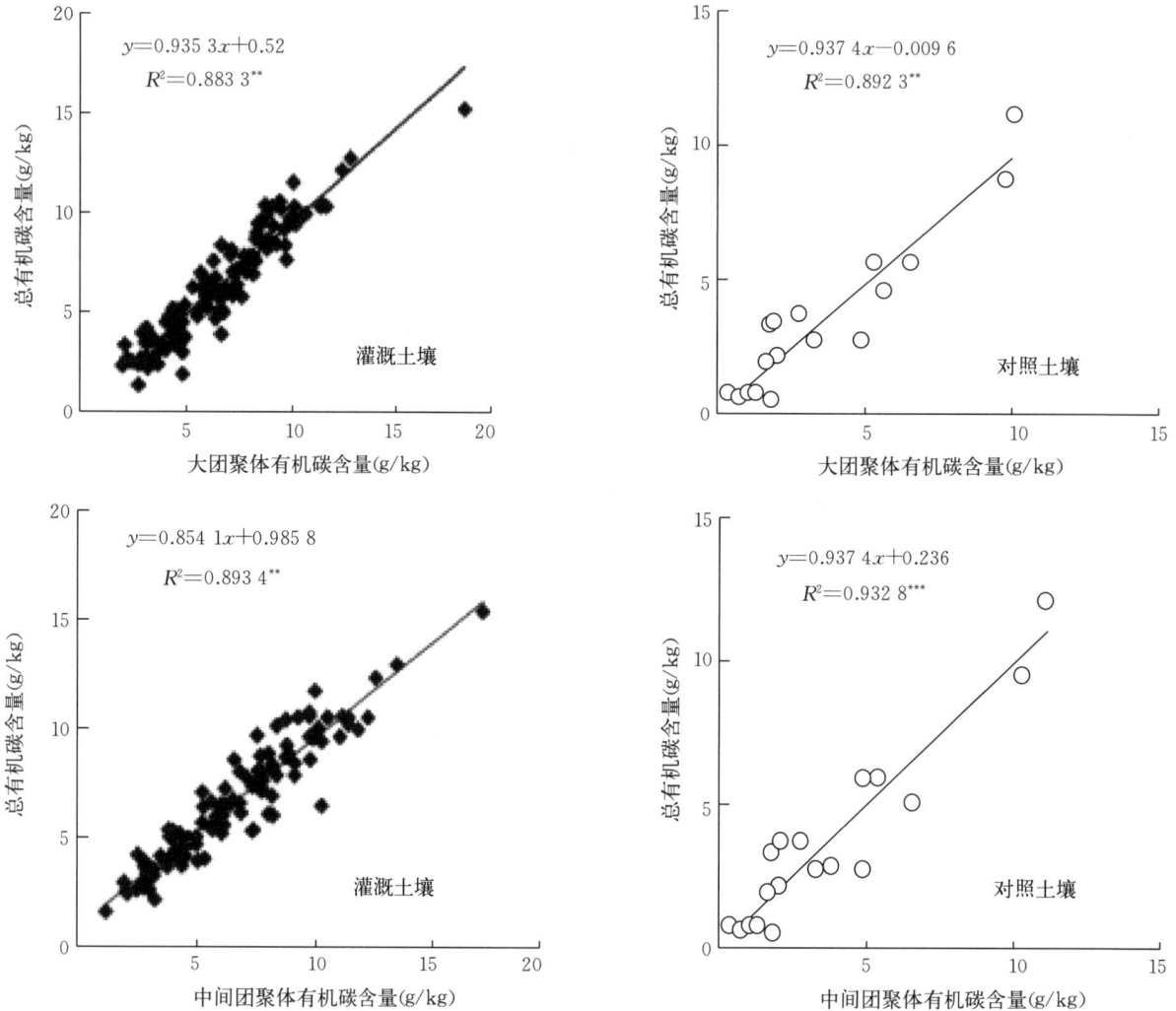

图 8-3　土壤各粒级团聚体有机碳含量与总有机碳含量的相互关系

粉＋黏团聚体有机碳与总有机碳的关系不显著（$P\geqslant0.05$），对照土壤＜0.053 mm 团聚体有机碳含量与总有机碳含量间的相关性为 0.655，经灌溉耕作后的相关性降为 0.539，表明灌溉耕作活动使得总有机碳随着粉＋黏团聚体有机碳的增加而增加，但增幅不大。原因可能与团聚体中的颗粒态有机质有关，团聚体中的颗粒态有机质因受到物理保护而减少矿化反应，与粉＋黏团聚体结合降低了总有机碳对团聚体的影响，提高了粉＋黏团聚体的稳定性。

在对照土壤中，中间团聚体有机碳含量与总有机碳含量的正相关关系最为显著（$P<0.01$），相关性达到 0.966，其次为微团聚体、大团聚体和粉＋黏团聚体。在灌溉土壤中，总有机碳含量与团聚体有机碳含量之间的相关性为微团聚体＞中间团聚体＞大团聚体＞粉＋黏团聚体，除粉＋黏团聚体外，其余团聚体有机碳含量与总有机碳含量的相关性均达到 0.94。由此可见，土壤总有机碳含量的增加主要受到＞2 mm、0.25～2 mm 和 0.053～0.25 mm 粒级团聚体中有机碳含量增加的影响。

随着团聚体粒级的减小，除潮土和灌淤土外，所有土壤团聚体有机碳含量呈 V 形分布（图 8 - 4），团聚体有机碳含量随着粒级的减小先降低后升高，<0.053 mm 粒级团聚体有机碳含量最高。李恋卿等对退化红壤植被表层土壤团聚体有机碳的研究得出了一致的结论。灌淤土经灌溉耕作后有机碳含量随着粒级的减小整体呈下降趋势，体现了灌溉耕作在土壤团聚体形成过程中的重要作用，灌淤土的灌溉耕作时间长，积累的有机质多，微团聚体在有机质的作用下胶结成粒级更大的团聚体，使得大团聚体有机碳含量增加，微团聚体有机碳含量降低。在灌溉耕作前，潮土团聚体有机碳含量随着粒级的减小而下降。一方面，可能与潮土分布区域有关，团聚体有机碳含量平均值较低；另一方面，可能与潮土自身性质有关。

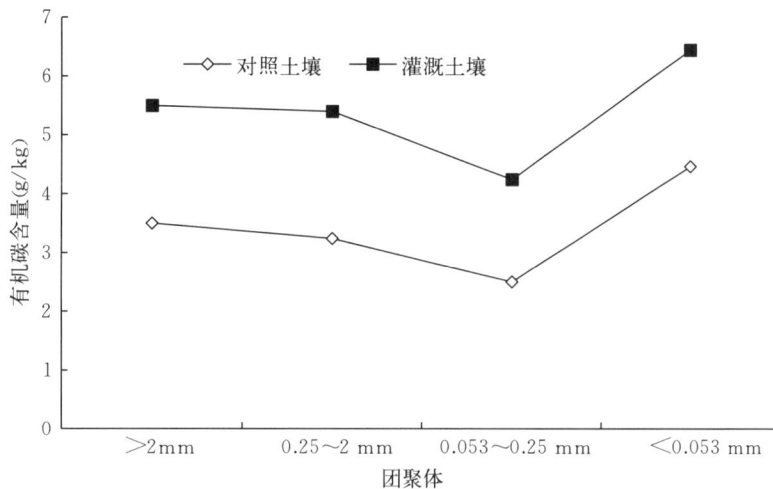

图 8 - 4　土壤各粒级团聚体有机碳含量

在 0~30 cm 深度内，对照土壤大团聚体、中间团聚体、微团聚体和粉＋黏团聚体有机碳平均含量分别为 3.50 g/kg、3.24 g/kg、2.50 g/kg 和 4.46 g/kg，灌溉土壤对应的各粒级有机碳含量分别为 5.50 g/kg、5.40 g/kg、4.24 g/kg 和 6.44 g/kg，分别增加了 36.36％、40％、41.04％和 30.75％。微团聚体有机碳含量增加越多，说明微团聚体有机碳对灌溉耕作越敏感。粉＋黏团聚体有机碳含量最高，符合有机碳含量优先向小粒级团聚体聚集理论，大团聚体有机碳含量较高，可能是因为大团聚体中处于分解状态的根系和菌丝经过腐殖化过程使其有机碳含量增加。

团聚体对有机碳的贡献率反映了某一粒级团聚体中有机碳的相对数量，可用团聚体对有机碳的贡献率表明团聚体有机碳的组成情况。由表 8 - 8 可以发现，在 0~30 cm 深度内，不同粒级团聚体对有机碳的贡献率有所不同，>2 mm 团聚体对有机碳的贡献率在经过人为灌溉耕作活动的影响下增加，0.053~0.25 mm 团聚体对有机碳的贡献率在经过灌溉耕作后有极显著差异，0.25~2 mm 和<0.053 mm 团聚体对有机碳的贡献率因土壤类型不同而有上升或者下降的差异。总体而言，>0.25 mm 团聚体对有机碳的贡献率在经过灌溉耕作等活动后有所上升，<0.25 mm 团聚体对有机碳的贡献率则在灌溉耕作后较对照土壤有所下降。其中，<0.053 mm 团聚体有机碳经灌溉耕作活动后变化不大。

表 8 - 8　灌溉耕作影响下不同类型土壤各粒级团聚体对有机碳的贡献率

土壤类型	处理	贡献率（％）			
		>2 mm	0.25~2 mm	0.053~0.25 mm	<0.053 mm
淡灰钙土	对照土壤	8.5±2.45c	27.67±2.6b	53.5±4.5a	35.1±2.17b
	灌溉土壤	8.73±1.39b	24.27±1.97a	29±1.77a	25.73±1.16a

（续）

土壤类型	处理	贡献率（%）			
		>2 mm	0.25~2 mm	0.053~0.25 mm	<0.053 mm
风沙土	对照土壤	4.33±0.8b	17.2±3.97b	63.27±13.37a	16.4±6.95b
	灌溉土壤	4.79±0.69c	19.44±2.47c	35.85±2.68a	28.43±2.46b
灌淤土	对照土壤	7.48±1.92c	22.79±2.69b	54.26±7.96a	30.53±5.97b
	灌溉土壤	13.37±1.04c	30.17±1.16a	24.73±0.97b	22.56±1.25b
潮土	对照土壤	9.6±2.52c	23.5±1.5b	46±6a	40.08±8.8a
	灌溉土壤	7.5±1.45c	32.25±2.76a	27.08±2.2ab	24.83±2b
新积土	对照土壤	7.48±1.92c	22.79±2.69b	54.26±7.96a	30.53±5.97b
	灌溉土壤	8.52±2.53c	22.58±3.37b	34.54±3.44a	28.93±2.36ab

注：同一行数据不同小写字母表示差异达显著水平（$P<0.05$）。

灌溉耕作对不同类型土壤团聚体有机碳的影响存在差异。淡灰钙土对照土壤的微团聚体与其他粒级团聚体有显著差异（$P<0.05$），灌溉耕作后与中间团聚体和粉＋黏团聚体无显著差异（$P\geqslant0.05$）；风沙土不论在对照土壤中还是在灌溉土壤中，微团聚体均明显高于其他粒级团聚体（$P<0.05$）；灌淤土对照土壤的中间团聚体与粉＋黏团聚体无显著差异（$P\geqslant0.05$），但与大团聚体和微团聚体有明显差异（$P<0.05$），灌溉耕作后，粉＋黏团聚体与微团聚体间的差异消失（$P\geqslant0.05$），与中间团聚体间差异显著（$P<0.05$）；潮土对照土壤中微团聚体与中间团聚体间的显著差异（$P<0.05$）在灌溉耕作后消失（$P\geqslant0.05$）；新积土对照土壤中微团聚体与其他粒级团聚体间的显著差异经灌溉耕作后保持不变。灌溉耕作对风沙土和灌淤土的影响最为明显，原因可能与风沙土团聚体有机碳背景值有关，在微团聚体中，风沙土对照土壤团聚体有机碳含量背景值最高，灌溉耕作对背景值高的风沙土影响更为显著，灌溉耕作后微团聚体中有机碳含量的变化较其他粒级团聚体明显；灌淤土分布的区域灌溉条件便利，灌溉耕作时间长，长时间的灌溉耕作对灌淤土团聚体有机碳影响明显，使有机碳向稳定性更强的中间团聚体和大团聚体聚集。新积土受灌溉耕作的影响最小，原因可能是新积土形成时间最短，团聚体有机碳背景值低，新积土灌溉前后的团聚体有机碳含量变化不显著。

土壤总有机碳的累积主要依赖 0.053~2 mm 团聚体有机碳的增加，且不同土壤类型 0.25~2 mm 和 0.053~0.25 mm 团聚体对有机碳的贡献率分别为 17.2%~32.25% 和 24.73%~63.27%。>2 mm 团聚体与总有机碳的相关性强但对有机碳的贡献率低，最大值仅为 13.37%；<0.053 mm 团聚体对有机碳的贡献率为 16.4%~35.1%，但与总有机碳的相关性低。可见，0.053~2 mm 团聚体是使宁夏古灌区土壤有机碳获得累积的特征团聚体。

三、土壤盐渍化

在气候要素中，降水和地面蒸发强度对土壤盐渍化的分布有重要的影响。灌区采用的水资源主要是地表水资源，以开采地下水为辅。一直以来水利建设将重点放在增加开采地表水方面，而忽略了对丰富的地下水资源的开发利用。目前供水量中河水占 98.46%，地下水仅占 1.54%，河水引水率平均达到 52%，还在进一步增加，从而引发一系列水环境问题，灌区生态环境遭到不同程度的破坏，土壤盐渍化问题更加突出。作物种植结构单一，致使春灌用水峰值高，同时灌区地下水资源未能充分开采利用，从而导致严重春旱。灌区土地得不到适时灌溉或推迟播种期，而洪水期又被迫弃水或过量引洪灌溉，使得地下水位不断升高，土壤次生盐渍化现象日趋严重。

据渭干河流域的库车、新和、沙雅等气象站多年实测计算，绿洲的平均温度为 10.9 ℃，多年平均蒸发量为 2 318.7 mm，而多年的平均降水量仅为 60.1 mm，蒸发量是降水量的 38.58 倍。库车、新和、沙雅的蒸降比分别为 43.1、32.8 和 40.0，库车最大，沙雅次之，新和最弱。土壤盐渍化现象也表现出相同的规律，库车最为严重，沙雅次之，新和最弱。可见，盐渍化现象与蒸降比关系密切。

在盐分累积过程中，微域地形的作用很大。渭干河三角洲绿洲是远离海洋的内陆盆地，属于封闭的单元。绿洲北部为洪积扇末端，地形由陡变缓，由于弱透水性土层的分布和阻挡，地下水位较浅。同时，干旱炎热的气候使地下水蒸发强烈，留下大量盐分，积盐过程在此不断进行，形成大面积的盐渍化土地。洪积冲积平原形成的渭库绿洲（渭干河—库车河三角洲绿洲）地势平坦开阔，坡降较小，地下径流变缓，土壤积盐大于脱盐，多数土壤盐渍化。

渭干河三角洲绿洲主体为灌溉农业区，农田灌溉用水来自渭干河，河水所挟带的泥沙随着河水进入农田淤积，灌溉的淋洗过程造成土壤表层大部分可溶性盐下渗，使原土壤的理化性质发生了一系列的变化。由于人为耕作、施肥等农业技术措施促进了土壤淤积层增厚，也改变了土壤肥力、结构和孔隙度，使土壤质地均一。但是，由于渭干河三角洲绿洲地下水埋深普遍较浅，在强烈的蒸发作用下，地下水中的盐分仍不断地向土壤表层迁移。

地下水中的盐分也是土壤盐分的重要来源，不同地下水埋深对土壤盐分的影响是不一样的，在强烈蒸发作用下，地下水和土壤中的盐分被水挟带到表层积累。渭干河三角洲绿洲自冲积扇顶部至冲积扇缘，地下水矿化度随着地下水埋深的逐渐变浅而逐渐升高，在一定程度上加强了地下水埋深对积盐的促进作用。有关研究表明，该绿洲的荒地和耕地表土含盐量与地下水埋深呈线性相关。

研究表明，土壤含盐量与潜水矿化度呈线性关系，在一定的地下水埋深范围内，地下水矿化度越高，土壤盐渍化就越强烈。渭干河三角洲绿洲耕地地下水矿化度与 1 m 土层含盐量之间呈显著的线性关系，土层的含盐量随着地下水矿化度的增加而上升，地下水矿化度与表土含盐量相关性不显著。由于灌溉的作用，耕地地下水普遍较浅，在地下水矿化度高的情况下，蒸发作用推动盐分不断上移，而由于表层不断受到人为灌溉的影响，地下水矿化度的影响减弱。荒地地下水矿化度与表层及 1 m 土层土壤含盐量之间相关性都不显著，这可能与积盐历史、盐分来源、地下水径流条件、微地形地貌、洪水及人为干扰等都有一定的关系。同时，在地下径流通畅地段一般不易积盐，而在径流滞缓地段土壤易发生盐渍化。

土地利用的变化直接影响陆地生态系统以及生物地球化学循环，土壤特性的改变导致土壤损失和退化及流域土地利用的变化，对土壤水文循环以及土壤盐分迁移具有显著影响。土地利用方式改变对盐分的影响主要体现在：①盲目开荒。根据渭干河三角洲绿洲在水土资源方面的优势，适度扩大耕地面积是可行的，但在调查时，所到之处几乎都有新垦荒地，有相当一部分开垦以后没有种就撂荒了，种了的保苗率不到 50%，多数新垦地没有配套的排灌系统，所以就增大了盐渍化耕地的面积和比例。新开垦的土壤大都含盐量高。一般 0～30 cm 土层土壤全盐量为 10～50 g/kg，高者可达 50～100 g/kg，不易脱盐。②土地不平整，特别是新开垦的土地凹凸不平，灌水不均匀，凹处会积水，盐分留在凸处。

开荒破坏了原有的地表植被，很难恢复，因而成为盐渍化的隐患，新绿洲及绿洲外围局部地区土壤盐渍化越来越严重。由于整地方式的粗放、种植品种的单一，洪水期大量引洪灌溉等不合理的灌溉方式，排水系统不完善等人为原因，土壤次生盐渍化程度加剧，导致农业生产大幅减产，有些土地甚至因无法耕种而被弃耕。

自然状态下，渭干河流域上游山区和洪积冲积扇土壤、岩石中的盐分随着地表径流及地下水向下游运移，一部分盐分随着地面蒸发聚集在积盐区的地表和土壤中，形成盐渍化土壤，一部分盐分分布于地下水之中；大部分盐分随着河水汇入塔里木河。流域大规模开发水资源，使河道出现断流现象，盐分不能随着河水下排，打破了原来的盐平衡，从而在冲积扇平原中下游形成积盐区。渭干河灌区地下水较少被开采利用，地下水的补给与消耗为垂直交替型。大量引用河水灌溉，排水系统不配套，地下水的补给量主要由潜水蒸发的消耗来平衡，致使灌区地下水水位逐渐抬高，潜水蒸发使得地下水及土壤中的盐分上移至地表，并在地表富集，土壤次生盐渍化加剧。

肥料的施用有利于作物产量的增加。一方面，可以改善土壤的物理性质，有利于盐分的淋洗；另一方面，促进作物对土壤矿质盐分的吸收。但同时存在不利的一面，由于作物生长过快，消耗的土壤水分随之增加，致使深层水向上运动，下层土壤盐分也会向上移动。肥料分为有机肥和化肥，施用有机肥可以改良土壤物理性状，增强土壤保水持水性能，从而使土壤中的盐分离子浓度大大降低。同时，可以形成土壤胶体颗粒，对土壤阳离子的吸附作用增加，促进了阳离子的交换，从而使土壤养分离子的缓冲性增强，形成较为平缓的土壤电导率环境。化肥也是一种化学盐，施入土壤后可溶于土壤溶液，吸持土壤的有效水，使土壤的溶质势增高。特别是在干旱、半干旱土壤中，在施用化肥的同时也引入了盐离子，使土壤溶液的浓度增加，从而大大提高了土壤中的含盐量。目前，根据肥料施用量可知，为了增产增收，有机肥施用量逐渐减少，过量施用化肥造成了土壤中养分、含盐量的升高。在温度和湿度适宜的条件下，微生物向养分含量高的地表聚集，消耗有机质导致土壤板结，从而使土壤盐渍化加剧。

美国土壤学家 Scofield 最先提出水盐平衡的概念，即进入灌区的可溶性盐量和通过排水排出灌区的盐分之间的关系称为盐分平衡。

灌区的盐分平衡方程式一般表示为

$$\Delta S = S_i - S_o \qquad (8-1)$$

$$S_i = V_i \times C_i \qquad (8-2)$$

$$S_o = S_d - S_p = V_d C_d + A_c S_c + A_n S_n \qquad (8-3)$$

式中：V_i、V_d 分别为灌区引水量（亿 m^3）和排水量（亿 m^3）；C_i、C_d 分别为灌区引水含盐量（kg/m^3）和排水含盐量（kg/m^3）；S_i、S_d 分别为灌区引入盐量（万 t）和排出盐量（万 t）；S_o 为灌区累积储盐量（kg/m^3）；S_p 为作物吸收的盐量；A_c、A_n 分别为耕地和非耕地面积；S_c、S_n 分别为单位面积耕地和非耕地的作物吸盐量（kg/m^3）。

在该研究区，忽略作物带走的盐分，灌区盐量平衡方程式可写为

$$\Delta S = V_i C_i - V_d C_d \qquad (8-4)$$

式中：$\Delta S > 0$，说明灌区是积盐状态；$\Delta S = 0$，说明灌区排盐量与进盐量是平衡状态；$\Delta S < 0$，说明灌区是脱盐状态。ΔS 即灌区引水带入的盐分与排水带走的盐分之间的平衡。

灌区盐分均衡分析被用于阐明某一区域在某一时间内盐分收入与支出的平衡关系，它是判定土壤积盐程度及排水效率的基础，以此确定合理的临界排灌比。

灌区的盐分平衡与排灌比有关，随着排灌比的提高，灌区由积盐状态转变为脱盐状态。当灌区排出的水量与引入的水量满足式（8-5）时，则灌区保持不积盐状态，即 $\Delta S = 0$：

$$V_d / V_i = C_i / C_d \qquad (8-5)$$

灌区引、排盐量的大小主要取决于该灌区引、排的水量和引、排水的含盐量。用排灌比 $K = V_d / V_i$ 代替水盐平衡计算中引入盐量和排出盐量的差值，从而作为评价灌区土壤积脱盐的指标，K_0 为灌区临界排灌比。$K < K_0$ 时，灌区处于积盐状态；$K > K_0$ 时，灌区处于脱盐状态。

利用 1993—2007 年的资料分析排灌比与灌区年累积积（脱）盐量的关系（图 8-5）。当 $\Delta S=0$ 时，可求得 $Ko=8.93\%$，可以初步确定临界排灌比为 8.93%，灌区最适宜的排灌比为 $10.48\%\sim19.44\%$。

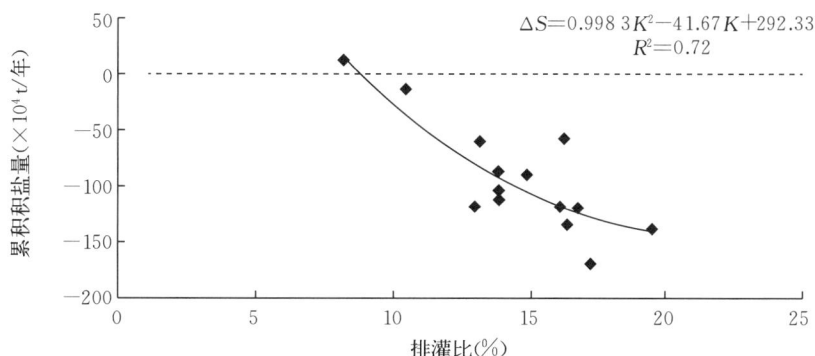

图 8-5　渭干河三角洲土壤累积积（脱）盐量与排灌比的关系

$$\Delta S=0.9983K^2-41.67K+292.33$$
$$R^2=0.72$$

对于渭干河三角洲绿洲灌区，不同的研究者给定的临界排灌比在 $9.19\%\sim16.25\%$。研究区域大致相同，给定的排灌比却存在如此大的差异，原因可能在于临界排灌比与土地利用状况、耕地初始含盐量有很大关系。在灌区的灌排管理中，不仅要保证排走灌溉自身带来的盐分，还要考虑排走残余盐分。对新垦的荒地来说，土壤含盐量较高，更应该全面考虑。因此，排灌比应该是一个变量，在灌区开发初期，荒地的开垦面积比较大。同时，土壤含盐量较高，往往为了降低土壤含盐量而确定较大的排灌比；随着荒地熟化后土壤含盐量的降低，灌区盐碱化程度得到有效的控制，这时则应减小排灌比至临界值。

灌区的引水量变化存在一定的变幅，排水量与引水量不成正比例关系，从 2004 年开始排灌比趋于稳定。由于灌区的引水量与其浓度相对稳定，排水量与其浓度变化比较大。区域水盐监测中，应对排水的水质进行重点监测。渭干河三角洲绿洲灌区多年灌溉引水量为 25.59×10^8 m^3，现状年满足灌区水盐平衡所需排水量下限为 2.29×10^8 m^3。

灌淤土在高地下水位及灌溉水含盐量较高的情况下，会发生土壤盐渍化，盐化灌淤土一般主要分布于地下水位较高的地区，一般有 3 种盐化灌淤土产生土壤：一是排水系统不完善的低洼农田；二是灌区高阶地区进行灌溉后，灌水渠道以及灌溉渗漏水升高了高阶地区附近的低阶地区的地下水位，沿着高阶地区的坡麓区域出现了次生盐渍化土壤带和次生沼泽化土壤带；三是原本农田地下水位降低的地区地下水位复升，使原本盐渍化减轻的灌淤土农田土壤盐渍化再次加重。而盐渍化过程具有显著的季节性变化，随着季节性降水和农田灌溉、土壤水分蒸散交互作用，土壤形成干湿交替现象，表现出盐随水来、盐随水去的变化特征，导致雨季、灌溉大水压盐，旱季、无灌溉土壤干化返盐的季节性变化。盐化灌淤土受高地下水位影响，春季返潮时将盐分向地表运移，造成土壤返盐。盐化灌淤土影响作物的生长发育，使作物种子萌发、出苗困难，由于生理干旱影响，影响植株生长发育，严重时会造成植株死亡。

当土壤中含盐量增加时，土壤溶液浓度增大，与作物细胞液浓度形成反向浓度差，作物吸收水分的速率减慢，严重时甚至停止吸收土壤水分。盐渍化土壤中作物种子发芽率降低，田间难以保全苗，出苗后幼株生长发育缓慢。

由于降水、农田灌溉淋溶作用，厚层灌淤土心土层、底土层土质黏重，土壤全盐量及可溶性盐分阴阳离子的土壤剖面分布从上往下呈现递增的趋势，而心土层全盐量高于其他层次（表 8-9）。

表 8 - 9　厚层灌淤土盐分分布

项目	耕作层 （0～28.9 cm）	犁底层 （28.9～38.3 cm）	心土层 （38.3～77.6 cm）	底土层 （77.6 cm 以下）	大田耕作层 （0～20 cm）
碳酸根（cmol/kg）	0	0	0	0	0
碳酸钙（%）	0	0	0	0	0
重碳酸根（cmol/kg）	0.522 5	0.590 8	0.635 9	0.761 0	0.508 0
重碳酸根（%）	0.032 0	0.036 0	0.988 0	0.046 4	0.031 0
硫酸根（cmol/kg）	0.951 9	1.149 7	1.281 7	1.110 2	0.384 9
硫酸根（%）	0.045 7	0.055 2	0.061 5	0.053 3	0.018 5
氯离子（cmol/kg）	0.233 6	0.168 2	0.227 5	0.165 4	0.246 4
氯离子（%）	0.008 3	0.006 0	0.008 9	0.005 9	0.009 1
钙（cmol/kg）	0.533 8	0.423 9	0.544 8	0.501 7	0.595 8
钙（%）	0.010 7	0.008 5	0.010 8	0.010 2	0.011 9
镁（cmol/kg）	0.350 7	0.294 7	0.381 5	0.302 5	0.442 4
镁（%）	0.004 3	0.003 6	0.004 4	0.003 1	0.005 3
钾＋钠（cmol/kg）	0.871 4	1.223 5	1.264 7	1.234 5	0.101 2
钾＋钠（%）	0.020 0	0.028 0	0.029 3	0.028 4	0.002 3
全盐量（cmol/kg）	0.122 3	0.138 3	0.149 6	0.148 2	0.097 7

　　薄层灌淤土保水能力差，土壤渗漏量大，农田生产需水量较高，干旱少雨及较大的蒸发量使可溶性盐分随着土壤水分运移至土壤表层，再随着土壤表层水分蒸发而逐渐累积到耕作层，导致剖面耕作层与大田耕作层相比含盐量增加。土壤耕作层含盐量接近次生盐渍化的下限，有发生次生盐渍化的可能（表 8 - 10）。

表 8 - 10　薄层灌淤土盐分分布

项目	耕作层 （0～20 cm）	犁底层 （20～31 cm）	心土层 （31～55.7 cm）	底土层 （55.7 cm 以下）	大田耕作层 （0～20 cm）
碳酸根（%）	0	0	0	0	0
	0	0	0	0	0
重碳酸根（%）	0.527 5	0.387 4	0.681 9	0.615 8	0.488 8
	0.032 2	0.023 6	0.041 6	0.037 6	0.029 8
硫酸根（%）	2.232 8	1.466 7	1.041 8	1.279 1	0.371 4
	0.107 2	0.070 4	0.050 0	0.061 4	0.017 8
氯离子（%）	0.206 9	0.199 3	0.192 2	0.233 9	0.228 7
	0.007 3	0.006 9	0.006 8	0.008 3	0.008 1
钙（%）	0.550 9	0.298 5	0.477 2	0.449 1	0.570 7
	0.001 1	0.006 0	0.009 5	0.188 2	0.014 4
镁（%）	0.355 6	0.127 9	0.247 3	0.188 2	0.454 3
	0.004 4	0.001 6	0.003 0	0.002 3	0.005 5
钾＋钠（%）	2.056 4	1.621 0	1.191 4	0.491 5	0.063 1

（续）

项目	耕作层 （0～20 cm）	犁底层 （20～31 cm）	心土层 （31～55.7 cm）	底土层 （55.7 cm 以下）	大田耕作层 （0～20 cm）
	0.047 3	0.037 3	0.027 4	0.034 3	0.001 4
全盐量（%）	0.199 5	0.146 8	0.138 3	0.152 9	0.074 1

对研究区土壤盐基离子特征值进行初步统计分析，结果表明：

（1）土壤中盐基离子，平均值随着土层深度的增加逐渐减小（0～20 cm＞20～40 cm＞40～60 cm＞60～80 cm＞80～100 cm），呈 T 形分布，盐分表聚强烈。这是由于随着强烈的地表蒸发，许多可溶性盐随着土壤毛细管上升至地表，从而造成土壤表层盐分聚集，出现盐渍化现象。

（2）变异系数（CV）反映的是相对变异，按照变异系数等级的划分标准划分为弱、中、强（即 $CV<10\%$、$CV=10\%\sim100\%$、$CV>100\%$）。根据盐分上下运动的规律，氯化物的移动性最强，硫酸盐次之，碳酸盐较稳定。通过对盐基离子的空间变异性进行分析可知，在不同取样深度，Cl^-、SO_4^{2-}、Ca^{2+}、Mg^{2+}、Na^+、K^+ 均有很强的空间变异性；CO_3^{2-} 在 0～20 cm、20～40 cm 两层表现为强变异性，在剩余 3 层表现为中等变异性；HCO_3^- 在 5 个剖面层均表现为中等变异性；原因可能在于研究区范围较大、局部地势不平、土地利用方式和土壤类型有差异、耕种方式以及灌溉制度不同等。

（3）通过单因素方差分析对不同土壤剖面层各盐基离子均值进行比较，HCO_3^- 在 5 个剖面层的平均含量差异显著（$P<0.05$），其他离子在 5 个剖面层的平均含量差异不显著（表 8-11）。

表 8-11 典型剖面土壤盐基离子含量统计特征参数

深度（cm）	统计值	CO_3^{2-}	HCO_3^-	Cl^-	SO_4^{2-}	Ca^{2+}	Mg^{2+}	Na^++K^+
0～20	最小值（g/kg）	0.000	0.121	0.004	0.081	0.060	0.008	0.020
	最大值（g/kg）	0.007	0.364	8.609	12.345	3.250	0.945	5.960
	平均值（g/kg）	0.002	0.240	1.041	2.928	0.724	0.248	0.901
	标准差（g/kg）	0.003	0.637	1.827	3.977	0.975	0.304	1.391
	变异系数（%）	148.620	26.600	175.570	135.820	134.770	122.390	154.380
20～40	最小值（g/kg）	0.000	0.129	0.009	0.032	0.050	0.009	0.020
	最大值（g/kg）	0.007	0.369	4.038	10.711	2.725	0.625	5.960
	平均值（g/kg）	0.002	0.238	0.634	2.200	0.596	0.143	0.901
	标准差（g/kg）	0.003	0.061	0.850	3.276	0.943	0.168	1.391
	变异系数（%）	123.390	25.550	159.320	148.900	158.180	117.380	154.380
40～60	最小值（g/kg）	0.000	0.116	0.018	0.040	0.040	0.006	0.021
	最大值（g/kg）	0.007	0.326	5.192	10.536	2.790	0.641	3.748
	平均值（g/kg）	0.002	0.210	0.610	2.147	0.563	0.142	0.614
	标准差（g/kg）	0.003	0.053	1.069	2.981	0.876	0.172	0.882
	变异系数（%）	92.690	25.460	175.260	138.830	155.490	121.390	143.650
60～80	最小值（g/kg）	0.000	0.102	0.013	0.048	0.040	0.006	0.027
	最大值（g/kg）	0.007	0.329	4.438	9.837	2.825	0.580	3.212
	平均值（g/kg）	0.002	0.204	0.567	1.951	0.502	0.127	0.587

（续）

深度（cm）	统计值	CO_3^{2-}	HCO_3^-	Cl^-	SO_4^{2-}	Ca^{2+}	Mg^{2+}	Na^++K^+
60～80	标准差（g/kg）	0.003	0.057	0.920	2.719	0.810	0.150	0.785
	变异系数（%）	98.470	27.820	162.120	139.380	161.240	118.100	133.660
80～100	最小值（g/kg）	0.000	0.095	0.027	0.033	0.040	0.006	0.029
	最大值（g/kg）	0.009	0.345	4.216	9.829	2.725	0.488	3.149
	平均值（g/kg）	0.002	0.202	0.510	1.477	0.381	0.100	0.510
	标准差（g/kg）	0.003	0.061	0.874	2.338	0.667	0.118	0.762
	变异系数（%）	94.160	30.140	171.400	158.280	175.170	117.530	149.400
F		0.160	0.012	0.308	0.426	0.576	0.064	0.447

四、土壤理化性状不良

土壤理化性状反映了土壤的质地和养分状况。土壤机械组成也是影响土壤养分的重要指标之一，土壤粉黏比越小，风化程度越高。对于灌淤土来说，灌淤土的粉黏比较大，表明土壤发育程度较弱。灌淤土一年内大多数月份均处于湿润状态，作物植株残茬留地较多，土壤具有较高的有机质含量。

盐化灌淤土剖面各层养分含量由耕作层到底土层（从上至下）呈现递减趋势，耕作层含盐量最高，底土层含盐量最低。土壤容重从上至下呈现递增趋势，孔隙度以及孔隙比则呈现递减趋势。

长期大量的灌溉淋洗可能造成灌淤土不同剖面之间碳酸钙含量差异较大，在同一个土壤剖面上，各土层间变幅不大，相对较为均匀。剖面有机碳含量呈现表层聚集性，随着土壤剖面深度的增加，有机碳含量呈现下降趋势。有效磷含量也呈现与有机碳含量相似的深层变化规律，表层土壤有效磷含量最高，随着土壤深度的增加而呈现降低趋势。

西北灌区干旱少雨、蒸发强烈，降水、灌溉和地表排水、土壤水分蒸发交替进行，使得土壤中的水分条件不断发生改变，造成土壤内氧化还原特征显著，在不同土层深度形成新生土体，造成土壤盐渍化。

由于河水和灌溉水中的泥沙含有一定的养分，灌淤土农田养分含量较高，灌溉不仅使农田地面上升、灌淤土土层增厚，还给土壤带来了丰富的有机质和氮、磷、钾等养分，结合作物耕种收获后残留在农田中的根茬、植株促使灌淤土的有机质、氮、磷、钾等养分的含量远高于同等自然条件下的自然地带性农田土壤。

温度和水分主导了土壤有机碳含量分布。微生物是土壤有机碳分解和转化的主要驱动力，在一定温度范围内随着温度的升高，土壤微生物活性增强，土壤有机碳分解速度加快。在较高温度下，土壤中的理化反应速度较快，微生物活性强且代谢旺盛，作物生长速度也较快；反之，在温度较低时，尽管作物生长可能较慢，但是由于土壤中的各种理化反应也较慢，微生物活性相对较弱且代谢相对较差，有机碳的分解和养分转化等相应较慢，有机碳和养分的含量较高。

灌溉可以显著提高土壤有机碳的含量，干旱区表层土最为明显。合理灌溉可以显著提高农作物产量、提高农作物生产力和残体输入、改变土壤理化性质、降低土壤中含盐量、促进微生物活动，有利于土壤有机碳含量增加。

灌溉的前几年，表层土壤有机碳含量增加迅速，合理灌溉可以提高农作物生产力、增加土壤有机碳含量、降低土壤盐渍化程度，并且随着灌溉耕作时间的不断延长，表层土壤的有机碳含量也呈现逐渐增加的趋势，在增加的同时，土壤有机碳含量的空间分布差异也明显降低，适量灌溉促进土壤有机碳和有机碳氮的矿化，进而增加了土壤全氮和有机碳含量。灌溉是农业生产活动中的重要措施，对我国农业的发展十分重要。

灌淤土对照土壤表层 0～20 cm 的有机碳含量平均为 2.48 g/kg，经过灌溉耕作后，土壤有机碳含量平均值为 9.22 g/kg，增加明显（$P<0.001$）；而在 60～100 cm 处，土壤有机碳平均含量降至 3.02 g/kg，仍明显高于对照土壤（0.8 g/kg，$P<0.05$）。可见，灌溉耕作影响下土壤表层有机碳含量增加比深层土壤更明显。与对照相比，灌溉土壤有机碳含量随着土层深度的增加而降低的剖面分布规律更为明显。

就某一类土壤而言，在相同深度处，灌溉耕作时间长短对土壤有机碳含量的变化产生重要影响，灌淤土灌溉耕作时间达到 50 年时，表层（0～20 cm）土壤有机碳含量为 9.57 g/kg，而当灌溉耕作时间为 2 200 年时，表层土壤有机碳含量为 10.52 g/kg，除灌溉耕作 1 300 年的土壤外，表层土壤 SOC 含量有随着灌溉耕作时间延长而增加的趋势；而对于 20～100 cm 土层，除灌溉耕作 1 300 年的土壤外，各层次土壤有机碳含量随着灌溉耕作时间的延长而呈现降低的趋势，这可能是因为表层土壤对有机碳的拦截作用致使表层以下土壤得不到充足的有机碳源补充，而且灌溉耕作时间越长，土壤中相对较早形成的有机碳分解得越多，母质中有机碳含量较低也是其原因之一。灌溉耕作对表层与亚表层土壤的有机碳含量影响强烈，对更深层次的土壤影响较弱。

灌淤土有机碳含量比其他类型土壤的有机碳含量高，增加得也最多，且剖面各层次土壤有机碳含量与对照土壤相比均显著增加；而其他几类土壤仅表层土壤有机碳含量显著增加，表下层土壤有机碳含量变化存在较大差异。这是因为灌淤土的灌溉耕作时间最长，受其影响的土层深度一般在 50 cm 以上，土壤有机碳含量相对较高，而其他 4 类土壤灌溉耕作时间短，灌溉耕作仅对表层至亚表层土壤有机碳含量的变化产生影响，且土壤有机碳含量相对较低，可见，灌区各层次土壤有机碳含量的变化因土壤类型的不同而异。另外，土壤类型影响了灌区农作物的种类，在灌溉耕作时间较长的灌区，以灌淤土为主，便利的灌溉条件适宜水稻的大面积种植，也使土壤水分条件得到改善，有利于土壤有机碳积累。而在灌溉耕作时间较短的灌区分布的主要是淡灰钙土、风沙土和新积土，适宜小麦和玉米等耐旱作物的生长，扬水灌渠的修建为灌区作物生长提供了可靠的水源保障。但是，这些区域土壤水分条件仍较差，不利于土壤有机碳积累。

灌溉耕作时间和土壤类型是影响灌区土壤有机碳含量的两个重要因素，它们与灌区 5 类土壤剖面土壤有机碳含量（0～100 cm）之间的相关系数分别为 0.63 和 0.74，均显著相关，土壤类型对土壤有机碳含量的影响略强于灌溉耕作时间，而且 30～100 cm 土层土壤有机碳含量受灌溉耕作时间的影响不显著，土壤类型是影响土壤有机碳含量更为重要的因素。

引用含有大量泥沙的黄河水进行灌溉，河水中携带有机物质的泥沙随着水流进入农田并不断沉积。据估算，宁夏古灌区农田每年每公顷的泥沙淤积量为 10 300～155 400 kg。因此，灌溉耕作时间不同，淤积的土层厚度就不同，灌区土壤有机碳含量增加也不同。灌淤土的形成正是长期灌溉、淤积和耕作作用的结果。从植被-土壤系统来讲，植被是影响土壤有机碳垂直分布的决定性因素之一。作物根系、凋落物和有机肥是土壤有机碳的主要物质来源，而作物碳投入的多少对土壤有机碳含量产生重要的影响。在干旱、半干旱地区，灌溉是保证正常农业生产的重要措施，能够促进作物生长，产生更多的凋落物。就农田土壤而言，作物根系是增加土壤有机碳的重要物源，根系生长的土层厚度与耕作层厚度（约 20 cm）基本一致。作物收割后，作物根系及残茬会保留在耕作层中，再加上肥料（特别是有机肥）的施用，增加了土壤有机碳投入，使表层土壤有机碳含量比表下层土壤增加更明显。可见，灌溉是增加宁夏古灌区土壤有机碳含量的重要因素。

2009 年，在 0～20 cm 范围内，不同类型土壤有机碳平均含量为灌淤土＞潮土＞淡灰钙土＞风沙土＞新积土，20～30 cm 土层范围内，土壤有机碳平均含量表现为潮土＞灌淤土＞淡灰钙土＞风沙土＞新积土，标准差在 0.20～2.83 g/kg（表 8-12）。

表 8-12　2009 年宁夏古灌区土壤有机碳含量统计

土壤类型	土层深度（cm）	对照点（g/kg）	灌溉土壤有机碳含量			
			最大值（g/kg）	最小值（g/kg）	均值（g/kg）	标准差（g/kg）
灌淤土	0～20	2.49	14.07	5.64	8.72	2.83
	20～30	1.81	8.91	1.73	5.41	1.86
潮土	0～20	4.05	9.53	6.38	7.95	1.57
	20～30	2.16	6.21	5.29	5.75	0.46
淡灰钙土	0～20	2.68	5.62	3.73	4.93	0.74
	20～30	2.44	5.24	1.87	3.22	1.36
风沙土	0～20	0.75	5.25	3.64	4.19	0.75
	20～30	0.82	4.34	2.08	3.00	0.97
新积土	0～20	2.49	4.13	3.65	3.90	0.20
	20～30	1.81	3.67	1.89	2.89	0.75

表 8-12 中的数据表明，所有类型土壤表层土壤有机碳含量高于亚表层。同时，经过灌溉耕作等活动，所有类型土壤有机碳含量增加明显，增加幅度最大达到 4.6 倍，最小仅为 0.3 倍。风沙土经灌溉耕作后增加幅度最大，表层土壤有机碳含量较对照土壤增加 4.6 倍，亚表层土壤有机碳含量增加 2.7 倍，均是 5 种类型土壤中增加最多的。这与风沙土的性质有关，未经灌溉耕作活动影响的风沙土初始值较低，表层土壤有机碳含量仅为 0.75 g/kg，经不同时间的灌溉耕作后，表层土壤有机碳含量最大值达到 5.25 g/kg，平均值为 4.19 g/kg，标准差为 0.75 g/kg；亚表层土壤有机碳含量初始值仅为 0.82 g/kg，灌溉耕作后平均值为 3.00 g/kg，标准差为 0.97 g/kg，土壤有机碳含量增加明显。引黄灌溉水中带来的大量有机物质在风沙土中沉积，使得灌溉后的土壤有机碳含量显著增加，但与其他类型土壤相比仍处于较低水平。

如表 8-12 所示，灌淤土有机碳含量在 5 种土壤类型中最高，标准差也最高。灌淤土表层土壤有机碳含量最大值为 14.07 g/kg，最小值为 5.64 g/kg，平均值达到 8.72 g/kg。对照土壤因是潮土、淡灰钙土和风沙土的混合土，所以较低。灌淤土是在长期引用黄河水灌溉加上人为耕作活动的情况下形成的人为土壤，有机碳含量背景值并不高，经过长时间的灌溉耕作活动后，土壤有机碳含量增加显著，说明引用黄河水进行灌溉耕作是干旱、半干旱区增加土壤有机碳的重要途径。灌淤土亚表层土壤有机碳含量由对照土壤的 1.81 g/kg 增加到 5.41 g/kg，增加了近 2 倍。潮土表层土壤有机碳含量平均值为 7.95 g/kg，亚表层土壤有机碳含量平均值为 5.75 g/kg，较对照土壤的 4.05 g/kg 和 2.16 g/kg 分别增加了 0.96 倍和 1.66 倍。淡灰钙土是宁夏古灌区的地带性土壤，母质是第四纪冲积物，母质层有机碳含量低，其背景值同样较低，表层和亚表层土壤有机碳含量分别为 2.68 g/kg 和 2.44 g/kg，经过 55 年的灌溉耕作后，土壤有机碳含量平均值分别为 4.93 g/kg 和 3.22 g/kg，分别增加 0.8 倍和 0.3 倍。新积土是在洪积冲积物的基础上形成的人为土壤，土壤有机碳含量在表层的最大值为 4.13 g/kg，最小值为 3.65 g/kg，平均值为 3.90 g/kg；亚表层土壤有机碳含量最大值为 3.67 g/kg，最小值为 1.89 g/kg，平均值为 2.89 g/kg，分别平均增加 0.6 倍。增加幅度可能与新积土灌溉年限有关。根据采样点信息，新积土灌溉耕作时间分别为 15 年和 35 年，短时间的灌溉耕作能增加土壤有机碳含量但增加量不大，与经长时间灌溉耕作的灌淤土相比，增加幅度较低，这也说明了影响土壤有机碳含量增加的因素除了土壤类型外，还有灌溉累积时间。

如表 8-13 所示，土壤有机碳含量因土壤类型差异而不同，总体上，灌淤土＞潮土＞淡灰钙土＞风沙土＞新积土。其中，最高值为表层灌淤土有机碳含量，均值达到 8.48 g/kg，最大值和最小值分别为 15.36 g/kg 和 5.30 g/kg，均是 5 类土壤中最高的，与灌淤土所处灌区灌溉耕作时间有关，其灌溉耕作历史最为悠久，灌溉耕作时间越久，土壤有机碳含量增加越多。土壤有机碳含量最小值出现于风沙土，0~20 cm 深度为 0.63 g/kg，20~30 cm 深度仅为 0.55 g/kg。原因是风沙土中的沙粒含量高，风沙土矿化能力较强，矿化能力伴随着土层深度的增加而减小，导致其固碳能力差，土壤有机碳含量在 5 类土壤中最低。

表 8-13　2015 年宁夏古灌区土壤有机碳含量统计

土壤类型	土层深度 (cm)	对照点 (g/kg)	土壤有机碳含量			
			最大值 (g/kg)	最小值 (g/kg)	均值 (g/kg)	标准差 (g/kg)
灌淤土	0~20	3.94	15.36	5.30	8.48	2.17
	20~30	3.02	10.56	2.28	8.41	2.21
潮土	0~20	7.49	11.09	3.52	7.14	2.96
	20~30	4.90	12.82	2.65	6.61	2.80
淡灰钙土	0~20	3.65	7.80	2.10	5.07	1.33
	20~30	3.51	8.07	1.88	5.33	1.50
风沙土	0~20	0.67	7.21	0.63	4.41	1.34
	20~30	0.64	5.59	0.55	4.27	1.46
新积土	0~20	3.94	6.03	2.17	3.86	1.16
	20~30	3.02	5.04	1.61	3.45	1.10

如表 8-13 所示，经过不同时间的灌溉耕作后，表层土壤有机碳含量增幅顺序为风沙土＞灌淤土＞淡灰钙土＞新积土＞潮土。风沙土有机碳含量初始值较低，灌溉耕作后土壤有机碳含量增加明显，增至对照土的 6.58 倍和 6.67 倍，虽经灌溉耕作后土壤有机碳含量有所增加，但仍处于较低水平。潮土表层土壤有机碳含量经灌溉耕作后较对照土有所降低，原因是表层土壤对有机碳的拦截作用导致下层土壤得不到充足的有机碳源补充。潮土初始值较高，表层对照土有机碳含量达到 7.49 g/kg，亚表层对照土有机碳含量为 4.90 g/kg，为 5 类土壤中最高，经灌溉耕作后，表层土壤有机碳含量降低，亚表层增加明显，与其他研究结论有差别，原因可能与样点区域差异有关。潮土主要位于惠农渠和东干渠，土壤有机碳含量较高的点主要是在惠农渠，进入农田的泥沙较细，土壤中黏粒含量较高，土壤有机碳含量较低的采样点主要分布在东干渠，以扬水灌溉为主，进入农田的河水中泥沙减少，土壤中粉粒含量较高，对土壤有机碳的保护作用相对较弱。

灌溉耕作对亚表层土壤有机碳含量影响幅度的大小为风沙土＞灌淤土＞淡灰钙土＞潮土＞新积土。灌溉耕作后风沙土亚表层土壤有机碳平均含量增加至 4.27 g/kg，与对照土相比，灌淤土、淡灰钙土和新积土的亚表层土壤有机碳含量分别增加 1.78 倍、0.52 倍和 0.14 倍，增加幅度较表层有所下降（表 8-13）。

如图 8-6 所示，2009 年 0~20 cm 范围内土壤有机碳含量平均值为 6.75 g/kg，2015 年，表层土壤有机碳含量平均值为 6.68 g/kg，减少了 0.07 g/kg。在 20~30 cm 范围内，2009 年测得的土壤有机碳含量为 4.38 g/kg，2015 年测得的土壤有机碳含量为 5.46 g/kg，平均增加 1.08 g/kg。土壤有机碳含量变化的原因可能是灌溉耕作使得表层土壤有机碳流失到亚表层，使得亚表层土壤有机碳含量增加明显，而表层土壤有机碳含量有所下降。

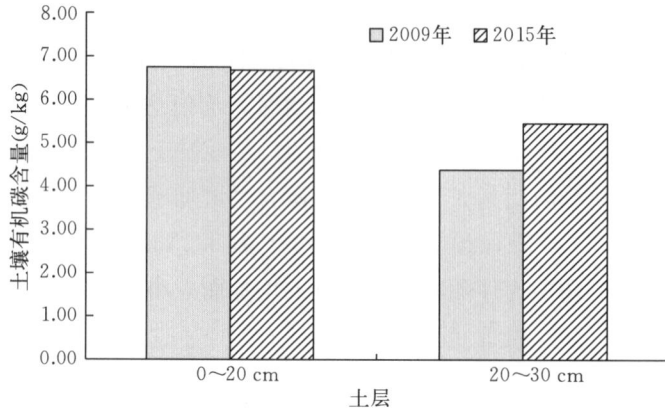

图 8-6　2009—2015 年宁夏古灌区土壤有机碳变化特征

2009—2015 年表层和亚表层土壤有机碳含量随灌溉耕作时间的变化特征差异显著，表层和亚表层土壤有机碳含量基本随着灌溉耕作时间的增加而增加，但部分灌区 2015 年表层土壤有机碳含量与 2009 年相比有所下降；在亚表层范围内，2015 年的土壤有机碳含量高于 2009 年同时期的土壤有机碳含量。

表层土壤有机碳含量变化较为复杂，对照土壤中，2009 年表层土壤有机碳含量为 2.37 g/kg，2015 年表层土壤有机碳含量为 4.50 g/kg，增加了 89.87%，变化幅度最大。其余灌溉耕作时间表层土壤有机碳含量变化较小。与 2009 年相比，2015 年表层土壤有机碳含量下降的有灌溉耕作时间 55 年、57 年和 2 200 年，其余年限中表层土壤有机碳含量相对增加。灌溉耕作土壤中增加最多的是灌溉耕作时间为 2 100 年，表层土壤有机碳含量增加 0.63 g/kg，下降最多的是灌溉耕作时间为 2 200 年，下降 0.89 g/kg。这说明当灌溉耕作时间达到 2 000 年以上时，表层土壤有机碳含量最为敏感，变化幅度最大。

亚表层土壤有机碳含量随着灌溉耕作时间的增加而增加，2015 年的亚表层土壤有机碳含量均高于 2009 年，随着灌溉耕作时间的增加，亚表层土壤有机碳含量增加明显，当灌溉耕作时间达到 2 200 年时，土壤有机碳含量增加最多，为 3.04 g/kg，表明亚表层土壤有机碳含量增加幅度基本随着灌溉耕作时间的增加而增加，灌溉耕作时间越长，亚表层土壤有机碳含量增加量越大。当灌溉耕作时间分别为 55 年和 57 年时，亚表层土壤有机碳含量变化幅度较小，分别为 0.56 g/kg 和 0.69 g/kg。

受土壤冻融过程影响，灌淤土有机质和碳酸钙含量也发生变化。冻融前，灌淤土有机质平均含量（12.33 g/kg）大于黄绵土（5.38 g/kg）和风沙土（3.31 g/kg），碳酸钙含量是黄绵土（10.50%）大于灌淤土（9.46%）和风沙土（6.40%）。在不同含水量条件下，3 种土壤有机质含量变异系数基本上是黄绵土最大，灌淤土碳酸钙含量的变异系数最大。不同初始含水量条件下，不同土壤有机质和碳酸钙的变化幅度与初始含水量无显著相关性（$P \geqslant 0.05$）（表 8-14）。

表 8-14　不同初始含水量条件下土壤有机质和碳酸钙统计特征值

初始含水量（%）	特征值	有机质（g/kg）			碳酸钙（%）		
		灌淤土	黄绵土	风沙土	灌淤土	黄绵土	风沙土
2	最小值			3.23			6.27
	最大值			3.39			6.47
	极差			0.16			0.20

（续）

初始含水量（%）	特征值	有机质（g/kg）			碳酸钙（%）		
		灌淤土	黄绵土	风沙土	灌淤土	黄绵土	风沙土
2	平均值			3.33			6.34
	标准差			0.05			0.06
	变异系数（%）			1.61			0.97
4	最小值	12.40	5.25	3.25	9.44	10.32	6.21
	最大值	12.76	5.64	3.40	9.78	10.67	6.40
	极差	0.36	0.39	0.15	0.34	0.35	0.19
	平均值	12.58	5.47	3.34	9.59	10.48	6.33
	标准差	0.13	0.11	0.05	0.12	0.10	0.06
	变异系数（%）	1.00	2.08	1.45	1.26	0.99	0.94
6	最小值	12.30	5.36	3.35	9.34	10.33	6.36
	最大值	12.66	5.53	3.52	9.71	10.61	6.61
	极差	0.36	0.17	0.17	0.37	0.28	0.25
	平均值	12.44	5.46	3.43	9.45	10.47	6.44
	标准差	0.13	0.07	0.05	0.14	0.09	0.08
	变异系数（%）	1.04	1.20	1.58	1.45	0.84	1.20
8	最小值	12.20	5.40	3.29	9.28	10.41	6.32
	最大值	12.69	5.80	3.51	9.69	10.80	6.53
	极差	0.49	0.40	0.22	0.41	0.39	0.21
	平均值	12.46	5.60	3.44	9.48	10.60	6.44
	标准差	0.17	0.16	0.07	0.15	0.14	0.07
	变异系数（%）	1.39	2.80	2.10	1.55	1.32	1.08
15	最小值	12.39	5.38	3.25	9.41	10.41	6.29
	最大值	12.72	5.83	3.51	9.75	10.79	6.52
	极差	0.33	0.45	0.26	0.34	0.38	0.23
	平均值	12.62	5.57	3.36	9.62	10.57	6.37
	标准差	0.12	0.14	0.08	0.12	0.13	0.07
	变异系数（%）	0.99	2.55	2.32	1.28	1.20	1.16

受冻融影响，土壤理化性质也发生改变。不同初始含水量条件下，冻融 1 次后，灌淤土有机质含量显著增加（$P<0.05$），但随着冻融循环次数的增加，初始含水量不同，有机质含量变化较大，但总体上是呈先增加后减少的趋势。而碳酸钙含量变化无明显规律，冻融 20 次后，初始含水量大于 7% 的灌淤土有机质和碳酸钙含量总体上均显著增加。当初始含水量大于 7% 时，冻融 1 次后黄绵土有机质含量显著增加；而初始含水量小于 7% 时，冻融循环 3～5 次后有机质含量才开始显著增加，但随着冻融循环次数继续增加，有机质含量不再发生显著变化。碳酸钙含量随着冻融次数增加基本无显著变化，但冻融 5 次后，含水量较大时有显著增加。冻融 20 次后，不同初始含水量黄绵土有机质含量显著大于未冻融土壤。风沙土有机质含量变化与初始含水量密切相关，初始含水量为 2% 和 4% 时，冻融 15 次后有机质含量显著降低；而含水量为 6% 和 8% 的风沙土，冻融 1 次后呈显著增加趋势；含水量为 15% 时，有机质含量呈先减小后增加的趋势。冻融条件下，不同土壤化学性质的变化与其他物理性质不同，随着冻融循环次数或初始含水量增加的变化较复杂，无明显规律，但冻融 20

次后，有机质含量较冻融前总体是增加的。

第二节　灌淤土的合理利用与改良

灌淤土具有一定厚度的灌淤层，质地适宜，比较疏松多孔，有机质及其他养分比较丰富，所处位置通常灌溉便利、地形平坦、光热条件较好，已成为我国干旱、半干旱地区重要的农业土壤。宁夏及内蒙古的河套灌区、陕西泾惠渠灌区、甘肃河西及新疆天山南北与昆仑山北麓的荒漠绿洲等灌淤土分布的主要地区为历史悠久的著名农业区，盛产小麦、玉米及水稻等粮食作物，各地的吨粮高产田，也多以灌淤土为基地。除粮食外，在灌淤土上还出产大量的胡麻（油用亚麻）和向日葵等油料作物，以及甜菜、啤酒大麦、瓜果、蔬菜等经济作物。宁夏的枸杞、内蒙古的甜瓜以及新疆的长绒棉和陆地棉等都是在灌淤土上生产出的名特优产品。为把灌淤土农田建设为"两高一优"农业的基地，还应进一步加强农田基本建设，防治土壤盐渍化，加强土壤培肥、深耕，改良土壤质地，适当调整产业结构及加强土壤资源与环境保护。

一、加强农田基本建设与土壤盐渍化防治

（一）加强农田基本建设

土壤盐渍化是限制灌淤土生产力的一项重要因素，灌淤土的盐渍化危害已很明显，潮灌淤土和表锈灌淤土也存在盐渍化威胁。搞好灌淤土的农田基本建设是创造良好的农业生态环境、防治土壤盐渍化和发展"两高一优"农业的前提条件。灌淤土地区多为古老灌区，农田基本建设有一定的基础。新中国成立以来，对老灌区进行了改造，开展了规模较大的农田基本建设。宁夏古灌区新建和改建干渠、支渠沟，初步完成了渠、沟、路、林配套的机耕条田建设。新疆初步完成了以好渠道、好条田、好林带、好道路和好居民点为内容的农村"五好"建设。灌淤土农田面貌发生了很大变化。在现有基础上，除维修老化的设施外，还须抓好以下几方面工作，把灌淤土的农田基本建设再提高一步。

1. 搞好渠道防渗　渠系渗漏的水量很大，渠系水的利用系数多小于50%，即有50%以上的灌溉水在渠道输水过程中损失掉了。这不仅浪费了大量的水资源，又抬高了灌区地下水位，导致土壤盐渍化。

采用适当的防渗措施即可使渠道渗漏损失大为减少。根据新疆、宁夏和内蒙古等地的资料，干砌卵石可减少渗漏水80%～90%；以混凝土板衬砌，可减少渗漏水84%；铺垫塑料薄膜，可减少渗漏损失83%～97%；以黄土夯实渠底与渠坡，可减少渗漏水51%；以草泥护渠，可减少渗漏损失39%。

部分较大的干渠、支渠已采取了一定的防渗措施，尚须进一步完善。广大的田间斗渠、农渠实行防渗的很少。应发动群众，采用铺垫塑料薄膜、黄土夯实或草泥护坡等简易办法进行防渗处理。

2. 建设完善的排水系统　在盐渍化灌淤土或有盐渍化威胁的地区，应建设完善的排水系统。

3. 建立有效的防护林网　灌淤土地区干旱多风，有的荒漠绿洲被风沙土所包围，必须建立有效的防护林网。各地林网建设不平衡，有的林网建成后又因种种原因而破坏，如宁夏银川以北的林网，因天牛危害，已全部被毁，应抓紧恢复，宜以刺槐及臭椿等抗天牛的树种为主。灌淤土地区渠、沟、道路密布，为节约土地，林带的布设宜与渠、沟、道路相结合。根据当地风向，主林带尽可能与干

渠、支渠沟或主干道相结合，副林带可沿渠沟或一般道路布设。为充分发挥防护作用，林带网格宜适当偏小。

4. 提高道路建设标准　为发展农村经济，应建设四通八达的道路网，乡间道路和乡县间道路的标准值应适当提高，应有适当的宽度和较好的路面质量，同时要规划和建设好田间道路，以方便田间运输。

5. 精细平整土地　精细平整土地有利于提高灌溉质量、节约用水和防止盐斑的形成。同一田块的高差以小于 5 cm 为宜。灌淤土农田进水口常形成高起的小型扇状地（称为田嘴子），须于作物收获后及时平整，可将这种高起处铲起，拉去铺垫洼坑或用以垫圈，也可插花取出，分撒在田中。

（二）加强土壤盐渍化防治

防治土壤盐渍化是灌淤土改良中的一项重大任务，不仅盐化灌淤土需要改良，其他灌淤土也存在盐渍化威胁，需加以防治。防治灌淤土盐渍化，应采用水利与农业等综合措施。

农田水利改良措施是依据"盐随水来，盐随水去"的基本原理，利用淡水淋洗的措施淋洗土壤盐分，后经过排水措施把盐分排出土体，并降低地下水位，减少盐分在土壤表层的累积，以达到改良的目的。这是目前土壤盐渍化地改良中最有效的措施。采用井、沟、渠相结合的水利工程措施，利用机井抽提地下水灌溉，可以将表层土壤中的盐分淋洗到耕层以下，同时产生较大的地下水位降深，在强烈返盐季节控制地下水位在临界水位以下，以减轻表层土壤返盐。我国在水利工程改良盐渍化地方面做了大量的工作，取得了瞩目的成绩，特别是在我国黄淮海平原地区的井灌井排、排、灌、蓄、补综合运用，雨水、地面水、土壤水和地下水的统一调控，均极大地加速了干旱、洪涝、盐碱及咸水的综合治理过程。

1. 灌淤土的地下水临界深度　地下水临界深度是调控地下水位的重要参考指标，影响因素很多，一般依据当地的调查研究资料加以确定。20 世纪 50 年代，王吉智采用 4 种方法得出宁夏壤质潮灌淤土 4 月开灌前的地下水临界深度为 1.8 m。根据 20 世纪 80 年代第二次全国土壤普查资料进行了较为详细的计算，宁夏灌淤土的地下水临界深度仍在 1.8 m 左右。经多年水利土壤改良的实践，认为这是宁夏古灌区调控地下水位的可信标准。

内蒙古后套灌区配套工程设计采用的地下水临界深度黏土为 1.4 m 左右，粉质壤土为 1.8 m 左右（秋浇后土壤封冻前）。

新疆和田属于荒漠环境，地下水临界深度较大，地下水位控制在 2.0 m 以下。

灌溉时期，由于灌溉水的淋洗，土壤盐分一般均自耕层向剖面下部移动。地下水位调控的主要任务是使土壤保持适当的湿度。若地下水位过高，则土壤湿度过大，可能会使农作物发生渍害。从各地资料来看，在灌溉时期，地下水位宜控制在 1.0 m 以下。

2. 排水　排水不仅要排除地面水，还要控制地下水位。当前，灌淤土地区排水的主要方式是明沟排水，田间排水沟的设计应保证能将地下水位控制在临界深度以下，干沟、支沟的设计，则应保证排水出流畅通，以有效地防治灌淤土的盐渍化。目前，排水方面存在的问题较多。首先，盐化灌淤土地势较低，有的地区受地形限制，自流排水出流有困难，这样的地区应建立扬水站，扬水排水。其次，沟系不配套，有的地方只有干沟、支沟，没有田间的斗、农沟，未能形成完整的排水系统。应抓紧田间沟系的配套，以充分发挥排水效益。最后，排水沟系的维护与管理尚需加强，排水沟经常存在淤塞坍塌等问题，如不及时清淤、加强沟坡的维护，则不能发挥正常的排水作用。大的干沟、支沟应每年清淤 1～2 次，田间沟系应经常维护和清淤。内蒙古巴彦淖尔市杭锦后旗南小召乡（现为二道桥镇）在建立明沟排水系统后，制定了《小召乡排干管护条例与排水细则》以及《排水沟管护乡规民约》，并在乡政府领导下分级管理，以户承包，每年必须清淤1～2次，增强了排水效果。这种发动群众加强排水管理的做法是值得各地借鉴的。

除明沟排水外，竖井排水和暗沟排水等也是有效的排水方式，可以因地制宜，加以采用。宁夏银北地区自流排水有一定困难，20世纪60年代开始，试验竖井排水，以后逐步推广。至1985年，以排水为主要目的的机井（已配套的）共有476眼，与明沟排水相结合，对降低地下水位发挥了重要作用。

3. 渠道防渗与灌溉管理　渠道防渗对防治土壤盐渍化有重要作用。广大的灌淤土地区，一般都是按传统的方法进行灌溉，以致灌溉用水量偏高。灌溉是影响灌淤土形成和发展的主要因素，因此必须掌握好灌溉技术。例如，先对灌溉水的水质和所携带的物质加以选择或处理，在水量上，要求既能满足农作物的需水量，又能淋洗掉有害的盐类与污染物质，同时不要浪费水和抬高地下水位。过去有些地方大水漫灌，灌溉量曾达 2 000 m³/亩以上，经过沟灌、畦灌后，已降低至 500 m³/亩左右。防止地面蒸发的问题很重要，不仅可以节省灌溉水，还可以防止返盐和避免土层板结。据测定，在棉花生长期间，叶面蒸发量为 154 m³/亩，株间地面蒸发量竟达 208.14 m³/亩。因此，必须注意及时锄地保墒。

宁夏等地征收灌溉用水费用基本上还是"吃大锅饭"，农户不是按农田实际用水量而是按农田的面积交纳水费，不利于节约灌溉用水。应建立完善的用水计量办法，使农户按其农田实际用水量交纳水费，以经济手段来节约灌溉用水。针对各种作物的需水特点和土壤特性，建立并实行科学的灌溉制度是实行科学灌溉管理的目标，尚须在科学试验与推广等方面进行的探索。

防治灌淤土盐渍化是一项长期的任务，应建立地下水与土壤监测系统，监测地下水与土壤盐分动态，以便及时采取相应的措施。地下水位很低的普通灌淤土、钙积灌淤土和肥熟灌淤土目前尚无排水系统，要密切监测地下水位变化。一旦地下水位上升，出现土壤次生盐渍化现象，便须及时建立排水系统，控制地下水位的上升。

（三）农业措施

农业措施对防治灌淤土盐渍化有多方面的重要作用，除已阐述的精细平整土地外，现将其他农业措施分述如下。

1. 合理耕作　合理耕作可切断土壤毛细管，减少土壤水分蒸发，从而可以抑制土壤盐渍化。耕作措施包括伏、秋深耕，春浅耕，下种前后的耙、镇压以及作物生长期的中耕、松土等，其中最重要的是深耕。当地群众就有伏耕泡地、秋耕翻肥和秋耕冬灌等相结合的说法。春季灌区开灌前是盐渍化最强的季节，此时正值小麦苗期，小麦耐盐力较弱，以致盐化灌淤土的麦田常出现缺苗盐斑。在生产实践中，群众创造了"耙青苗"方法，于3月和小麦苗期连续耙地，可有效地减轻土壤盐渍化对麦苗的危害。雨后土壤板结，易返盐，须于雨后及时耙地。中耕除草松土、麦后伏耕、稻茬地秋耕等都是防止土壤返盐的有效措施。因此，在灌淤土上的施肥、灌水等措施都要与耕作措施紧密配合，才可发挥相得益彰的作用。

2. 种稻改良　在有排水条件的地区，种植水稻是改良盐化灌淤土的有效措施。种植水稻可以促进土壤迅速脱盐，又可收获稻谷，是改良与利用相结合的好方式。但种稻用水量大，若采用措施不当，有可能抬高地下水位，加重土壤盐渍化。根据宁夏的经验，在选择种稻措施时，应注意以下条件。

（1）水稻生育期内应保证适时适量灌水，并保证必要的排水条件，使稻田撤水后地下水位迅速下降，恢复至原水位或降至临界深度。

（2）稻田应分段集中布局，避免稻田插花分布在非稻田之间。稻区与非稻区之间宜以深度大于1.5 m的排水沟分隔，以防止稻田对非稻田的浸渍。

（3）稻田应安排在地形较低地区，高地不宜种稻。

（4）水稻不宜连年种植，以轮作为宜。

3. 地表覆盖 地表覆盖措施是目前最常用的改良措施，地表覆盖切断了土壤水和大气之间的交流，可有效地抑制土壤水分蒸发，降低盐分在表层的积累。覆盖材料、覆盖时间以及覆盖量等对土壤水热盐动态有显著的影响，地膜覆盖可使土壤水蒸气回流，并对表层盐分具有有效的淋洗作用，随着覆盖时间的延长，土壤表层脱盐效率有增大的趋势，在干旱地区以及春季干旱季节，提早覆膜有利于抑制土壤表层盐分积累。此外，秸秆覆盖对土壤盐分积累具有较好的抑制作用，同时，能增加土壤有机质、提高土壤肥力，对调节土壤水盐状况有重要作用。其他的覆盖物也被利用与改良，如水泥硬壳覆盖和沙石覆盖等，它们对减少土壤无效蒸发、调节盐分在土体中的分布、促进春播作物出苗等均有一定作用。

4. 培肥土壤 灌淤土所处地理位置为干旱少雨气候区，降水的严重不足制约了农业生产的发展。干旱气候条件下耕地土壤的主要障碍因素是缺水、土壤盐渍化和沙漠化。在干旱内陆，土壤有机质分解速度快，有机质和氮在土壤中难积累。改变施肥习惯，增加有机肥用量有提高土壤有机质含量及增加氮供应的作用。灌淤土的有机质及氮含量较低，有效磷不足，宜秸秆还田、增施有机肥，以改善土壤结构、抑制土壤毛管作用，从而减轻土壤盐渍化。发展绿肥，合理施用氮、磷肥，注意补充磷肥，以调整氮磷比。甜菜钾肥试验显示了增加产量和提高食糖量的效果。以稀土拌种对小麦、水稻、甜菜、蔬菜及瓜类均有增产作用。宁夏等地实行小麦与玉米带状间作，麦带套种豆类或麦后复种绿肥是一种用地与养地相结合的良好轮作模式。在灌淤土上推广种植苜蓿、草木樨、豆科作物等绿肥，可以减少对土壤的有机肥投入，改善土壤理化性质，维持与提高土壤肥力，同时能够改善生态环境，防止水土流失与环境污染，为农业的可持续发展提供保障，以促进畜牧业发展，实现物质与能量的良性循环。

5. 选种耐盐作物或树木 在盐化灌淤土上种植向日葵、大麦、甜菜及棉花等耐盐作物，或栽种旱柳、沙枣及柽柳等耐盐树木，也是充分发挥盐化灌淤土生产潜力的好办法。

（四）化学改良措施

盐渍土尤其是碱土中的 Na^+ 被土壤胶体吸附后，会导致胶体相互排斥和颗粒分散，土壤表现出湿时黏、干时硬、通气透水和适耕性能差等物理特征，土壤碱化严重。通过向土壤中施用化学改良剂、有机肥可降低甚至消除这些不利影响，改善土壤理化性质。常见的化学改良剂包括石膏、氯化钙、硫酸钙、硫酸铝、硫酸以及硫等，这些改良剂对以 Na^+ 为主的碱土具有良好的改良作用。改良剂中的二价阳离子（如 Ca^{2+}、Mg^{2+}）可代换多余的交换性 Na^+，削弱其吸附性，促进土壤颗粒凝聚，改善土壤结构，增强土壤渗透性。据研究，通过施用化学改良剂，耕层土壤微结构中大粒级颗粒占比增大，毛管孔隙数量增多，土壤持水能力降低而供水能力增强。通过施用石膏、过磷酸钙等含钙较多的化学改良剂，盐渍土尤其是碱化土耕层中可交换性 Na^+ 的含量和碱化度明显降低。不同性质的化学改良剂对盐渍土的改良效果不同，石膏对碱土的改良效果优于有机肥，有机肥对盐土的改良效果优于石膏。虽然化学改良剂能有效地改善土壤结构，但必须配合一些水利措施，以排出多余的可溶性 Na$^+$，以减少 Na$^+$对土壤的不利影响，达到改良的目的。

（五）生物改良措施

生物改良通过引种、筛选和种植耐盐作物来改善土壤物理性质、化学性质和土壤小气候，从而达到减少土壤水分蒸发和抑制土壤返盐的目的。有些改良作物具有较大的生物量和良好的耐盐性能，收获地上部分可移走大量盐分。研究表明，种植碱蓬后，每年每亩土地深层土壤 Na$^+$可减少 128 kg；有些作物可通过其发达的根系改善土壤结构和增强土壤渗透性，以促进水分的入渗和盐分的淋洗；有些深根作物可通过吸收水分使地下水位降低，缓解了部分土壤积盐状况。生物改良措施增加了土壤表层覆盖度，调节了土壤微气候，从而减少了水分蒸发和抑制了盐分积累，同时作物根系的生长改善了土壤结构、提高了盐分淋洗效果，地上部分返回土壤后又增加了有机质，改善了土壤结构和提高了土壤肥力。但是，生物改良也有其局限性，每种作物具有自己的耐盐范围。因此，在耐盐作物的引进和种植过程中，必须配合其他改良措施和水肥管理，为修复作物生长创造适宜的土壤水盐条件。

二、加强土壤培肥、深耕及改良土壤质地

（一）培育土壤基础肥力的重要性与可能性

灌淤土虽具有一定的肥力，但尚须进一步提高，以不断提高其生产力。很多研究资料表明，土壤基础肥力越高，增产潜力越大，而对施肥的依赖性相应减小。陈文泗等在潮灌淤土上的试验表明，土壤基础肥力对小麦产量所起的作用平均为 59.1%，而对当年施肥的依赖程度较小，为 40.9%；土壤肥力越高，基础肥力对产量的贡献越大，小麦产量对当年施肥的依赖程度相对减小，施肥的增产效果和经济效益降低。罗学义等在宁夏古灌区 11 县（市）的灌淤土上进行了 3 年试验后也得出了相似结论：土壤肥力越高，基础产量越高，对肥料的依赖性越小；土壤肥力越低，情况完全相反。高肥力田小麦生产所需养分约有 61%来自土壤，仅 39%来自肥料；低肥力田小麦生产所需养分仅有 38%来自土壤，62%却要依赖肥料供给。王鸿庆研究认为，宁夏中卫市表锈灌淤土水稻产量的 40%～60%取决于土壤基础肥力。高炳德等研究内蒙古河套灌区（以潮灌淤土为主）的吨粮田，认为土壤基础肥力的产量占 35%～42%，化肥的作用为 58%～65%。这些都说明培育灌淤土基础肥力的重要性。

灌淤土属于人为土，培肥强度不同，灌淤土的肥力水平也有较大的差别。城镇附近的肥熟灌淤土的有机质、氮及有效磷等养分的含量都高于其他灌淤土，是最肥沃的灌淤土亚类。可见，培育高水平的土壤基础肥力是做得到的。肥熟灌淤土的生产状况又进一步说明土壤基础肥力提高后，不仅具有很高的增产潜力，还可节约化肥。以宁夏银川市兴庆区的肥熟灌淤土为例，一家养牛专业户的老菜地，由于长期施用优质牛圈粪，土壤有机质及全氮含量分别为 19.6 g/kg 和 1.2 g/kg，碱解氮及有效磷含量分别为 113 mg/kg 和 50 mg/kg，均远高于附近的潮灌淤土。1994 年种植小麦，比潮灌淤土少施一半化肥，经测产，单位面积产量反而比潮灌淤土高出 46%。

（二）灌淤土养分丰缺指标

土壤养分丰缺指标是合理施肥、有针对性地培肥土壤的重要参数。关于灌淤土养分丰缺指标，已有很多科技工作者进行了研究。20 世纪 80 年代，宁夏农林科学院土壤肥料研究所（现为农业资源与环境研究所）与宁夏农业技术推广总站合作开展了灌淤土麦田养分丰缺指标的研究，认为当相对产量

大于 90% 时，土壤有机质、全氮、碱解氮和有效磷含量较高，分别大于 18.9 g/kg、大于 1.2 g/kg、大于 118 mg/kg 和大于 14 mg/kg；当相对产量小于 50% 时，含量均较低，分别小于 10.5 g/kg、小于 0.56 g/kg、小于 60 mg/kg 和小于 1.4 mg/kg。

吴祖堂等研究了潮灌淤土的磷丰缺指标，对施磷的增产效应及经济效益进行了分析，将潮灌淤土有效磷（P）的含量划分为丰（大于 13.6 mg/kg）、中（3.9～13.6 mg/kg）、缺（小于 3.9 mg/kg）。

宁夏土壤普查时对引黄灌区的农田（以灌淤土为主）划分了等级，总结了各级农田土壤有机质及其他养分状况，并列出了臧治家研究提出的有效态微量元素的丰缺指标与缺乏临界值。

何文寿等通过 3 年的试验，得出了高产灌淤土有机质与其他养分的最佳组合：有机质、全氮、全磷含量分别为 15～17 g/kg、0.91～1.01 g/kg、1.61～1.75 g/kg，碱解氮、有效磷含量分别为 90～140 mg/kg、12～18 mg/kg，有效锌、有效锰、有效铜、有效铁含量分别为 2～3 mg/kg、9～12 mg/kg、2～5 mg/kg、24～30 mg/kg。并提出了碱解氮的丰缺指标：极高（大于 175 mg/kg）、高（135～175 mg/kg）、中（90～135 mg/kg）、低（45～90 mg/kg）、极低（小于 45 mg/kg）。

王世敬等认为，小麦要获得每公顷 7 500～8 250 kg 的高产，0～20 cm 土层必须保持 14～17 g/kg 的有机质、80～120 mg/kg 的碱解氮和 20～30 mg/kg 的有效磷。

（三）培肥措施

1. 施用有机肥及种植绿肥

（1）施用有机肥。施用有机肥是培肥灌淤土的主要措施。吴祖堂等在灌淤土上进行了 8 年的定位施肥试验，连续 8 年不施肥，土壤有机质、氮、磷及钾的含量均明显下降。仅施氮、磷肥的，下降幅度减小。仅施土粪的（土粪有机质平均含量为 27.6 g/kg，用量为每年每公顷 15.8 万 kg），土壤有机质含量由 14.6 g/kg 增至 16.2 g/kg，平均每年增加 0.2 g/kg；全氮含量略有增加，有效磷和速效钾大体维持原有含量。施土粪加化肥的，土壤有机质增加幅度与仅施土粪的处理相似，全氮量增加较多，有效磷和速效钾也大体维持原有含量。这一试验说明，施用土粪有较好的培肥效果，施用土粪加化肥效果更好。何雄等提出新疆和田的吨粮田，每公顷有机肥的用量应由 45～52 t 提高到 75 t 左右。

施用厩肥或土粪是培肥灌淤土的传统经验，但近年来，农家肥料的积造减少、施用量降低，应给予重视。今后，应在发展畜禽饲养业的基础上增加农家肥料的施用量。同时，应组织城粪下乡、羊粪下山，以增加有机肥的来源。

（2）秸秆还田。近年来，大量推广秸秆还田有明显的增产作用。秸秆腐解后，在土层中留下孔隙，对改善土壤物理性质与耕性都有一定的作用。从短期材料来看，土壤有机质含量有增加的趋势。在宁夏平罗的试验中，每公顷每年施用 4 500 kg 小麦秸秆，4 年后表土有机质含量由 14.1 g/kg 增至 16.0 g/kg，略逊于施用土杂肥。施用土杂肥 4 年，表土有机质含量由 14.1 g/kg 增至 16.4 g/kg。

任振西等研究发现，秸秆还田方式有很多，有直接铡碎还田、留高茬（25 cm）还田、堆沤还田和过腹还田等。还田的秸秆量以每公顷 2 300～6 000 kg 为宜；高产田宜多，低产田宜少；低地宜多，高地宜少。在土壤氮含量较低时，秸秆还田必须配合施用氮肥，将碳氮比调节到（20～25）∶1。

（3）种植绿肥。因地制宜种植绿肥牧草也是灌淤土的重要培肥措施。据试验，春播及复种豆科绿肥平均鲜草产量分别达 54 t/hm² 和 15 t/hm²，土壤肥力也有明显提高。若将复种的箭筈豌豆直接翻压，肥效提高更为显著。宁夏中卫市早有稻田绿肥，20 世纪 60 年代，绿肥面积曾达稻田面积的 43%。20 世纪 70 年代以后，因更换了生长期长的水稻品种，稻田绿肥几乎绝迹。

陈文泗等研究的两粮一肥耕作制，在 20 世纪 70 年代后试点推广。小麦与玉米带状间种，小麦收获后复种绿肥（箭筈豌豆）或豆类，不仅增加了单位面积产量，还可培肥土壤、改善土壤物理性质（结构、孔隙及通气性等），土壤有机质虽未增加，但有效磷与碱解氮含量有明显增加。

某些耕地面积较大或为低产农田，应提倡麦后种植绿肥。新疆和田、喀什、阿克苏等地的灌淤土，光热条件更好，宜发展夏季填闲绿肥。不仅可以培肥土壤，1 亩苜蓿还可养 3 只羊。因此，种植绿肥牧草，除培肥土壤外，还可发展饲养业。

2. 合理施用化肥

（1）氮肥的施用。施用氮肥是提高灌淤土产量和培肥土壤的重要措施。宁夏熊志勋等用[15]N 示踪研究发现，灌淤土上生长的小麦所吸收的氮有 43.9%～58.9% 来自土壤，其余则须从当年施入的氮肥中吸收。氮肥被施入土壤后，被作物吸收利用的约占一半，被土壤固定和挥发损失的各约占 1/4。残留在土壤中的氮肥对后茬作物的后效甚微，仅占残留量的 5.63%。向敏超等用[15]N 研究新疆灌淤土在施用尿素后氮的利用和去向，得出的结论是，作物利用率仅 34.1%～35.9%，残留在土壤中的为 21.4%～28.0%，挥发损失的高达 36.1%～44.5%。可见，提高氮的利用率和减少氮的挥发损失是施用氮肥需要解决的两大问题。

关晓春根据多年来化肥用量试验及生产积累的经验，提出小麦施氮量为 195～240 kg/hm^2，每千克氮增产小麦 5～6 kg。

何文寿试验后得出中高产田施氮量（x）与小麦产量（y）的综合效应函数式为

$$y = 230.4 + 17.62x - 0.603x^2$$

施氮量（x）与玉米产量（y）的效应函数式为

$$y = 127.9 + 43.8x - 0.971x^2$$

从而求得小麦最高产量的施氮量为 219 kg/hm^2，经济最佳施氮量为 172.5 kg/hm^2；玉米最高产量的施氮量为 339 kg/hm^2，经济最佳施氮量为 289.5 kg/hm^2。因此，建议中、高产田施氮量，小麦为 180～225 kg/hm^2，玉米为 285～345 kg/hm^2。就小麦施氮量来看，何文寿与关晓春所提的数据大体一致。

为了减少氮肥的挥发损失，运输与储存时要注意包装严密。在施用方法上要注意改进，不宜撒施，宜适当深施。

（2）磷肥的施用。灌淤土有效磷含量不高，一般皆须适当施用磷肥。关于磷肥的施用量，应依据土壤有效磷含量的高低而定。吴祖堂等试验后提出了潮灌淤土在施用氮 180～210 kg/hm^2 的基础上不同有效磷含量条件下的施磷量。此后，吴祖堂等又在表锈灌淤土上进行了磷肥试验，表锈灌淤土均为稻麦轮作田，在每公顷施用土粪 10.5 万～15.0 万 kg 和氮 180～195 kg 的基础上，得出了稻茬和旱茬（非水稻茬）小麦地的最佳施磷量，当土壤有效磷含量在同一级别时，稻茬最佳施磷量高于旱茬，即稻茬应比旱茬施用更多的磷肥，其原因可能是稻茬土壤含水量高，土壤温度偏低，不利于小麦根系的发育和土壤磷的释放。可见，对表锈灌淤土来说，磷肥的施用宜偏重于稻茬。

根据新疆化肥试验网的资料，在每公顷施用 120 kg 氮肥的基础上，灌淤土（有效磷含量为 2.2～6.0 mg/kg）最佳磷肥施用量为 116 kg。

王鸿庆等研究了宁夏中卫市表锈灌淤土轮种水稻的磷肥施用量问题，土壤有效磷含量为 3～19 mg/kg，在每公顷施用氮肥 180 kg 的条件下，水稻对磷肥很不敏感，施磷增产不显著，可以不施磷肥；但插秧时气温低，为了促进水稻秧苗返青，用少量磷肥蘸秧根是有必要的。

灌淤土对磷有较大的吸附与固定作用，其固定率与溶液中的磷浓度有关。因此，在灌淤土上施用磷肥宜适当集中，不可撒施，以增加磷的浓度，减少磷与土壤的接触，从而减少固定，充分发挥肥效。

（3）钾肥的施用。灌淤土全量钾及速效钾含量较高。20 世纪 80 年代初期，宁夏农林科学院土壤肥料研究所和宁夏农业技术推广总站曾进行了 15 个有钾肥处理的试验，只有一个增产显著，说明土壤施用钾肥效果不明显。20 世纪 80 年代后期，由于复种指数和单产的提高，农作物吸钾量增加，而有机肥施用量相对减少，土壤速效钾含量有下降的趋势。根据李友宏的资料，1991 年 226 个土样速效钾平均含量为 173 mg/kg，比 1985 年土壤普查时的 231 mg/kg 降低了 58 mg/kg，相对减少 25.1%。宁夏农业勘查设计院对河套农业开发区的肥力监测结果和宁夏吴忠市的测定结果均表明，土壤速效钾含量有减少的趋势。有关单位的钾肥试验结果已表现出增产效果：宁夏农业技术推广总站于 1990—1991 年的 5 个水稻钾肥试验有 3 个增产超 5%、2 个平产，3 个玉米试验有 2 个增产明显。吴忠市1992 年在田桥开展水稻试验：在施用氮肥和磷肥的基础上，每公顷施用钾肥 60～180 kg，增产5.5%～15.9%；用量达每公顷 240 kg 时，产量下降；3 个西瓜田试验，有 2 个增产显著，4 个小麦试验，有 1 个增产达显著水平。李友宏于 1991 年进行水稻施用钾肥试验，增产 2.9%～4.9%，其中每公顷施用 120 kg 钾肥处理的增产效果最好。孙尚忠所做的甜菜钾肥试验也获得增产的效果。谭德水通过 14 年的定位试验发现，施用钾肥、秸秆还田和秸秆还田配合施用钾肥对小麦和玉米均有明显的增产效应，且 3 种方式在玉米上的增产效果优于小麦；同一作物秸秆还田结合施钾肥的增产效果最好；施用钾肥在玉米上的显效时间早于小麦。此外，施钾肥或秸秆还田提高作物养分收获量源于植株生物产量提高和体内养分含量提高的双重影响，施用钾肥可促进作物籽粒对氮、磷和中量元素的吸收但降低秸秆营养器官的中、微量元素含量，钾肥对籽粒钾含量影响不大但明显提高茎叶中的钾含量。由此可见，随着农业生产的发展，土壤速效钾含量出现下降趋势，钾肥的施用也须予以重视。

（4）微量元素肥料的施用。灌淤土含有一定量的微量元素，新的灌淤物和有机肥都会带入一定的微量元素，加之农作物吸收利用的量不大，因此一般不需专门施用微量元素肥料。但据娄春恒等在新疆库车及喀什等地试验，在不缺硼的棉田内，于盛蕾期和花铃期喷施硼酸溶液，仍有增产和增进品质的效果。在薄层灌淤土上种植果树，若灌淤层以下为沙土层或钙积层，因沙土层和钙积层的微量元素很低，在果树生长的中后期，根系伸入沙土层或钙积层，有可能出现因缺铁而引起的黄叶病。

总之，各种灌淤土的有机质和大量、中量微量元素的含量有一定差异，各类农作物的营养要求也不一致。须根据具体条件进行测土配方施肥，即在作物收获后或播种前，测定土壤的养分状况，根据作物需肥规律，确定各种肥料的适宜比例与用量，做到合理施肥，以求增产、增收和培肥土壤。

（四）深耕

灌淤土耕层比较疏松，心土层比较紧实。因此，适当深耕可以改善心土层的物理性状，有利于增产。对经过倒槽深翻（表土与底土不混）的潮灌淤土进行测定，土壤容重明显降低，总孔隙度增加较多。

鉴于农作物根系主要分布于 0～40 cm 土层，故深耕深度不必超过 40 cm。20 世纪 80 年代，宁夏平罗县曾进行深松耕，5 年共达 16.8 万亩。深耕深度达 30～50 cm，使 0～50 cm 土层的小麦根量增加 36.3%，增产 5.4%～16.6%。因此，深耕是改善土壤物理性质、增加产量的有效措施。应在县或乡农机站准备深耕设备，帮助农户进行深耕，使灌淤土农田在 1～3 年内至少深耕 1 次。

（五）改良土壤质地

有的灌淤土由于质地黏重，需掺入沙土，以改良质地。新疆阿克苏地区库车市乌恰镇大哈拉村的灌淤土，土壤质地原为粉质黏壤土，比较黏重，当地农民从渠道中拉沙，每公顷 900 m³ 左右，经多年改良，表层质地已改为壤土。

前边提到，在灌水过程中，田块进水口的淤积物质地偏沙，小地形高起。群众均及时将沙质土铲除或插花取土，将其分散撒在田中或拉回垫圈。

三、适当调整产业结构、加强资源与环境保护

（一）适当调整产业结构

灌淤土虽具有多宜性，但以前粮食作物占比过大，经济作物占比过小，农村多种经营方式规模小，二、三产业发展程度低。虽然单位面积产量和人均产粮水平较高，人均农村社会总产值却较低。如宁夏古灌区，1991 年粮食单位面积产量每公顷达 5 130 kg，人均产粮 943 kg，均高于同期全国农村人均水平；但人均农村社会总产值仅 1 632 元，比全国人均水平少 224 元，低 12.1%。

为适应市场经济、增加农民收入、充分发挥灌淤土多宜性的潜力，宜适当调整农村产业结构，促使农业由单一化向多元化、综合型发展。各地条件不同，结构调整的具体方案可因地制宜。

进一步调整种植业内部结构，在不放松粮食生产的前提下，适当提高经济作物的占比，扩大枸杞、甜菜、苹果、葡萄、西瓜、甜瓜、啤酒花、葵花及棉花等名特优产品的生产规模。并可根据条件，建立满足市场需要的优质与优势作物生产基地。城镇附近宜扩大蔬菜种植规模，针对华北和西北地区冬春鲜菜不足的情况，建立或扩大温室及温棚菜地。近年来，宁夏银川蔬菜种植面积已占农作物播种面积的 15%，节能日光温棚已发展到 15 万间，各类蔬菜总产量达 10.7 万 t。

根据当地条件，适当发展立体种植方式，这是充分发挥灌淤土生产潜力、促进种植结构调整的重要措施。夏粮与秋粮、粮食与豆类、甜菜与蔬菜、农作物与果树或绿肥的间套种植均可发展。新疆和田灌淤土地区的立体种植很有特色：路边栽种葡萄，利用道路搭成大棚，形成葡萄长廊，1989 年和田县已达 426.2 km；按结果为 295 km 计算，每公里平均产量为 12 892 kg；每公里长廊实际只占耕地 0.25 hm²，而占路 0.55 hm²，即在 0.25 hm² 的耕地上可获得 0.8 hm² 的产量。毛渠栽桑，共达 612 万株，发展了养蚕。农田小麦带状间种玉米或套种蔬菜。条田实现林网化。生态环境改善，生产发展，农民收入增加。和田县人均耕地仅 0.105 hm²，发展立体农业后，农民的人均收入由 1978 年的 51.76 元增至 1989 年的 412.00 元，人均占有粮食超过 500 kg，人均占有林木 464 株。

种、养、加相结合是发展生产、实现农产品增值的有效途径，同时可收到培肥土壤的效果。如宁夏吴忠市利通区汉渠乡把种植业、奶牛养殖业及奶制品加工业有机地结合起来，依托种植业，发展奶牛养殖，全乡奶牛养殖户已占全乡总户数的 73%，养殖奶牛 2 688 头，收入达 892 万元，占农业总收入的 56%。乳制品厂年利税达 115 万元。奶牛的养殖还为农田提供了优良厩肥，汉渠乡每年可产生厩肥（牛粪）约 7.2 万 t，每年可减少化肥开支将近 12 万元，节省化肥近 300 t。同时，有机肥的大量施用使得 150 多 hm² 低产田的产量成倍地增长。各地条件不同，种、养、加的方式可以多种多样，如蔬菜的种植与脱水蔬菜的加工、芦笋的种植与加工等。

（二）加强资源与环境保护

灌淤土是干旱、半干旱地区的主要农用土壤资源，必须十分珍惜、加强保护。近年来，随着城镇建设和开发，乱占乱用或占而不用的现象增多。灌淤土耕地一般应划为基本农田保护区的重点保护对

象，依法加强保护，不得随意占用。

工业"三废"的排放使灌淤土受到污染的事件时有发生。甘肃天水市武山县桦林镇用污水灌溉灌淤土农田，减产 50％以上，果品蔬菜品质下降。宁夏大武口电厂废水浸淹附近灌淤土农田 200 余 hm²，4 年共减产粮食 500 万 kg。工业废水排入灌水渠道或排水沟道，导致灌淤土受到污染的现象也屡见不鲜，在宁夏银川市菜田土壤中已发现氟、铅、汞及镉。为了保护灌淤土农田，使其产品不受污染，应依法管理灌淤土地区的工矿企业，监督其"三废"治理及排放情况。

第九章 | 灌淤土的可持续利用对策与建议 >>>

第一节　灌淤土分区利用改良总体思路

　　土壤分区改良就是根据土壤改良需要的程度和进行改良措施的特点及条件，将改良地区划为不同的分区，有针对性地进行土壤改良利用。这种改良利用方法综合考虑了改良区域的自然地理条件变化趋势，考虑了土壤的分布规律、土壤和生物气候特征的关系，以及农业对土壤的影响因素，以地形单元为基础，分区界限不受行政界限的限制，可保持自然单元的完整性，使得各分区在土壤利用改良上有明确的发展方向。土壤改良分区是在充分分析土壤各项资料的基础上，根据土壤的肥力属性和组合特点及其与自然条件和农业经济条件的内在联系而进行的分区，因地制宜地提出土壤改良利用的主攻方向和措施，可以为土壤改良区域的土壤综合利用、治理、土壤利用的全面规划、农业发展合理布局提供依据。

　　土壤改良分区系统一般分为改良区、亚区和小区 3 级。①改良区是指土壤改良条件、生产性能和改良利用方向基本一致的区域，通常与大、中地貌类型相吻合。②亚区是指在同一改良区内因土壤改良条件的差异和另有次要的土壤障碍因素而改良利用途径和措施有所不同的区域，常与中、小地貌单元类似。③小区是亚区的续分，主要反映土壤生产性能和改良措施在程度上的差异。

　　灌淤土是干旱、半干旱地区灌溉农业的产物，是自然因素和人为因素综合作用的结果。那么，由于地形差异、灌淤土层厚度差异和区域分布土壤质地差异，长期耕种作物不同，各种灌淤土的肥力、质地、土壤质量等必定存在差异。那么，依据灌淤土的区域特点，合理制定分区成为灌淤土改良的前提。

　　灌淤土分区改良也要遵循土壤分区改良的总体思路，要将灌淤土改良区域分为 3 级，即灌淤土改良区、灌淤土改良亚区、灌淤土改良小区。

第二节　灌淤土分区利用改良基本原则

　　灌淤土分区利用改良可以遵循综合性和主导因素相结合的原则，即可以将土壤结构特性、农业利用特点、改良方向一致的区域划分为一个分区，可以将地貌及灌淤土形成特点一致、区域分布邻近的区域划分为一个分区。同时，要兼顾影响该区域灌淤土生产的主导限制因素，将改良利用方向一致的土壤归为同一分区。在进行分区时，以土壤分布特点及肥料状况为基础，以自然条件和各成土因素为依据，以反映自然单元与农业经济发展的内在联系、综合治理、合理利用为最终目标。遵循的原则如下。

一、遵循科学性原则

灌淤土改良利用分区应充分如实地反映各灌淤土分布区的自然规律和肥力特点，并揭示区域性差别。既要充分考虑各灌淤土区土壤的一致性、土壤及其自然地理因素的一致性，这些因素包括地形地貌特征、土壤理化性质、地下水深度、地下水矿化度、地下水化学性质、土壤母质、覆盖植被类型、境内河流分布、地面积水、农业发展条件、灌溉方式等，又要考虑其局部的特殊性，要客观反映各区自然和农业经济条件差异，如要充分考虑分区农业生产限制因子、土壤肥力限制因素、作物产量提高的障碍因素（自然因素和人为因素）等个性问题。将共性问题作为分区归并的依据，将个性问题作为改良意见提出的依据；在划分土区、土片时，要避免主观随意性，既不能机械割裂，也不能囫囵归并。

要按照区域自然生境条件综合分析，把改良和利用有机地结合起来，在改良的基础上利用，在利用中加以改良，使得用地和养地有机融合。在确定改良利用方向时，要远近结合，以近为主，抓住主要矛盾，分析主要问题。在综合考虑应对方案时，既要坚持当地当前生产服务需求，又要综合考虑区域战略性的发展布局。

二、充分考虑生产性

灌淤土改良利用分区应因地制宜，有针对性地划分分区，要充分考虑地区共性特点，把个性问题作为分区改良的主攻方向。首先，分区要充分反映区域灌淤土的农业生产特性，针对当地土壤以及与土壤有关的农业生产问题，提出合理利用的提案、改良和培肥土壤的建议。要挖掘该区域灌淤土的主要障碍因子是什么，分析消除此障碍因子的途径，以确定最佳土壤改良利用方式。其次，确定土壤改良利用方向措施，要注意远近结合、以近为主、切合实际、服务当前。但在发展生产的方向上应尽量考虑长远些，要有战略性，即根据主要矛盾和特点提出改土用土的指导思想和战略措施。

三、结合当地改良经验

在进行灌淤土改良分区时，应充分考虑分区、片区已有的灌淤土改良经验，尊重该片区对于灌淤土的分区划分和命名经验。可以与当地土壤部门组织不同形式的座谈会和专题调查，反复讨论分区方案。

四、综合考虑各方面因素

灌淤土改良利用分区必须坚持综合性的原则。要充分考虑灌淤土与其他自然环境条件的生态统一，综合考虑多方面的因素，而不可仅根据土壤或某些单一因素划分，要综合考虑自然条件和社会经济条件的关系；另外，要考虑该片区现有农作制的特点（包括耕作、轮作、种植、施肥、灌溉等制度的特点），根据这些特点制定切实有效的改良利用举措，以便充分产生社会效益、经济效益，要充分可持续利用，坚持用养结合。

五、充分考虑可预见性

在充分考虑分区土壤现状、障碍因素等问题的同时，还要充分考虑改良利用措施下灌淤土的发展方向，在实施改良方案的同时，既要有预见性，也要提出问题。若发现改良方案有问题，应及时变更，以防止灌淤土改良利用向不良方向发展。

第三节　灌淤土改良重点区域

灌淤土是灌溉地区分布最广的一种农业人为土壤，经过人为影响，熟化程度高，土壤肥力较高，具有广泛的适宜性。适宜栽培的作物主要有小麦、玉米、水稻等粮食作物，胡麻、油菜、棉花、向日葵等油料作物，杏、桃、梨、葡萄、石榴等水果，以及蔬菜、树木等。灌淤土分布主要集中在内蒙古、宁夏、甘肃及青海黄河冲积平原，甘肃河西走廊，新疆昆仑山北麓与天山南北的山前洪积扇和河流冲积平原。对灌淤土的利用和改良应因地制宜。重点改良的区域应该为引灌农田，以保证农田生产力的可持续发展。可以针对不同区域提出不同的改良措施。

高扬程灌区普遍存在土壤瘠薄、养分含量低、盐分含量高、保水保肥性能差、作物出苗保苗困难等问题，改良利用中要注重有机肥的抑盐改土培肥作用，并与节水灌溉控盐技术、地面覆盖抑盐技术、耕作措施控盐技术、盐碱地改良剂、耐盐作物与品种等综合应用，尽量将土壤盐分控制在耕层以下，做到有盐无害，减轻对下游土壤次生盐渍化的影响，以免造成生态破坏。低扬程灌区和自流灌区土壤养分含量相对较高，土层结构相对较好，灌水量和有效活动积温相对较充足，主要面临的是次生盐渍化耕地治理问题。一方面，要加强耐盐高效经济作物的引进、筛选及应用；另一方面，要从耕作制度改革入手，加强垄膜沟灌、膜下滴灌、春季返盐期地表绿色覆盖、水旱轮作等技术模式的应用，通过改变微域环境来减轻土壤盐渍化对作物的危害。另外，由于高扬程灌区土壤脱盐后不重视灌溉管理，造成部分耕地发生了碱化。低扬程灌区和自流灌区都重灌轻排，大量高产良田都不同程度地发生了次生盐渍化，这些问题也必须给予足够的重视。

第四节　灌淤土改良技术途径

一、改善施肥习惯，增施有机肥、绿肥

灌淤土所处的地理位置决定了其土壤的主要障碍因素是缺水、土壤盐渍化和沙漠化。土壤有机质分解速度快，有机质和氮在土壤中难以积累。为补充土壤养分，化肥被大量投入，为追求高产而进行的大量化肥投入、化肥投入量比例不合理等问题引起的负面效应日益凸显，如土壤质量下降、土壤微生态环境改变等，这些问题均严重影响了灌淤土农田生产力。因此，改善施肥习惯，通过增加有机肥用量能达到提高土壤有机质含量及增加氮供应的目的。同时，要因地制宜地改善施肥管理，合理施用氮、磷肥，调整氮磷比，根据作物生长需肥规律，确定肥料用量，改变施肥次数以提高肥料利用率，通过秸秆还田、增施有机肥提高土壤有机质含量；改善种植环境，如以稀土拌种，对小麦、水稻、甜菜、蔬菜等均有增产作用。

绿肥被认为是养分完全的生物肥源，在土壤改良方面可发挥很大作用，在灌淤土上推广种植首

蓿、毛苕子、草木樨等非豆科绿肥以及豌豆、麻豌豆、蚕豆等豆科绿肥，可以为贫瘠灌淤土补充有机质、氮、磷、钾以及多种微量元素养分。同时，能改善土壤结构和理化性质，提高土壤保水保肥能力，还可防止或减少水、土、肥流失，改善农田生态环境，为农业的可持续发展提供保障，以促进畜牧业发展，实现物质与能量的良性循环。

二、采取合理的耕作措施

农田耕作措施与土壤的保水保肥性能密切相关，针对灌淤土保水保肥性能差的特点，在农事操作过程中，可春浅耕、秋深耕，深耕可加厚耕作层，结合播种前后的耙、磨、镇压等操作，可显著提升土壤的保水保肥性能。另外，可实行作物秸秆还田和高茬还田，既可增加有机物质积累，又可以保持土壤水分和减缓土壤的沙化与盐渍化，提高土壤基础生产力。

改变栽培方式，如宁夏等地实行小麦或玉米带状间作、麦带套种豆类或麦后复种绿肥是一种用地与养地相结合的良好办法。

根据土壤特性，选择适宜的作物种植，如普通灌淤土地下水位深，尤宜枸杞（宁夏）、棉花（新疆）等经济作物的生长。盐化灌淤土适宜种植向日葵及甜菜等耐盐作物。冷灌淤土温度低，一般只适宜种植青稞与豌豆。

三、加强农田基本建设

灌溉是影响灌淤土形成和发展的主要因素。然而，灌淤土区农田已有的灌溉系统陈旧失修问题突出，这导致渠系灌溉水渗漏损失严重、渠系水利用率低，对于灌淤土区，水资源浪费是严重制约灌淤土农田生产的因素。因此，要想改良灌淤土，进行农田基本建设、改善灌溉技术是关键。

对于农田系统，要改变以往的大水漫灌，修建拦河枢纽工程、防渗渠道和必要的山区调蓄水库，引蓄山区径流，要对现有农田设施进行升级改造，常见的措施有渠道干砌卵石、混凝土板衬砌、铺垫塑料薄膜、将黄土夯实垫渠、以草泥护渠等。

大力推广节水灌溉技术，如推广滴灌、喷灌等灌溉技术，通过合理灌溉提高水分利用率、提高灌淤土耕地水分生产效能。针对自然区域的灌淤土，在河流沿岸筑坝并植护岸林以防止灌淤土农田被冲塌。洪积扇地区的灌淤土，须注意防止山洪的冲刷。

要建立有效防护林。灌淤土区干旱少雨多风，有些灌淤土被荒漠包围，因此，要建立有效防护林，改善灌淤土生态环境。由于灌溉，灌淤土区沟渠、道路交错密布，为节约土地，可沿沟、渠、路两侧营造护田林带，林带网格不宜过大。

已有农田道路以及乡县道路质量不佳，影响农田田间运输，为有利于农业发展，应对田间道路进行合理规划和改造。农事操作直接影响农田质量，因此，对农田要精细平整，做到同一地块高度差不超过 5 cm，农田平整有利于灌溉，可节约用水。在盐渍化或者有盐渍化威胁的灌淤土区，要建立完善的排水系统，防止土壤盐渍化。

四、盐化灌淤土改良

灌淤土处于内陆气候干旱区，降水量小、蒸发量大；土壤 pH 高，偏碱性。灌淤土分布区地貌特征差异明显，而盆地、洼地等低洼地形容易形成水、盐汇聚，如冲积平原的微斜平地，排水不畅，土壤容易发生盐渍化，但一般较轻；而洼地及其边缘的坡地或微倾斜平地则分布着较多的盐渍土。人为耕作农田系统的不完善也容易导致灌淤土盐渍化，如农田排水不畅、排水系统不完善、灌溉技术落后、耕作技术不当、引灌水来源不当、长期引用咸水灌溉等，这些人为因素也容易致使灌淤土盐渍化。

灌淤土盐渍化是限制灌淤土生产力的一项重要因素，产生的危害主要有以下几方面：①灌淤土盐渍化会降低土壤营养元素的含量。土壤出现盐渍化现象会造成所含有的碳酸根离子大量增加，进而造成土壤中的镁、铁以及铜等离子的大量沉积，土壤可直接利用的营养元素匮乏，同时会造成有效磷含量降低，磷的有效性随之降低。②灌淤土盐渍化会致使土壤理化性质恶化，造成土壤耕性下降、土壤板结、水稳性团聚体数量减少、土壤孔隙度降低、非毛管孔隙变少、地下水矿化度提高、水变苦、地下水源利用受限制。土壤保墒能力下降直接引起作物生长所需的水分无法及时供应，出现生理干旱，妨碍作物生长，影响作物产量。

为防治灌淤土盐渍化危害，可采取如下措施。

（一）物理改良

平整土地、深耕晒垡、及时松土、抬高地形、微区改土。对于新垦田地，可进行深耕。先对地块进行深耕，深度为 30～40 cm，要求土壤细碎，无明显大块土壤，最好纵横多次耕种，目的是让盐分充分暴露在空气中，便于后期治理。对于条田地块中局部地带地块上形成多处盐斑、盐分表聚且分布不均匀的田块，改良措施如下。

（1）平田整地，消灭盐碱。平田整地要因地制宜，重度盐渍化土要先刮去表聚盐结皮，再平整，避免盐分向高处集中形成盐斑。

（2）合理耕作，用改结合。增施有机肥、秸秆还田、翻压绿肥牧草、使用腐殖酸类肥料等改良盐渍土，都可收到脱盐与培肥的较好效果。

（3）在灌溉后及时中耕，切断表土与底土毛细管的联系，阻止盐分上升。

（4）适时耙地。耙地可疏松表土，截断土壤毛细管水向地表输送盐分，起到防止返盐的作用。耙地要适时，要浅春耕、抢伏耕、早秋耕、耕干不耕湿。

（5）定向诱导缩小盐分差异化分布。主要采用化学方法，最常用的是有选择性地重点施在耕地盐碱斑的地带，将一定量的石膏（硫酸钙）作基肥一次施入，使钙离子代换钠离子从而得到改良；或在土壤中注入聚丙烯酸酯溶液，在土壤中形成 0.5 cm 的不透水层，从而减少土壤水分的蒸发，减少盐分因随毛管水蒸发而在表土累积。

（6）施用盐碱地专用土壤调理剂。先将土地深翻、耙平，然后将定量治盐碱的土壤调理剂加水稀释（稀释倍数不限，以省时、省力为宜），均匀喷于地表后再灌水，防止跑水、串灌。滴灌时，可以在滴出苗水时施用，增加出苗率，也可以在苗期随水滴施，苗期施用时间越早越好，缺水地区可以穴施。

（7）渠道防渗对防治土壤盐渍化具有重要意义，因此要加强渠道升级改造和维护保养，提高灌水效率，节约用水，要根据作物需水特点、土壤特性，建立和实施科学合理的灌溉制度。

（二）化学改良

土壤调理剂主要有疏松土壤、改善土壤团粒结构、调节土壤酸碱度的特殊作用，有条件的地方可施用土壤调理剂来进行改善。如施用石膏、磷石膏、过磷酸钙、腐植酸、泥炭、醋渣等。如碱化土壤或碱土中含有大量苏打及交换性钠，致使土壤分散，呈强碱性，引起土壤物理性状不良，改良这类土壤除了消除多余的盐分外，还应消除土壤胶体中过多的交换性钠和降低土壤强碱性，在国外多施用大量的石膏、硫酸亚铁（黑矾）、硫酸、硫黄等，起到降低土壤碱性、协调和改善土壤理化性状的作用。

灌淤土是人为土，农田耕作化肥等的投入对灌淤土盐碱平衡至关重要。因此，施肥要以有机肥和高效复合肥为主，控制低浓度化肥的施用。

1. 坚持以有机肥为主　有机肥经微生物分解、转化形成腐殖质，能提高土壤的缓冲能力，并可与碳酸钠作用形成腐殖酸钠，降低土壤碱性。腐殖酸钠还能刺激作物生长，增强抗盐能力。腐殖质可以促进团粒结构形成，从而使孔隙度增加、透水性增强，有利于盐分的淋洗，抑制返盐。有机质分解过程中产生大量有机酸，既可中和土壤碱性，又可加速养分分解，促进迟效养分转化，提高磷的有效性。

2. 合理选用化肥种类　化肥要选用高效复合肥，高浓度复合肥无效成分少、残留少，但化肥的用量每次也不能过多，以避免加重土壤的次生盐渍化，施化肥后应灌水，以降低土壤溶液浓度。

化肥大多数是盐类，有酸性、碱性、中性之分。酸性、中性化肥可以在盐碱地上施用，而碱性肥料则应避免在盐碱地上施用。如尿素、碳酸氢铵、硝酸铵等在土壤中不残留任何杂质，不会增加土壤中的盐分和碱性，适宜在盐碱地上施用；硫酸铵是生理酸性肥料，其中的铵被作物吸收后，残留的硫酸根可以降低盐碱地的碱性，也适宜施用；草木灰等碱性肥料就不适宜在盐碱地上施用；盐碱地作物施用磷肥时，应选用过磷酸钙。而钙镁磷肥是碱性肥料，在盐碱地上施用不仅没有效果，还会导致土壤碱性加重。对于长期施用碱性肥料的土壤，可以在施用酸性肥料的同时配施微生物菌肥，微生物菌肥中菌种的代谢产物（如吲哚乙酸、细胞分裂素、赤霉素等）可有效地调节土壤的酸碱度，促进根系生长、激活土壤中淋溶固定的磷、钾元素，从而在提高肥料利用率的同时，减少土壤盐渍化现象的发生。

（三）生物改良

从 20 世纪 70 年代引水灌溉工程大规模开工建设以来，甘肃沿黄灌区采用水利、物理、化学、农艺等措施，对灌区内盐碱地进行过不同规模的改良，取得了较好的效果。但随着人们对该灌区盐渍化问题研究的深入，人们逐渐认识到要根治盐碱并不容易，而通过农艺技术的综合组装配套，可以将盐分控制在耕层以下，实现有盐无害，使作物无产变有产、低产变中产、中产变高产，既能使盐碱地在利用中得到改良，也可以减轻上游开发利用对下游土壤次生盐渍化的影响。因此，要重视盐碱地农业高效利用技术模式的研发与应用，并强化生物治理措施在盐碱地上的应用，把它作为一项长久的战略来逐步推进和实施。对一些弃耕的盐碱荒地，可以先引种耐干旱、耐盐碱的绿肥先锋作物，再过渡到草田轮作，因地制宜地发展粮肥间作。对一些重度盐碱地，在化学改良的基础上，可以种植经济价值较高的耐盐作物，如枸杞、中药材、油葵、碱茅草等。耐盐碱作物可培肥土壤，连续种植可大幅降低土壤中的含盐量。还可使用微生物菌肥等。植树造林对改良盐土有良好的作用，林带可以改善农田小气候，降低风速，增加空气温度，从而减少地表蒸发、抑制返盐。

（四）优化水土资源利用布局，调整农业产业结构

多样的地形地貌特征和特定的土壤母质、水文地质条件导致甘肃沿黄灌区的水土资源利用状况差异较大。兴电灌区设计灌溉面积为 1.0×10^4 hm²，实际灌溉面积达到了 2.13×10^4 hm²，超出了

113%；刘川灌区设计灌溉面积 5.0×10^3 hm²，实际灌溉面积达到了 7.9×10^3 hm²，超出了58%。而靖会、榆中三角城、皋兰西岔、引大、景电二期等灌区，实际灌溉面积只能达到设计灌溉面积的78.3%～96.7%，由此造成有些灌区水资源总量严重不足，有些灌区却水资源浪费严重。因此，各灌区要以区域水盐平衡为依据，对水土资源进行综合平衡，合理安排水资源利用与土地开发整理，以灌区为单元建立完善的排水、排盐系统，上下游兼顾，既要考虑上游开发，又要考虑下游次生盐渍化防治。在现有生产技术条件下，要把中低产田改良、次生盐渍化防治和提高现有耕地的生产潜力作为突破口，对农、林、牧、草混合农业体系及种植业结构进行调整优化。

（五）水利改良

通过水利措施进行排盐、洗盐，降低土壤含盐量。例如，现有的排水方式大多为明沟排水，遇到地势低洼地带会出现排水不畅通的现象，这样的地区可建立排水站扬水排水；同时，要结合各地不同自然条件和地形部位的特点，建立排灌系统，灌溉使土壤中盐分溶解于水中，通过在土壤中渗透，自上而下地把表土层中的可溶性盐洗出去，然后由排水沟排除，另外，可配合其他有效的农业耕作措施（如水旱轮作等）进行排水改良。现有灌区沟渠系统不完善，因此，要加强建设完整的农田灌溉系统，建立完善的排水系统（沟排或井排）进行排水，实行合理灌溉，节约用水，防止深层渗漏，以降低地下水位；对于排水系统应加强维护和管理，要及时清理淤积物，加强沟坡维护。要因地制宜地采用排水方式，如宁夏古灌区自流排水较困难，可采用竖井排水的方式。

有条件的地方还可进行泡田。操作步骤如下：在田块筑 30～50 cm 高的田埂，要坚固牢靠不漏水，在田地周围挖排水渠，排水与进水要分开，且排出的水远离进水水源。工作完成后，向地块蓄水、浸泡，浸泡时间大约为 2 d，排出后再蓄水。如此 3 次后将地块晾干，查看是否还有大量盐分结晶。如果没有，可进行下一步操作；如果有，则继续浸泡。

地形部位高低对盐化灌淤土的形成影响很大，地形高低直接影响地表水和地下水的运动，与盐分的移动和积聚有密切关系，低洼地带容易形成水盐汇集，因此，容易产生盐渍化危害。从大地形来看，易溶性盐随着水从高处向低处移动，在低洼地带集聚。低洼盐碱土一般易积水，含盐量高，其 pH 在 8 以上，造成地表结皮、水下渗困难，严重妨碍作物的正常生长。

针对地势低洼的地形，可采取以下措施进行改良。

1. 冬灌洗盐压碱 在冬前进行高埂深水压碱，将有害盐类经过灌溉水洗入底层，对常年渗水差、土壤结构坚实的地块洗盐效果比春灌好，既可以改良土壤团粒结构、防板结，又可以提地温、保墒防盐。

2. 结合灌溉冲施硫酸亚铁 硫酸亚铁和水作用可生成硫酸，硫酸可直接起中和作用，降低土壤碱性，在石灰性土壤中，又可与土壤中的石灰发生反应，生成石膏。

3. 灌溉时配合改良材料 改良材料为改性硅酸盐、改性复合盐等。改良材料从土壤中吸附较多的水分并固定，保持土壤的湿度，降低土壤溶液含盐量。

4. 客土 可以选择客土移培的方法，即寻找优良的土壤来对局部盐碱地块进行改良，把优良的土壤铺到盐碱地中，厚度大约为 20 cm，以稀释原土壤中的碳酸盐成分。

5. 增施有机肥 有机肥转化成腐殖质，提高土壤保肥能力、减轻盐渍化降低土壤中含盐量与 pH，促进土壤熟化，起到"肥大吃碱"的作用。

6. 适时中耕 作物生长期灌溉后要及时中耕，切断表土与底土的毛细管的联系，阻止含盐量上升。

（六）加强水资源利用，建立节水农业体系

甘肃沿黄灌区虽然处在黄河中上游，但依然面临水资源的制约，主要表现如下：①总量不足。甘肃沿黄灌区现有大、中、小高扬程提灌工程100多处，农田实灌面积达 $3.845\times10^5\ hm^2$，其中扬程在 $200\ m$ 以上的有 $2.0\times10^5\ hm^2$，年提水量只有 $1.0\times10^9\ m^3$，毛水量只有 $5\ 000\ m^3/hm^2$，很难满足目前灌溉方式和耕作栽培方式下作物的用水需求。②灌水时间错位。兴电、靖会二期、景电二期等灌区，由于扬程高、输水距离远、提灌能力有限、扩灌面积大，轮灌周期延长，每灌一次水从远到近（或从高到低）需 $25\sim30\ d$，最多达到 $45\ d$，一方面造成灌溉保证率降低、灌水次数减少（以前小麦全生育期能灌4次，现在最多灌3次），另一方面无法保证作物关键生育时期的用水需求，从而影响产量，降低灌溉水的利用率。③传统的大水漫灌方式致使稀缺宝贵的水资源在利用过程中被浪费掉。④灌溉成本高。虽然国家对高扬程提灌水的成本进行了补贴，但农户的收费水价依然达到了 $0.32\ 元/m^3$，对农民来说是个沉重的负担。因此，必须加强水资源利用，建立灌排结合的农业用水体系，努力提高渠系水利用系数和灌溉水利用率。同时，要以水盐平衡的理论为指导，在计算机水盐运移仿真模型的支持下，根据不同灌区的土壤、水文地质条件和作物耐盐情况，确定科学节水条件下的灌溉制度（包括淋洗定额和频率）和调整排水设施。

（七）加强水盐运移动态监测，建立预警评价体系

西北干旱区水土资源能否永续利用，关键在于是否优化调控盐分的空间分布。甘肃沿黄灌区要以灌区为单元合理调配水资源，建立长期的水盐动态监测体系，研究不同灌区的水盐平衡过程和盐渍化土壤的分布及演变规律，分析土壤水盐与生物分布规律之间的关系。探讨不同灌区各主要生态系统类型的水盐运行规律，确定工业、农业、生态用水的分配比例及其与盐分积累的关系。研究地膜覆盖条件下的土壤水盐运移规律及其与作物生长的关系，探明地膜覆盖条件下的土壤水盐运动过程、膜下作物耐盐指标和持续利用技术，建立地膜覆盖条件下的洗盐治盐模式。研究垄作沟灌、垄膜沟灌、膜下滴灌等模式的水盐运移规律，建立节水条件下不同盐分类型和含盐量土壤洗盐治盐模式。此外，有些灌区地势平坦、面积辽阔，可以运用电磁感应土壤盐分测量技术（EM-38）、地理信息系统支持下的制图技术等快速确定盐碱地土壤盐分空间分布状况和盐分来源及去向，对土壤盐渍化程度进行判定，对土壤次生盐渍化发展的趋势进行监测和评估。

第五节　灌淤土改良保障措施

建立土壤分区改良利用管理体制，落实属地责任。同时，建立分区内行政片区协调合作的机制，协调解决重大问题。另外，应建立相应的督查制度，保障灌淤土改良的质量。

一、统筹合理使用资金

要加大灌淤土分区改良片区的资金统筹力度，合理分配资金以开展灌淤土改良利用综合工作，考虑将灌淤土改良资金纳入当地财政预算，形成长效的资金投入机制，保障灌淤土改良工作的可持续性。

二、加强技术能力建设

改良要以预防为前提，要想改良土壤，就要杜绝土壤污染等危及土壤质量和土壤环境安全的行为。因此，要加强分区内土壤环境监测、监管执法、应急能力等的建设，配备必要的监测仪器设备、现场执法装备等，建立片区内土壤质量监测网点，进行灌淤土质量的实时跟踪监测。同时，要着力提升片区内土壤相关部门专业技术人员队伍的业务素质，进行技术人员培训。

三、加快科研投入，提升改良水平

充分发挥片区内高等学校、研究机构、企业等自身科研优势，开展土壤质量普查、土壤污染调查监测、土壤利用限制因素调研、应对土壤问题的修复等关键技术研究。加快推进科研基础设施、实验室、科研基地的建设；在各级科研课题中，加大灌淤土改良科研项目支持力度；加快灌淤土改良研究成果推广、技术转化和应用，促进片区内灌淤土改良良性发展。

四、做好宣传，提升保护意识

要促进灌淤土改良利用与农业环境保护关系的宣传教育工作，向农民普及灌淤土改良利用的好处及如何进行土壤环境保护与改良的知识，加强法律法规政策宣传解读。树立"保护土壤人人有责"的意识，营造保护土壤环境的良好社会氛围。

五、推进法治保障

国家已出台多项与土壤相关的法律法规，对于土壤质量安全的总体思路是"预防为主，保护优先，防治结合，风险防控"，要依据各项法律法规，对危及土壤安全、土壤质量、土壤环境的行为说不，做到依法防治。强化政府、企业和公众在土壤污染防治、修复与改良等方面的责任。相应地，各省份地方政府也出台了相关的土壤改良方案和办法。因此，对于分区内灌淤土质量重点问题，要强化源头防控、狠抓重点区域、深化综合治理防控、提升管理水平、健全长效机制。

主 要 参 考 文 献

车宗贤，俄胜哲，袁金华，等，2016. 甘肃省耕地土壤肥力演变 [M]. 北京：中国农业出版社.

陈隆亨，1992. 河西走廊灌淤土的系统分类：中国土壤系统分类探讨 [M]. 北京：科学出版社.

陈小红，何春雨，2007. 陇中兰州地区厚层灌淤土研究概况 [J]. 土壤肥料（11）：50-51.

崔文采，1979. 新疆的灌淤土 [J]. 土壤通报（1）：11-13.

段英华，卢昌艾，杨洪波，等，2018. 长期施肥下我国灌淤土粮食产量和土壤养分的变化 [J]. 植物营养与肥料学报，24（6）：1475-1483.

高日平，赵思华，刁生鹏，2019. 秸秆还田对黄土风沙区土壤微生物、酶活性及作物产量的影响 [J]. 土壤通报，50（6）：1370-1376.

龚子同，张甘霖，王吉智，等，2005. 中国的灌淤人为土 [J]. 干旱区研究，22（1）：5-10.

韩燕，2018. 新疆玛纳斯河流域土壤盐渍化动态监测及风险性评价 [D]. 石河子：石河子大学.

黄仲冬，2011. 基于SWAT模型的灌区农田退水氮磷污染模拟及调控研究 [D]. 北京：中国农业科学院.

李福兴，1995. 河西走廊绿洲灌淤土的初步研究 [J]. 干旱区资源与环境，9（4）：180-185.

李和平，1993. 新疆灌溉-自成型绿洲耕作土壤系统分类初探 [J]. 干旱区研究，10（2）：27-32.

李娟，赵良菊，郭天文，2002. 土壤养分状况系统研究法在兰州灌淤土平衡施肥中的应用研究 [J]. 甘肃农业科技（6）：39-41.

李霞飞，孙建军，吕锦屏，等，1999. 灌漠土肥料10年定位试验结果 [J]. 土壤通报，30（5）：221-224.

李新虎，赵文杰，2001. 银川平原土壤中几种元素有效态与全量相关关系的研究 [J]. 宁夏农林科技（4）：26-28，23.

李兴金，2018. 新疆渭干河部分流域河流泥沙分析 [J]. 地下水，40（2）：185-187，210.

李友宏，董莉丽，王芳，等，2006. 宁夏银北灌区灌淤土营养元素空间变异性研究 [J]. 干旱地区农业研究，24（6）：68-72.

岑昭仁，王勤，1988. 秸秆还田对土壤化学性质的影响 [J]. 宁夏农林科技（4）：1-4.

马兴旺，吕贻忠，朱靖蓉，等，2004. 现代人类活动对新疆灌淤土养分特性影响 [J]. 水土保持学报，18（1）：197-199.

马玉兰，1994. 灌淤土氧化还原特性的研究：宁夏首届青年科技工作者学术年会论文集 [C]. 银川：宁夏人民出版社.

马玉兰，金国柱，1997. 银川平原土壤氧化还原特性的研究 [J]. 土壤通报，28（1）：12-15.

马玉兰，李健康，1995. 灌淤土氧化还原特性的研究 [J]. 干旱区研究，2（12）：39-44.

宁夏农林局综合勘查队，1976. 宁夏土壤与改良利用 [M]. 银川：宁夏人民出版社.

全国土壤普查办公室，1995. 中国土壤 [M]. 北京：中国农业出版社.

尚可明，董庆士，1994. 灌淤土在我省的区域分布与培肥利用 [J]. 甘肃农业科技（3）：31-32.

史成华，龚子同，1992. 中国土壤系统分类探讨：灌淤土的发生及其分类 [M]. 北京：科学出版社.

史成华，龚子同，1995. 我国灌淤土的形成和分类 [J]. 土壤学报，32（4）：437-448.

史成华，顾国安，1991. 中国的灌淤土 [J]. 干旱区研究，8（4）：1-9.

孙权，2003. 宁夏主要土壤的磷肥指数及磷肥用量［J］. 土壤，35（1）：83-85.

王方，李元寿，王文丽，等，2004. 甘肃灌淤土土壤障碍因素浅析［J］. 土壤，36（4）：452-456.

王明国，2006. 宁夏引黄灌区耕地土壤养分变化及评价［D］. 北京：中国农业大学.

王吉智，1984. 宁夏引黄地区的灌淤土［J］. 土壤学报，22（4）：434-437.

王吉智，1993. 灌淤土：中国干旱与半干旱地区的人为土壤［J］. 干旱区资源与环境，7（3）：232-234.

王吉智，马玉兰，金国柱，1996. 中国灌淤土［M］. 北京：科学出版社.

杨芙蓉，杨恒智，2008. 内蒙古巴彦淖尔地区土壤养分状况及施肥现状［J］. 内蒙古农业科技（2）：49.

于天仁，张效年，1982. 电化学方法及其在土壤研究中的应用［M］. 北京：科学出版社.

张惠文，郭杰，吐尔逊娜依，2004. 新疆耕作土壤肥力变化与对策［J］. 土壤肥料（5）：17-18.

张秀珍，刘秉儒，詹硕仁，2011. 宁夏境内12种主要土壤类型分布区域与剖面特征［J］. 宁夏农林科技，
    52（9）：48-50，63.

张芸芸，张利，董高权，等，2020. 玛纳斯河流域绿洲内部盐渍化土壤年际动态变化［J］. 中国农学通报，
    36（19）：93-103.

中国科学院内蒙古宁夏综合考察队，中国科学院南京土壤研究所，1978. 内蒙古自治区与东北西部地区土
    壤地理：综合考察专集［M］. 北京：科学出版社.

中国科学院新疆综合考察队，中国科学院南京土坡研究所，1965. 新疆土壤地理［M］. 北京：科学出
    版社.

吴祖堂，1988. 有机-无机肥料八年定位试验结果［J］. 宁夏农林科技（4）：1-4.

图书在版编目（CIP）数据

中国灌淤土／樊廷录主编. -- 北京：中国农业出版社，2024.6. --（中国耕地土壤论著系列）.
ISBN 978 - 7 - 109 - 32122 - 9

Ⅰ. S15
中国国家版本馆 CIP 数据核字第 2024WC0082 号

中国灌淤土
ZHONGGUO GUANYUTU

中国农业出版社出版
地址：北京市朝阳区麦子店街 18 号楼
邮编：100125
责任编辑：刘　伟　冀　刚　　文字编辑：郝小青
版式设计：王　晨　　责任校对：周丽芳
印刷：北京通州皇家印刷厂
版次：2024 年 6 月第 1 版
印次：2024 年 6 月北京第 1 次印刷
发行：新华书店北京发行所
开本：889mm×1194mm　1/16
印张：15.25　　插页：4
字数：412 千字
定价：168.00 元

图 1　灌淤土（甘肃省兰州市）

图 2　灌淤土剖面

图 3　盐化灌淤土（甘肃省酒泉市瓜州县）

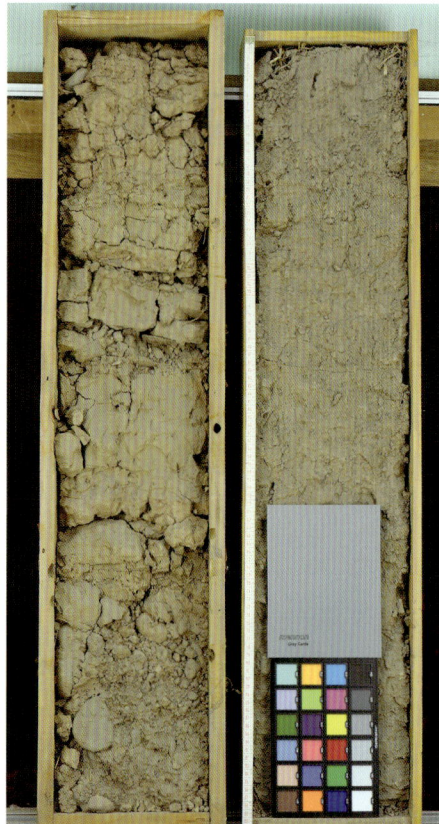

图 4　盐化灌淤土剖面

图 5 潮灌淤土（甘肃省兰州市榆中县）

图 6 潮灌淤土剖面

图 7　暗灌漠土（甘肃省张掖市民乐县）

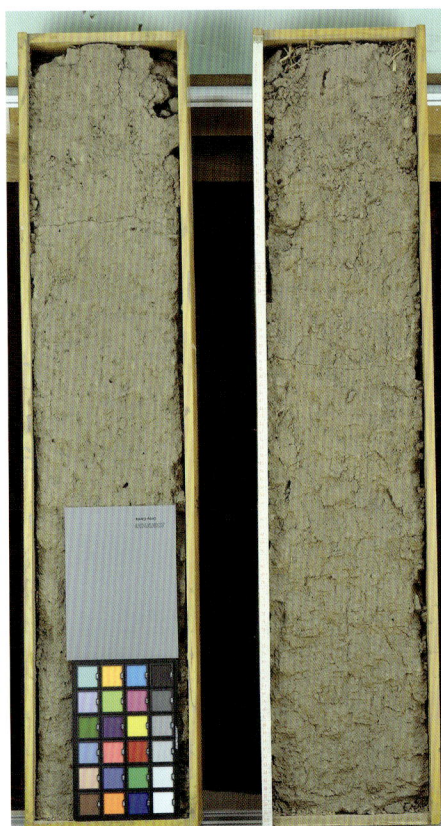

图 8　暗灌漠土剖面

图 9　潮化灌淤土（甘肃省酒泉市金塔县）

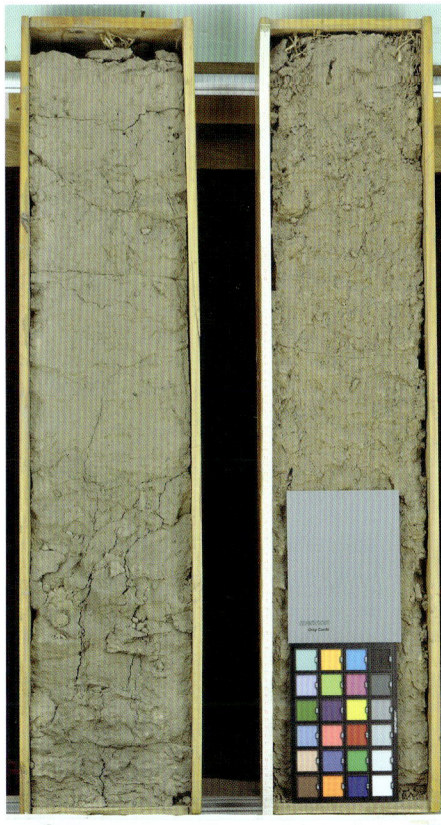

图 10　潮化灌淤土剖面

图 11　灌溉灰漠土（甘肃省张掖市民乐县）

图 12　灌溉灰漠土剖面

图 13　灌溉棕漠土（甘肃省酒泉市瓜州县）

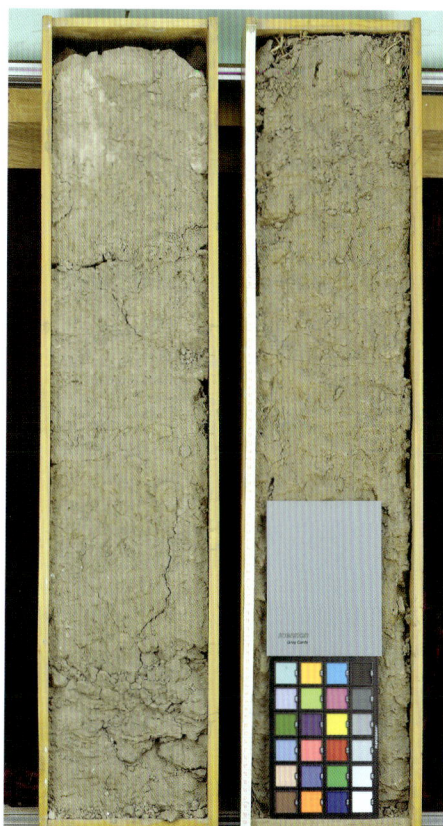

图 14　灌溉棕漠土剖面

图 15　灰灌漠土（甘肃省武威市凉州区）

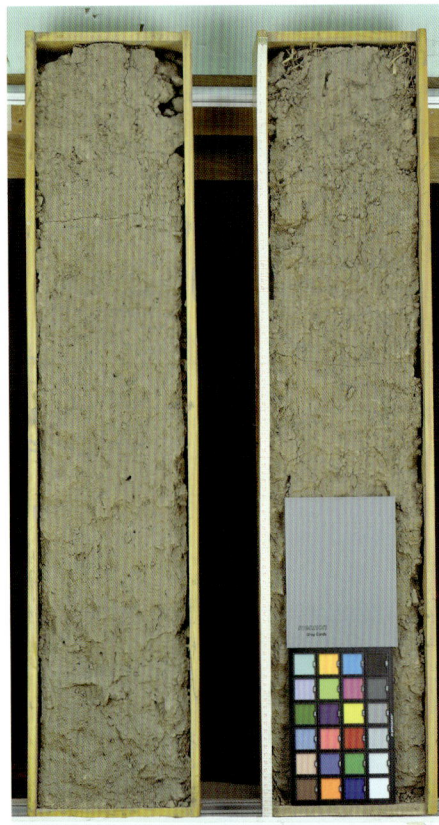

图 16　灰灌漠土剖面